结构设计禁忌与疑难问题对策丛书

高层建筑结构设计禁忌与疑难问题对策

（按规范 JGJ 3—2010）

沈蒲生　编著

U0317292

中国建筑工业出版社

图书在版编目（CIP）数据

高层建筑结构设计禁忌与疑难问题对策/沈蒲生编著. —北京：
中国建筑工业出版社，2013.3（2023.12重印）
（结构设计禁忌与疑难问题对策丛书）
ISBN 978-7-112-15143-1

Ⅰ.①高… Ⅱ.①沈… Ⅲ.①高层建筑-结构设计 Ⅳ.①TU973

中国版本图书馆 CIP 数据核字（2013）第 037334 号

　　本书为"结构设计禁忌与疑难问题对策丛书"之一，根据《高层建筑混凝土结构技术规程》JGJ 3—2010、《建筑结构荷载规范》GB 50009—2012、《建筑地基基础设计规范》GB 50007—2011 等编写。
　　全书共十一章。主要内容包括：一般知识；结构选型与布置；荷载与地震作用；计算分析；高层框架结构；剪力墙结构；框架-剪力墙结构；筒体结构；复杂高层结构；高层混合结构；地下室和基础设计。
　　本书供结构设计人员、施工图审查人员使用，并可供大中专院校师生参考。

*　　　*　　　*

责任编辑：郭　栋
责任设计：张　虹
责任校对：刘梦然　王雪竹

结构设计禁忌与疑难问题对策丛书
高层建筑结构设计禁忌与疑难问题对策
（按规范 JGJ 3—2010）
沈蒲生　编著

*

中国建筑工业出版社出版、发行（北京西郊百万庄）
各地新华书店、建筑书店经销
北京红光制版公司制版
廊坊市海涛印刷有限公司印刷

*

开本：787×1092毫米　1/16　印张：20½　字数：500千字
2013年7月第一版　　2023年12月第三次印刷
定价：**46.00**元
ISBN 978-7-112-15143-1
（23231）

前　　言

　　中国建筑工业出版社拟出版一套"结构设计禁忌与疑难问题对策丛书"，委托我编写《高层建筑结构设计与疑难问题对策》，我对此深表谢意。

　　改革开放以来，我国的高层建筑得到了飞速的发展，其中也包含着我国广大建筑结构设计人员的贡献。但是，随着我国高层建筑高度的不断提升，结构形式的日趋复杂，有许多新的问题需要我们去研究，去学习。新的《高层建筑混凝土结构技术规程》（JGJ 3—2010）总结了近10年来我国高层建筑结构的发展，笔者根据新《高规》编写了本书。

　　全书共十一章。它们是第1章一般知识，第2章结构选型与布置，第3章荷载与地震作用，第4章计算分析，第5章高层框架结构，第6章剪力墙结构，第7章框架-剪力墙结构，第8章筒体结构，第9章复杂高层结构，第10章高层混合结构和第11章地下室和基础设计。

　　由于笔者水平所限，书中难免有错误和不妥之处，欢迎读者批评指正。

目　录

第1章 一 般 知 识

【禁忌 1.1】 不了解什么建筑称为高层建筑

高层建筑，顾名思义是层数较多、高度较高的建筑。但是，迄今为止，世界各国对多层建筑与高层建筑的划分界限并不统一。同一个国家的不同建筑标准，或者同一建筑标准在不同时期的划分界限也可能不尽相同。表 1.1 中列出了一部分国家和组织对高层建筑起始高度的规定。

一部分国家和组织对高层建筑起始高度的规定 表 1.1

国家和组织名称	高层建筑起始高度
联 合 国	大于等于 9 层，分为四类： 第一类：9～16 层（最高到 50m）； 第二类：17～25 层（最高到 75m）； 第三类：26～40 层（最高到 100m）； 第四层：40 层以上（高度在 100m 以上时，为超高层建筑）
前苏联	住宅为 10 层及 10 层以上，其他建筑为 7 层及 7 层以上
美 国	22～25m，或 7 层以上
法 国	住宅为 8 层及 8 层以上，或大于等于 31m
英 国	24.3m
日 本	11 层，31m
德 国	大于等于 22m（从室内地面起）
比利时	25m（从室外地面起）

20 世纪 70 年代以前，我国的高层建筑屈指可数，也没有相应的设计规范或规程。20世纪 70 年代以后，随着我国经济的迅速发展，高层建筑像雨后春笋，在全国各地大量兴建。为了指导高层建筑的设计与施工，我国于 1979 年颁布了《钢筋混凝土高层建筑结构设计与施工规定》JGJ 3—79，此后又三次对其进行修订，修订后的规程名称和编号分别为《钢筋混凝土高层建筑结构设计与施工规程》JGJ 3—91，《高层建筑混凝土结构技术规程》JGJ 3—2002 和《高层建筑混凝土结构技术规程》JGJ 3—2010（本书以后有时将其简称为《高规》）。

79《规定》和 91《规程》将 8 层和 8 层以上的民用建筑定义为高层建筑。02《规程》将 10 层和 10 层以上或房屋高度超过 28m 的民用建筑定义为高层建筑。2010《规程》将10 层及 10 层以上或房屋高度大于 28m 的住宅建筑和房屋高度大于 24m 的其他民用建筑定义为高层建筑。

按新《高规》设计时，有的住宅建筑的层高较大或底部布置层高较大的商场等公共服务设施，其层数虽然小于 10 层，但房屋高度已超过 28m，这些住宅建筑仍应按《高规》

进行结构设计。

高度大于 24m 的其他高层民用建筑是指办公楼、酒店、综合楼、商场、会议中心、博物馆等高层建筑，这些建筑中有的层数虽然小于 10 层，但层高比较高，建筑内部的空间比较大，变化也多，结构刚度比住宅结构弱，为适应结构设计的需要，有必要将这类高度大于 24m 的结构纳入到《高规》的适用范围。至于高度大于 24m 的体育场馆、航站楼、大型火车站等大跨度空间结构，其结构设计应符合国家现行有关标准的规定，新《高规》的有关规定仅供参考。

世界上已经建成的最高高层建筑是迪拜的哈利法塔，160 层，828m 高（图 1.1）。但是，世界各国仍然将高层建筑定位在 10 层或 30m 左右。其原因与许多因素有关。例如，火灾发生时，不超过 10 层的建筑可利用消防车进行扑救，更高的建筑利用消防车扑救对一般中、小城市而言具有一定的困难，需要有许多自救措施。又如，从受力上讲，不超过 10 层的建筑，由竖向荷载产生的内力占主导地位，水平荷载的影响较小。更高的建筑在水平均布荷载作用下，由于弯矩与高度的平方成正比，侧移与高度的四次方成正比（图 1.2），风荷载和地震作用产生的内力占主导地位，竖向荷载的影响相对较小，侧移验算不可忽视。此外，高层建筑由于荷载较大，内力大，梁柱截面尺寸也较大，竖向荷载中，恒载所占比重较大。

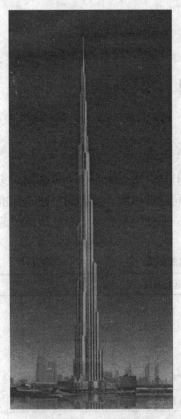

图 1.1　迪拜哈利法塔
（160 层，828m）

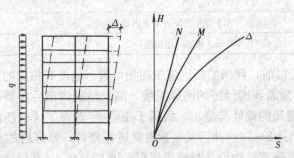

图 1.2　框架结构在水平均布荷载下的轴力、
弯矩、侧移与荷载的关系

【禁忌 1.2】　不了解什么是概念设计

概念设计是指根据理论与试验研究结果和工程经验等所形成的基本设计原则和设计思想，进行建筑和结构的总体布置并确定细部构造的过程。

结构在地震作用下要求"小震不坏、中震可修、大震不倒"和结构设计应尽可能地做到"简单、规则、均匀、对称"等，都是结构的设计原则和设计思想，都应该在结构的概念设计中贯彻实施。

结构的规则性和整体性是高层建筑结构概念设计的核心问题。

规则结构一般指体型规则，平面布置均匀、对称并具有较好的抗扭刚度，竖向布置均匀无突变。高层建筑结构宜采用规则的结构，并应符合下列要求：

1. 应具有必要的承载能力、刚度和延性；

2. 应避免因部分结构或构件的破坏而导致整个结构丧失承受重力荷载、风荷载和地震作用的能力；

3. 对可能出现的薄弱部位，应采取有效的加强措施；

4. 结构的竖向和水平布置宜使结构具有合理的刚度和承载力分布，避免因刚度和承载力局部突变或结构扭转效应而形成薄弱部位；

5. 抗震设计时宜具有多道防线。

国内外历次大地震及风灾的经验教训使人们越来越认识到，高层建筑方案设计阶段中结构概念设计的重要性，尤其是结构抗震概念设计对结构的抗震性能将起决定性作用。国内外许多规范和规程都以众多条款，规定了结构抗震概念设计的主要内容。

建筑师和结构工程师在高层建筑设计中应特别重视规程中有关结构概念设计的各条规定，设计中不能认为不管结构规则不规则，整体性好不好，只要计算通得过就可以。若结构严重不规则、整体性差，则仅按目前的结构设计计算水平，难以保证结构的抗震、抗风性能，尤其是抗震性能。因为现有抗震设计方法的前提之一是假定整个结构能发挥耗散地震能量的作用，在此前提下，才能以多遇地震作用进行结构计算、构件设计并加以构造措施，或采用动力时程分析进行验算，达到罕遇地震作用下结构不倒塌的目标。结构抗震概念设计的目标是使整体结构能发挥耗散地震能量的作用，避免结构出现敏感的薄弱部位，地震能量的耗散仅集中在极少数薄弱部位，导致结构过早破坏。

【禁忌 1.3】 不知道怎样判别结构的规则性

进行高层建筑结构设计时，应尽可能地使结构体型规则、平面布置均匀、竖向质量和刚度无突变。可是，由于建筑设计或使用上的需要，结构的平面和竖向经常出现不规则的情况，因此，要了解怎样判别结构的不规则性。

结构的不规则分为平面不规则和竖向不规则，按照下面的方法进行判别。

1. 平面不规则

平面不规则分为扭转不规则、凹凸不规则和楼板局部不连续三种类型。它们的判别方法见表 1.2 和图 1.3～图 1.5。

平面不规则的类型   表 1.2

不规则的类型	定　义
扭转不规则	在规定的水平力作用下，楼层的最大弹性水平位移（或层间位移），大于该楼层两端弹性水平位移（或层间位移）平均值的 1.2 倍
凹凸不规则	平面凹进的尺寸，大于相应投影方向总尺寸的 30%
楼板局部不连续	楼板的尺寸和平面刚度急剧变化，例如，有效楼板宽度小于该楼层楼板典型宽度的 50%，或开洞面积大于该层楼面面积的 30%，或较大的楼层错层

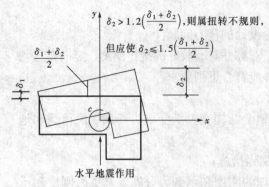

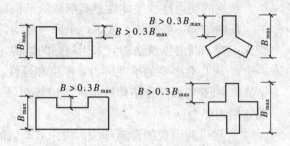

图 1.3　建筑结构平面的扭转不规则示例　　　　图 1.4　建筑结构平面的凹角或凸角不规则示例

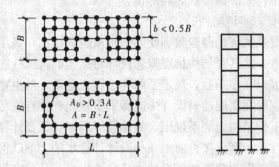

图 1.5　建筑结构平面的局部不连续示例（大开洞及错层）

2. 竖向不规则

竖向不规则分为侧向刚度不规则、竖向抗侧力构件不连续和楼层承载力突变三种类型。它们的判别方法见表 1.3 和图 1.6～图 1.8。

竖 向 不 规 则 的 类 型　　　　　　　　　　　表 1.3

不规则的类型	定　义
侧向刚度不规则	该层的侧向刚度小于相邻上一层的 70%，或小于其上相邻三个楼层侧向刚度平均值的 80%；除顶层或出屋面小建筑外，局部收进的水平向尺寸大于相邻下一层的 25%
竖向抗侧力构件不连续	竖向抗侧力构件（柱、抗震墙、抗震支撑）的内力由水平转换构件（梁、桁架等）向下传递
楼层承载力突变	抗侧力结构的层间受剪承载力小于相邻上一楼层的 80%

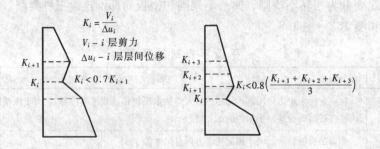

图 1.6　沿竖向的侧向刚度不规则（有软弱层）

4

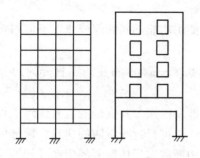

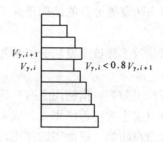
$V_{y,i+1}$
$V_{y,i}$ $V_{y,i} < 0.8 V_{y,i+1}$

图 1.7 竖向抗侧力构件不连续示例　　图 1.8 竖向抗侧力结构层间受剪承载力突变（有薄弱层）

【禁忌 1.4】 不知道为什么要从 6 度开始抗震设防

从几度开始实施抗震设防是一个很敏感的政策问题。在相当长的期间，开始设防的烈度定为 7 度。根据近年来我国地震的情况，《建筑抗震设计规范》GB 50011—2001 规定了从 6 度开始设防。新的《建筑抗震设计规范》GB 50011—2010 保持了相同的规定。

根据国家地震局的地震区划图，全国地震基本烈度分布大致如表 1.4 所示。

基 本 烈 度 分 布　　　　　　　　　　　　表 1.4

基本烈度	面积（$\times 10^4 \text{km}^2$）	占国土面积百分比	基本烈度	面积（$\times 10^4 \text{km}^2$）	占国土面积百分比
≤5 度	384.5	40.0%	9 度	23.0	2.4%
6 度	263.5	27.5%	10 度	8.4	0.9%
7 度	206.5	21.5%	11 度	3.0	0.3%
8 度	71.0	7.4%			

由表 1.4 可见，7 度以上地区总计为 $312 \times 10^4 \text{km}^2$，占全国面积的 32.5%；6 度以上地区为 $575 \times 10^4 \text{km}^2$，占全国面积的 60%。而 6 度区的面积（$263.5 \times 10^4 \text{km}^2$）与 7 度以上地区接近。建有高层建筑的大、中城市，有相当多位于 6 度区。许多产生严重震害的地震都发生在 6 度区，如邢台地震和唐山地震等；另一方面，6 度地震也会使高层建筑产生各种震害，唐山地震中，北京为 6 度区，高层建筑的震害虽不严重，但相当多见。因此，从 6 度开始对高层建筑结构设防，是相当有必要的。

【禁忌 1.5】 不会划分公共建筑和居住建筑的抗震设防类别

建筑抗震设防类别的划分，应根据下列因素综合分析确定：

（1）建筑破坏造成的人员伤亡、直接和间接经济损失及社会影响的大小。

（2）城镇的大小、行业的特点、工矿企业的规模。

（3）建筑使用功能失效后，对全局的影响范围大小、抗震救灾影响及恢复的难易程度。

（4）建筑各区段的重要性有显著不同时，可按区段划分抗震设防类别。下部区段的类别不应低于上部区段。

（5）不同行业的相同建筑，当所处地位及地震破坏所产生的后果和影响不同时，其抗震设防类别可不相同。

区段指由防震缝分开的结构单元、平面内使用功能不同的部分或上下使用功能不同的部分。

我国《建筑工程抗震设防分类标准》GB 50223—2008 将建筑工程分为四个抗震设防类别：

(1) 特殊设防类：指使用上有特殊设施，涉及国家公共安全的重大建筑工程和地震时可能发生严重次生灾害等特别重大灾害后果，需要进行特殊设防的建筑。简称甲类。

(2) 重点设防类：指地震时使用功能不能中断或需尽快恢复的生命线相关建筑，以及地震时可能导致大量人员伤亡等重大灾害后果，需要提高设防标准的建筑。简称乙类。

(3) 标准设防类：指大量的除 (1)、(2)、(4) 款以外按标准要求进行设防的建筑。简称丙类。

(4) 适度设防类：指使用上人员稀少且震损不致产生次生灾害，允许在一定条件下适度降低要求的建筑。简称丁类。

高层民用建筑只有特殊设防类、重点设防类和标准设防类三类，无适度设防类。

公共建筑和居住建筑可按如下方法确定其设防类别：

(1) 体育建筑中，规模分级为特大型的体育场，大型、观众席容量很多的中型体育场和体育馆（含游泳馆），抗震设防类别应划为重点设防类。

观众座位很多的中型体育场指观众座位容量不少于 30000 人或每个结构区段的座位容量不少于 5000 人，观众座位很多的中型体育馆（含游泳馆）指观众座位容量不少于 4500 人。

(2) 文化娱乐建筑中，大型的电影院、剧场、礼堂、图书馆的视听室和报告厅、文化馆的观演厅和展览厅、娱乐中心建筑，抗震设防类别应划为重点设防类。

大型剧场、电影院、礼堂，指座位不少于 1200 座；图书馆和文化馆与大型娱乐中心同样对待，指一个区段内上下楼层合计的座位明显大于 1200 座同时其中至少有一个 500 座以上（相当于中型电影院的座位容量）的大厅。这类多层建筑中人员密集且疏散有一定难度，地震破坏造成的人员伤亡和社会影响很大。

(3) 商业建筑中，人流密集的大型的多层商场抗震设防类别应划为重点设防类。当商业建筑与其他建筑合建时应分别判断，并按区段确定其抗震设防类别。

大型商场指一个区段人流 5000 人，换算的建筑面积约 17000m² 或营业面积 7000m² 以上的商业建筑。这类商业建筑一般须同时满足人员密集、建筑面积或营业面积达到大型商场的标准、多层建筑等条件；所有仓储式、单层的大商场不包括在内。

当商业建筑与其他建筑合建时，包括商住楼或综合楼，其划分以区段按比照原则确定。例如，高层建筑中多层的商业裙房区段或者下部的商业区段为重点设防类，而上部的住宅可以不提高设防类别。还需注意，当按区段划分时，若上部区段为重点设防类，则其下部区段也应为重点设防类。

(4) 博物馆和档案馆中，大型博物馆，存放国家一级文物的博物馆，特级、甲级档案馆，抗震设防类别应划为重点设防类。

大型博物馆指建筑规模大于 10000m²，一般适用于中央各部委直属博物馆和各省、自治区、直辖市博物馆。按照《档案馆建筑设计规范》JGJ 25 - 2000，特级档案馆为国家级档案馆，甲级档案馆为省、自治区、直辖市档案馆，二者的耐久年限要求在100年以上。

（5）会展建筑中，大型展览馆、会展中心，抗震设防类别应划为重点设防类。

这类展览馆、会展中心，在一个区段的设计容纳人数一般在5000人以上。

（6）教育建筑中，幼儿园、小学、中学的教学用房以及学生宿舍和食堂，抗震设防类别应不低于重点设防类。

对于中、小学生和幼儿等未成年人在突发地震时的保护措施，国际上随着经济、技术发展的情况呈日益增加的趋势。

2004年版的分类标准中，明确规定了人数较多的幼儿园、小学教学用房提高抗震设防类别的要求。汶川地震中，幼儿园、小学、中学的校舍破坏非常严重。2008年修订规范时，为在发生地震灾害时特别加强对未成年人的保护，在我国经济有较大发展的条件下，对2004年版"人数较多"的规定予以修改，所有幼儿园、小学和中学（包括普通中小学和有未成年人的各类初级、中级学校）的教学用房（包括教室、实验室、图书室、微机室、语音室、体育馆、礼堂）的设防类别均予以提高。鉴于学生的宿舍和学生食堂的人员比较密集，也考虑提高其抗震设防类别。

因此，汶川地震后，扩大了教育建筑中提高设防标准的范围。

（7）科学试验建筑中，研究、中试生产和存放具有高放射性物品以及剧毒的生物制品、化学制品、天然和人工细菌、病毒（如鼠疫、霍乱、伤寒和新发高危险传染病等）的建筑，抗震设防类别应划为特殊设防类。

在生物制品、天然和人工细菌、病毒中，具有剧毒性质的，包括新近发现的具有高发危险性的病毒，列为特殊设防类，而一般的剧毒物品在本标准的其他章节中列为重点设防类，主要考虑该类剧毒性质的传染性，建筑一旦破坏的后果极其严重，波及面很广。

（8）电子信息中心的建筑中，省部级编制和贮存重要信息的建筑，抗震设防类别应划为重点设防类。

国家级信息中心建筑的抗震设防标准应高于重点设防类。

（9）高层建筑中，当结构单元内经常使用人数超过8000人时，抗震设防类别宜划为重点设防类。

经常使用人数8000人，按《办公建筑设计规范》JGJ 67—2006的规定，大体人均面积为10m²/人计算，则建筑面积大致超过80000m²，结构单元内集中的人数特别多。考虑到这类房屋总建筑面积很大，多层时需分缝处理，在一个结构单元内集中如此众多人数属于高层建筑，设计时需要进行可行性论证，其抗震措施一般须要专门研究，即提高的程度是按整个结构提高一度、提高一个抗震等级还是在关键部位采取比标准设防类建筑更有效的加强措施，包括采用抗震性能设计方法等，可以经专门研究和论证确定，并须按规定进行抗震设防专项审查予以确认。

（10）居住建筑的抗震设防类别不应低于标准设防类。

【禁忌1.6】 不了解什么是"三水准，两阶段"的抗震设防原则

建筑结构采用三个水准进行抗震设防，其要求是"小震不坏，中震可修，大震不倒"，即是说：

第一水准：高层建筑在其使用期间，对遭遇频率较高、强度较低的地震时，建筑不损坏，不需要修理，结构应处于弹性状态，可以假定服从线性弹性理论，用弹性反应谱进行地震作用计算，按承载力要求进行截面设计，并控制结构弹性变形符合要求。

第二水准：建筑物在基本烈度的地震作用下，允许结构达到或超过屈服极限（钢筋混凝土结构会产生裂缝），产生弹塑性变形，依靠结构的塑性耗能能力，使结构得以保持稳定保存下来，经过修复还可使用。此时，结构抗震设计应按变形要求进行。

第三水准：在预先估计到的罕见强烈地震作用下，结构进入弹塑性大变形状态，部分产生破坏，但应防止结构倒塌，避免危及生命安全。这一阶段应考虑防倒塌的设计。

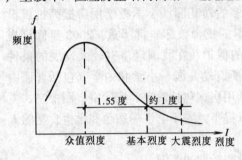

图 1.9　三个水准下的烈度

根据地震危险性分析，一般认为：我国烈度的概率密度函数符合极值Ⅲ型分布（图 1.9）。基本烈度为在设计基准期内超越概率为 10% 的地震烈度。众值烈度（小震烈度）是发生频度最大的地震烈度，即烈度概率密度分布曲线上的峰值所对应的烈度。大震烈度为在设计基准期内超越概率为 2%～3% 的地震烈度。小震烈度比基本烈度约低 1.55 度，大震烈度比基本烈度约高 1 度（图 1.9）。

从三个水准的地震出现的频度来看，第一水准，即多遇地震，约 50 年一遇；第二水准，即基本烈度设防地震，约 475 年一遇；第三水准，即罕遇地震，约为 2000 年一遇的强烈地震。

两阶段抗震设计是对三水准抗震设计思想的具体实施。通过两阶段设计中第一阶段对构件截面承载力验算和第二阶段对弹塑性变形验算，并与概念设计和构造措施相结合，从而实现"小震不坏、中震可修、大震不倒"的抗震要求。

（1）第一阶段设计

对于高层建筑结构，首先应满足第一、二水准的抗震要求。为此，首先应按多遇地震（即第一水准，比设防烈度约低 1.55 度）的地震动参数计算地震作用，进行结构分析和地震内力计算，考虑各种分项系数、荷载组合值系数进行荷载与地震作用产生内力的组合，进行截面配筋计算和结构弹性位移控制，并相应采取构造措施保证结构的延性，使之具有与第二水准（设防烈度）相应的变形能力，从而实现"小震不坏"和"中震可修"。这一阶段设计，对所有抗震设计的高层建筑结构都必须进行。

（2）第二阶段设计

对地震时抗震能力较低、容易倒塌的高层建筑结构（如纯框架结构）以及抗震要求较高的建筑结构（如甲类建筑），要进行易损部位（薄弱层）的塑性变形验算，并采取措施提高薄弱层的承载力或增加变形能力，使薄弱层的塑性水平变位不超过允许的变位。这一阶段设计主要是对甲类建筑和特别不规则的结构。

【禁忌 1.7】　不会正确地书写计算公式中的符号

高层建筑结构的计算公式中，包含许多有关材料强度、作用、作用效应、截面和结构构件几何特征等方面的符号。许多结构设计人员不了解这些符号的组成规则，因而不会正确地书写符号。

我国国家标准《工程结构设计基本术语和通用符号》（GBJ 132—1990）中的通用符

号，除了采用国家标准《有关量、单位和符号的一般原则》（GB 3101—1993）的规定外，还参照了国际标准《结构设计依据——标志方法——通用符号》（ISO 3898）1987 年版的规则而制定。

工程结构的符号体系是由主体符号或带上、下标构成。主体符号一般代表物理量，上、下标则代表物理量或物理量以外的术语或说明语（说明材料种类、受力状态、部位、方向、原因、性质等），用以进一步表示主体符号的涵义。

主体符号应以一个字母表示。上、下标可采用字母、缩写词、数字或其他标记表示。上标一般只有一个，下标可采用一个或多个。当采用一个以上的下标时，可根据表示材料的种类，受力状态、部位、方向、原因、性质的次序排列。如果各下标连续书写其涵义有可能混淆时，各下标之间应加逗号分隔。

各符号的书写和印刷规则如下：

1. 主体符号

主体符号采用下列三种字母，一律用斜体字母书写和印刷：

斜体大写拉丁字母：如 M、V、A；

斜体小写拉丁字母：如 b、h、d；

斜体小写希腊字母：如 ρ、ξ、σ。

应当注意，小写希腊字母除 σ、τ 外，只用于表示无量纲符号。

2. 上、下标

上标采用标记或正体小写拉丁字母或小写希腊字母，下标采用正体小写拉丁字母、希腊字母、缩写词或正体数字，如：

e' $\quad$ $\sigma_{\mathrm{p,min}}^{\mathrm{f}}$ $\quad$ f_{y} $\quad$ $f_{\mathrm{cu,k}}$ $\quad$ $\sigma_{\mathrm{c,max}}$

当采用符号 i，j，l 作下标时，为了防止符号之间的混淆，可采用其小写斜体字母作下标。有时候也可采用大写拉丁字母作下标，如 α_{E}。

高层建筑结构的常用符号为：

1. 材料力学性能

$\quad\quad$ C20——表示立方体强度标准值为 $20\mathrm{N/mm^2}$ 的混凝土强度等级；

$\quad\quad$ E_{c}——混凝土弹性模量；

$\quad\quad$ E_{s}——钢筋弹性模量；

$\quad$ f_{ck}、f_{c}——分别为混凝土轴心抗压强度标准值、设计值；

$\quad$ f_{tk}、f_{t}——分别为混凝土轴心抗拉强度标准值、设计值；

$\quad\quad$ f_{yk}——普通钢筋强度标准值；

$\quad$ f_{y}、f_{y}'——分别为普通钢筋的抗拉、抗压强度设计值；

$\quad\quad$ f_{yv}——梁、柱箍筋的抗拉强度设计值；

$\quad$ f_{yh}、f_{yw}——分别为剪力墙水平、竖向分布钢筋的抗拉强度设计值。

2. 作用和作用效应

$\quad\quad$ F_{Ek}——结构总水平地震作用标准值；

$\quad\quad$ F_{Evk}——结构总竖向地震作用标准值；

$\quad\quad$ G_{E}——计算地震作用时，结构总重力荷载代表值；

$\quad\quad$ G_{eq}——结构等效总重力荷载代表值；

M——弯矩设计值；

N——轴向力设计值；

S_d——荷载效应或荷载效应与地震作用效应组合的设计值；

V——剪力设计值；

w_0——基本风压；

w_k——风荷载标准值；

ΔF_n——结构顶部附加水平地震作用标准值；

Δu——楼层层间位移。

3. 几何参数

a_s、a_s'——分别为纵向受拉、受压钢筋合力点至截面近边的距离；

A_s、A_s'——分别为受拉区、受压区纵向钢筋截面面积；

A_{sh}——剪力墙水平分布钢筋的全部截面面积；

A_{sv}——梁、柱同一截面各肢箍筋的全部截面面积；

A_{sw}——剪力墙腹板竖向分布钢筋的全部截面面积；

A——剪力墙截面面积；

A_w——T形、I形截面剪力墙腹板的面积；

b——矩形截面宽度；

b_b、b_c、b_w——分别为梁、柱、剪力墙截面宽度；

B——建筑平面宽度、结构迎风面宽度；

d——钢筋直径；桩身直径；

e——偏心距；

e_0——轴向力作用点至截面重心的距离；

e_i——考虑偶然偏心计算地震作用时，第i层质心的偏移值；

h——层高；截面高度；

h_0——截面有效高度；

H——房屋高度；

H_i——房屋第i层距室外地面的高度；

l_a——非抗震设计时纵向受拉钢筋的最小锚固长度；

l_{ab}——受拉钢筋的基本锚固长度；

l_{aE}——抗震设计时纵向受拉钢筋的最小锚固长度；

s——箍筋间距。

4. 系数

α——水平地震影响系数值；

α_{max}、α_{vmax}——分别为水平、竖向地震影响系数最大值；

α_1——受压区混凝土矩形应力图的应力与混凝土轴心抗压强度设计值的比值；

β_c——混凝土强度影响系数；

β_z——z高度处的风振系数；

γ_j——j振型的参与系数；

γ_{Eh}——水平地震作用的分项系数；

γ_{Ev}——竖向地震作用的分项系数；

γ_G——永久荷载或重力荷载的分项系数；

γ_w——风荷载的分项系数；

γ_{RE}——构件承载力抗震调整系数；

η_p——弹塑性位移增大系数；

λ——剪跨比；水平地震剪力系数；

λ_v——配箍特征值；

μ_s——风荷载体型系数；

μ_z——风压高度变化系数；

ν——风荷载的脉动影响系数；

ξ——风荷载的脉动增大系数；

ξ_y——楼层屈服强度系数；

ρ_{sv}——箍筋面积配筋率；

ρ_w——剪力墙竖向分布钢筋配筋率；

η_j——节点约束系数；

ψ_w——风荷载的组合值系数。

5. 其他

T_1——结构第一平动或平动为主的自振周期（基本自振周期）；

T_t——结构第一扭转振动或扭转振动为主的自振周期；

T_g——场地的特征周期。

【禁忌 1.8】 不会正确地书写计量单位

高层建筑结构采用以国际单位制单位为基础的中华人民共和国法定计量单位。计量单位和词头的符号应采用拉丁字母或希腊字母。除了来源于人名的计量单位符号的第一个字母采用大写字母外，其余的均采用小写字母。计量单位和词头符号的书写和印刷必须采用正体字母。如：

力的单位：N（牛顿）、kN（千牛顿）；1kN＝1000N。

应力的单位：N/mm² 或写成 MPa（兆帕）。

长度的单位：mm（毫米）、cm（厘米）、m（米）。

但是，有的结构设计人员除了不会正确地书写符号外，还不会正确地书写计量单位。

常见的错误写法有：

将 N（牛顿）误写为 N（轴力）；

将 kN 误写为 KN；

将 MPa 误写为 Mpa。

工程符号和计量单位的书写反映结构设计人员的工程素养。每一位结构设计人员都不可小视。除此之外，还应该引起学校教师以及设计部门各级技术主管的重视。

第 2 章　结构选型与布置

【禁忌 2.1】　不了解结构选型包括哪些主要内容

谈到高层结构选型，许多结构设计人员可能只是会想到为高层结构选择框架结构还是剪力墙结构，或者是选择框架-剪力墙结构或筒体结构。这些想法没有错，但是不够全面。因为框架结构、剪力墙结构、框架-剪力墙结构、筒体结构等，都是高层建筑的竖向承重结构。高层建筑除了需要竖向承重结构外，还需要水平承重结构和基础。

因此，高层建筑结构的选型应该包括以下主要内容：

（1）选择合适的竖向承重结构；

（2）选择合适的水平承重结构；

（3）选择合适的基础。

高层建筑的竖向承重结构有框架、剪力墙、框架-剪力墙、筒体等多种形式，水平承重结构有单向板肋形楼盖、双向板肋形楼盖、井式楼盖、密肋楼盖、无梁楼盖等多种形式，基础有独立基础、条形基础、筏形基础、箱形基础、桩基础等多种形式。为了选择合适的结构形式，要求对各种结构的受力特点及适用范围有较好的了解。

【禁忌 2.2】　不了解如何选择竖向承重结构

高层建筑竖向承重结构的主要形式有框架结构、剪力墙结构、框架-剪力墙结构、筒体结构等。它们的主要特点是：

1. 框架结构

框架结构是由梁和柱为主要构件组成的承受竖向和水平作用的结构，节点一般为刚性节点（图 2.1）。

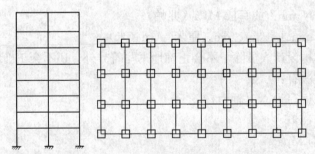

图 2.1　框架结构

框架结构具有以下主要特点：

——布置灵活；

——可形成大的使用空间；

——施工简便；

——较经济；

——侧向刚度小，侧移大；

——对支座不均匀沉降较敏感。

需要注意的是，通常所指的框架结构不包括以下两种结构：

1）板柱结构

板柱结构是指由板和柱组成的结构，这种结构中无梁、无剪力墙或井筒。

板柱结构由于侧向刚度和抗震性能较差，因此，《高规》规定其不适宜用于高层建筑结构中。

板柱结构中加入剪力墙或井筒以后，侧向刚度和抗震性能有所改善，但改善的程度仍然有限。因此，新《高规》规定，板柱-剪力墙结构的适用最大高度为：

设计烈度为 6 度时：80m；

设计烈度为 7 度时：70m；

设计烈度为 8 度时：55m（0.2g），40m（0.3g）；

设计烈度为 9 度时：不应采用。

当不考虑抗震设防时，板柱-剪力墙结构房屋的最大高度可达 110m。

2）异形柱结构

框架柱的截面通常为矩形、方形、正多边形和圆形等形状。异形柱是指截面为 T 形、十字形、L 形和 Z 形，其宽度等于墙厚的柱（图 2.2）。由异形柱组成的结构称为异形柱结构。异形柱结构的最大优点是：柱截面宽度等于墙厚，室内墙面平整，便于布置。但是，这种结构的抗震性能较差，采用这种结构时，应采取一定的构造措施对结构的整体性和局部范围进行加强。

异形柱伸出的每一肢都较为单薄，受力情况不好，因此，每一肢的高宽比不宜大于 4。

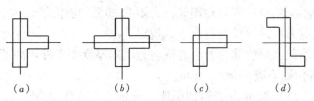

(a)　　　　(b)　　　　(c)　　　　(d)

图 2.2　异形柱

(a) T 形；(b) 十字形；(c) L 形；(d) Z 形

异形柱结构应按《混凝土异形柱结构技术规程》JGJ 149 进行设计。

2. 剪力墙结构

剪力墙（图 2.3）按墙肢截面长度与宽度之比分为：

$h_w/b_w \leqslant 4$：柱；

$4 < h_w/b_w \leqslant 8$：短肢剪力墙，其截面厚度不大于 300mm；

$h_w/b_w > 8$：普通剪力墙。

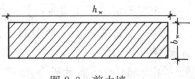

图 2.3　剪力墙

剪力墙是一种能较好地抵抗水平荷载的墙，通常为钢筋混凝土墙。我国《建筑抗震设计规范》GB 50011—2010 将其称为抗震墙,《建筑结构设计术语和符号标准》GB/T 50083 称其为结构墙。

剪力墙由于能有效抵抗水平荷载,因此,剪力墙结构具有以下主要特点:

——侧向刚度大,侧移小(图 2.4);

——室内墙面平整;

——平面布置不灵活;

——结构自重大,吸收地震能量大。

近年来兴起的短肢剪力墙结构,有利于住宅建筑布置,又可以进一步减轻结构自重。但是,高层住宅中剪力墙的数量不宜过少,墙肢不宜过短。由于短肢剪力墙的抗震性能较差,地震区经验不多,为安全计,《高规》规定,抗震设计时,高层建筑结构不应采用全部为短肢剪力墙的剪力墙结构。

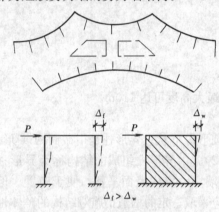

图 2.4　剪力墙结构

B 级高度高层建筑以及抗震设防烈度为 9 度的 A 级高度高层建筑,不宜布置短肢剪力墙,不应采用具有较多短肢剪力墙的剪力墙结构。

当采用具有较多短肢剪力墙的剪力墙结构时,应符合下列规定:

(1) 在规定的水平地震作用下,短肢剪力墙承担的底部倾覆力矩不宜大于结构底部总地震倾覆力矩的 50%;

(2) 房屋适用高度应比 A 级高度规定的剪力墙结构的最大适用高度适当降低,7 度、8 度(0.2g)和 8 度(0.3g)时,分别不应大于 100m、80m 和 60m。

具有较多短肢剪力墙的剪力墙结构是指,在规定的水平地震作用下,短肢剪力墙承担的底部倾覆力矩不小于结构底部总地震倾覆力矩的 30% 的剪力墙结构。

抗震设计时,短肢剪力墙的设计应符合下列规定:

(1) 短肢剪力墙截面厚度除应符合普通剪力墙的厚度要求外,底部加强部位尚不应小于 200mm,其他部位尚不应小于 180mm。

(2) 一、二、三级短肢剪力墙的轴压比,分别不宜大于 0.45、0.50、0.55,一字形截面短肢剪力墙的轴压比限值应相应减少 0.1。

(3) 短肢剪力墙的底部加强部位应按普通剪力墙调整剪力设计值,其他各层一、二、三级时剪力设计值应分别乘以增大系数 1.4、1.2 和 1.1。

(4) 短肢剪力墙边缘构件的设置应符合普通剪力墙的规定。

(5) 短肢剪力墙的全部竖向钢筋的配筋率,底部加强部位一、二级不宜小于 1.2%,三、四级不宜小于 1.0%;其他部位一、二级不宜小于 1.0%,三、四级不宜小于 0.8%。

(6) 不宜采用一字形短肢剪力墙,不宜在一字形短肢剪力墙上布置平面外与之相交的单侧楼面梁。

3. 框架-剪力墙结构

框架-剪力墙结构是由框架和剪力墙组成的结构体系(图 2.5)。它具有两种结构的优点，既能形成较大的使用空间，又具有较好的抵抗水平荷载的能力，因而在实际工程中应用较为广泛。

4. 筒体结构

筒体结构的种类很多，有筒中筒结构、框架-核心筒结构、框筒-框架结构、多重筒结构、成束筒结构和多筒体结构等多种形式（图2.6）。

框架-核心筒结构是由钢筋混凝土核心筒（薄壁筒）和周边框架组成，框架柱距比较大，一般为5～12m，主要抗侧力结构为核心筒。筒中筒结构的内筒

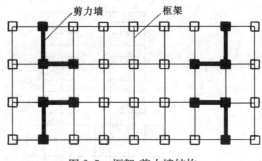

图2.5　框架-剪力墙结构

一般是由钢筋混凝土剪力墙和连梁组成的薄壁筒，外筒为密柱和裙梁组成的框筒，框筒柱距较密，一般为3～4m。当框架-核心筒结构或筒中筒结构的外围框架或框筒，根据建筑需要，在底部一层或几层通过结构转换抽去部分柱子，但上部的核心筒贯穿转换层落地，即形成所谓的底部大空间筒体结构，核心筒成为整个结构中抗侧力的主要构件。当外围框架或框筒由钢框架或型钢混凝土框架组成时，形成钢框架或型钢混凝土框架与钢筋混凝土筒体组成的结构体系，称为高层混合结构。

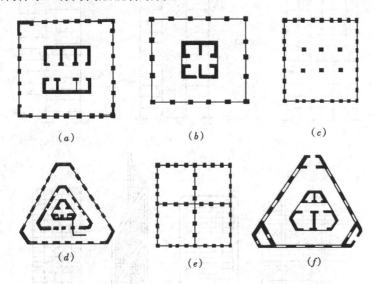

图2.6　筒体结构的形式

(a) 筒中筒结构；(b) 框架-核心筒结构；(c) 框筒-框架结构

(d) 多重筒结构；(e) 成束筒结构；(f) 多筒体结构

筒体结构是空间结构，其抵抗水平作用的能力更大，因而特别适合在超高层结构中采用。目前，世界最高的一百幢高层建筑约有三分之二采用筒体结构。

5. 较新的竖向承重结构

较为新颖的竖向承重结构有多塔结构、连体结构、带转换层结构、带加强层结构、错层结构等复杂结构。此外还有悬挂结构、巨型框架结构、巨型桁架结构、带斜撑钢框架结

构等多种形式（图 2.7）。这些结构形式中许多已经在实际工程中得到了广泛的应用。如多塔结构、连体结构、带转换层结构、带加强层结构、错层结构等复杂结构。

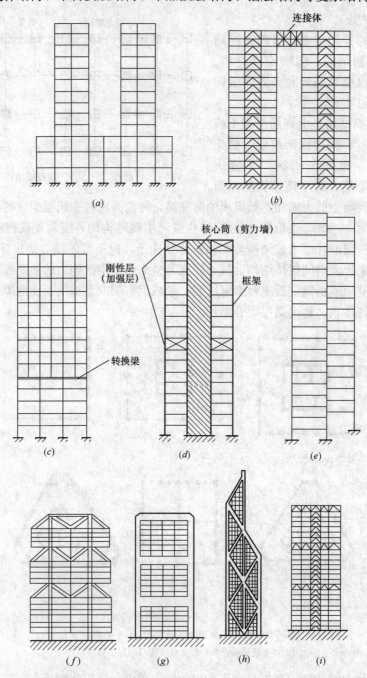

图 2.7　新的竖向承重结构体系

(a) 多塔结构；(b) 连体结构；(c) 带转换层结构；(d) 带加强层结构；(e) 错层结构；

(f) 悬挂结构；(g) 巨型框架结构；(h) 巨型桁架结构；(i) 带斜撑钢框架结构

巨型结构的特点是结构分为两级，第一级结构承受全部水平荷载和竖向荷载。第二级为一般框架，只承受竖向荷载，并将其传递给第一级结构。

巨型框架结构、巨型桁架结构、悬挂结构等结构形式也已在工程中得到应用，但目前工程中采用较少、经验还不多，宜针对具体工程进一步研究其设计方法，因此，暂未将它们列入《高规》中。

【禁忌2.3】 不了解如何选择水平承重结构

水平承重结构对保证建筑物的整体稳定和传递水平力有重要作用。

楼盖结构应满足下列基本要求：

1. 房屋高度超过50m时，框架-剪力墙结构、筒体结构及复杂高层建筑结构应采用现浇楼盖结构；剪力墙结构和框架结构宜采用现浇结构。

2. 房屋高度不超过50m时，8、9度抗震设计的框架-剪力墙结构宜采用现浇楼盖结构；6、7度抗震设计的框架-剪力墙结构可采用装配整体式楼盖；框架结构和剪力墙结构可采用装配式楼盖，且应符合下列要求：

(1) 无现浇叠合层的预制板，板端搁置在梁上的长度不宜小于50mm。

(2) 预制板板端宜预留胡子筋，其长度不宜小于100mm。

(3) 预制空心板孔端应有堵头，堵头深度不宜小于60mm，并应采用强度等级不低于C20的混凝土浇灌密实。

(4) 楼盖的预制板板缝上缘宽度不宜小于40mm，板缝大于40mm时应在板缝内配置钢筋，并宜贯通整个结构单元。现浇板缝、板缝梁的混凝土强度等级宜高于预制板的混凝土强度等级。

(5) 楼盖每层宜设置钢筋混凝土现浇层。现浇层厚度不应小于50mm，并应双向配置直径不小于6mm、间距不大于200mm的钢筋网，钢筋应锚固在梁或剪力墙内。

3. 房屋的顶层、结构转换层、大底盘多塔楼结构的底盘顶层、平面复杂或开洞过大的楼层、作为上部结构嵌固部位的地下室楼层应采用现浇楼盖结构。一般楼层现浇楼板厚度不应小于80mm；当板内预埋暗管时，不宜小于100mm；顶层楼板厚度不宜小于120mm，宜双层双向配筋；转换层楼板应符合本规程第10章的有关规定；普通地下室顶板厚度不宜小于160mm；作为上部结构嵌固部位的地下室楼层的顶楼盖应采用梁板结构，楼板厚度不宜小于180mm，应采用双层双向配筋，且每层每个方向的配筋率不宜小于0.25%。

4. 现浇预应力混凝土楼板厚度可按跨度的1/45～1/50采用，且不宜小于150mm。

5. 现浇预应力混凝土板设计中应采取措施防止或减小主体结构对楼板施加预应力的阻碍作用。

普通高层建筑楼面结构选型，可按表2.1确定。

最近十多年，楼盖结构在我国得到很大发展，出现了许多新的楼盖结构。楼盖结构的主要形式及选择方法如下：

1. 普通肋形楼盖

特点：板薄，混凝土用量少，自重轻，施工方便，较经济。但板底不平，可能影响美观和使用。

类型：单向板肋形楼盖；双向板肋形楼盖；井式楼盖。

普通高层建筑楼面结构选型　表2.1

结构体系	高　度	
	不大于50m	大于50m
框　　架	可采用装配式楼面（灌板缝）	宜采用现浇楼面
剪力墙	可采用装配式楼面（灌板缝）	宜采用现浇楼面
框架-剪力墙	宜采用现浇楼面	应采用现浇楼面
	可采用装配整体式楼面（灌板缝加现浇面层）	
板柱-剪力墙	应采用现浇楼面	—
框架-核心筒和筒中筒	应采用现浇楼面	应采用现浇楼面

2. 无梁楼盖

板底平整，施工简便，楼盖高度小，但楼盖刚度小，需与剪力墙或筒体结构配合使用。

3. 空心楼盖

空心楼盖是一种双向密肋体系。与普通的双向密肋楼盖不同之处是，楼盖带有底板（图2.8～图2.10），因此底面平整。

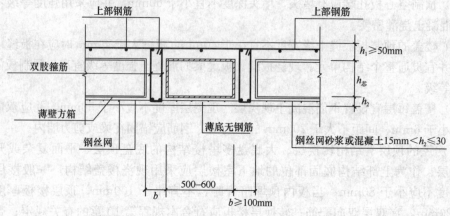

图2.8　空心楼盖两个方向的剖面图

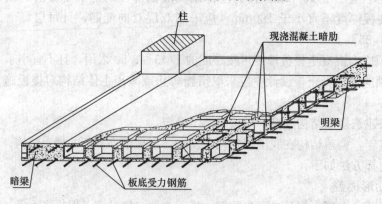

图2.9　薄壁方箱厚底有钢筋型空心楼盖立体示意图

18

这种楼盖通常的厚度为 300 ～ 400mm，可以根据设计的需要，增加其厚度。由于楼盖是双向密肋体系，具有较大的承载力和刚度，可以在跨度较大的楼盖中使用而不必设置梁柱等支承构件。

4. PK 预应力带肋混凝土薄板叠合楼盖

PK 预应力带肋混凝土薄板叠合楼盖的主要构件是 PK 预应力带肋混凝土薄板（图 2.11），肋上每隔一定距离留有一个 25mm×110mm 的孔洞，将其运至工地拼装，在孔洞中插入钢筋使之成为双向板，然后在其上浇捣混凝土，如图 2.12 所示。由于板双向受力，所以跨度可以较大。

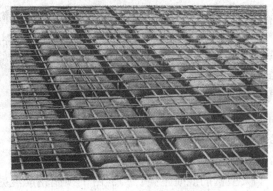

图 2.10　空心楼盖浇捣混凝土前的照片
（注：图 2.8～图 2.10 摘自巨星集团相关资料）

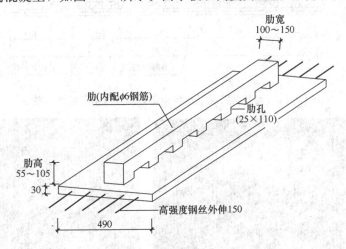

图 2.11　PK 预应力混凝土薄板三维图

图 2.12　PK 预应力混凝土薄板楼盖构造图
（注：图 2.11 和图 2.12 由长沙航凯建材技术有限公司提供）

5. 大型钢筋混凝土叠合楼盖

大型钢筋混凝土叠合楼盖的主要构件是工厂化生产的预制钢筋混凝土大板（图2.13和图2.14）。将其运至工地拼装，绑扎面层钢筋后再浇捣混凝土面层。楼盖可做成实心楼盖，也可以做成空心楼盖（图2.15、图2.16）。

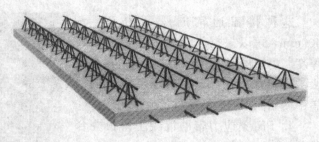

图2.13　工厂化生产的大型钢筋混凝土叠合楼板的底板

大型钢筋混凝土叠合楼盖由于预制钢筋混凝土大板的尺寸较大，施工速度较快，工厂化大批量生产，构件质量较好。

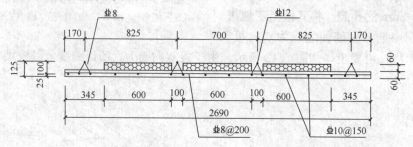

图2.14　大型钢筋混凝土叠合空心楼盖预制底板剖面图

图2.15　大型钢筋混凝土叠合空心楼盖底板安装照片

图2.16　大型钢筋混凝土叠合空心楼盖浇捣混凝土之前的照片

（注：图2.13～图2.16由远大住宅工业有限公司提供）

6. 组合式楼盖

组合式楼盖常与钢竖向承重结构一起使用，结构的类型很多。如：

1）压型钢板-混凝土组合楼板（图2.17a）。

2）钢梁-混凝土组合楼盖（图2.17b）。

3）预制混凝土板-钢网架组合楼盖（图2.17c）。

高层建筑结构计算中，常假定楼板在自身平面内刚度无限大，在水平荷载下，楼盖只产生位移而无变形。所以，在构造设计上，要使楼盖具有较大的平面内刚度。此外，楼盖的刚性对建筑物的整体性和水平荷载的有效传递起着重要的作用。为此，构造上对楼盖有如下要求：

1. 房屋高度超过50m时，应采用现浇楼盖。

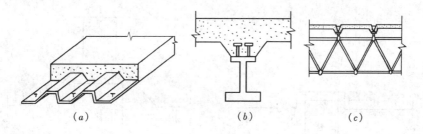

图 2.17　组合式楼盖

(a) 压型钢板-混凝土楼板；(b) 钢梁-混凝土板组合楼盖；(c) 网架楼盖

2. 顶层楼面应加厚并采用现浇，以抵抗温度变化的影响，并在建筑物的顶部加强约束，提高抗风和抗震能力。

3. 转换层楼面的上面是剪力墙或较密的框架柱，下面为间距较大的框架柱或落地剪力墙，楼板将上部结构上的荷载转换到下部结构，受力很大，因此，要用现浇楼板并采取加强措施。

4. 现浇楼板的厚度不宜小于 100mm，不应小于 80mm，楼板太薄不仅容易因上部钢筋位置变动而开裂，而且不便于敷设各类管道。

5. 楼板的厚度必须满足正截面承载力、变形、裂缝、抗冲切、防火、防腐等各项要求。

【禁忌 2.4】　不了解如何进行基础选择

高层建筑的基础是高层建筑的重要组成部分。它将上部结构传来的较大荷载传递给地基。高层建筑基础形式选择的好坏，不但关系到结构的安全，而且对房屋的造价、施工工期等有重大的影响。

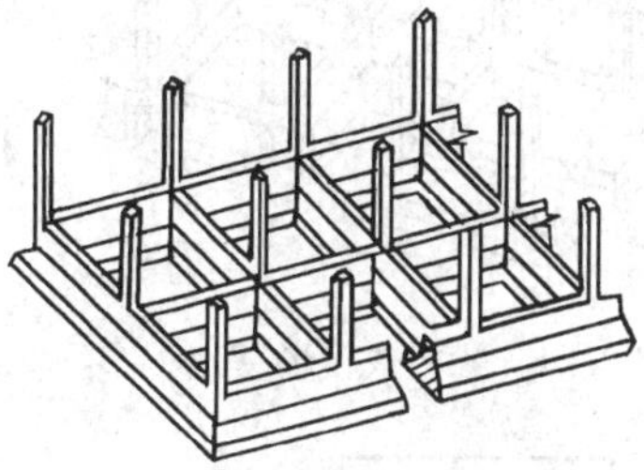

高层建筑基础形式有：

(1) 柱下独立基础。当地基为岩石时，可采用地锚将基础锚固在岩石上，锚入长度≥40d。

(2) 交叉梁基础（图 2.18 和图 2.19）。

(3) 筏形基础（图 2.20 和图 2.21）。

(4) 箱形基础（图 2.22）。

(5) 桩基础（图 2.23）。

(6) 复合基础（图 2.24 和图 2.25）。

图 2.18　交叉梁基础

高层建筑的基础设计应综合考虑建筑场地的工程地质和水文地质状况、上部结构的类型和房屋高度、施工技术和经济条件等因素，使建筑物不致发生过量沉降或倾斜，满足建筑物正常使用要求；还应了解邻近地下构筑物及各项地下设施的位置和标高等，减少与相邻建筑的相互影响。

高层建筑应采取整体性好、能满足地基承载力和建筑物容许变形要求并能调节不均匀沉降的基础形式；宜采用筏形基础或带柱基的筏形基础，必要时可采用箱形基础。当地质条件好且能满足地基承载力和变形要求时，也可采用交叉梁式基础或其他形式基础；当地基承载力或变形不满足设计要求时，可采用桩基或复合地基。

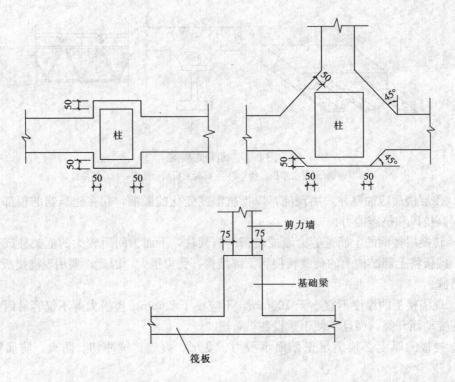

图 2.19　交叉梁与上部结构连接

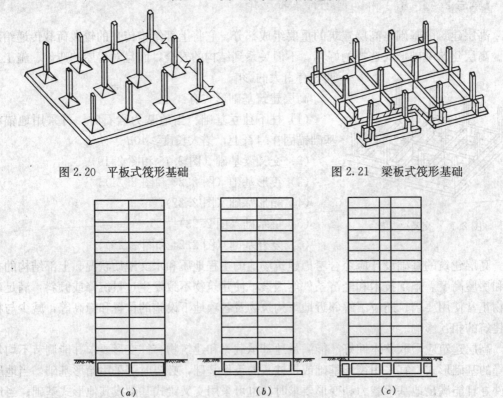

图 2.20　平板式筏形基础　　　　　图 2.21　梁板式筏形基础

（a）　　　　　　　　（b）　　　　　　　　（c）

图 2.22　箱形基础横剖面

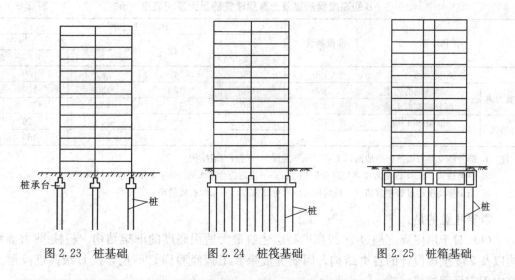

图 2.23 桩基础　　　　图 2.24 桩筏基础　　　　图 2.25 桩箱基础

【禁忌 2.5】 不了解高层建筑的最大适用高度为什么要分为 A、B 两级

　　建筑红线划定以后，有的建设单位希望在容积率许可的范围内适当地增加建筑物的高度，以发挥其开发效应。为此，《高规》对各种竖向结构的最大适用高度采取了较为灵活的方式，将最大适用高度分为 A、B 两级。B 级高度高层建筑结构的最大适用高度较 A 级适当放宽，但其抗震等级、计算要求和构造措施会相应加严。A 级高度的钢筋混凝土高层建筑的最大适用高度如表 2.2 所示。

A 级高度钢筋混凝土高层建筑的最大适用高度（m）　　　　　　表 2.2

结构体系		非抗震设计	抗震设防烈度				
			6 度	7 度	8 度		9 度
					0.20g	0.30g	
框　架		70	60	50	40	35	—
框架-剪力墙		150	130	120	100	80	50
剪力墙	全部落地剪力墙	150	140	120	100	80	60
	部分框支剪力墙	130	120	100	80	50	不应采用
筒体	框架-核心筒	160	150	130	100	90	70
	筒中筒	200	180	150	120	100	80
板柱-剪力墙		110	80	70	55	40	不应采用

　　注：1. 表中框架不含异形柱框架结构；

　　　　2. 部分框支剪力墙结构指地面以上有部分框支剪力墙的剪力墙结构；

　　　　3. 甲类建筑，6、7、8 度时宜按本地区抗震设防烈度提高一度后符合本表的要求，9 度时应专门研究；

　　　　4. 框架结构、板柱-剪力墙结构以及 9 度抗震设防的表列其他结构，当房屋高度超过本表数值时，结构设计应有可靠依据，并采取有效的加强措施。

　　当框架-剪力墙、剪力墙及筒体结构超出表 2.2 的高度时，列入 B 级高度高层建筑。B 级高度高层建筑的最大适用高度不宜超过表 2.3 的规定，并应遵守更严格的计算和构造措施，且需经过专家的审查、复核。

B 级高度钢筋混凝土高层建筑的最大适用高度（m）　　　　表 2.3

结构体系		非抗震设计	抗震设防烈度			
			6 度	7 度	8 度	
					0.20g	0.30g
框架-剪力墙		170	160	140	120	100
剪力墙	全部落地剪力墙	180	170	150	130	110
	部分框支剪力墙	150	140	120	100	80
筒体	框架-核心筒	220	210	180	140	120
	筒中筒	300	280	230	170	150

注：1. 部分框支剪力墙结构指地面以上有部分框支剪力墙的剪力墙结构；

　　2. 甲类建筑，6、7 度时宜按本地区设防烈度提高一度后符合本表的要求，8 度时应专门研究；

　　3. 当房屋高度超过表中数值时，结构设计应有可靠依据，并采取有效措施。

需要注意的是：

（1）对于房屋高度超过 A 级高度高层建筑最大适用高度的框架结构、板柱-剪力墙结构以及 9 度抗震设计的各类结构，因研究成果和工程经验尚显不足，在 B 级高度高层建筑中不应采用这些结构。

（2）具有较多短肢剪力墙的剪力墙结构的抗震性能有待进一步研究和工程实践检验，《高规》规定：其最大适用高度比剪力墙结构适当降低，7 度时不应大于 100m、8 度（0.2g）时不应超过 80m、8 度（0.3g）时不应超过 60m；B 级高度高层建筑及 9 度时的 A 级高度高层建筑不应采用这种结构。

（3）高度超出表 2.3 的特殊工程，则应通过专门的审查、论证，补充多方面的计算分析，必要时进行相应的结构试验研究，采取专门的加强构造措施，才能予以实施。

（4）框架-核心筒结构中，除周边框架外，内部带有部分仅承受竖向荷载的板柱结构时，不属于本条所说的板柱-剪力墙结构。

（5）最大适用高度表中，框架-剪力墙结构的高度均低于框架-核心筒结构的高度，其主要原因是，框架-核心筒结构的核心筒相对于框架-剪力墙结构的剪力墙较强，核心筒成为主要抗侧力构件。

【禁忌 2.6】　不了解为什么要限制结构的高宽比

长细比小的杆件在轴向压力的作用下，不存在失去稳定的问题，材料的强度可以得到较充分的利用。长细比很大的杆件在轴向压力的作用下，在材料强度被充分利用前，可能产生纵向弯曲，即失去稳定。高层建筑犹如竖向悬臂杆件，房屋的高宽比对其受力性能有着较大的影响。

高宽比是房屋结构刚度、整体稳定、承载力和经济合理性的宏观控制，应对其进行限制。

高宽比的限值见表 2.4。

在复杂体形的高层建筑中，如何计算高宽比是比较难确定的问题。一般场合，可按所考虑方向的最小投影宽度计算高宽比，但对突出建筑物平面很小的局部结构（如楼梯间、电梯间等），一般不应包含在计算宽度内；对于不宜采用最小投影宽度计算高宽比的情况，应有设计人员根据实际情况确定合理的计算方法；对带有裙房的高层建筑，当裙房的面积和刚度相对于其上部塔楼的面积和刚度较大时，计算高宽比的房屋高度和宽度可按裙房以上部分考虑。

钢筋混凝土高层建筑结构适用的高宽比　　　　　表 2.4

结构体系	非抗震设计	抗震设防烈度		
		6 度、7 度	8 度	9 度
框架	5	4	3	—
板柱-剪力墙	6	5	4	—
框架-剪力墙、剪力墙	7	6	5	4
框架-核心筒	8	7	6	4
筒中筒	8	8	7	5

【禁忌 2.7】　不了解结构布置包括哪些主要内容

结构形式选定后，要进行结构布置。高层建筑的结构布置包括以下主要内容：

（1）结构平面布置。即确定梁、柱、墙、基础等在平面上的位置。

（2）结构竖向布置。即确定结构竖向形式、楼层高度、电梯机房、屋顶水箱、电梯井和楼梯间的位置和高度，是否设地下室、转换层、加强层、技术夹层以及它们的位置和高度。

高层建筑的结构布置除了应满足使用要求外，应尽可能地做到简单、规则、均匀、对称，使结构具有足够的承载力、刚度和变形能力，避免因局部破坏而导致整个结构破坏，避免局部突变和扭转效应而形成薄弱部位，使结构具有多道抗震防线。

【禁忌 2.8】　不了解结构平面布置要满足什么要求

高层建筑每一独立结构单元的平面结构布置应满足以下要求：

● 简单、规则、均匀、对称。

● 承重结构应双向布置，偏心小，构件类型少。

● 平面长度和突出部分应满足表 2.5（图 2.26）的要求，凹角处宜采用加强措施。

L、l 的 限 值　　　　　表 2.5

设防烈度	L/B	l/B_{max}	l/b
6 度和 7 度	≤6.0	≤0.35	≤2.0
8 度和 9 度	≤5.0	≤0.30	≤1.5

平面过于狭长的建筑物在地震时由于两端地震被输入有位相差，容易产生不规则震动，造成较大的震害。

平面有较长的外伸时，外伸段容易产生局部振动而引发凹角处破坏。角部重叠和细腰的平面容易产生应力集中，使楼板开裂、破坏，不宜采用。

● 施工简便，造价省。

需要补充说明的是：

1. 高层建筑承受较大的风力。在沿海地区，风力成为高层建筑的控制性荷载，应尽可能地采用对抗风有利的平面形状。

对抗风有利的平面形状是简单规则的凸平面，如圆形、正多边形、椭圆形、鼓形等平面。对抗风不利的平面是有较多凹凸的复杂形状平面，如 V 形、Y 形、H 形、弧形等平面。

2. 平面过于狭长的建筑物在地震时由于两端地震波输入有位相差而容易产生不规则

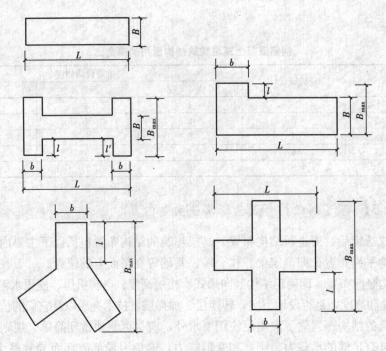

图 2.26 建筑平面

振动，产生较大的震害，表 2.5 给出了（图 2.26）L/B 的最大限值。在实际工程中，L/B 在 6、7 度抗震设计的不宜超过 4；在 8、9 度抗震设计时不宜超过 3。

平面有较长的外伸时，外伸段容易产生局部振动而引发凹角处破坏，外伸部分 l/b 的限值在表 2.5 中已列出，但在实际工程设计中最好控制 l/b 不大于 1。

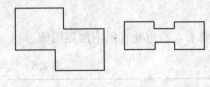

图 2.27 对抗震不利的建筑平面

3. 角部重叠和细腰形的平面图形（图 2.27），在中央部位形成狭窄部分，在地震中容易产生震害，尤其在凹角部位，因为应力集中容易使楼板开裂、破坏。这些部位应采用加大楼板厚度、增加板内配筋、设置集中配筋的边梁、配置 45°斜向钢筋等方法予以加强。

4. B 级高度钢筋混凝土结构及混合结构的最大适用高度已放松到比较高的程度，与此相应，对其结构的规则性要求必须严格；复杂高层建筑结构的竖向布置已不规则，对这些结构的平面布置的规则性应严格要求。因此，对上述结构的平面布置应做到简单、规则，减小偏心。

5. 楼板有较大凹入或开有大面积洞口后，被凹口或洞口划分开的各部分之间的连接较为薄弱，在地震中容易相对振动而使削弱部位产生震害，因此对凹入或洞口的大小加以限制。设计中应同时满足规定的各项要求。以图 2.28 所示平面为例，L_2 不宜小于 $0.5L_1$，a_1 与 a_2 之和不宜小于 $0.5L_2$ 且不宜小于 5m，a_1 和 a_2 均不应小于 2m，开洞面积不宜大于楼面面积的 30%。

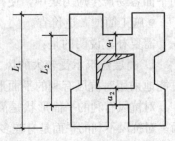

图 2.28 楼板净宽度要求示意

6. 楼电梯间无楼板而使楼面产生较大削弱，此时应

26

将楼电梯间周边的剩余楼板加厚，采用双层双向配筋，或加配斜向钢筋。此外，洞口边缘设置边梁、暗梁，在楼板洞口角部集中配置斜向钢筋。

【禁忌2.9】 不了解结构竖向布置要满足什么要求

高层建筑的竖向结构布置要满足以下要求：

1. 高层建筑的竖向体形宜规则、均匀，避免有过大的外挑和收进。结构的侧向刚度宜下大上小，逐渐均匀变化。

2. 抗震设计时，高层建筑相邻楼层的侧向刚度变化应符合下列规定：

（1）对框架结构，楼层与其相邻上层的侧向刚度比 γ_1 可按式（2.1）计算，且本层与相邻上层的比值不宜小于 0.7，与相邻上部三层刚度平均值的比值不宜小于 0.8。

$$\gamma_1 = \frac{D_i}{D_{i+1}} = \frac{\dfrac{V_i}{\Delta_i}}{\dfrac{V_{i+1}}{\Delta_{i+1}}} = \frac{V_i \Delta_{i+1}}{V_{i+1} \Delta_i} \tag{2.1}$$

式中 γ_1 ——楼层侧向刚度比；
V_i、V_{i+1} ——第 i 层和第 $i+1$ 层的地震剪力标准值（kN）；
Δ_i、Δ_{i+1} ——第 i 层和第 $i+1$ 层在地震作用标准值作用下的层间位移（m）。

（2）对框架-剪力墙、板柱-剪力墙结构、剪力墙结构、框架-核心筒结构、筒中筒结构，楼层与其相邻上层的侧向刚度比 γ_2 可按式（2.2）计算，且本层与相邻上层的比值不宜小于 0.9；当本层层高大于相邻上层层高的 1.5 倍时，该比值不宜小于 1.1；对结构底部嵌固层，该比值不宜小于 1.5。

$$\gamma_2 = \frac{V_i \Delta_{i+1}}{V_{i+1} \Delta_i} \frac{h_i}{h_{i+1}} \tag{2.2}$$

式中 γ_2 ——考虑层高修正的楼层侧向刚度比。

3. A 级高度高层建筑的楼层抗侧力结构的层间受剪承载力不宜小于其相邻上一层受剪承载力的 80%，不应小于其相邻上一层受剪承载力的 65%；B 级高度高层建筑的楼层抗侧力结构的层间受剪承载力不应小于其相邻上一层受剪承载力的 75%。

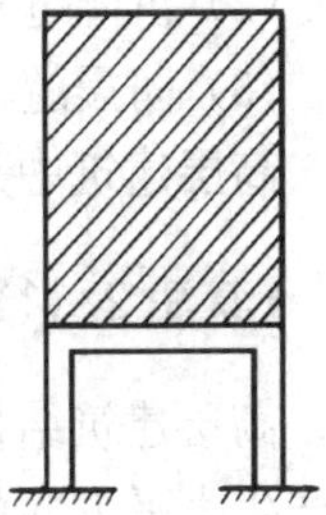

楼层抗侧力结构的层间受剪承载力是指在所考虑的水平地震作用方向上，该层全部柱、剪力墙、斜撑的受剪承载力之和。

图 2.29 框支剪力墙（竖向抗侧力结构上下未贯通）

4. 抗震设计时，结构竖向抗侧力构件宜上、下连续贯通，不宜出现上、下不贯通情况（图 2.29）。

5. 抗震设计时，当结构上部楼层收进部位到室外地面的高度 H_1 与房屋高度 H 之比大于 0.2 时，上部楼层收进后的水平尺寸 B_1 不宜小于下部楼层水平尺寸 B 的 75%（图 2.30a、b）；当上部结构楼层相对于下部楼层外挑时，上部楼层水平尺寸 B_1 不宜大于下部楼层的水平尺寸 B 的 1.1 倍，且水平外挑尺寸 a 不宜大于 4m（图 2.30c、d）。

6. 楼层质量沿高度宜均匀分布，楼层质量不宜大于相邻下部楼层质量的 1.5 倍。

7. 不宜采用同一楼层刚度和承载力变化同时不满足第 2 点和第 3 点规定的高层建筑结构。

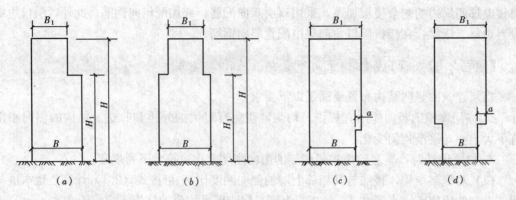

图 2.30　结构竖向收进和外挑示意

8. 侧向刚度变化、承载力变化、竖向抗侧力构件连续性不符合第 2、3、4 点要求的楼层，其对应于地震作用标准值的剪力应乘以 1.25 的增大系数。

9. 结构顶层取消部分墙、柱形成空旷房间时，宜进行弹性或弹塑性时程分析补充计算并采取有效的构造措施。

【禁忌 2.10】　不知道什么是变形缝

进行结构平面布置时，除了要考虑梁、柱、墙等结构构件的布置外，还要考虑是否需要设置变形缝。变形缝指：

(1) 温度伸缩缝或简称为伸缩缝；

(2) 沉降缝；

(3) 防震缝。

高层建筑中是否设置变形缝，是进行结构平面布置时要考虑的重要问题之一。

【禁忌 2.11】　不知道如何设置伸缩缝

高层建筑结构不仅平面尺度大，而且竖向的高度也很大，温度变化和混凝土收缩不仅会产生水平方向的变形和内力，而且也会产生竖向的变形和内力。

但是，高层钢筋混凝土结构一般不计算由于温度、收缩产生的内力。因为一方面高层建筑的温度场分布和收缩参数等都很难准确地决定；另一方面混凝土又不是弹性材料，它既有塑性变形，还有徐变和应力松弛，实际的内力要远小于按弹性结构的计算值。

钢筋混凝土高层建筑结构的温度—收缩问题，一般由构造措施来解决。

当屋面无隔热或保温措施时，或位于气候干燥地区、夏季炎热且暴雨频繁地区的结构，可适当减少伸缩缝的距离。

当混凝土的收缩较大或室内结构因施工而外露时间较长时，伸缩缝的距离也应减小。

相反，当有充分依据，采取有效措施时，伸缩缝间距可以放宽。

如上所述，温度缝是为防止温度变化和混凝土收缩导致房屋开裂而设。

伸缩缝的最大间距见表 2.6。

伸缩缝只设在上部结构，基础可不设伸缩缝。

伸缩缝处宜做双柱，伸缩缝最小宽度为 50mm。

伸缩缝与结构平面布置有关。结构平面布置不好时，可能导致房屋开裂。

伸 缩 缝 最 大 间 距   表 2.6

结构体系	施工方法	最大间距（m）	结构体系	施工方法	最大间距（m）
框架结构	现浇	55	剪力墙结构	现浇	45

注：1. 框架-剪力墙结构的伸缩缝间距可根据结构的具体布置情况取表中框架结构与剪力墙结构之间的数值。

2. 当屋面无保温或隔热措施时，混凝土的收缩较大或室内结构因施工外露时间较长时，伸缩缝间距应适当减小。

3. 位于气候干燥地区、夏季炎热且暴雨频繁地区的结构，伸缩缝的间距宜适当减小。

不设或增大伸缩缝间距的措施有：

● 顶层、底层、山墙和纵墙端开间等温度变化影响较大的部位提高配筋率。

● 顶部采取保温、隔热和通风措施。

● 降低顶层结构刚度。

● 采用收缩小的水泥，减少水泥用量，在混凝土中加入适宜的外加剂。

● 留后浇带。后浇带每 30～40m 留一道，带宽 800～1000mm，钢筋采用搭接接头，两个月后再浇灌，构造如图 2.31 所示。

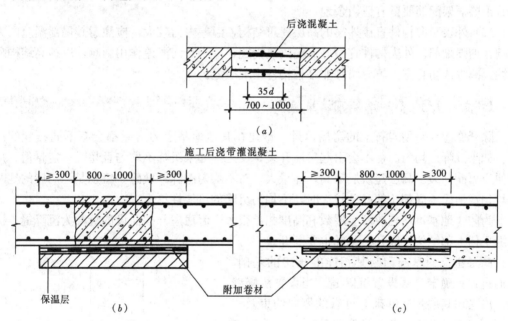

图 2.31　施工后浇带

（a）梁板；（b）外墙；（c）底板

后浇带应通过建筑物的整个横截面，分开全部墙、梁和楼板，使得两边都可以自由收缩。后浇带可以选择对结构受力影响较小的部位曲折通过，不要在一个平面内，以免全部钢筋都在同一平面内搭接。一般情况下，后浇带可设在框架梁和楼板的 1/3 跨处；设在剪力墙洞口上方连梁的跨中或内外墙连接处（图 2.32）。

由于后浇带混凝土后浇，钢筋搭接，其两侧结构长期处于悬臂状态，所以模板的支柱在本跨不能全部拆除。当框架主梁跨度较大时，梁的钢筋可以直通而不切断，以免搭接长

29

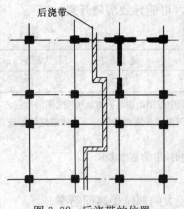

图 3.32 后浇带的位置

度过长而产生施工困难，也防止悬臂状态下产生不利的内力和变形。

1. 采取下列措施可控制水平温差影响：

（1）高层建筑水平温差影响主要集中在底部筒体、剪力墙，使其受到较大的弯矩和剪力，下部楼屋梁板将受到较大的轴向拉力。因此，底部筒体、剪力墙的配筋、剪压比应留有余地，下部楼层的梁板配筋应加强，楼板宜采用双层双向配筋并且拉通。

（2）剪力墙结构的屋盖水平温差收缩，因受到剪力墙的约束而会产生较大的温度应力，屋盖梁板配筋宜双层双向设置并予以加强。

2. 采取下列措施可控制竖向温差影响：

（1）高层建筑竖向温差影响主要集中在顶部若干层，与内外竖向构件直接相连的框架梁受到较大弯矩、剪力；底部若干层内外竖向构件将受到较大轴向压力或拉力；外表竖向构件受到局部温差引起的较大弯矩。因此，竖向构件要控制轴压比、保证合适含钢率，顶部若干层框架配筋要留有适当余地。

（2）外表竖向构件直接外露的高层建筑结构，温差内力较大，应注意其局部温差内力影响，加强配筋。外表构件宜做好保温隔热措施，减小竖向温差作用影响，以提高结构耐久性，减少或防止室内填充墙等非结构构件出现裂缝。

【禁忌2.12】 不知道如何设置沉降缝

除开修建在坚硬岩石上的房屋以外，修建在其他地基上的房屋都会有不同程度的沉降。如果沉降是均匀的，不会引起房屋开裂；反之，如果沉降不均匀且超过一定量值，房屋便有可能开裂。高层建筑层数高、体量大，对不均匀沉降较敏感。特别是当房屋的地基不均匀或房屋不同部位的高差较大时，不均匀沉降的可能性更大。

为防止地基不均匀或房屋层数和高度相差很大引起房屋开裂而设的缝称为沉降缝。沉降缝不但上部结构要断开，基础也要断开。

高层建筑的基础和与其相连的裙房的基础，可通过计算确定是否设置沉降缝。当设置沉降缝时，应考虑高层主楼基础有可靠的侧向约束及有效埋深（图2.33）。当不设沉降缝时，应采取有效措施减少差异沉降及其影响。

带裙房的大底盘高层建筑，现在全国各地应用较普遍，高层主楼与裙房之间根据使用功能要求多数不设永久缝。我国从20世纪80年代初以来，对多栋带有裙房的高层建筑沉降观测表明：地基沉降曲线在高低层连接处是连续的，不会出现突变。高层主楼地基下沉，由于土的剪切传递，高层主楼以外的地基随之下沉，其影响范围

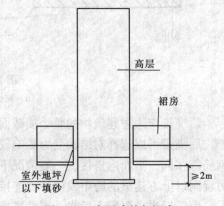

图2.33 高层建筑与裙房间的沉降缝处理

随土质而异。因此，裙房与主楼连接处不会发生突变的差异沉降，而是在裙房若干跨内产生连续性的差异沉降。

当高层建筑与裙房之间不设置沉降缝时，宜在裙房一侧设置后浇带，后浇带的位置宜设在距主楼边的第二跨内。后浇带混凝土宜根据实测沉降情况确定浇筑时间。为尽早停止降水，基础底板及地下室外墙在后浇带处的防水处理见图2.34。

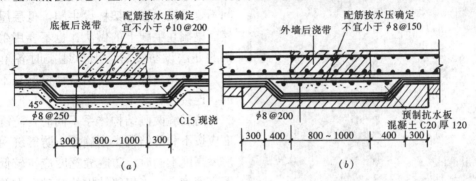

图 2.34　后浇带防水处理
(a) 基础底板；(b) 地下室外墙

一般而言，高层建筑结构地基基础应有较好的刚度，应控制各部位发生的最大沉降量在许可的范围内。但从理论上讲，任何一个高层建筑结构绝对均匀、无任何差异的沉降是不可能的。

刚度均匀的地基，在高层建筑结构重力荷载长期作用下，实测最终沉降曲线一般呈现中部沉降大、两翼沉降小的盆式曲线，此曲线的斜率（差异沉降）、曲率，实质已是地基—基础—上部结构三者共同工作的结果。

差异沉降应符合现行国家标准《建筑地基基础设计规范》GB 50007—2011 的有关规定。一般场合，当差异沉降小于 5mm 时，其影响较小，可忽略不计；当已知或预知差异沉降量大于 10mm 时，必须计及其影响，并采取相应构造加强措施。如控制下层边柱设计轴压比，下层框架梁边支座配筋要留有余地。

不设沉降缝的措施有：
- 采用端承桩基础。
- 主楼与裙房用不同形式的基础。
- 先施工主楼，后施工裙房。

【禁忌 2.13】　不知道如何设置防震缝

地震区为防止房屋或结构单元在发生地震时相互碰撞（图2.35）而设置的缝，称为防震缝。

抗震设计的高层建筑在下列情况下宜设防震缝：

(1) 平面长度和外伸长度尺寸超出了规程限值而又没有采取加强措施时；

(2) 各部分结构刚度相差很远，采取不同材料和不同结构体系时；

(3) 各部分质量相差很大时；

(4) 各部分有较大错层时。

图 2.35 汶川地震中相邻两栋房屋
相互碰撞破坏实例

此外，各结构单元之间设了伸缩缝和沉降缝时，其缝宽应满足防震缝宽度的要求。

防震缝应在地面以上沿全高设置，当不作为沉降缝时，基础可以不设防震缝。但在防震缝处基础应加强构造和连接，高低层之间不要采用主楼框架柱设牛腿，低层屋面或楼面梁搁在牛腿上的做法，也不要用牛腿托梁的办法设防震缝，因为地震时各单元之间，尤其是高低层之间的振动情况是不相同的，连接处容易压碎、拉断。

防震缝两侧结构体系不同时，防震缝宽度应按不利的结构类型确定；防震缝两侧的房屋高度不同时，防震缝宽度应按较低的房屋高度确定；当相邻结构的基础存在较大沉降差时，宜增大防震缝的宽度；防震缝宜沿房屋全高设置；地下室、基础可不设防震缝，但在与上部防震缝对应处应加强构造和连接；结构单元之间或主楼与裙房之间如无可靠措施，不应采用牛腿托梁的做法设置防震缝。

防震缝应尽可能与温度缝、沉降缝重合。

防震缝最小宽度应符合下列规定：

（1）框架房屋，高度不超过 15m 时不应小于 100mm；高度超过 15m 时，6 度、7 度、8 度和 9 度分别每增加 5m、4m、3m 和 2m，宜加宽 20mm；

（2）框架-剪力墙结构房屋可按第一项规定的 70% 采用，剪力墙结构房屋可按第一项规定的 50% 采用，且两者均不宜小于 100mm。

在抗震设计时，建筑物各部分之间的关系应明确：如分开，则彻底分开；如相连，则连接牢固。

【禁忌 2.14】 忽视混凝土收缩和徐变的影响

混凝土徐变是混凝土材料固有的特性。混凝土随着作用在其上的压力时间的持续，将持续发生变形，即徐变变形。结构竖向构件在重力荷载作用下一般都处于长期受压状态，而高层建筑竖向构件又由于其竖向构件高度大，其徐变变形累计大；特别是高层建筑结构重力荷载随施工逐层增加，大部分竖向构件承受一部分压应力时，混凝土龄期还不到28d，此时徐变变形较大，尤其是高层建筑结构设计中，对抗侧刚度构成和抗侧能力、延性有一定要求，相应地要求部分主要抵抗水平力的竖向构件在重力荷载下压应力水平低于其他竖向构件在重力荷载下压应力水平，从而更使竖向构件间累计徐变变形差异增大。所以，高层、超高层钢筋混凝土建筑结构更应重视混凝土徐变影响。

理论上讲，混凝土徐变有利于整体高层建筑结构变形协调，有利于减缓整体结构应力集中。所以，一般情况下，混凝土徐变对整体结构承载力、稳定影响较小，然而，部分构件（如上部连梁）和高层建筑中非结构构件，却首当其冲身受其害。从保证建筑物使用质量的观点来看，分析混凝土徐变对高层钢筋混凝土结构的影响，并针对其中的不利影响，采取对策，以对建筑结构和非结构构件提供较可靠的质量保证，是高层钢筋混凝土结构设计中又一重要内容。世界各国结构工程师早在20世纪60年代开始就注意高层、超高层钢筋混凝土结构混凝土徐变的影响，在结构设计中采取措施，以保证建筑质量和正常使用。

混凝土受压产生徐变变形，通常伴随着混凝土收缩变形同时发生。高层建筑竖向构件混凝土受压竖向徐变变形与其混凝土收缩变形同向，从而加大了竖向构件后期变形，也可将之统称为混凝土收缩徐变变形。混凝土收缩变形的量级一般较接近于或略大于混凝土徐变变形，其变形规律十分接近于混凝土徐变变形。这样，叠加上混凝土收缩变形，将使整个高层建筑结构竖向构件后期非荷载作用直接引起的塑性变形较大，有时会超过直接荷载引起的弹性变形。

高层钢筋混凝土建筑结构竖向构件混凝土收缩徐变变形较大，由此引起的差异变形也较大，特别在房屋的上部区域。因此填充和连接支承于高层建筑结构内的非结构构件如填充墙、幕墙等，特别要注意避免采用脆性材料刚性连接，要尽量选用韧性好的材料柔性连接。在后期结构发生塑性徐变及变形差时，非结构构件应有相对位移变形余量，不致使其因协调服从结构构件间徐变差异变形而产生较大应力，避免造成非结构构件裂缝甚至破坏；同时，非结构构件自身也要有一定的强度和适应结构后期塑性变形的能力。

混凝土收缩徐变对高层尤其是超高层钢筋混凝土结构具有较大的影响，因此结构设计、施工可采取以下对策：

（1）从混凝土制作工艺上严格控制、减小容易引起混凝土收缩徐变的不利因素，如竖向构件尽量采用高强度等级混凝土，避免过大的水灰比，避免过高水泥用量。泵送混凝土要求混凝土坍落度大；但如果增多水泥用量，则混凝土收缩徐变较大，对结构不利，因此宜增加适宜的外加剂。

（2）结构选型布置时，要注意使竖向构件重力荷载下压应力水平尽量接近，减小差异，以避免后期混凝土徐变差异变形过大。

（3）控制混凝土压应力水平，既有利于减小混凝土徐变变形，又有利于钢筋压应力增量不致过大，避免钢筋屈服。

（4）适当加大竖向构件竖向配筋率，尤其是压应力水平高的竖向构件纵配筋率，有利于减小混凝土最终收缩徐变变形，有利于钢筋混凝土协同工作，有利于减小徐变差异变形。

（5）上部若干层的楼屋盖板承载力、配筋留有适当余地，以保证结构安全使用。

【禁忌2.15】 不了解如何减小非荷载效应的影响

非荷载效应是指由于温度、收缩、徐变、地基不均匀沉降等因素引起的变形和裂缝。高层建筑宜采取措施减少这些非荷载效应的不利影响。减少非荷载裂缝的主要措施有：

1. 改善和加强屋盖及外墙保温隔热措施，避免结构直接外露，以减小结构经历的温度场变化。

2. 适当采用外加剂、减水剂，减小水灰比，减少水泥用量，加强养护，低温入模，以减小混凝土材料自身收缩率，减小混凝土收缩变形。楼层盖结构不宜采用高强混凝土，其混凝土强度等级一般宜取 C25 或 C30。

3. 根据实际结构的布置及受力情况，适当布置收缩后浇带，以减小混凝土前期收缩应力；适当布置沉降后浇带，以释放施工阶段结构自重产生的差异沉降附加应力；这种施工控制减小结构不利受力的概念与方法已广泛应用于各类大跨、空间结构。

4. 在某些应力集中部位可采用楼屋盖梁与竖向主体结构构件铰接或设施工后浇带，以减小重力荷载作用下竖向构件差异变形（包括徐变差异变形）产生的结构附加内力。

5. 非结构构件如幕墙、填充墙与主体结构之间采用柔性连接，以释放和减小因结构差异变形引起的非结构构件中的附加内力。

6. 控制重力荷载下竖向主体结构构件的压应力水平接近，减小竖向构件间竖向差异变形及其累计差异徐变变形对结构、非结构构件的影响。

7. 因地制宜，采用合理的地基基础形式，保证地基基础具有合适的刚度，减小差异沉降及由此引起的附加结构内力。

8. 在柱、墙、梁、板必要的部位适当增加构造配筋，减少钢筋混凝土的收缩变形和徐变变形，提高构件的承载能力，减少和控制混凝土裂缝的出现的发展。

9. 控制柱、墙等竖向构件在重力荷载作用下的压应力，使其压应力水平不过高，以减小徐变变形，并使柱墙能承受非荷载作用附加影响。

10. 对结构构件施加预应力。

11. 房屋高度不低于 150m 的高层建筑，外墙宜采用各类建筑幕墙，以减小主体结构的温度应力。

【禁忌 2.16】 不了解高层建筑结构对材料的要求

1. 高层建筑混凝土结构宜采用高强高性能混凝土和高强钢筋；构件内力较大或抗震性能有较高要求时，宜采用型钢混凝土、钢管混凝土构件。

2. 各类结构用混凝土的强度等级均不应低于 C20，并应符合下列规定：

（1）抗震设计时，一级抗震等级框架梁、柱及其节点的混凝土强度等级不应低于 C30；

（2）筒体结构的混凝土强度等级不宜低于 C30；

（3）作为上部结构嵌固部位的地下室楼盖的混凝土强度等级不宜低于 C30；

（4）转换层楼板、转换梁、转换柱、箱形转换结构以及转换厚板的混凝土强度等级均不应低于 C30；

（5）预应力混凝土结构的混凝土强度等级不宜低于 C40、不应低于 C30；

（6）型钢混凝土梁、柱的混凝土强度等级不宜低于 C30；

（7）现浇非预应力混凝土楼盖结构的混凝土强度等级不宜高于 C40；

（8）抗震设计时，框架柱的混凝土强度等级，9 度时不宜高于 C60，8 度时不宜高于 C70；剪力墙的混凝土强度等级不宜高于 C60。

3. 高层建筑混凝土结构的受力钢筋及其性能应符合现行国家标准《混凝土结构设计规范》（GB 50010—2010）的有关规定。按一、二、三级抗震等级设计的框架和斜撑构件，其纵向受力钢筋尚应符合下列规定：

（1）钢筋的抗拉强度实测值与屈服强度实测值的比值不应小于 1.25；

（2）钢筋的屈服强度实测值与屈服强度标准值的比值不应大于 1.30；

（3）钢筋最大拉力下的总伸长率实测值不应小于 9%。

4. 抗震设计时混合结构中钢材应符合下列规定：

（1）钢材的屈服强度实测值与抗拉强度实测值的比值不应大于 0.85；

（2）钢材应有明显的屈服台阶，且伸长率不应小于 20%；

（3）钢材应有良好的焊接性和合格的冲击韧性。

5. 混合结构中的型钢混凝土竖向构件的型钢及钢管混凝土的钢管宜采用 Q345 和 Q235 等级的钢材，也可采用 Q390、Q420 等级或符合结构性能要求的其他钢材；型钢梁宜采用 Q235 和 Q345 等级的钢材。

第3章 荷载与地震作用

【禁忌 3.1】 不了解什么是结构上的作用

结构上的作用是指能使结构产生效应（结构或构件的内力、应力、位移、应变、裂缝等）的各种因素的总称。结构上的作用分为直接作用和间接作用。直接作用是指作用在结构上的力集（包括集中力和分布力），习惯上统称为荷载，如永久荷载、活荷载、吊车荷载、雪荷载、风荷载以及偶然荷载等；间接作用是指那些不是直接以力集的形式出现的作用，如地基变形、混凝土收缩和徐变、焊接变形、温度变化以及地震等引起的作用等。

高层建筑结构可能承受的主要作用如图 3.1 所示。

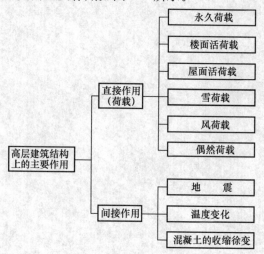

图 3.1 高层建筑结构上的主要作用

【禁忌 3.2】 不了解建筑结构上的荷载如何分类

建筑结构的荷载可分为下列三类：

1. 永久荷载，包括结构自重、土压力、预应力等。

2. 可变荷载，包括楼面活荷载、屋面活荷载和积灰荷载、吊车荷载、风荷载、雪荷载、温度作用等。

3. 偶然荷载，包括爆炸力、撞击力等。

土压力和预应力作为永久荷载是因为它们都是随时间单调变化而能趋于限值的荷载，其标准值都是依其可能出现的最大值来确定。在建筑结构设计中，有时也会遇到有水压力作用的情况，对水位不变的水压力可按永久荷载考虑，而水位变化的水压力应按可变荷载考虑。

由【禁忌3.1】可知，温度变化本来不属于直接作用（荷载），而是间接作用，但是，考虑到设计人员的习惯和使用方便，荷载规范将温度作用视为可变荷载。

【禁忌3.3】 不了解结构设计时不同荷载采用什么代表值

结构设计中采用何种荷载做代表将直接影响到荷载的取值和大小，关系结构设计的安全，要以强制性条文给以规定。

虽然任何荷载都具有不同性质的变异性，但在设计中，不可能直接引用反映荷载变异性的各种统计参数，通过复杂的概率运算进行具体设计。因此，在设计时，除了采用能便于设计者使用的设计表达式外，对荷载仍应赋予一个规定的量值，称为荷载代表值。荷载可根据不同的设计要求，规定不同的代表值，使之能更确切地反映它在设计中的特点。荷载规范给出荷载的四种代表值：标准值、组合值、频遇值和准永久值。

建筑结构设计时，应按下列规定对不同荷载采用不同的代表值：

1. 对永久荷载应采用标准值作为代表值；
2. 对可变荷载应根据设计要求采用标准值、组合值、频遇值或准永久值作为代表值；
3. 对偶然荷载应按建筑结构使用的特点确定其代表值。

荷载标准值是荷载的基本代表值。其他代表值都可在标准值的基础上，乘以相应的系数后得出。

荷载标准值是指其在结构的使用期间可能出现的最大荷载值。由于荷载本身的随机性，因而使用期间的最大荷载也是随机变量，原则上也可用它的统计分布来描述。按《工程结构可靠性设计统一标准》GB 50153的规定，荷载标准值统一由设计基准期最大荷载概率分布的某个分位值来确定。设计基准期是确定可变荷载代表值而选用的时间参数。荷载规范将设计基准期统一规定为50年，而对该分位值的百分位未作统一规定。

因此，对某类荷载，当有足够资料而有可能对其统计分布作出合理估计时，则在其设计基准期最大荷载的分布上，可根据协议的百分位，取其分位值作为该荷载的代表值，原则上可取分布的特征值（例如均值、众值或中值），国际上习惯称之为荷载的特征值（Characteristic value）。实际上，对于大部分自然荷载，包括风雪荷载，习惯上都以其规定的平均重现期来定义标准值，也即相当于以其重现期内最大荷载分布的众值为标准值。

目前，并非对所有荷载都能取得充分的资料，为此不得不从实际出发，根据已有的工程实践经验，通过分析判断后协议一个公称值（Nominal value）作为代表值。荷载规范中，对按这两种方式规定的代表值统称为荷载标准值。

当有两种或两种以上的可变荷载在结构上要求同时考虑时，由于所有可变荷载同时达到其单独出现时可能达到的最大值的概率极小，因此，除主导荷载（产生最大效应的荷载）仍可以其标准值为代表值外，其他伴随荷载均应采用相应时段内的最大荷载，也即以小于其标准值的组合值为荷载代表值，而组合值原则上可按相应时段最大荷载分布中的协议分位值（可取与标准值相同的分位值）来确定。

荷载的标准值是在规定的设计基准期内最大荷载的意义上确定的，它没有反映荷载作为随机过程而具有随时间变异的特性。当结构按正常使用极限状态的要求进行设计时，例如要求控制房屋的变形、裂缝、局部损坏以及引起不舒适的振动时，就应从不同的要求出发，来选择荷载的代表值。

正常使用极限状态按频遇组合设计时，应采用可变荷载的频遇值或准永久值作为其荷载代表值；按准永久组合设计时，应采用可变荷载的准永久值作为其荷载代表值。可变荷载的频遇值，应为可变荷载标准值乘以频遇值系数。可变荷载准永久值，应为可变荷载标准值乘以准永久值系数。

按严格的统计定义来确定频遇值和准永久值目前还比较困难，荷载规范所提供的这些代表值，大部分还是根据工程经验并参考国外标准的相关内容后确定的。对于有可能再划分为持久性和临时性两类的可变荷载，可以直接引用荷载的持久性部分，作为荷载准永久值取值的依据。

【禁忌 3.4】　不了解什么是结构的极限状态和结构的极限状态如何分类

当整个结构或结构的一部分超过某一特定状态，而不能满足设计规定的某一功能要求时，则称此特定状态为结构对该功能的极限状态。

设计中的极限状态往往以结构的某种荷载效应，如内力、应力、变形、裂缝等超过相应规定的标志为依据。根据设计中要求考虑的结构功能，结构的极限状态在总体上可分为两大类，即承载能力极限状态和正常使用极限状态。

对承载能力极限状态，一般是以结构的内力超过其承载能力为依据；对正常使用极限状态，一般是以结构的变形、裂缝、振动参数超过设计允许的限值为依据。在当前的设计中，有时也通过结构应力的控制来保证结构满足正常使用的要求，例如地基承载应力的控制。

对所考虑的极限状态，在确定其荷载效应时，应对所有可能同时出现的诸荷载作用加以组合，求得组合后在结构中的总效应。考虑荷载出现的变化性质，包括出现与否和不同的作用方向，这种组合可以多种多样，因此还必须在所有可能组合中，取其中最不利的一组作为该极限状态的设计依据。

【禁忌 3.5】　不了解如何进行承载能力极限状态设计

对于承载能力极限状态，应按荷载的基本组合或偶然组合计算荷载组合的效应设计值，并应采用下列设计表达式进行设计：

$$\gamma_0 S_d \leqslant R_d \tag{3.1}$$

式中　γ_0——结构重要性系数，应按各有关建筑结构设计规范的规定采用；

　　　S_d——荷载组合的效应设计值；

　　　R_d——结构构件抗力的设计值，应按各有关建筑结构设计规范的规定确定。

对持久和短暂设计状况，应采用基本组合。荷载基本组合的效应设计值 S_d，应从下列荷载组合值中取用最不利的效应设计值确定：

1. 由可变荷载控制的效应设计值，应按下式进行计算：

$$S_d = \sum_{j=1}^{m} \gamma_{G_j} S_{G_j k} + \gamma_{Q_1} \gamma_{L_1} S_{Q_1 k} + \sum_{i=2}^{n} \gamma_{Q_i} \gamma_{L_i} \psi_{c_i} S_{Q_i k} \tag{3.2}$$

式中　γ_{G_j}——第 j 个永久荷载的分项系数；

γ_{Q_i}——第 i 个可变荷载的分项系数，其中 γ_{Q_1} 为主导可变荷载 Q_1 的分项系数；

γ_{L_i}——第 i 个可变荷载考虑设计使用年限的调整系数，其中 γ_{L_1} 为主导可变荷载 Q_1 考虑设计使用年限的调整系数；

S_{G_jk}——按第 j 个永久荷载标准值 G_{jk} 计算的荷载效应值；

S_{Q_ik}——按第 i 个可变荷载标准值 Q_{ik} 计算的荷载效应值，其中 S_{Q_1k} 为诸可变荷载效应中起控制作用者；

ψ_{c_i}——第 i 个可变荷载 Q_i 的组合值系数；

m——参与组合的永久荷载数；

n——参与组合的可变荷载数。

2. 由永久荷载控制的效应设计值，应按下式进行计算：

$$S_d = \sum_{j=1}^{m} \gamma_{G_j} S_{G_jk} + \sum_{i=1}^{n} \gamma_{Q_i} \gamma_{L_i} \psi_{c_i} S_{Q_ik} \qquad (3.3)$$

基本组合中的效应设计值仅适用于荷载与荷载效应为线性的情况。

当对 S_{Q_1k} 无法明显判断时，应轮次以各可变荷载效应作为 S_{Q_1k}，并选取其中最不利的荷载组合的效应设计值。

基本组合的荷载分项系数，应按下列规定采用：

1. 永久荷载的分项系数应符合下列规定：

1）当永久荷载效应对结构不利时，对由可变荷载效应控制的组合应取 1.2，对由永久荷载效应控制的组合应取 1.35；

2）当永久荷载效应对结构有利时，不应大于 1.0。

2. 可变荷载的分项系数应符合下列规定：

1）对标准值大于 $4kN/m^2$ 的工业房屋楼面结构的活荷载，应取 1.3；

2）其他情况，应取 1.4。

3. 对结构的倾覆、滑移或漂浮验算，荷载的分项系数应满足有关的建筑结构设计规范的规定。

可变荷载考虑设计使用年限的调整系数 γ_L 应按下列规定采用：

1. 楼面和屋面活荷载考虑设计使用年限的调整系数 γ_L 应按表 3.1 采用。

楼面和屋面活荷载考虑设计使用年限的调整系数 γ_L 表 3.1

结构设计使用年限（年）	5	50	100
γ_L	0.9	1.0	1.1

当设计使用年限不为表中数值时，调整系数 γ_L 可按线性内插确定。

对于荷载标准值可控制的活荷载，设计使用年限调整系数 γ_L 取 1.0。

2. 对雪荷载和风荷载，应取重现期为设计使用年限，按荷载规范规定的基本雪压和基本风压，或按有关规范的规定采用。

对偶然设计状况，应采用偶然组合。荷载偶然组合的效应设计值 S_d 可按下列规定采用：

1. 用于承载能力极限状态计算的效应设计值，应按下式进行计算：

$$S_d = \sum_{j=1}^{m} S_{G_jk} + S_{A_d} + \psi_{f_1} S_{Q_1k} + \sum_{i=2}^{n} \psi_{q_i} S_{Q_ik} \tag{3.4}$$

式中 S_{A_d}——按偶然荷载标准值 A_d 计算的荷载效应值；

ψ_{f_1}——第 1 个可变荷载的频遇值系数；

ψ_{q_i}——第 i 个可变荷载的准永久值系数。

2. 用于偶然事件发生后受损结构整体稳固性验算的效应设计值，应按下式进行计算：

$$S_d = \sum_{j=1}^{m} S_{G_jk} + \psi_{f_1} S_{Q_1k} + \sum_{i=2}^{n} \psi_{q_i} S_{Q_ik} \tag{3.5}$$

组合中的设计值仅适用于荷载与荷载效应为线性的情况。

在承载能力极限状态的基本组合中，公式（3.2）和公式（3.3）给出了荷载效应组合设计值的表达式，由于直接涉及结构的安全性，故要以强制性条文规定。建立表达式的目的是保证在各种可能出现的荷载组合情况下，通过设计都能使结构维持在相同的可靠度水平上。必须注意，规范给出的表达式都是以荷载与荷载效应有线性关系为前提，对于明显不符合该条件的情况，应在各本结构设计规范中对此作出相应的补充规定。这个原则同样适用于正常使用极限状态的各个组合的表达式。

在应用公式（3.2）时，式中的 S_{Q_1k} 为诸可变荷载效应中其设计值为控制其组合为最不利者，当设计者无法判断时，可轮次以各可变荷载效应 S_{Q_ik} 为 S_{Q_1k}，选其中最不利的荷载效应组合为设计依据，这个过程建议由计算机程序的运算来完成。

GB 50009-2001 修订时，增加了结构的自重占主要荷载时，由公式（3.3）给出由永久荷载效应控制的组合设计值。考虑这个组合式后可以避免可靠度可能偏低的后果；虽然过去在有些结构设计规范中，也曾为此专门给出某些补充规定，例如对某些以自重为主的构件采用提高重要性系数、提高屋面活荷载的设计规定，但在实际应用中，总不免有挂一漏万的顾虑。采用公式（3.3）后，可在结构设计规范中撤销这些补充的规定，同时也避免了永久荷载为主的结构安全度可能不足的后果。

在应用公式（3.3）的组合式时，对可变荷载，出于简化的目的，也可仅考虑与结构自重方向一致的竖向荷载，而忽略影响不大的横向荷载。此外，对某些材料的结构，可考虑自身的特点，由各结构设计规范自行规定，可不采用该组合式进行校核。

考虑到简化规则缺乏理论依据，现在结构分析及荷载组合基本由计算机软件完成，简化规则已经用得很少，新的荷载规范取消了原规范关于一般排架、框架结构基本组合的简化规则。在方案设计阶段，当需要用手算初步进行荷载效应组合计算时，仍允许采用对所有参与组合的可变荷载的效应设计值，乘以一个统一的组合系数 0.9 的简化方法。

荷载效应组合值的表达式是采用各项可变荷载效应叠加的形式，这在理论上仅适用于各项可变荷载的效应与荷载为线性关系的情况。当涉及非线性问题时，应根据问题性质，或按有关设计规范的规定采用其他不同的方法。

【禁忌 3.6】 不了解如何进行正常使用极限状态设计

对于正常使用极限状态，应根据不同的设计要求，采用荷载的标准组合、频遇组合或准永久组合，并应按下列设计表达式进行设计：

$$S_d \leqslant C \tag{3.6}$$

式中 C——结构或结构构件达到正常使用要求的规定限值,例如变形、裂缝、振幅、加速度、应力等的限值,应按各有关建筑结构设计规范的规定采用。

荷载标准组合的效应设计值 S_d 应按下式进行计算:

$$S_d = \sum_{j=1}^{m} S_{G_j k} + S_{Q_1 k} + \sum_{i=2}^{n} \psi_{c_i} S_{Q_i k} \tag{3.7}$$

荷载频遇组合的效应设计值 S_d 应按下式进行计算:

$$S_d = \sum_{j=1}^{m} S_{G_j k} + \psi_{f_1} S_{Q_1 k} + \sum_{i=2}^{n} \psi_{q_i} S_{Q_i k} \tag{3.8}$$

荷载准永久组合的效应设计值 S_d 应按下式进行计算:

$$S_d = \sum_{j=1}^{m} S_{G_j k} + \sum_{i=1}^{n} \psi_{q_i} S_{Q_i k} \tag{3.9}$$

在公式(3.7)~公式(3.9)中,组合中的设计值仅适用于荷载与荷载效应为线性的情况。

对于结构的正常使用极限状态设计,过去主要是验算结构在正常使用条件下的变形和裂缝,并控制它们不超过限值。其中,与之有关的荷载效应都是根据荷载的标准值确定的。实际上,在正常使用的极限状态设计时,与状态有关的荷载水平,不一定非以设计基准期内的最大荷载为准,应根据所考虑的正常使用具体条件来考虑。参照国际标准,对正常使用极限状态的设计,当考虑短期效应时,可根据不同的设计要求,分别采用荷载的标准组合或频遇组合,当考虑长期效应时,可采用准永久组合。频遇组合系指永久荷载标准值、主导可变荷载的频遇值与伴随可变荷载的准永久值的效应组合。

此外,正常使用极限状态要求控制的极限标志也不一定仅限于变形、裂缝等常见现象,也可延伸到其他特定的状态,如地基承载应力的设计控制,实质上是控制地基的沉陷,因此也可归入这一类。

【禁忌 3.7】 不知道如何计算永久荷载

永久荷载又称为恒载。永久荷载是指在结构使用期间,其值不随时间而变化,或者其变化与平均值相比可以忽略不计的荷载。

永久荷载应包括结构构件、围护构件、面层及装饰、固定设备、长期储物的自重,土压力、水压力,以及其他需要按永久荷载考虑的荷载。民用建筑二次装修很普遍,而且增加的荷载较大,在计算面层及装饰自重时必须考虑二次装饰的自重。固定设备主要包括电梯及自动扶梯,采暖、空调及给水设备,电器设备,管道、电缆及其支架等。

结构自重的标准值可按结构构件的设计尺寸与材料单位体积的自重确定。

一般材料和构件的单位自重变异性不大,且多为正态分布,可取其平均值,对于自重变异较大的材料和构件,自重的标准值应根据对结构的不利或有利状态,分别取上限值或下限值。

常用材料的单位自重为:

钢筋混凝土   25kN/m³;

钢材   78.5kN/m³;

水泥砂浆	20kN/m³；
混合砂浆	17kN/m³；
铝型材	28kN/m³；
玻璃	25.6kN/m³；
杉木	4kN/m³；
腐殖土	16kN/m³；
砂土	17kN/m³；
卵石	18kN/m³。

其他材料的单位自重可从《建筑结构荷载规范》(GB 50009—2012)附录 A 中查得。

固定隔墙的自重可按永久荷载考虑，位置可灵活布置的隔墙自重应按可变荷载考虑，可换算为等效均布荷载进行计算。

【禁忌 3.8】 不知道如何确定民用建筑的楼面活荷载

活荷载是指在结构使用期间，其值随时间变化，且变化与平均值相比不可忽视的荷载。活荷载又称为可变荷载。

民用建筑的楼面活荷载可能是集中力，也可能是分布力，为了简化设计计算工作，通常用与之等效的均布活荷载表示。

民用建筑楼面均布活荷载标准值及其组合值、频遇值和准永久值系数，可由表 3.2 查得。

民用建筑楼面均布荷载标准值是其基本代表值。民用建筑楼面均布荷载的组合值、频遇值和准永久值，是将其标准值分别乘以表 3.2 中的组合值系数、频遇值系数和准永久值系数后得到的值。

民用建筑楼面均布活荷载标准值及其组合值、频遇值和准永久值系数　　　　表 3.2

项次	类　别	标准值 (kN/m²)	组合值 系数 ψ_c	频遇值 系数 ψ_f	准永久值 系数 ψ_q
1	(1) 住宅、宿舍、旅馆、办公楼、医院病房、托儿所、幼儿园	2.0	0.7	0.5	0.4
	(2) 试验室、阅览室、会议室、医院门诊室	2.0	0.7	0.6	0.5
2	教室、食堂、餐厅、一般资料档案室	2.5	0.7	0.6	0.5
3	(1) 礼堂、剧场、影院、有固定座位的看台	3.0	0.7	0.5	0.3
	(2) 公共洗衣房	3.0	0.7	0.6	0.5
4	(1) 商店、展览厅、车站、港口、机场大厅及其旅客等候室	3.5	0.7	0.6	0.5
	(2) 无固定座位的看台	3.5	0.7	0.5	0.3
5	(1) 健身房、演出舞台	4.0	0.7	0.6	0.5
	(2) 运动场、舞厅	4.0	0.7	0.6	0.3
6	(1) 书库、档案库、贮藏室	5.0	0.9	0.9	0.8
	(2) 密集柜书库	12.0	0.9	0.9	0.8

项次	类别			标准值 (kN/m²)	组合值系数 ψ_c	频遇值系数 ψ_f	准永久值系数 ψ_q
7	通风机房、电梯机房			7.0	0.9	0.9	0.8
8	汽车通道及客车停车库	（1）单向板楼盖（板跨不小于 2m）和双向板楼盖（板跨不小于 3m×3m）	客车	4.0	0.7	0.7	0.6
			消防车	35.0	0.7	0.5	0.0
		（2）双向板楼盖（板跨不小于 6m×6m）和无梁楼盖（柱网不小于 6m×6m）	客车	2.5	0.7	0.7	0.6
			消防车	20.0	0.7	0.5	0.0
9	厨房	（1）餐厅		4.0	0.7	0.7	0.7
		（2）其他		2.0	0.7	0.6	0.5
10	浴室、卫生间、盥洗室			2.5	0.7	0.6	0.5
11	走廊、门厅	（1）宿舍、旅馆、医院病房、托儿所、幼儿园、住宅		2.0	0.7	0.5	0.4
		（2）办公楼、餐厅、医院门诊部		2.5	0.7	0.6	0.5
		（3）教学楼及其他可能出现人员密集的情况		3.5	0.7	0.5	0.3
12	楼梯	（1）多层住宅		2.0	0.7	0.5	0.4
		（2）其他		3.5	0.7	0.5	0.3
13	阳台	（1）可能出现人员密集的情况		3.5	0.7	0.6	0.5
		（2）其他		2.5	0.7	0.6	0.5

注：1. 本表所给各项活荷载适用于一般使用条件，当使用荷载较大、情况特殊或有专门要求时，应按实际情况采用；

2. 第6项书库活荷载当书架高度大于 2m 时，书库活荷载尚应按每米书架高度不小于 2.5kN/m² 确定；

3. 第8项中的客车活荷载仅适用于停放载人少于9人的客车；消防车活荷载适用于满载总重为 300kN 的大型车辆；当不符合本表的要求时，应将车轮的局部荷载按结构效应的等效原则，换算为等效均布荷载；

4. 第8项消防车活荷载，当双向板楼盖板跨介于 3m×3m～6m×6m 之间时，应按跨度线性插值确定；

5. 第12项楼梯活荷载，对预制楼梯踏步平板，尚应按 1.5kN 集中荷载验算；

6. 本表各项荷载不包括隔墙自重和二次装修荷载；对固定隔墙的自重应按永久荷载考虑，当隔墙位置可灵活自由布置时，非固定隔墙的自重应取不小于 1/3 的每延米长墙重（kN/m）作为楼面活荷载的附加值（kN/m²）计入，且附加值不应小于 1.0kN/m²。

设计楼面梁、墙、柱及基础时，考虑到楼面面积越大，楼面活荷载满载的可能性越小，表 3.2 中楼面活荷载标准值的折减系数取值不应小于下列规定：

1. 设计楼面梁时：

1）第 1（1）项当楼面梁从属面积超过 25m² 时，应取 0.9；

2）第 1（2）～7 项当楼面梁从属面积超过 50m² 时，应取 0.9；

3）第 8 项对单向板楼盖的次梁和槽形板的纵肋应取 0.8，对单向板楼盖的主梁应取 0.6，对双向板楼盖的梁应取 0.8；

4）第 9～13 项应采用与所属房屋类别相同的折减系数。

2. 设计墙、柱和基础时：

1）第 1（1）项应按表 3.3 规定采用；

2）第 1（2）～7 项应采用与其楼面梁相同的折减系数；

3）第 8 项的客车，对单向板楼盖应取 0.5，对双向板楼盖和无梁楼盖应取 0.8；

4）第 9～13 项应采用与所属房屋类别相同的折减系数。

楼面梁的从属面积应按梁两侧各延伸二分之一梁间距的范围内的实际面积确定。

活荷载按楼层的折减系数　　　　　　　　　　表 3.3

墙、柱、基础计算截面以上的层数	1	2～3	4～5	6～8	9～20	>20
计算截面以上各楼层活荷载总和的折减系数	1.00 (0.90)	0.85	0.70	0.65	0.60	0.55

注：当楼面梁的从属面积超过 25m² 时，应采用括号内的系数。

设计墙、柱时，表 3.2 中第 8 项的消防车活荷载可按实际情况考虑；设计基础时可不考虑消防车荷载。常用板跨的消防车活荷载按覆土厚度的折减系数可按荷载规范附录 B 规定采用。

楼面结构上的局部荷载可按荷载规范附录 C 的规定，换算为等效均布活荷载。

【禁忌 3.9】 不知道如何确定屋面活荷载

屋面分为上人的屋面和不上人的屋面两种情况。不上人的屋面是指不是经常性地有较多人群在其上活动的屋面。但是，不上人的屋面要考虑 有人在其上进行施工或维修的可能性。

房屋建筑的屋面，其水平投影面上的屋面均布活荷载的标准值及其组合值系数、频遇值系数和准永久值系数的取值，不应小于表 3.4 的规定。

屋面均布活荷载标准值及其组合值系数、频遇值系数和准永久值系数　　　表 3.4

项次	类　别	标准值 (kN/m²)	组合值系数 ψ_c	频遇值系数 ψ_f	准永久值系数 ψ_q
1	不上人的屋面	0.5	0.7	0.5	0.0
2	上人的屋面	2.0	0.7	0.5	0.4

项次	类　别	标准值 （kN/m²）	组合值系数 ψ_c	频遇值系数 ψ_f	准永久值系数 ψ_q
3	屋顶花园	3.0	0.7	0.6	0.5
4	屋顶运动场地	3.0	0.7	0.6	0.4

注：1. 不上人的屋面，当施工或维修荷载较大时，应按实际情况采用；对不同类型的结构应按有关设计规范的规定采用，但不得低于 0.3kN/m²；
　　2. 当上人的屋面兼作其他用途时，应按相应楼面活荷载采用；
　　3. 对于因屋面排水不畅、堵塞等引起的积水荷载，应采取构造措施加以防止；必要时，应按积水的可能深度确定屋面活荷载；
　　4. 屋顶花园活荷载不应包括花圃土石等材料自重。

屋面直升机停机坪荷载应按下列规定采用：

1. 屋面直升机停机坪荷载应按局部荷载考虑，或根据局部荷载换算为等效均布荷载考虑。局部荷载标准值应按直升机实际最大起飞重量确定，当没有机型技术资料时，可按表 3.5 的规定选用局部荷载标准值及作用面积。

屋面直升机停机坪局部荷载标准值及作用面积　　　　　表 3.5

类型	最大起飞重量 （t）	局部荷载标准值 （kN）	作用面积
轻型	2	20	0.20m×0.20m
中型	4	40	0.25m×0.25m
重型	6	60	0.30m×0.30m

2. 屋面直升机停机坪的等效均布荷载标准值不应低于 5.0kN/m²。

3. 屋面直升机停机坪荷载的组合值系数应取 0.7，频遇值系数应取 0.6，准永久值系数应取 0。

不上人的屋面均布活荷载，可不与雪荷载和风荷载同时组合。

【禁忌 3.10】　不了解如何确定施工和检修荷载及栏杆荷载

设计屋面板、檩条、钢筋混凝土挑檐、雨篷和预制小梁时，除了单独考虑屋面均布活荷载外，还应另外验算在施工、检修时可能出现在最不利位置上，由人和工具自重形成的集中荷载。

施工和检修荷载应按下列规定采用：

1. 设计屋面板、檩条、钢筋混凝土挑檐、悬挑雨篷和预制小梁时，施工或检修集中荷载标准值不应小于 1.0kN，并应在最不利位置处进行验算；

2. 对于轻型构件或较宽的构件，应按实际情况验算，或应加垫板、支撑等临时设施；

3. 计算挑檐、悬挑雨篷的承载力时，应沿板宽每隔 1.0m 取一个集中荷载；在验算挑檐、悬挑雨篷的倾覆时，应沿板宽每隔 2.5～3.0m 取一个集中荷载。

地下室顶板等部位在建造施工和使用维修时，往往需要运输、堆放大量建筑材料与施工机具，因施工超载引起建筑物楼板开裂甚至破坏时有发生，应该引起设计与施工人员的重视。在进行首层地下室顶板设计时，施工活荷载一般不小于 $4.0kN/m^2$，但可以根据情况扣除尚未施工的建筑地面做法与隔墙的自重，并在设计文件中给出相应的详细规定。

楼梯、看台、阳台和上人屋面等的栏杆活荷载标准值，不应小于下列规定：

1. 住宅、宿舍、办公楼、旅馆、医院、托儿所、幼儿园，栏杆顶部的水平荷载应取 $1.0 kN/m$；

2. 学校、食堂、剧场、电影院、车站、礼堂、展览馆或体育场，栏杆顶部的水平荷载应取 $1.0 kN/m$，竖向荷载应取 $1.2kN/m$，水平荷载与竖向荷载应分别考虑。

施工荷载、检修荷载及栏杆荷载的组合值系数应取 0.7，频遇值系数应取 0.5，准永久值系数应取 0。

【禁忌 3.11】 不了解如何确定动力系数

建筑结构设计的动力计算，在有充分依据时，可将重物或设备的自重乘以动力系数后，按静力计算方法设计。

搬运和装卸重物以及车辆启动和刹车的动力系数，可采用 $1.1\sim1.3$；其动力荷载只传至楼板和梁。

直升机在屋面上的荷载，也应乘以动力系数，对具有液压轮胎起落架的直升机可取 1.4；其动力荷载只传至楼板和梁。

【禁忌 3.12】 不知道如何确定屋面水平投影面上的雪荷载标准值

不论是平屋顶屋面还是斜屋顶屋面，在进行屋面雪荷载计算时，均以其水平投影面上的雪荷载值进行计算。

屋面水平投影面上的雪荷载标准值，应按下式计算：

$$s_k = \mu_r s_0 \tag{3.10}$$

式中　s_k——雪荷载标准值（kN/m^2）；

　　　μ_r——屋面积雪分布系数；

　　　s_0——基本雪压（kN/m^2）。

基本雪压应按荷载规范规定的 50 年重现期的雪压；对于大跨、轻质屋盖结构等对雪荷载敏感的结构，应采用 100 年重现期的雪压。基本雪压如图 3.2 所示。

山区的雪荷载应通过实际调查后确定。当无实测资料时，可按当地邻近空旷平坦地面的雪荷载值乘以系数 1.2 采用。

雪荷载的组合值系数可取 0.7；频遇值系数可取 0.6；准永久值系数应按雪荷载分区 Ⅰ、Ⅱ 和 Ⅲ 区的不同，分别取 0.5、0.2 和 0；雪荷载分区见图 3.3。

屋面形式不同时，雪在屋面的分布也不相同。荷载规范通过屋面积雪分布系数反应雪在屋面的分布。屋面积雪分布系数是屋面水平投影面积上的雪荷载 S_h 与基本雪压 S_0 的比值，实际上也就是地面基本雪压换算为屋面雪荷载的换算系数。

当为高低屋面时，积雪分布系数如图 3.4 所示。其余屋面的积雪分布系数见《建筑结构荷载规范》（GB 50009—2012）表 7.2.1。

全国各城市的基本雪压

省市名	城市名	基本雪压（kN/m²）
北京	北京市	0.40
天津	天津市	0.40
	塘沽	0.35
上海	上海市	0.20
重庆	重庆市	—
	奉节	0.35
	梁平	—
	万州	—
	涪陵	—
	金佛山	0.50

更多的参见《建筑结构荷载规范》GB 50009—2012表E.5

图 3.2　全国基本雪压分布（kN/m²）

47

全国各城市的雪荷载准永久值系数分区

省市名	城 市 名	雪荷载准永久值系数分区
北京	北京市	Ⅱ
天津	天津市	Ⅱ
	塘沽	Ⅱ
上海	上海市	Ⅲ
重庆	重庆市	—
	奉节	Ⅲ
	梁平	—
	万州	—
	涪陵	—
	金佛山	Ⅱ

更多的参见《建筑结构荷载规范》GB 50009—2012 表 E.5

分区	准永久值系数
Ⅰ	0.5
Ⅱ	0.2
Ⅲ	0

图 3.3 雪荷载准永久值系数分区

全国各城市重现期为 10 年、50 年和 100 年的雪压值见《建筑结构荷载规范》（GB 50009—2012）附录 E 中表 E.5。

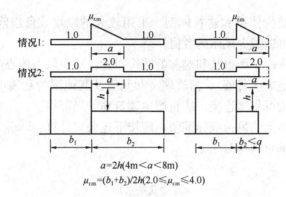

$$a=2h(4m＜a＜8m)$$
$$\mu_{r,m}=(b_1+b_2)/2h(2.0\leqslant\mu_{r,m}\leqslant4.0)$$

图 3.4　高低屋面的积雪分布系数

【禁忌 3.13】　不知道如何计算风荷载标准值

风对高层建筑结构的作用具有如下特点：

（1）风力作用与建筑物的外形直接有关，圆形与正多边形受到风力较小，对抗风有利；相反，平面凹凸多变的复杂建筑物受到的风力较大，而且容易产生风力扭转作用，对抗风不利。

（2）风力受建筑物周围环境影响较大，处于高层建筑群中的高层建筑，有时会出现受力更为不利的情况。例如，由于不对称遮挡而使风力偏心产生扭转；相邻建筑物之间的狭缝风力增大，使建筑物产生扭转等。在这些情况下，要适当加大安全度。

（3）风力作用具有静力作用与动力作用两重性质。

（4）风力在建筑物表面的分布很不均匀，在角区和建筑物内收的局部区域，会产生较大的风力。

（5）与地震作用相比，风力作用持续时间较长，其作用更接近于静力荷载。但在建筑物的作用期间出现较大风力的次数较多。

（6）由于有较长期的气象观测，大风的重现期很短，所以对风力大小的估计比地震作用大小的估计较为可靠，因而抗风设计也具有较大的可靠性。

到目前为止，尚没有高层建筑结构因强风而倒塌破坏的事例，但是在台风作用下建筑物留下显著的残余变形的事例发生过，至于围护结构破坏则是经常发生的。据统计，全世界每年因风灾产生的损失大于因地震而产生的损失。总的来说，风力对建筑物会产生如下的结果：

（1）强风会使围护结构和装修产生损坏；

（2）风力作用会使结构开裂或留下较大的残余变形；

（3）风力会使建筑物产生过大的摇晃，使居住者感到不适；

（4）长期风力作用会使结构产生疲劳。

所以，在高层建筑抗风设计中，应考虑下列问题：

（1）保证结构有足够的承载力，能可靠地承受风荷载作用下产生的内力；

（2）结构必须具有足够的刚度，控制高层建筑在风力作用下的位移，保证良好的居住和工作条件；

（3）选择合理的结构体系和建筑体型。采用较大的刚度，可以降低风振的影响；圆形、正多边形的平面可以减少风压的数值；

（4）尽量采用对称的平面形状和对称的结构布置，减少风力偏心产生的扭转影响；

（5）外墙（尤其是玻璃幕墙）、窗玻璃、女儿墙及其他围护和装饰构件必须有足够的承载力，并与主体结构可靠地连接，防止产生建筑物的局部损坏。

垂直于建筑物表面上的风荷载标准值，应按下述公式计算：

（1）当计算主要承重结构时

$$w_k = \beta_z \mu_s \mu_z w_0 \qquad (3.11)$$

式中 w_k——风荷载标准值（kN/m^2）；

w_0——基本风压（kN/m^2）；

μ_z——风压高度变化系数；

μ_s——风荷载体型系数；

β_z——z 高度处的风振系数。

（2）当计算围护结构时

$$w_k = \beta_{gz} \mu_{sl} \mu_z w_0 \qquad (3.12)$$

式中 β_{gz}——高度 z 处的阵风系数；

μ_{sl}——风荷载局部体型系数。

基本风压应采用按荷载规范规定的方法确定的 50 年重现期的风压（图 3.5），但不得小于 $0.3kN/m^2$。对于高层建筑、高耸结构以及对风荷载比较敏感的其他结构，基本风压的取值应适当提高，并应符合有关结构设计规范的规定。

全国各城市的基本风压值应按荷载规范附录 E 中表 E.5 重现期 R 为 50 年的值采用。当城市或建设地点的基本风压值在荷载规范表 E.5 没有给出时，基本风压值应按该规范附录 E 规定的方法，根据基本风压的定义和当地年最大风速资料，通过统计分析确定，分析时应考虑样本数量的影响。当地没有风速资料时，可根据附近地区规定的基本风压或长期资料，通过气象和地形条件的对比分析确定；也可按图 3.5 的全国基本风压分布图近似确定。

风荷载的组合值系数、频遇值系数和准永久值系数可分别取 0.6、0.4 和 0.0。

全国各城市的基本风压

省市名	城市名	风压 (kN/m²)
北京	北京市	0.45
天津	天津市	0.50
	塘沽	0.55
上海	上海市	0.55
重庆	重庆市	0.40
	奉节	0.35
	梁平	0.30
	万州	0.35
	涪陵	0.30
	金佛山	—

更多的参见《建筑结构荷载规范》GB 50009—2012 表 E.5

图 3.5 全国基本风压分布 (kN/m²)

【禁忌 3.14】 不知道什么建筑属对风荷载比较敏感的建筑

风作用在建筑物上，使建筑物受到双重的作用：一方面风力使建筑物受到一个基本上比较稳定的风压力；另一方面风又使建筑物产生风力振动（风振）。由于这种双重作用，建筑物既受到静力的作用，又受到动力的作用。

作用在建筑物上的风压力与风速有关，可表示为：

$$w_0 = \frac{1}{2} \rho v_0^2 \tag{3.13}$$

式中 w_0——用于建筑物表面的风压（N/m²）；

ρ——空气的密度，取 $\rho = 1.25$kg/m³；

v_0——平均风速（m/s）。

在不同的地点风速是不同的。在沿海、山口等地方风速较大，在城市中心则风速较小。在我国《建筑结构荷载规范》（GB 50009—2012）中，已经给出了各城市、各地区的设计基本风压 w_0。这个基本风压值是根据各地气象台站多年的气象观测资料，取当地 50年一遇、10m 高度上的 10min 平均风压值来确定的。对于高层建筑来说，风荷载是主要荷载之一，所以，高层建筑设计所用的基本风压 w_0 应按《建筑结构荷载规范》（GB 50009—2012）中规定的风压值取用；对风荷载敏感的高层建筑，承载力设计时应按基本风压的 1.1 倍采用。

对风荷载是否敏感，主要与高层建筑的自振特性有关，目前还没有实用的划分标准。一般情况下，房屋高度大于 60m 的高层建筑，承载力设计时应按基本风压的 1.1 倍采用；对于房屋高度不超过 60m 的高层建筑，其基本风压是否提高，可由设计人员根据实际情况确定。

【禁忌 3.15】 不知道如何确定地面粗糙度

空气流动的速度与地表的粗糙度有很大的关系。在开阔的海面、湖面和沙漠地区，风速的变化较小。在地表起伏较大的山区、丘陵地区、建筑群密集的城市市区，风速将迅速减小。

离地面越高，空气流动受地面摩擦力的影响越小，风速越大，风压也越大。风压随高度的变化按指数规律：

$$v_z = v_H \left(\frac{z}{H}\right)^\alpha \tag{3.14}$$

式中 z、H——分别为计算点和基准点的高度；

v_z、v_H——相应于高度为 z、H 的风速；

α——粗糙度指数。

由于《建筑结构荷载规范》的基本风压是按 10m 高度给出的，所以不同高度上的风压应将 w_0 乘以高度系数 μ_z 得出。风压高度系数 μ_z 取决于粗糙度指数 α，α 与地面的粗糙程度有关。目前，《建筑结构荷载规范》将地面粗糙度等级分为四类：

——A 类指近海海面和海岛、海岸、湖岸及沙漠地区；

——B类指田野、乡村、丛林、丘陵以及房屋比较稀疏的乡镇；

——C类指有密集建筑群的城市市区；

——D类指有密集建筑群且房屋较高的城市市区。

相应的粗糙度指数为：A类0.12；B类0.16；C类0.22；D类0.30。

在确定城区的地面粗糙度类别时，若无地面粗糙度指数实测结果，可按下述原则近似确定：

（1）以拟建房屋为中心、2km为半径的迎风半圆影响范围内的房屋高度和密集度来区分粗糙度类别，风向原则上以该地区最大风的风向为准，但也可取其主导风向；

（2）以半圆影响范围内建筑物的平均高度来划分地面粗糙类别。当平均高度不大于9m时为B类；当平均高度大于9m但不大于18m时为C类；当平均高度大于18m时为D类；

（3）影响范围内不同高度的面域可按下述原则确定：每座建筑物向外延伸距离等于其高度的面域内均为该高度，当不同高度的面域相交时，交叠部分的高度取大者；

（4）平均高度取各面域面积为权数计算。

【禁忌3.16】 不知道如何确定风压高度变化系数

对于平坦或稍有起伏的地形，风压高度变化系数应根据地面粗糙度类别决定。

对于地面粗糙度为A、B、C、D的四类情况，μ_z的数值分别按式（3.15）计算：

$$\left.\begin{array}{l} \mu_z^A = 1.284\left(\dfrac{z}{10}\right)^{0.24} \\[2ex] \mu_z^B = 1.000\left(\dfrac{z}{10}\right)^{0.30} \\[2ex] \mu_z^C = 0.544\left(\dfrac{z}{10}\right)^{0.44} \\[2ex] \mu_z^D = 0.262\left(\dfrac{z}{10}\right)^{0.60} \end{array}\right\} \qquad (3.15)$$

按式（3.15）算得的高度变化系数 μ_z 如表3.6所示。

风压高度变化系数 μ_z 　　　　　　　　　表3.6

离地面或海平面高度（m）	地面粗糙度类别			
	A	B	C	D
5	1.09	1.00	0.65	0.51
10	1.28	1.00	0.65	0.51
15	1.42	1.13	0.65	0.51
20	1.52	1.23	0.74	0.51
30	1.67	1.39	0.88	0.51
40	1.79	1.52	1.00	0.60

离地面或海 平面高度 (m)	地面粗糙度类别			
	A	B	C	D
50	1.89	1.62	1.10	0.69
60	1.97	1.71	1.20	0.77
70	2.05	1.79	1.28	0.84
80	2.12	1.87	1.36	0.91
90	2.18	1.93	1.43	0.98
100	2.23	2.00	1.50	1.04
150	2.46	2.25	1.79	1.33
200	2.64	2.46	2.03	1.58
250	2.78	2.63	2.24	1.81
300	2.91	2.77	2.43	2.02
350	2.91	2.91	2.60	2.22
400	2.91	2.91	2.76	2.40
450	2.91	2.91	2.91	2.58
500	2.91	2.91	2.91	2.74
≥550	2.91	2.91	2.91	2.91

对于山区的建筑物，风压高度变化系数可按平坦地面的粗糙度类别，由表3.6确定外，还应考虑地形条件的修正，修正系数 η 分别按下述规定采用：

1. 对于山峰和山坡，其顶部 B 处的修正系数可按下述公式采用：

$$\eta_B = \left[1 + \kappa \mathrm{tg}\alpha \left(1 - \frac{z}{2.5H} \right) \right]^2 \qquad (3.16)$$

式中　$\mathrm{tg}\alpha$——山峰或山坡在迎风面一侧的坡度；当 $\mathrm{tg}\alpha > 0.3$ 时，取为0.3；

　　　κ——系数，对山峰取2.2，对山坡取1.4；

　　　H——山顶或山坡全高（m）；

　　　z——建筑物计算位置离建筑物地面的高度（m）；当 $z > 2.5H$ 时，取 $z = 2.5H$。

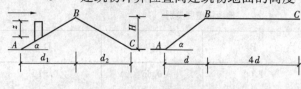

图3.6　山峰和山坡的示意

对于山峰和山坡的其他部位，可按图3.6所示，取 A、C 处的修正系数 η_A、η_C 为1，AB 间和 BC 间的修正系数按 η 值线性插值确定。

2. 山间盆地、谷地等闭塞地形，$\eta = 0.75 \sim 0.85$；对于与风向一致的谷口、山口，$\eta = 1.20 \sim 1.50$。

远离海岸的海岛上的高层建筑物，其风压高度变化系数可按 A 类粗糙度类别，由表3.6确定外，还应考虑表3.7中给出的修正系数。

距海岸距离（km）	η	距海岸距离（km）	η
＜40	1.0	60～100	1.1～1.2
40～60	1.0～1.1		

【禁忌 3.17】　不知道什么是梯度风高度

在大气边界层内，风速随离地面高度而增大。当气压场随高度不变时，风速随高度增大的规律，主要取决于地面粗糙度和温度垂直梯度。通常认为，在离地面高度为 300～500m 时，风速不再受地面粗糙度的影响，也即达到所谓"梯度风速"。该高度称为梯度风高度。地面粗糙度等级低的地区，其梯度风高度比等级高的地区为低。

风压的高度变化系数按《建筑结构荷载规范》（GB 50009—2012）采用。对原规范的 A、B 两类，其有关参数保持不变；C 类系指有密集建筑群的城市市区，其粗糙度指数系数由 0.2 提高到 0.22，梯度风高度仍取 400m；新增加的 D 类系指有密集建筑群且有大量高层建筑的大城市市区，其粗糙度指数系数取 0.3，梯度风高度取 450m。因此，在表 3.7 中可以看出，对地面粗糙度为 A 类的情况，离地面或海平面高度在 300m 和 300m 以上时，μ_z 值不变；对地面粗糙度为 B 类的情况，离地面在 350m 和 350m 以上时，μ_z 值不变；对地面粗糙度为 C 类的情况，离地面在 450m 和 450m 以上时，μ_z 值不变；对地面粗糙度为 D 类的情况，离地面在 550m 和 550m 以上时，μ_z 值不变。

【禁忌 3.18】　不知道如何确定风荷载体型系数

风力在建筑物表面上分布是很不均匀的，一般取决于其平面形状、立面体型和房屋高宽比。通常，在迎风面上产生风压力，侧风面和背风面产生风吸力（图 3.7）。迎风面的风压力在建筑物的中部最大；侧风面和背风面的风吸力则在建筑物的角区最大。为此，用体型系数 μ_s 来表示不同体型建筑物表面风力的大小。体型系数通常由建筑物的风压现场实测或由建筑物模型的风洞试验求得。

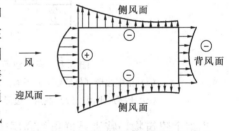

图 3.7　风压在建筑物平面上的分布

建筑物表面各处的体型系数 μ_s 是不同的。在进行主体结构的内力与位移计算时，对迎风面和背风面取一个平均的体型系数。当验算围护构件本身的承载力和刚度时，则就按最大的体型系数来考虑。特别是对外墙板、玻璃幕墙、女儿墙、广告牌、挑檐和遮阳板等局部构件进行抗风设计时，要考虑承受最大风压的可能性。

除了上述风力分布的空间特性外，风力还随时间在不断变化，因而脉动变化的风力会使建筑物产生风力振动（风振）。将建筑物受到的最大风力与平均风力之比称为风振系数 β_z。风振系数反映了风荷载的动力作用，它取决建筑物的高宽比、基本自振周期以及地面的粗糙度类别。

《建筑结构荷载规范》（GB 50009—2012）的表 8.3.1 中给出了一些常见建筑体型的

风荷载体系数。房屋的体型不同时，可按有关资料采用。当无资料时，宜由风洞试验确定。对于重要且体型复杂的房屋，应由风洞试验确定。

图 3.8 中为高层建筑常见体型的风荷载体型系数。

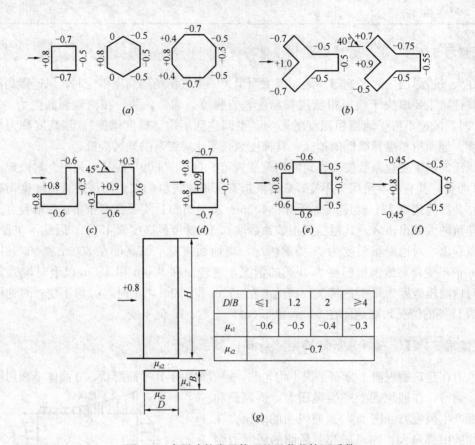

图 3.8 高层建筑常见体型的风荷载体型系数

(a) 正多边形（包括矩形）平面；(b) Y形平面；(c) L形平面；(d) Ⅱ形平面；
(e) 十字形平面；(f) 截角三边形平面；(g) 高度超过45m的矩形截面高层建筑

当多个建筑物，特别是群集的高层建筑，相互间距较近时，宜考虑风力干扰的群体效应；一般可将单独建筑物的体型系数 μ_s 乘以相互干扰系数。相互干扰系数可按下列规定确定：

1. 对矩形平面高层建筑，当单个施扰建筑与受扰建筑高度相近时，根据施扰建筑的位置，对顺风向风荷载，可在 1.00～1.10 范围内选取；对横风向风荷载，可在 1.00～1.20 范围内选取。

2. 其他情况可比照类似条件的风洞试验资料确定，必要时宜通过风洞试验确定。

计算围护构件及其连接的风荷载时，可按下列规定采用局部体型系数 μ_{sl}：

1. 封闭式矩形平面房屋的墙面及屋面可按表 3.8 的规定采用；

2. 檐口、雨篷、遮阳板、边棱处的装饰条等突出构件，取 －2.0；

3. 其他房屋和构筑物可按图 3.8 规定的体型系数的 1.25 倍取值。

项次	类别	体型及局部体型系数	备注
1	封闭式矩形平面房屋的墙面		E 应取 $2H$ 和迎风宽度 B 中较小者
2	封闭式矩形平面房屋的双坡屋面		1 E 应取 $2H$ 和迎风宽度 B 中较小者； 2 中间值可按线性插值法计算（应对相同符号项插值）； 3 同时给出两个值的区域应分别考虑正负风压的作用； 4 风沿纵轴吹来时，靠近山墙的屋面可参照表中 $\alpha \leqslant 5$ 时的 R_a 和 R_b 取值

项次 1 表格：

迎风面		1.0
侧面	S_a	−1.4
	S_b	−1.0
背风面		−0.6

项次 2 表格：

	α	≤5	15	30	≥45
R_a	$H/D \leqslant 0.5$	−1.8 0.0	−1.5 +0.2	−1.5	0.0
	$H/D \geqslant 1.0$	−2.0 0.0	−2.0 +0.2	+0.7	+0.7
	R_b	−1.8 0.0	−1.5 +0.2	−1.5 +0.7	0.0 +0.7
	R_c	−1.2 0.0	−0.6 +0.2	−0.3 +0.4	0.0 +0.6
	R_d	−0.6 +0.2	−1.5 0.0	−0.5 0.0	−0.3 0.0
	R_e	−0.6 0.0	−0.4 0.0	−0.4 0.0	−0.2 0.0

项次	类别	体型及局部体型系数	备注
3	封闭式矩形平面房屋的单坡屋面		1 E 应取 $2H$ 和迎风宽度 B 中的较小者； 2 中间值可按线性插值法计算； 3 迎风坡面可参考第 2 项取值

α	$\leqslant 5$	15	30	$\geqslant 45$
R_a	−2.0	−2.5	−2.3	−1.2
R_b	−2.0	−2.0	−1.5	−0.5
R_c	−1.2	−1.2	−0.8	−0.5

计算非直接承受风荷载的围护构件风荷载时，局部体型系数 μ_{sl} 可按构件的从属面积折减，折减系数按下列规定采用：

1. 当从属面积不大于 $1m^2$ 时，折减系数取 1.0；

2. 当从属面积大于或等于 $25m^2$ 时，对墙面折减系数取 0.8，对局部体型系数绝对值大于 1.0 的屋面区域折减系数取 0.6，对其他屋面区域折减系数取 1.0；

3. 当从属面积大于 $1m^2$ 小于 $25m^2$ 时，墙面和绝对值大于 1.0 的屋面局部体型系数可采用对数插值，即按下式计算局部体型系数：

$$\mu_{sl}(A) = \mu_{sl}(1) + [\mu_{sl}(25) - \mu_{sl}(1)]\log A/1.4 \qquad (3.17)$$

计算围护构件风荷载时，建筑物内部压力的局部体型系数可按下列规定采用：

1. 封闭式建筑物，按其外表面风压的正负情况取 −0.2 或 0.2；

2. 仅一面墙有主导洞口的建筑物，按下列规定采用：

1）当开洞率大于 0.02 且小于或等于 0.10 时，取 $0.4\mu_{sl}$；

2）当开洞率大于 0.10 且小于或等于 0.30 时，取 $0.6\mu_{sl}$；

3）当开洞率大于 0.30 时，取 $0.8\mu_{sl}$。

3. 其他情况，应按开放式建筑物的 μ_{sl} 取值。

主导洞口的开洞率是指单个主导洞口面积与该墙面全部面积之比，μ_{sl} 应取主导洞口对应位置的值。

建筑结构的风洞试验，其试验设备、试验方法和数据处理应符合相关规范的规定。

1. 顺风向风振和风振系数

（1）对于高度大于30m且高宽比大于1.5的房屋，以及基本自振周期 T_1 大于0.25s
的各种高耸结构，应考虑风压脉动对结构产生顺风向风振的影响。顺风向风振响应计算应
按结构随机振动理论进行。对于高层建筑结构，可采用风振系数法计算其顺风向风荷载。

结构的自振周期应按结构动力学计算；近似的基本自振周期 T_1 可按【禁忌 3.41】中
的规定计算。

高层建筑顺风向风振加速度可按荷载规范附录J计算。

（2）对于风敏感的或跨度大于36m的柔性屋盖结构，应考虑风压脉动对结构产生风
振的影响。屋盖结构的风振响应，宜依据风洞试验结果按随机振动理论计算确定。

（3）对于一般竖向悬臂型结构，例如高层建筑和构架、塔架、烟囱等高耸结构，均可
仅考虑结构第一振型的影响，结构的顺风向风荷载可按公式（3.11）计算。z 高度处的风
振系数 β_z 可按下式计算：

$$\beta_z = 1 + 2gI_{10}B_z\sqrt{1+R^2} \tag{3.18}$$

式中　g——峰值因子，可取 2.5；

　　　I_{10}——10m高度名义湍流强度，对应A、B、C和D类地面粗糙度，可分别取
　　　　　　0.12、0.14、0.23 和 0.39；

　　　R——脉动风荷载的共振分量因子；

　　　B_z——脉动风荷载的背景分量因子。

（4）脉动风荷载的共振分量因子可按下列公式计算：

$$R = \sqrt{\frac{\pi}{6\zeta_1}\frac{x_1^2}{(1+x_1^2)^{4/3}}} \tag{3.19}$$

$$x_1 = \frac{30f_1}{\sqrt{k_w w_0}}, x_1 > 5 \tag{3.20}$$

式中　f_1——结构第1阶自振频率（Hz）；

　　　k_w——地面粗糙度修正系数，对A类、B类、C类和D类地面粗糙度分别取
　　　　　　1.28、1.0、0.54 和 0.26；

　　　ζ_1——结构阻尼比，对钢结构可取0.01，对有填充墙的钢结构房屋可取0.02，
　　　　　　对钢筋混凝土及砌体结构可取0.05，对其他结构可根据工程经验确定。

（5）脉动风荷载的背景分量因子可按下列规定确定：

1）对体型和质量沿高度均匀分布的高层建筑和高耸结构，可按下式计算：

$$B_z = kH^{a_1}\rho_x\rho_z\frac{\phi_1(z)}{\mu_z} \tag{3.21}$$

式中　$\phi_1(z)$——结构第1阶振型系数；

　　　H——结构总高度（m），对A、B、C和D类地面粗糙度，H 的取值分别不应
　　　　　　大于300m、350m、450m和550m；

　　　ρ_x——脉动风荷载水平方向相关系数；

ρ_z ——脉动风荷载竖直方向相关系数；

k、a_1 ——系数，按表 3.9 取值。

系数 k 和 a_1 表 3.9

粗糙度类别		A	B	C	D
高层建筑	k	0.944	0.670	0.295	0.112
	a_1	0.155	0.187	0.261	0.346
高耸结构	k	1.276	0.910	0.404	0.155
	a_1	0.186	0.218	0.292	0.376

2) 对迎风面和侧风面的宽度沿高度按直线或接近直线变化，而质量沿高度按连续规律变化的高耸结构，式（3.21）计算的背景分量因子 B_z 应乘以修正系数 θ_B 和 θ_v。θ_B 为构筑物在 z 高度处的迎风面宽度 $B(z)$ 与底部宽度 $B(0)$ 的比值；θ_v 可按表 3.10 确定。

修正系数 θ_v 表 3.10

$B(H)/B(0)$	1	0.9	0.8	0.7	0.6	0.5	0.4	0.3	0.2	$\leqslant 0.1$
θ_v	1.00	1.10	1.20	1.32	1.50	1.75	2.08	2.53	3.30	5.60

（6）脉动风荷载的空间相关系数可按下列规定确定：

1) 竖直方向的相关系数可按下式计算：

$$\rho_z = \frac{10\sqrt{H + 60e^{-H/60} - 60}}{H} \tag{3.22}$$

式中 H——结构总高度（m）；对 A、B、C 和 D 类地面粗糙度，H 的取值分别不应大于 300m、350m、450m 和 550m。

2) 水平方向相关系数可按下式计算：

$$\rho_x = \frac{10\sqrt{B + 50e^{-B/50} - 50}}{B} \tag{3.23}$$

式中 B——结构迎风面宽度（m），$B \leqslant 2H$。

3) 对迎风面宽度较小的高耸结构，水平方向相关系数可取 $\rho_x = 1$。

（7）振型系数应根据结构动力计算确定。对外形、质量、刚度沿高度按连续规律变化的竖向悬臂型高耸结构及沿高度比较均匀的高层建筑，振型系数 $\phi_1(z)$ 也可根据相对高度 z/H 按荷载规范附录 G 确定。

2. 横风向和扭转风振

（1）对于横风向风振作用效应明显的高层建筑以及细长圆形截面构筑物，宜考虑横风向风振的影响。

（2）横风向风振的等效风荷载可按下列规定采用：

1) 对于平面或立面体型较复杂的高层建筑和高耸结构，横风向风振的等效风荷载 w_{Lk} 宜通过风洞试验确定，也可比照有关资料确定；

2) 对于圆形截面高层建筑及构筑物，其由跨临界强风共振（旋涡脱落）引起的横风向风振等效风荷载 w_{Lk} 可按荷载规范附录 H.1 确定；

3) 对于矩形截面及凹角或削角矩形截面的高层建筑，其横风向风振等效风荷载 w_{Lk}

可按荷载规范附录 H.2 确定。

高层建筑横风向风振加速度可按荷载规范附录 J 计算。

（3）对圆形截面的结构，应按下列规定对不同雷诺数 Re 的情况进行横风向风振（旋涡脱落）的校核：

1）当 $Re<3\times10^5$ 且结构顶部风速 v_H 大于 v_{cr} 时，可发生亚临界的微风共振。此时，可在构造上采取防振措施，或控制结构的临界风速 v_{cr} 不小于 15m/s。

2）当 $Re\geqslant3.5\times10^6$ 且结构顶部风速 v_H 的 1.2 倍大于 v_{cr} 时，可发生跨临界的强风共振，此时应考虑横风向风振的等效风荷载。

3）当雷诺数为 $3\times10^5\leqslant Re<3.5\times10^6$ 时，则发生超临界范围的风振，可不作处理。

4）雷诺数 Re 可按下列公式确定：

$$Re = 69000vD \tag{3.24}$$

式中　v——计算所用风速，可取临界风速值 v_{cr}；

　　　D——结构截面的直径（m），当结构的截面沿高度缩小时（倾斜度不大于 0.02），可近似取 2/3 结构高度处的直径。

5）临界风速 v_{cr} 和结构顶部风速 v_H 可按下列公式确定：

$$v_{cr} = \frac{D}{T_i St} \tag{3.25}$$

$$v_H = \sqrt{\frac{2000\mu_H w_0}{\rho}} \tag{3.26}$$

式中　T_i——结构第 i 振型的自振周期，验算亚临界微风共振时取基本自振周期 T_1；

　　　St——斯脱罗哈数，对圆截面结构取 0.2；

　　　μ_H——结构顶部风压高度变化系数；

　　　w_0——基本风压（kN/m²）；

　　　ρ——空气密度（kg/m³）。

（4）对于扭转风振作用效应明显的高层建筑及高耸结构，宜考虑扭转风振的影响。

（5）扭转风振等效风荷载可按下列规定采用：

1）对于体型较复杂以及质量或刚度有显著偏心的高层建筑，扭转风振等效风荷载 w_{Tk} 宜通过风洞试验确定，也可比照有关资料确定；

2）对于质量和刚度较对称的矩形截面高层建筑，其扭转风振等效风荷载 w_{Tk} 可按荷载规范附录 H.3 确定。

（6）顺风向风荷载、横风向风振及扭转风振等效风荷载宜按表 3.12 考虑风荷载组合工况。表 3.11 中的单位高度风力 F_{Dk}、F_{Lk} 及扭矩 T_{Tk} 标准值应按下列公式计算：

$$F_{Dk} = (w_{k1} - w_{k2})B \tag{3.27}$$

$$F_{Lk} = w_{Lk}B \tag{3.28}$$

$$T_{Tk} = w_{Tk}B^2 \tag{3.29}$$

式中　F_{Dk}——顺风向单位高度风力标准值（kN/m）；

　　　F_{Lk}——横风向单位高度风力标准值（kN/m）；

　　　T_{Tk}——单位高度风致扭矩标准值（kN·m/m）；

　　w_{k1}、w_{k2}——迎风面、背风面风荷载标准值（kN/m²）；

w_{Lk}、w_{Tk} ——横风向风振和扭转风振等效风荷载标准值（kN/m²）；

B ——迎风面宽度（m）。

风荷载组合工况 表 3.11

工况	顺风向风荷载	横风向风振等效风荷载	扭转风振等效风荷载
1	F_{Dk}	—	—
2	$0.6F_{Dk}$	F_{Lk}	—
3	—	—	T_{Tk}

【禁忌 3.20】 不知道如何确定阵风系数

计算围护结构（包括门窗）风荷载时的阵风系数应按表 3.12 确定。

阵风系数 β_{gz} 表 3.12

离地面高度 (m)	地面粗糙度类别			
	A	B	C	D
5	1.65	1.70	2.05	2.40
10	1.60	1.70	2.05	2.40
15	1.57	1.66	2.05	2.40
20	1.55	1.63	1.99	2.40
30	1.53	1.59	1.90	2.40
40	1.51	1.57	1.85	2.29
50	1.49	1.55	1.81	2.20
60	1.48	1.54	1.78	2.14
70	1.48	1.52	1.75	2.09
80	1.47	1.51	1.73	2.04
90	1.46	1.50	1.71	2.01
100	1.46	1.50	1.69	1.98
150	1.43	1.47	1.63	1.87
200	1.42	1.45	1.59	1.79
250	1.41	1.43	1.57	1.74
300	1.40	1.42	1.54	1.70
350	1.40	1.41	1.53	1.67
400	1.40	1.41	1.51	1.64
450	1.40	1.41	1.50	1.62
500	1.40	1.41	1.50	1.60
550	1.40	1.41	1.50	1.59

【禁忌 3.21】 不知道哪些高层建筑的风荷载宜采用风洞试验确定其值

建筑的平面形状和立面造型千变万化，建筑的高度越来越高，建筑的周围地形和环境也越来越复杂。《建筑结构荷载规范》只是给出了一些较为简单、量大面广的建筑的风荷载计算方法。对于高度较高、平面形状和立面形式复杂等情况，需要采用风洞试验确定其值。

《高层建筑混凝土结构技术规程》JGJ 3—2010 规定，下列高层建筑宜采用风洞试验确定其风荷载：

（1）高度大于 200m 的高层建筑；

（2）有下列情况之一时的高层建筑：

——平面形状不规则或立面形状复杂；

——立面开洞或连体建筑；

——周围地形和环境较复杂。

【禁忌 3.22】 不了解什么是温度作用

引起温度作用的因素很多，荷载规范仅涉及气温变化及太阳辐射等由气候因素产生的温度作用。有使用热源的结构一般是指有散热设备的厂房、烟囱、储存热物的筒仓、冷库等，其温度作用应由专门规范作规定，或根据建设方和设备供应商提供的指标确定温度作用。

温度作用是指结构或构件内温度的变化。在结构构件任意截面上的温度分布，一般认为可由三个分量叠加组成：① 均匀分布的温度分量 ΔT_{u}（图 3.9a）；② 沿截面线性变化的温度分量（梯度温差）ΔT_{My}、ΔT_{Mz}（图 3.9b、c），一般采用截面边缘的温度差表示；③ 非线性变化的温度分量 ΔT_{E}（图 3.9d）。

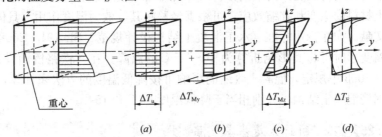

图 3.9　结构构件任意截面上的温度分布

结构和构件的温度作用即指上述分量的变化，对超大型结构、由不同材料部件组成的结构等特殊情况，尚需考虑不同结构部件之间的温度变化。对大体积结构，尚需考虑整个温度场的变化。

建筑结构设计时，应首先采取有效构造措施来减少或消除温度作用效应，如设置结构的活动支座或节点、设置温度缝、采用隔热保温措施等。当结构或构件在温度作用和其他可能组合的荷载共同作用下产生的效应（应力或变形）可能超过承载能力极限状态或正常使用极限状态时，比如结构某一方向平面尺寸超过伸缩缝最大间距或温度区段长度、结构约束较大、房屋高度较高等，结构设计中一般应考虑温度作用。是否需要考虑温度作用效应的具体条件，由《混凝土结构设计规范》GB 50010、《钢结构设计规范》GB 50017 等结构设计规范作出规定。

【禁忌 3.23】　不了解常用建筑材料的线膨胀系数如何取值

计算结构或构件的温度作用效应时，应采用材料的线膨胀系数 α_T。常用材料的线膨胀系数可按表 3.13 采用。

常用材料的线膨胀系数 α_T　　　　　　　　　　　　表 3.13

材　料	线膨胀系数 α_T（$\times 10^{-6}$/℃）	材　料	线膨胀系数 α_T（$\times 10^{-6}$/℃）
轻骨料混凝土	7	钢，锻铁，铸铁	12
普通混凝土	10	不锈钢	16
砌体	6～10	铝，铝合金	24

表 3.14 中的常用材料线膨胀系数主要参考欧洲规范的数据确定。

【禁忌 3.24】　不了解温度作用的组合值系数、频遇值系数和准永久值系数如何取值

温度作用的组合值系数、频遇值系数和准永久值系数可分别取 0.6、0.5 和 0.4。

温度作用属于可变的间接作用，考虑到结构可靠指标及设计表达式的统一，其荷载分项系数取值与其他可变荷载相同，取 1.4。该值与美国混凝土设计规范 ACI 318 的取值相当。

作为结构可变荷载之一，温度作用应根据结构施工和使用期间可能同时出现的情况考虑其与其他可变荷载的组合。规范规定的组合值系数、频遇值系数及准永久值系数主要依据设计经验及参考欧洲规范确定。

混凝土结构在进行温度作用效应分析时，可考虑混凝土开裂等因素引起的结构刚度的降低。混凝土材料的徐变和收缩效应，可根据经验将其等效为温度作用。具体方法可参考有关资料和文献。如在行业标准《水工混凝土结构设计规范》SL 191－2008 中规定，初估混凝土干缩变形时可将其影响折算为 10～15℃ 的温降。在《铁路桥涵设计基本规范》TB 10002.1－2005 中规定，混凝土收缩的影响可按降低温度的方法来计算，对整体浇筑的混凝土和钢筋混凝土结构，分别相当于降低温度 20℃ 和 15℃。

【禁忌 3.25】　不了解什么是基本气温

基本气温是气温的基准值，是确定温度作用所需最主要的气象参数。基本气温一般是以气象台站记录所得的某一年极值气温数据为样本，经统计得到的具有一定年超越概率的最高和最低气温。采用什么气温参数作为年极值气温样本数据，目前还没有统一模式。欧洲规范 EN 1991-1-5：2003 采用小时最高和最低气温；我国行业标准《铁路桥涵设计基本规范》TB 10002.1—2005 采用七月份和一月份的月平均气温，《公路桥涵设计通用规范》JTG D 60—2004 采用有效温度并将全国划分为严寒、寒冷和温热三个区来规定。目前国内在建筑结构设计中采用的基本气温也不统一，钢结构设计有的采用极端最高、最低气温，混凝土结构设计有的采用最高或最低月平均气温，这种情况带来的后果是难以用统一尺度评判温度作用下结构的可靠性水准，温度作用分项系数及其他各系数的取值也很难统一。作为结构设计的基本气象参数，有必要加以规范和统一。

基本气温可采用按 50 年重现期的月平均最高气温 T_{max} 和月平均最低气温 T_{min}。全国各城市的基本气温值按图 3.10 和图 3.11 或荷载规范附录 E 中表 E.5 采用。

全国各城市的基本气温（最高）

省市名	城 市 名	最高基本气温（℃）
北京	北京市	36
天津	天津市	35
	塘沽	35
上海	上海市	36
重庆	重庆市	37
	奉节	35
	梁平	36
	万州	38
	涪陵	37
	金佛山	25

更多的参见《建筑结构荷载规范》GB 50009—2012 表 E.5

图 3.10 全国基本气温（最高气温）分布

全国各城市的基本气温（最低）

省市名	城 市 名	最低基本气温（℃）
北京	北京市	-13
天津	天津市	-12
	塘沽	-12
上海	上海市	-4
重庆	重庆市	1
	奉节	-1
	梁平	-1
	万州	0
	涪陵	1
	金佛山	-10

更多的参见《建筑结构荷载规范》GB 50009—2012 表 E.5

图 3.11 全国基本气温（最低气温）分布

对金属结构等对气温变化较敏感的结构，宜考虑极端气温的影响，基本气温 T_{max} 和 T_{min} 可根据当地气候条件适当增加或降低。

【禁忌 3.26】　不了解什么是均匀温度作用

均匀温度作用的标准值应按下列规定确定：

1. 对结构最大温升的工况，均匀温度作用标准值按下式计算：

$$\Delta T_k = T_{s,max} - T_{0,min} \tag{3.30}$$

式中　ΔT_k——均匀温度作用标准值（℃）；

　　　$T_{s,max}$——结构最高平均温度（℃）；

　　　$T_{0,min}$——结构最低初始平均温度（℃）。

2. 对结构最大温降的工况，均匀温度作用标准值按下式计算：

$$\Delta T_k = T_{s,min} - T_{0,max} \tag{3.31}$$

式中　$T_{s,min}$——结构最低平均温度（℃）；

　　　$T_{0,max}$——结构最高初始平均温度（℃）。

结构最高平均温度 $T_{s,max}$ 和最低平均温度 $T_{s,min}$ 宜分别根据基本气温 T_{max} 和 T_{min} 按热工学的原理确定。对于有围护的室内结构，结构平均温度应考虑室内外温差的影响；对于暴露于室外的结构或施工期间的结构，宜依据结构的朝向和表面吸热性质考虑太阳辐射的影响。

结构的最高初始平均温度 $T_{0,max}$ 和最低初始平均温度 $T_{0,min}$ 应根据结构的合拢或形成约束的时间确定，或根据施工时结构可能出现的温度按不利情况确定。

均匀温度作用对结构影响最大，也是设计时最常考虑的，温度作用的取值及结构分析方法较为成熟。对室内外温差较大且没有保温隔热面层的结构，或太阳辐射较强的金属结构等，应考虑结构或构件的梯度温度作用，对体积较大或约束较强的结构，必要时应考虑非线性温度作用。对梯度和非线性温度作用的取值及结构分析目前尚没有较为成熟统一的方法，因此，荷载规范仅对均匀温度作用作出规定，其他情况设计人员可参考有关文献或根据设计经验酌情处理。

以结构的初始温度（合拢温度）为基准，结构的温度作用效应要考虑温升和温降两种工况。这两种工况产生的效应和可能出现的控制应力或位移是不同的，温升工况会使构件产生膨胀，而温降则会使构件产生收缩，一般情况两者都应校核。

气温和结构温度的单位采用摄氏度（℃），零上为正，零下为负。温度作用标准值的单位也是摄氏度（℃），温升为正，温降为负。

影响结构平均温度的因素较多，应根据工程施工期间和正常使用期间的实际情况确定。

对暴露于环境气温下的室外结构，最高平均温度和最低平均温度一般可依据基本气温 T_{max} 和 T_{min} 确定。

对有围护的室内结构，结构最高平均温度和最低平均温度一般可依据室内和室外的环境温度按热工学的原理确定，当仅考虑单层结构材料且室内外环境温度类似时，结构平均温度可近似地取室内外环境温度的平均值。

在同一种材料内，结构的梯度温度可近似假定为线性分布。

室内环境温度应根据建筑设计资料的规定采用，当没有规定时，应考虑夏季空调条件和冬季采暖条件下可能出现的最低温度和最高温度的不利情况。

室外环境温度一般可取基本气温，对温度敏感的金属结构，尚应根据结构表面的颜色深浅及朝向考虑太阳辐射的影响，对结构表面温度予以增大。夏季太阳辐射对外表面最高温度的影响，与当地纬度、结构方位、表面材料色调等因素有关，不宜简单近似。参考早期的国际标准化组织文件《结构设计依据—温度气候作用》技术报告 ISO TR 9492 中相关的内容，经过计算发现，影响辐射量的主要因素是结构所处的方位，在我国不同纬度的地方（北纬 20～50 度）虽然有差别，但不显著。

结构外表面的材料及其色调的影响肯定是明显的。表 3.14 为经过计算归纳近似给出围护结构表面温度的增大值。当没有可靠资料时，可参考表 3.14 确定。

考虑太阳辐射的围护结构表面温度增加 表 3.14

朝　向	表面颜色	温度增加值（℃）
平屋面	浅亮	6
	浅色	11
	深暗	15
东向、南向和西向的垂直墙面	浅亮	3
	浅色	5
	深暗	7
北向、东北和西北向的垂直墙面	浅亮	2
	浅色	4
	深暗	6

对地下室与地下结构的室外温度，一般应考虑离地表面深度的影响。当离地表面深度超过 10m 时，土体基本为恒温，等于年平均气温。

混凝土结构的合拢温度一般可取后浇带封闭时的月平均气温。钢结构的合拢温度一般可取合拢时的日平均温度，但当合拢时有日照时，应考虑日照的影响。结构设计时，往往不能准确确定施工工期，因此，结构合拢温度通常是一个区间值。这个区间值应包括施工可能出现的合拢温度，即应考虑施工的可行性和工期的不可预见性。

【禁忌 3.27】　不了解为什么只将偶然荷载限于爆炸和撞击荷载

产生偶然荷载的因素很多，如由炸药、燃气、粉尘、压力容器等引起的爆炸，机动车、飞行器、电梯等运动物体引起的撞击，罕遇出现的风、雪、洪水等自然灾害及地震灾害等。随着我国社会经济的发展和全球反恐面临的新形势，人们使用燃气、汽车、电梯、直升机等先进设施和交通工具的比例大大提高，恐怖袭击的威胁仍然严峻，在建筑结构设计中偶然荷载越来越重要。

限于目前对偶然荷载的研究和认知水平以及设计经验，荷载规范仅对炸药及燃气爆炸、电梯及汽车撞击等较为常见且有一定研究资料和设计经验的偶然荷载作出规定，对其他偶然荷载，设计人员可以根据本规范规定的原则，结合实际情况或参考有关资料确定。

依据 ISO 2394，在设计中所取的偶然荷载代表值是由有关权威机构或主管工程人员根据经济和社会政策、结构设计和使用经验按一般性的原则确定的，其值是唯一的。欧洲规范进一步规定偶然荷载的确定应从三个方面来考虑：①荷载的机理，包括形成的原因、短暂时间内结构的动力响应、计算模型等；② 从概率的观点对荷载发生的后果进行分析；③ 针对不同后果采取的措施从经济上考虑优化设计的问题。从上述三方面综合确定偶然荷载代表值相当复杂，因此欧洲规范提出当缺乏后果定量分析及经济优化设计数据时，对偶然荷载可以按年失效概率万分之一确定，相当于偶然荷载万年一遇。其思路大致如此：假设在偶然荷载设计状况下结构的可靠指标为 $\beta=3.8$（稍高于一般的 3.7），则其取值的超越概率为：

$$\Phi(-\alpha\beta) = \Phi(-0.7 \times 3.8) = \Phi(-2.66) = 0.003$$

这是对设计基准期是 50 年而言，对 1 年的超越概率则为万分之零点六，近似取万分之一。由于偶然荷载的有效统计数据在很多情况下不够充分，此时只能根据工程经验来确定。

【禁忌 3.28】 不了解偶然荷载的设计原则

偶然荷载的设计原则，与《工程结构可靠性设计统一标准》GB 50153—2008 一致。建筑结构设计中，主要依靠优化结构方案、增加结构冗余度、强化结构构造等措施，避免因偶然荷载作用引起结构发生连续倒塌。在结构分析和构件设计中是否需要考虑偶然荷载作用，要视结构的重要性、结构类型及复杂程度等因素，由设计人员根据经验决定。

结构设计中应考虑偶然荷载发生时和偶然荷载发生后两种设计状况。首先，在偶然事件发生时应保证某些特殊部位的构件具备一定的抵抗偶然荷载的承载能力，结构构件受损可控。此时，结构在承受偶然荷载的同时，还要承担永久荷载、活荷载或其他荷载，应采用结构承载能力设计的偶然荷载效应组合；其次，要保证在偶然事件发生后，受损结构能够承担对应于偶然设计状况的永久荷载和可变荷载，保证结构有足够的整体稳固性，不致因偶然荷载引起结构连续倒塌，此时应采用结构整体稳固验算的偶然荷载效应组合。当采用偶然荷载作为结构设计的主导荷载时，在允许结构出现局部构件破坏的情况下，应保证结构不致因偶然荷载引起连续倒塌。

【禁忌 3.29】 不了解偶然荷载的设计值如何取值

与其他可变荷载根据设计基准期通过统计确定荷载标准值的方法不同，在设计中所取的偶然荷载代表值是由有关的权威机构或主管工程人员根据经济和社会政策、结构设计和使用经验按一般性的原则来确定的，因此不考虑荷载分项系数，设计值与标准值取相同的值。

【禁忌 3.30】 不了解如何计算爆炸荷载的等效静力荷载

爆炸一般是指在极短时间内，释放出大量能量，产生高温，并放出大量气体，在周围介质中造成高压的化学反应或状态变化。爆炸的类型很多，例如：炸药爆炸（常规武器爆炸、核爆炸）、煤气爆炸、粉尘爆炸、锅炉爆炸、矿井下瓦斯爆炸、汽车等物体燃烧时引起的爆炸等。爆炸对建筑物的破坏程度与爆炸类型、爆炸源能量大小、爆炸距离及周围环境、建筑物本身的振动特性等有关，精确度量爆炸荷载的大小较为困难。因此，荷载规范规定，由炸药、燃气、粉尘等引起的爆炸荷载宜按等效静力荷载采用。

在常规炸药爆炸动荷载作用下，结构构件的等效均布静力荷载标准值，可按下式计算：

$$q_{ce} = K_{dc} p_c \tag{3.32}$$

式中　q_{ce}——作用在结构构件上的等效均布静力荷载标准值；

$\quad$ p_c——作用在结构构件上的均布动荷载最大压力，可按国家标准《人民防空地下室设计规范》GB 50038—2005 中第 4.3.2 条和第 4.3.3 条的有关规定采用；

$\quad$ K_{dc}——动力系数，根据构件在均布动荷载作用下的动力分析结果，按最大内力等效的原则确定。

其他原因引起的爆炸，可根据其等效 TNT 装药量，参考本条方法确定等效均布静力荷载。

对于具有通口板的房屋结构，当通口板面积 A_V 与爆炸空间体积 V 之比在 0.05～0.15 之间且体积 V 小于 1000m³ 时，燃气爆炸的等效均布静力荷载 p_k 可按下列公式计算并取其较大值：

$$p_k = 3 + p_v \tag{3.33}$$

$$p_k = 3 + 0.5 p_v + 0.04 \left(\frac{A_V}{V} \right)^2 \tag{3.34}$$

式中　p_v——通口板（一般指窗口的平板玻璃）的额定破坏压力（kN/m²）；

$\quad$ A_V——通口板面积（m²）；

$\quad$ V——爆炸空间的体积（m³）。

【禁忌 3.31】 不了解如何计算撞击荷载

撞击荷载按如下方法确定：

1. 电梯竖向撞击荷载标准值可在电梯总重力荷载的 4～6 倍范围内选取。

2. 汽车的撞击荷载可按下列规定采用：

1）顺行方向的汽车撞击力标准值 P_k(kN) 可按下式计算：

$$P_k = \frac{mv}{t} \tag{3.35}$$

式中　m——汽车质量（t），包括车自重和载重；

$\quad$ v——车速（m/s）；

$\quad$ t——撞击时间（s）。

2）撞击力计算参数 m、v、t 和荷载作用点位置宜按照实际情况采用；当无数据时，汽车质量可取 15t，车速可取 22.2m/s，撞击时间可取 1.0s，小型车和大型车的撞击力荷载作用点位置可分别取位于路面以上 0.5m 和 1.5m 处。

3）垂直行车方向的撞击力标准值可取顺行方向撞击力标准值的 0.5 倍，两者可不考虑同时作用。

3. 直升飞机非正常着陆的撞击荷载可按下列规定采用：

1）竖向等效静力撞击力标准值 P_k（kN）可按下式计算：

$$P_k = C \sqrt{m} \tag{3.36}$$

式中　C——系数，取 $3\text{kN}\cdot\text{kg}^{-0.5}$；

　　　m——直升飞机的质量（kg）。

2）竖向撞击力的作用范围宜包括停机坪内任何区域以及停机坪边缘线 7m 之内的屋顶结构。

3）竖向撞击力的作用区域宜取 2m×2m。

【禁忌 3.32】　不知道什么是地震反应谱

由于地震的作用，建筑物产生位移 x、速度 $\dot{x}$ 和加速度 $\ddot{x}$。我们把不同周期下建筑物反应值的大小画成曲线，这些曲线称为反应谱。一般来说，随周期的延长，位移反应谱为上升的曲线；速度反应谱比较恒定；而加速度的反应谱则大体为下降的曲线（图3.12）。

一般说来，设计的直接依据是加速度反应谱。加速度反应谱在周期很短时有一个上升段（高层建筑的基本自振周期一般不在这一区段），当建筑物周期与场地的特征周期接近时，出现峰值，随后逐渐下降。出现峰值时的周期与场地的类型有关：Ⅰ 类场地约为 $0.1\sim0.2\text{s}$；Ⅱ 类场地约为 $0.3\sim0.4\text{s}$；Ⅲ 类场地约为 $0.5\sim0.6\text{s}$；Ⅳ 类场地约为 $0.7\sim1.0\text{s}$（图 3.13）。

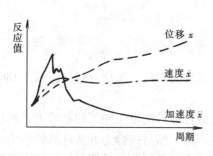

图 3.12　反应谱的大体趋势

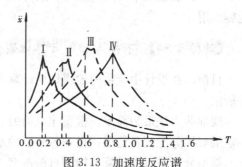

图 3.13　加速度反应谱

由图 3.13 可见，建筑物受到地震作用的大小并不是固定的，它取决于建筑物的自振周期和场地的特性。一般来说，随建筑物周期延长，地震作用减小。

与风荷载作用的时间（常为几十分钟至几个小时）相比，地震作用的时间是非常短促的，一次地震往往只经历的几十秒钟，其中最强烈的振动可能只有几秒钟。地震持续时间越长，破坏越严重。1985 年 9 月墨西哥地震最大加速度达 $0.2g$（g 为重力加速度），持续时间长达 3min 之久，因而造成了严重的损失。

衡量地震作用强烈程度目前常用地面运动的最大加速度 $A_{\max}$ 作为标志，它就是建筑物抗震设计时的基础输入最大加速度，其单位为重力加速度 g（9.81m/s^2）或 Gal（gal＝10mm/s^2）。大体上，7 度相当于最大加速度为 100Gal，8 度相当于 200Gal，9 度相当于 400Gal。

在地震时，结构因振动面产生惯性力，使建筑物产生内力，振动建筑物会产生位移、速度和加速度。地震作用大小与建筑物的质量与刚度有关。在同等烈度和场地条件下，建筑物的重量越大，受到地震作用也越大，因此，减小结构自重不仅可以节省材料，而且有利于抗震。同样，结构刚度越大、周期越短，地震作用也大，因此，在满足位移限值的前提下，结构应有适宜的刚度。适当延长建筑物的周期，从而降低地震作用，这会取得很大的经济效益。

从上面的叙述可以知道，地震的作用是相当复杂的，带有很多不确定因素。即使在相同的设防烈度下（A_{max}相同时），不同的地震波使建筑物产生的反应不同，而且离散性很大。现行抗震规范给出的反应谱曲线，也只是很多不同地震的实际反应谱的平均数值。因此，将来遇到实际的地震时，其地震作用可能低于规范计算的数值，也可能高于这一数值，不能认为按反应谱曲线计算得到的地震作用就是真正的、确实的数值。所以，结构抗震设计必须多方面考虑，并留有充分的余地。

【禁忌3.33】 不了解高层建筑结构的地震作用计算应符合哪些要求

高层建筑结构的地震作用计算应符合下列规定：

（1）一般情况下，应至少在结构两个主轴方向分别计算水平地震作用；有斜交抗侧力构件的结构，当相交角度大于15°时，应分别计算各抗侧力构件方向的水平地震作用。

（2）质量与刚度分布明显不对称的结构，应计算双向水平地震作用下的扭转影响；其他情况，应计算单向水平地震作用下的扭转影响。

（3）高层建筑中的大跨度、长悬臂结构，7度（0.15g）、8度抗震设计时应计入竖向地震作用。

【禁忌3.34】 不知道如何计算地震作用

目前，在设计中应用的地震作用计算方法有：底部剪力法、振型分解反应谱法和时程分析法。

底部剪力法最为简单，根据建筑物的总重力荷载可计算出结构底部的总剪力，然后按一定的规律分配到各楼层，得到各楼层的水平地震作用，然后按静力方法计算结构内力。

振型分解法首先计算结构的自振振型，选取前若干个振型分别计算各振型的水平地震作用；然后，计算各振型水平地震作用下的结构内力；最后，将各振型的内力进行组合，得到地震作用下的结构内力。

时程分析法又称直接动力法，将高层建筑结构作为一个多质点的振动体系，输入已知的地震波，用结构动力学的方法，分析地震全过程中每一时刻结构的振动状况，从而了解地震过程中结构的反应（加速度、速度、位移和内力）。

高层建筑结构应根据不同情况，分别采用相应的地震作用计算方法：

1. 高度不超过40m，以剪切变形为主且质量与刚度沿高度分布比较均匀的高层建筑结构，可采用底部剪力法。

框架、框架-剪力墙结构是比较典型的以剪切变形为主的结构。由于底部剪力法比较简单，可以手算，它又成为方案和初步设计阶段进行方案估算和近似计算的方法，在设计中广泛应用。

2. 除上述情况外，高层建筑结构宜采用振型分解反应谱法。

振型分解反应谱法是高层建筑结构地震作用分析的基本方法。几乎所有高层建筑结构设计程序都采用了这一方法。

3. 下列情况宜用时程分析法进行补充计算：

——甲类高层建筑结构；

——表 3.15 所列的乙、丙类高层建筑结构；

采用时程分析法的高层建筑结构   表 3.15

设防烈度、场地类别	建筑高度范围	设防烈度、场地类别	建筑高度范围
8 度Ⅰ、Ⅱ类场地和 7 度	>100m	9 度	>60m
8 度Ⅲ、Ⅳ类场地	>80m		

——竖向不规则的高层建筑结构；

——复杂高层建筑结构；

——质量沿竖向分布特别不均匀的高层建筑结构。

不同的结构采用不同的分析方法在各国抗震规范中均有体现，振型分解反应谱法和底部剪力法仍是基本方法。对高层建筑结构主要采用振型分解反应谱法（包括不考虑扭转耦联和考虑扭转耦联两种方式），底部剪力法的应用范围较小。弹性时程分析法作为补充计算方法，在高层建筑结构分析中已得到比较普遍的应用。

【禁忌 3.35】 不了解时程分析计算要注意的问题

进行结构时程分析时，应符合下列要求：

1. 应按建筑场地类别和设计地震分组选取实际地震记录和人工模拟的加速度时程曲线，其中实际地震记录的数量不应少于总数量的 2/3，多组时程曲线的平均地震影响系数曲线应与振型分解反应谱法所采用的地震影响系数曲线在统计意义上相符；弹性时程分析时，每条时程曲线计算所得结构底部剪力不应小于振型分解反应谱法计算结果的 65%，多条时程曲线计算所得结构底部剪力的平均值不应小于振型分解反应谱法计算结果的 80%。

2. 地震波的持续时间不宜小于建筑结构基本自振周期的 5 倍和 15s，地震波的时间间距可取 0.01s 或 0.02s。

3. 输入地震加速度的最大值可按表 3.16 采用。

时程分析时输入地震加速度的最大值（cm/s²）   表 3.16

设防烈度	6 度	7 度	8 度	9 度
多遇地震	18	35 (55)	70 (110)	140
设设地震	50	100 (150)	200 (300)	400
罕遇地震	125	220 (310)	400 (510)	620

注：7、8 度时括号内数值分别用于设计基本地震加速度为 0.15g 和 0.30g 的地区，此处 g 为重力加速度。

4. 当取 3 组时程曲线进行计算时，结构地震作用效应宜取时程法计算结果的包络值与振型分解反应谱法计算结果的较大值；当取 7 组及 7 组以上时程曲线进行计算时，结构地震作用效应可取时程法计算结果的平均值与振型分解反应谱法计算结果的较大值。

【禁忌 3.36】 不知道如何计算重力荷载代表值

按照反应谱理论，地震作用的大小与重力荷载代表值的大小成正比：

$$F_E = mS_a = \frac{G}{g}S_a = \frac{S_a}{g}G = \alpha G \tag{3.37}$$

式中　G——重力荷载代表值；

　　　α——地震影响系数，即单质点体系在地震时最大反应加速度，以重力加速度 g 计；

　　　S_a——单质点加速度反应谱最大值；

　　　F_E——地震作用。

计算地震作用时，重力荷载代表值应取恒荷载标准值和可变荷载组合值之和。可变荷载的组合值系数应按表 3.17 采用：

组 合 值 系 数　　　　　　　　　　　　　　　　　　　　　　　　　　表 3.17

可变荷载种类	组合值系数	可变荷载种类		组合值系数
雪荷载	0.5	按等效均布荷载计算的楼面活荷载	藏书库、档案库	0.8
屋面积灰荷载	0.5		其他民用建筑	0.5
屋面活荷载	不计入	吊车悬吊物重力	硬钩吊车	0.3
按实际情况计算的楼面活荷载	1.0		软钩吊车	不计入

注：硬钩吊车的吊重较大时，组合值系数应按实际情况采用。

【禁忌 3.37】 不知道如何确定水平地震影响系数

地震影响系数取决于场地类别、建筑物的自振周期和阻尼比等诸多因素，反映这些因素与 α 的关系曲线称为反应谱曲线（图 3.14）。

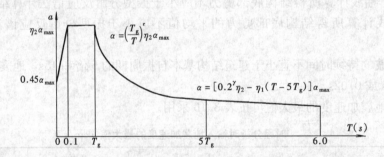

图 3.14　地震影响系数曲线

α—地震影响系数；α_{max}—地震影响系数最大值；T—结构自振周期；T_g—特征周期；γ—衰减指数；η_1—直线下降段下降斜率调整系数；η_2—阻尼调整系数

弹性反应谱理论仍是现阶段抗震设计的最基本理论，《建筑抗震设计规范》（GB 50011—2010）的设计反应谱以地震影响系数曲线的形式给出，曲线制定时考虑了以下因素：

1）设计反应谱周期延至 6s。根据地震学研究和强震观测资料统计分析，在周期 6s 范围内，有可能给出比较可靠的数据，也基本满足了国内绝大多数高层建筑和长周期结构的抗震设计需要。对于周期大于 6s 的结构，抗震设计反应谱应进行专门研究。

2）理论上，设计反应谱存在两个下降段，即：速度控制段和位移控制段，在加速度反应谱中，前者衰减指数为 1，后者衰减指数为 2。设计反应谱是用来预估建筑结构在其设计基准期内可能经受的地震作用，通常根据大量实际地震记录的反应谱进行统计并结合工程经验判断加以规定。为保持规范的延续性，在 $T \leqslant 5T_g$ 范围内与"89 抗震规范"相同，在 $T > 5T_g$ 的范围把"89 抗震规范"的下平台改为倾斜段，不同场地类别的最小值不同，较符合实际反应谱的统计规律。在 T 等于 $6T_g$ 附近，新的反应谱比"89 抗震规范"约增加 15%，其余范围取值的变动更小。

建筑结构地震影响系数曲线（图 3.14）的阻尼调整和形状参数应符合下列要求：

1. 除有专门规定外，建筑结构的阻尼比应取 0.05，地震影响系数曲线的阻尼调整系数应按 1.0 采用，形状参数应符合下列规定：

1）直线上升段，周期小于 0.1s 的区段。

2）水平段，自 0.1s 至特征周期区段，应取最大值（α_{max}）。

3）曲线下降段，自特征周期至 5 倍特征周期区段，衰减指数应取 0.9。

4）直线下降段，自 5 倍特征周期至 6s 区段，下降斜率调整系数应取 0.02。

2. 当建筑结构的阻尼比按有关规定不等于 0.05 时，地震影响系数曲线的阻尼调整系数和形状参数应符合下列规定：

1）曲线下降段的衰减指数应按下式确定：

$$\gamma = 0.9 + \frac{0.05 - \zeta}{0.3 + 6\zeta} \tag{3.38}$$

式中 γ——曲线下降段的衰减指数；

      ζ——阻尼比。

2）直线下降段的下降斜率调整系数应按下式确定：

$$\eta_1 = 0.02 + (0.05 - \zeta) / (4 + 32\zeta) \tag{3.39}$$

式中 η_1——直线下降段的下降斜率调整系数，小于 0 时取 0。

3）阻尼调整系数应按下式确定：

$$\eta_2 = 1 + \frac{0.05 - \zeta}{0.08 + 1.6\zeta} \tag{3.40}$$

式中 η_2——阻尼调整系数，当小于 0.55 时，应取 0.55。

现阶段仍采用抗震设防烈度所对应的水平地震影响系数最大值 α_{max}，多遇地震烈度和罕遇地震烈度分别对应于 50 年设计基准期内超越概率为 63% 和 2%～3% 的地震烈度，也就是通常所说的小震烈度和大震烈度。为了与新的地震动参数区划图接口，水平地震影响系数最大值 α_{max} 除沿用《建筑抗震设计规范》GB 50011—2010 中 6、7、8、9 度所对应的设计基本加速度值外，对于 7～8 度、8～9 度之间各增加一档，用括号内的数字表示，分别对应于设计基本地震加速度为 0.15g 和 0.30g 的地区，见表 3.18。

水平地震影响系数最大值 α_{max} 表 3.18

地震影响	6 度	7 度	8 度	9 度
多遇地震	0.04	0.08 (0.12)	0.16 (0.24)	0.32
设防地震	0.12	0.23 (0.34)	0.45 (0.68)	0.90
罕遇地震	0.28	0.50 (0.72)	0.90 (1.20)	1.40

注：7、8 度时括号内数值分别用于设计基本地震加速度为 0.15g 和 0.30g 的地区。

特征周期是指抗震设计用的地震影响系数曲线中,反映地震等级、震中距和场地类别等因素的下降段起始点对应的周期值(图 3.14)。

为了与我国地震动参数区划图接轨,根据设计地震分组和不同场地类别确定反应谱特征周期 T_g,即特征周期不仅与场地类别有关,而且还与设计地震分组有关,同时反映了震级大小、震中距和场地条件的影响,见表 3.19。设计地震分组中的一组、二组、三组分别反映了近、中、远震的不同影响。为了适当调整和提高结构的抗震安全度,各分区中 I_0、I_1、II、III 类场地的特征周期值较《建筑抗震设计规范》GB 50011—2010 的值约增大了 0.05s。同理,罕遇地震作用时,特征周期 T_g 值也应增加 0.05s。这样处理,比较接近近年来得到的大量地震加速度资料的统计结果。

特征周期值 T_g(s)　　　　　　　　　　　　　　　　表 3.19

设计地震分组 ＼ 场地类别	I_0	I_1	II	III	IV
第一组	0.20	0.25	0.35	0.45	0.65
第二组	0.25	0.30	0.40	0.55	0.75
第三组	0.30	0.35	0.45	0.65	0.90

采用底部剪力法计算高层建筑结构的水平地震作用时,各楼层在计算方向可仅考虑一个自由度(图 3.15),并应符合下列规定:

(1)结构总水平地震作用标准值应按下列公式计算:

$$F_{Ek} = \alpha_1 G_{eq} \tag{3.41}$$

$$G_{eq} = 0.85 G_E \tag{3.42}$$

式中　F_{Ek}——结构总水平地震作用标准值;

α_1——相应于结构基本自振周期 T_1 的水平地震影响系数,结构基本自振周期 T_1 可按式(3.48)近似计算,并应考虑非承重墙体的影响予以折减;

G_{eq}——计算地震作用时,结构等效总重力荷载代表值;

G_E——计算地震作用时,结构总重力荷载代表值,应取各质点重力荷载代表值之和。

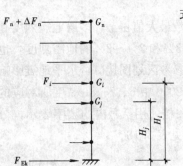

图 3.15　底部剪力法计算示意图

(2)质点 i 的水平地震作用标准值可按式(3.43)计算:

$$F_i = \frac{G_i H_i}{\sum\limits_{j=1}^{n} G_j H_j} F_{Ek} (1 - \delta_n) \tag{3.43}$$

$$(i=1, 2, \cdots\cdots, n)$$

式中　F_i——质点 i 的水平地震作用标准值；

　G_i、G_j——分别为集中于质点 i、j 的重力荷载代表值；

　H_i、H_j——分别为质点 i、j 的计算高度；

　δ_n——顶部附加地震作用系数，可按表 3.20 采用。

顶部附加地震作用系数 δ_n　　　　　表 3.20

T_g (s)	$T_1 > 1.4T_g$	$T_1 \leqslant 1.4T_g$
$T_g \leqslant 0.35$	$0.08T_1 + 0.07$	
$0.35 < T_g \leqslant 0.55$	$0.08T_1 + 0.01$	不考虑
$T_g \geqslant 0.55$	$0.08T_1 - 0.02$	

注：T_g 为场地特征周期；T_1 为结构基本自振周期。

（3）主体结构顶层附加水平地震作用标准值可按式（3.44）计算：

$$\Delta F_n = \delta_n F_{Ek} \tag{3.44}$$

式中　ΔF_n——主体结构顶层附加水平地震作用标准值。

【禁忌3.40】 不知道什么情况下应考虑偶然偏心影响

现行国家标准《建筑抗震设计规范》GB 50011—2010 中，对平面规则的结构，采用增大边榀结构地震内力的简化方法考虑偶然偏心的影响。对于高层建筑而言，增大边榀结构内力的简化方法不尽合适。因此，《高规》规定直接取各层质量偶然偏心为 $0.05L_i$（L_i 为垂直于地震作用方向的建筑物总长度）来计算水平地震作用。实际计算时，可将每层质心沿主轴的同一方向（正向或负向）偏移。

采用底部剪力法计算地震作用时，也应考虑偶然偏心的不利影响。

【禁忌3.41】 不会计算结构的自振周期

按振型分解法计算多质点体系的地震作用时，需要确定体系的基频和高频以及相应的主振型。从理论上讲，它们可通过解频率方程得到。但是，当体系的质点数多于三个时，手算就会感到困难。因此，在工程计算中，常采用近似法。

近似法有瑞利法、折算质量法、顶点位移法、矩阵迭代法等多种方法。

《高规》对比较规则的结构，推荐了结构基本自振周期 T_1 的计算公式：

1. 求风振系数 β_z 时

框架结构：

$$T_1 = (0.08 \sim 0.1)\,n \tag{3.45}$$

框架-剪力墙结构和框架-核心筒结构：

$$T_1 = (0.06 \sim 0.08)\,n \tag{3.46}$$

剪力墙结构和筒中筒结构：

$$T_1 = (0.05 \sim 0.06)\,n \tag{3.47}$$

式中　n——结构层数。

2. 求水平地震影响系数和顶部附加地震作用系数时

对于质量和刚度沿高度分布比较均匀的框架结构、框架-剪力墙结构和剪力墙结构，其基本自振周期可按下式计算：

$$T_1 = 1.7\psi_T\sqrt{u_T}$$ (3.48)

式中　T_1——结构基本自振周期（s）；

　　　u_T——假想的结构顶点水平位移（m），即假想把集中在各楼层处的重力荷载代表值 G_i 作为该楼层水平荷载计算的结构顶点弹性水平位移；

　　　ψ_T——考虑非承重墙刚度对结构自振周期影响的折减系数。

结构基本自振周期也可采用根据实测资料并考虑地震作用影响的经验公式确定。

【禁忌 3.42】　不了解如何考虑非承重墙对结构的影响

大量工程实测周期表明：实际建筑物自振周期短于计算的周期。尤其是实心砖填充墙的框架结构，由于实心砖填充墙的刚度大于框架柱的刚度，其影响更为显著，实测周期约为计算周期的 0.5～0.6 倍；剪力墙结构中，由于砖墙数量少，其刚度又远小于钢筋混凝土墙的刚度，实测周期与计算周期比较接近。因此，《高规》第 4.3.17 条规定，当非承重墙体为砌体墙时，高层建筑结构的计算自振周期折减系数 ψ_T 可按下列规定取值：

(1) 框架结构可取 0.6～0.7；

(2) 框架-剪力墙结构可取 0.7～0.8；

(3) 框架-核心筒结构可取 0.8～0.9；

(4) 剪力墙结构可取 0.8～1.0。

对于其他结构体系或采用其他非承重墙体时，可根据工程情况确定周期折减系数。

【禁忌 3.43】　不会计算屋顶塔楼的水平地震作用

塔楼放在屋面上，受到的是经过主体建筑放大后的地震加速度，因而受到强化的激励，水平地震作用远远大于在地面时的作用。所以，屋上塔楼产生显著的鞭梢效应。地震中屋面上塔楼震害严重表明了这一点。

1. 突出屋面小塔楼的地震作用

小塔楼指一般突出屋面的楼电梯间、水箱间、高度小、体积不大，通常 1～2 层。这时，可将小塔楼作为一个质点计算它的地震作用，这时顶部集中作用的水平地震作用 $F_n = \delta_n F_{Ek}$，作用在大屋面、主体结构的顶层。小塔楼的实际地震作用可按下式计算：

$$F_n = \beta_n F_{n0}$$ (3.49)

小塔楼地震作用放大系数 β_n 按表 3.21 取值。表中，K_n、K 分别为小塔楼和主体结构的层刚度；G_n、G 分别为小塔楼和主体结构重力荷载设计值。K_n、K 可由层剪力除以层间位移求得。

放大后的小塔楼地震作用 F_n 用于设计小塔楼自身及小塔楼直接连接的主体结构构件。

2. 突出屋面高塔的地震作用

广播、通信、电力调度等建筑物，由于天线高度以及其他功能的要求，常在主体建筑物的顶部再建一个细高的塔楼，塔高常超过主体建筑物高度的 1/4 以上，甚至超过建筑物的高度，塔楼的层数较多，刚度较小。塔楼的高振型影响很大，其地震作用比按底部剪力法的计算结果大很多，远远不止 3 倍，有些工程甚至大 8～10 倍。因此，一般情况下塔与建筑物应采用振型分解反应谱法（6～8 个振型）或时程分析法进行分析，求出其水平地震作用。

小塔楼地震力放大系数 β_n 表 3.21

T_1 (s)	G_n/G \ K_n/K	0.001	0.010	0.050	0.100
0.25	0.01	2.0	1.6	1.5	1.5
	0.05	1.9	1.8	1.6	1.6
	0.10	1.9	1.8	1.6	1.5
0.50	0.01	2.6	1.9	1.7	1.7
	0.05	2.1	2.4	1.8	1.8
	0.10	2.2	2.4	2.0	1.8
0.75	0.01	3.6	2.3	2.2	2.2
	0.05	2.7	3.4	2.5	2.3
	0.10	2.2	3.3	2.5	2.3
1.00	0.01	4.8	2.9	2.7	2.7
	0.05	3.6	4.3	2.9	2.7
	0.10	2.4	4.1	3.2	3.0
1.50	0.01	6.6	3.9	3.5	3.5
	0.05	3.7	5.8	3.8	3.6
	0.10	2.4	5.6	4.2	3.7

【禁忌 3.44】 不会估算屋顶塔架的水平地震作用

在初步设计阶段，为迅速估算高塔的地震作用，可以先将塔楼作为一个单独建筑物放在地面上，按底部剪力法计算其塔底及塔顶的剪力 V_{t1}^0、V_{t2}^0，然后乘以放大系数 β_1、β_2，即可得到设计用地震作用标准值：

$$V_{t1} = \beta_1 V_{t1}^0 \tag{3.50}$$

$$V_{t2} = \beta_2 V_{t2}^0 \tag{3.51}$$

β_1、β_2 的数值由表 3.22 决定。表中，H_t 和 H_b 为塔楼和主体建筑的高度。

塔楼剪力放大系数 β 表 3.22

H_t/H_b \ S_t/S_b	塔底 β_1				塔顶 β_2			
	0.5	0.75	1.00	1.25	0.5	0.75	1.00	1.25
0.25	1.5	1.5	2.0	2.5	2.0	2.0	2.5	3.0
0.50	1.5	1.5	2.0	2.5	2.0	2.5	3.0	4.0
0.75	2.0	2.5	3.0	3.5	2.5	3.5	5.0	6.0
1.00	2.0	2.5	3.0	3.5	3.0	4.5	5.5	6.0

$$S_t = T_t / H_t \tag{3.52}$$

$$S_b = T_b / H_b \tag{3.53}$$

式中 T_t、T_b——分别为塔楼和主体结构的基本自振周期。

求得塔底剪力 V_{t1} 后，可将 V_{t1} 作用于主体结构顶部，将主体结构作为单独建筑物处理。主体结构的楼层剪力，不再乘放大系数。

【禁忌 3.45】 不了解如何按振型分解反应谱法计算地震作用和地震效应

采用振型分解反应谱方法时，对于不考虑扭转耦联振动影响的结构，可按下列规定进行地震作用和作用效应的计算：

1. 结构第 j 振型 i 质点的水平地震作用的标准值应按下式确定：

$$F_{ji} = \alpha_j \gamma_j X_{ji} G_i \tag{3.54}$$

$$\gamma_j = \frac{\sum_{i=1}^{n} X_{ji} G_i}{\sum_{i=1}^{n} X_{ji}^2 G_i} \quad (i = 1, 2, \cdots, n; j = 1, 2, \cdots, m) \tag{3.55}$$

式中 G_i——质点 i 的重力荷载代表值；

F_{ji}——第 j 振型 i 质点水平地震作用的标准值；

α_j——相应于 j 振型自振周期的地震影响系数；

X_{ji}——j 振型 i 质点的水平相对位移；

γ_j——j 振型的参与系数；

n——结构计算总质点数，小塔楼宜每层作为一个质点参与计算；

m——结构计算振型数。规则结构可取 3，当建筑较高、结构沿竖向刚度不均匀时可取 5～6。

2. 水平地震作用效应（内力和位移）应按式（3.56）计算：

$$S = \sqrt{\sum_{j=1}^{m} S_j^2} \tag{3.56}$$

式中 S——水平地震作用效应；

S_j——j 振型的水平地震作用效应（弯矩、剪力、轴向力和位移等）。

考虑扭转影响的结构，各楼层可取两个正交的水平位移和一个转角位移共三个自由度，按下列振型分解法计算地震作用和作用效应。确有依据时，尚可采用简化计算方法确定地震作用效应。

1. j 振型 i 层的水平地震作用标准值，应按下列公式确定：

$$\left.\begin{array}{l} F_{xji} = \alpha_j \gamma_{tj} X_{ji} G_i \\ F_{yji} = \alpha_j \gamma_{tj} Y_{ji} G_i \\ F_{tji} = \alpha_j \gamma_{tj} r_i^2 \varphi_{ji} G_i \end{array}\right\} (i = 1, 2, \cdots, n; j = 1, 2, \cdots, m) \tag{3.57}$$

式中 F_{xji}、F_{yji}、F_{tji}——分别为 j 振型 i 层的 x 方向、y 方向和转角方向的地震作用标准值；

X_{ji}、Y_{ji}——分别为 j 振型 i 层质心在 x、y 方向的水平相对位移；

φ_{ji}——j 振型 i 层的相对扭转角；

r_i—— i 层转动半径,可取 i 层绕质心的转动惯量除以该层质量的商的正二次方根;

α_j—— 相应于第 j 振型自振周期 T_j 的地震影响系数;

γ_{tj}—— 考虑扭转的 j 振型参与系数;

n—— 结构计算总质点数,小塔楼宜每层作为一个质点参加计算;

m—— 结构计算振型数,一般情况下可取 $9 \sim 15$,多塔楼建筑每个塔楼的振型数不宜小于 9。

当仅考虑 x 方向地震作用时:

$$\gamma_{tj} = \sum_{i=1}^{n} X_{ji} G_i / \sum_{i=1}^{n} (X_{ji}^2 + Y_{ji}^2 + \varphi_{ji}^2 r_i^2) G_i \tag{3.58}$$

当仅考虑 y 方向地震作用时:

$$\gamma_{tj} = \sum_{i=1}^{n} Y_{ji} G_i / \sum_{i=1}^{n} (X_{ji}^2 + Y_{ji}^2 + \varphi_{ji}^2 r_i^2) G_i \tag{3.59}$$

当考虑与 x 方向夹角为 θ 的地震作用时:

$$\gamma_{tj} = \gamma_{xj}\cos\theta + \gamma_{yj}\sin\theta \tag{3.60}$$

式中 γ_{xj}、γ_{yj}——分别为由式（3.58）、式（3.59）求得的振型参与系数。

2. 单向水平地震作用下,考虑扭转的地震作用效应,应按下列公式确定:

$$S = \sqrt{\sum_{j=1}^{m} \sum_{k=1}^{m} \rho_{jk} S_j S_k} \tag{3.61}$$

$$\rho_{jk} = \frac{8\zeta_j \zeta_k (1 + \lambda_T \zeta_k) \lambda_T^{1.5}}{(1 - \lambda_T^2)^2 + 4\zeta_j \zeta_k (1 + \lambda_T^2) \lambda_T + 4(\zeta_j^2 + \zeta_k^2) \lambda_T^2} \tag{3.62}$$

式中 S——考虑扭转的地震作用效应;

S_j、S_k——分别为 j、k 振型地震作用效应;

ρ_{jk}—— j 振型与 k 振型的耦联系数;

λ_T—— k 振型与 j 振型的自振周期比;

ζ_j、ζ_k——分别 j、k 振型的阻尼比。

3. 考虑双向水平地震作用下的扭转地震作用效应,应按下列公式中的较大值确定:

$$S = \sqrt{S_x^2 + (0.85 S_y)^2} \tag{3.63}$$

或

$$S = \sqrt{S_y^2 + (0.85 S_x)^2} \tag{3.64}$$

式中 S_x——为仅考虑 X 向水平地震作用时的地震作用效应;

S_y——为仅考虑 Y 向水平地震作用时的地震作用效应。

此处引用现行国家标准《建筑抗震设计规范》GB 50011—2010 的规定。增加了考虑双向水平地震作用下的地震效应组合方法。根据强震观测记录的统计分析,两个方向水平地震加速度的最大值不相等,两者之比约为 1:0.85;而且两个方向的最大值不一定发生在同一时刻,因此采用平方和开平方计算两个方向地震作用效应。公式中的 S_x 和 S_y 是指在两个正交的 x 和 y 方向地震作用下,在每个构件的同一局部坐标方向上的地震作用效应。

式（3.54）和式（3.55）所建议的振型数是对质量和刚度分布比较均匀的结构而言的。对于质量和刚度分布很不均匀的结构,振型分解反应谱法所需的振型数一般可取为振型有效质量达到总质量的 90%时所需的振型数。振型有效质量与总质量之比可由计算分析程序提供。

【禁忌 3.46】 不了解为什么要对高层建筑的最小地震剪力系数做出规定

反应谱曲线是向下延伸的曲线，当结构的自振周期较长、刚度较弱时，所求得的地震剪力会较小，设计出来的高层建筑结构在地震中可能不安全，因此对于高层建筑规定其最小的地震剪力。

水平地震作用计算时，结构各楼层对应于地震作用标准值的剪力应符合式（3.49）要求：

$$V_{Eki} \geqslant \lambda \sum_{j=i}^{n} G_j \qquad (3.65)$$

式中　V_{Eki}——第 i 层对应于水平地震作用标准值的剪力；

　　　　λ——水平地震剪力系数，不应小于表 3.23 规定的值；对于竖向不规则结构的薄弱层，尚应乘以 1.15 的增大系数。

楼层最小地震剪力系数值 　　　　　　　　　　表 3.23

类　　别	6 度	7 度	8 度	9 度
扭转效应明显或基本周期小于 3.5s 的结构	0.008	0.016 (0.024)	0.032 (0.048)	0.064
基本周期大于 5.0s 的结构	0.006	0.012 (0.018)	0.024 (0.036)	0.048

注：1. 基本周期介于 3.5s 和 5.0s 之间的结构，应允许线性插入取值。

　　2. 7、8 度时括号内数值分别用于设计基本地震加速度为 0.15g 和 0.30g 的地区。

由于地震影响系数在长周期段下降较快，对于基本周期大于 3s 的结构，由此计算所得的水平地震作用下的结构效应可能偏小。而对于长周期结构，地震地面运动速度和位移可能对结构的破坏具有更大影响，但是规范所采用的振型分解反应谱法尚无法对此作出估计。出于结构安全的考虑，增加了对各楼层水平地震剪力最小值的要求，规定了不同烈度下的楼层地震剪力系数（即剪重比），结构水平地震作用效应应据此进行相应调整。对于竖向不规则结构的薄弱层的水平地震剪力应乘以 1.15 的增大系数，并应符合本条的规定，即楼层最小剪力系数不应小于 1.15λ。

扭转效应明显的结构，一般是指楼层最大水平位移（或层间位移）大于楼层平均水平位移（或层间位移）1.2 倍的结构。

【禁忌 3.47】 不了解当高层建筑的地震剪力系数不满足规定时应采取的措施

最近十多年来，我国高层建筑在结构形式不断发展的同时，建筑的高度也在迅速提升。已经由 400m 向 500m、600m 甚至更大的高度发展。但是，结构设计人员发现，建筑高度越高，其满足《高规》楼层最小地震剪力系数限值的难度便越大。

文献［11］对超高层结构地震剪力系数限值进行了研究。文献指出，对高度不超过 400m 的多数超高层建筑，地震剪力系数一般能够满足表 3.23 的要求。当结构高度进一步增加时，例如，对超过 500m 的超高层建筑（基本周期一般超过 5.0s），即使 85%λ_{min}（即对高度超过 500m 的超高层，通过专家论证的形式根据结构实际情况对地震剪力系数要求适当放松），实际设计也较难达到。而此时结构的承载力和罕遇地震性能有可能已经满足规范要求；如进一步提高结构刚度，代价将会有很大增加或结构设计将变得不合理。

文献［11］对影响地震剪力系数的多种因素进行了较为深入的研究以后，对提高地震剪力系数的方法和规范的地震剪力系数限值提出了如下建议：

1. 提高结构的地震剪力系数

以上分析表明，提高高度较高的（例如 500m 以上）超高层结构地震剪力系数的方法主要有：

（1）提高结构刚度：提高结构刚度可以减小结构周期，增加地震剪力系数。事实上规范控制最小地震剪力系数的出发点也是防止结构刚度较差时地震力过小。但提高结构刚度特别是对高度较高的超高层结构代价较大，有时甚至难以实现。本方法应按结构工程实际设计条件进行。

（2）减小结构自重：如前所述，减小结构重量有利于地震剪力系数提高，因此控制超高层结构的重量特别是自重至关重要，另外，活荷载取值等因素在超高层设计中也应严格控制，避免过于保守造成结构设计困难。

（3）合理选择计算参数，如阻尼比、周期折减系数、嵌固条件等。

2. 调整规范地震剪力系数限值

（1）地震剪力系数限值与特征周期相关联。目前抗震规范中地震剪力系数限值仅与抗震设防烈度有关，与场地土类型无关，从而造成位于较好场地上结构反而承担比较差场地上结构更多地震力的问题，建议地震剪力系数限值根据场地土类别适当分类，可以反映场地土对结构设计的影响。

（2）地震剪力系数限值按结构周期分类进一步细分关联。地震剪力系数限值按结构周期分类进一步细分，在现在 3.5s、5.0s 基础上进一步增加 7.0～8.0s（主要针对 500m 以上超高层结构）分界点，例如增加规定周期超过 7.0s（或 8.0s）超高层结构的地震剪力系数限值，同时通过严格控制中震、大震条件下结构性能化设计来保证结构安全。

（3）建议通过调整结构总剪力和各楼层水平地震剪力以满足最小地震剪力系数的要求。结构的抗震性能目标是否满足规范的要求，可通过大震下的弹塑性时程分析来验证。

对高度不是特别高，例如 300m 左右的超高层结构，其周期也可能在 7.0～8.0s，此时不应放松要求，以防止结构过柔。

文献［19］通过对剪重比计算公式的化简，得出其与结构各周期地震影响系数及振型参与质量系数的本质关系。以此为基础，就质量和刚度变化对长周期超高层建筑剪能大于刚度和质量对计算剪重比的影响；结构计算的剪重比偏小，并不简单地意味着结构的刚度偏小或质量偏大。他们认为，对于长周期结构，不必强求计算剪重比，应考虑采用放大剪重比并通过修正反应谱曲线的方法来使结构达到一定的设计剪重比，或者采用更严格的位移限值来控制结构的变形。

【禁忌 3.48】 不了解什么情况下要进行竖向地震作用计算

按《高规》的规定，不是所有的高层建筑都需要考虑竖向地震作用。虽然几乎所有的地震过程中都或多或少的伴随着竖向地震作用，但其对结构的影响程度却主要取决于地震烈度、建筑场地以及建筑物自身的受力特性。JGJ 3—2010 规定，下列情况应考虑竖向地震作用计算或影响：

（1）9 度抗震设防的高层建筑；

（2）8 度抗震设防的大跨度或长悬臂结构；

（3）8 度抗震设防的带转换层结构的转换构件；

（4）8 度抗震设防的连体结构的连接体。

跨度大于 24m 的楼盖结构以及跨度大于 8m 的转换结构和连体，为大跨度结构。悬挑长度大于 2m 的悬挑结构，为长悬挑结构。

【禁忌 3.49】 不知道如何计算竖向地震作用

竖向地震作用比较复杂，目前考虑方法大体有三种：

（1）输入地震波的动力时程计算。该方法比较精确，但费时、费力，而且地震波的选择和输入方式会对计算结果产生较大的差异。

（2）以结构或构件重力荷载代表值为基础的地震影响系数方法。

该方法以重力荷载代表值乘以竖向地震影响系数计算地震作用，并且按照构件重力荷载代表值的比例进行竖向地震作用的分配。9 度抗震设防的高层建筑一般可采用此方法计算。

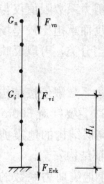

图 3.16 结构竖向地震作用计算示意图

（3）直接将构件的重力荷载代表值乘以增大系数，更近似地考虑竖向地震作用的影响。大跨度结构、长悬臂结构、转换层结构的转换构件、连体结构的连接体等，在没有更精确的计算手段时，一般均可采用这种方法近似考虑竖向地震作用。

高层建筑结构中的长悬挑结构、大跨度结构以及结构上部楼层外挑的部分对竖向地震作用比较敏感，应考虑竖向地震作用进行结构计算。结构的竖向地震作用的精确计算比较繁杂，为简化计算，将竖向地震作用取为重力荷载代表值的百分比，直接加在结构上进行内力分析。

结构竖向地震作用标准值可按下列规定计算（图 3.16）：

（1）结构竖向地震作用的总标准值可按下列公式计算：

$$F_{Evk} = \alpha_{vmax} G_{eq} \tag{3.66}$$

$$G_{eq} = 0.75 G_E \tag{3.67}$$

$$\alpha_{vmax} = 0.65 \alpha_{max} \tag{3.68}$$

（2）结构质点 i 的竖向地震作用标准值可按式（3.69）计算：

$$F_{vi} = \frac{G_i H_i}{\sum\limits_{j=1}^{n} G_j H_j} F_{Evk} \tag{3.69}$$

式中　　F_{Evk}——结构总竖向地震作用标准值；

　　　　α_{vmax}——结构竖向地震影响系数的最大值；

　　　　G_{eq}——结构等效总重力荷载代表值；

　　　　G_E——计算竖向地震作用时，结构总重力荷载代表值，应取各质点重力荷载代表值之和；

F_{vi}——质点 i 的竖向地震作用标准值；

G_i、G_j——分别为集中于质点 i、j 的重力荷载代表值；

H_i、H_j——分别为质点 i、j 的计算高度。

（3）楼层各构件的竖向地震作用效应可按各构件承受的重力荷载代表值比例分配，9 度抗震设计时宜乘以增大系数 1.5。

高层建筑中，大跨度结构、悬挑结构、转换结构、连体结构的连接体的竖向地震作用标准值，不宜小于结构或构件承受的重力荷载代表值与表 3.24 所规定的竖向地震作用系数的乘积。

竖向地震作用系数

表 3.24

设防烈度	7 度	8 度		9 度
设计基本地震加速度	0.15g	0.20g	0.30g	0.40g
竖向地震作用系数	0.08	0.10	0.15	0.20

注：g 为重力加速度。

第 4 章 计 算 分 析

【禁忌 4. 1】 不了解高层建筑结构常用的计算模型有哪些

目前，高层建筑结构仍采用弹性方法计算内力与位移，截面设计时考虑材料的弹塑性性质。对于刚度比较弱的结构，通过近似方法考虑重力二阶效应的不利影响；框架梁及连梁等构件可考虑塑性变形引起的内力重分布。复杂结构和混合结构高层建筑的计算分析，除应符合本章要求外，尚应符合第 9 章和第 10 章的有关规定。

建筑结构的计算模型很多，如图 4.1 所示的质点系模型、刚片系模型、杆系模型、有限元模型等。高层建筑结构分析模型应根据结构的实际情况确定。所选取的分析模型应能较准确地反映结构中各构件的实际受力情况。

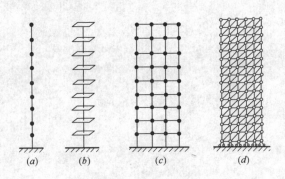

图 4.1 几种计算模型

(a) 质点系模型；(b) 刚片系模型；(c) 杆系模型；(d) 有限元模型

高层建筑结构常用的计算模型有：

- 平面结构空间协同模型；
- 空间杆系模型；
- 空间杆—薄壁杆系模型；
- 空间杆—墙板元模型；
- 其他组合有限元模型。

对于平面和立面布置简单规则的框架结构、框架-剪力墙结构宜采用空间分析模型，可采用平面结构空间协同模型；对剪力墙结构、简体结构和复杂布置的框架结构、框架-剪力墙结构应采用空间分析模型。目前，国内商品化的结构分析软件所采用的力学模型主要有：空间杆系模型、空间杆-薄壁杆系模型、空间杆-墙板元模型及其他组合有限元模型。

一般地说，结构的计算模型越精细，计算结果与结构的实际受力情况越接近。因此，基于材料本构关系的纤维模型和分层壳模型近年来在结构的非线性计算中已成为热点。

【禁忌4.2】 不知道如何确定结构的计算简图

高层建筑是三维空间结构，构件类型多、数量大、受力复杂。结构计算分析软件都有其适用条件，使用不当则可能导致结构设计的不安全或浪费。因此，结构分析时应结合结构的实际情况和所采用计算软件的力学模型要求，对结构进行力学上的适当简化处理，使其既能比较正确地反映结构的受力性能，又适应所选用计算分析软件的力学模型，从根本上保证分析结果的可靠性。

结构计算简图应根据结构的实际形状和尺寸、构件的连接构造、支承条件和边界条件、构件的受力和变形特点等合理确定，既要符合工程实际，又要抓住主要矛盾和矛盾的主要方面，弃繁就简，满足工程设计精度要求，保证设计安全。

1. 构件偏心和计算长度

实际工程中，往往存在以下三种构件偏心：

1）上柱齐下柱一边或两边变断面造成的上、下柱偏心，边柱和角柱常常如此；

2）剪力墙上、下形状不同或变截面造成的偏心；

3）楼面梁布置与柱形心不重合造成的梁柱偏心。

上述构件偏心，对结构构件的内力与位移计算结果会产生不利影响，计算中应加以考虑。楼面梁与柱子的偏心一般可按实际情况参与整体计算；当偏心不大时，也可采用柱端附加偏心弯矩的方法予以近似考虑。

当构件截面相对其跨度较大时，构件交点处会形成相对的刚性节点区域；在确定为刚性区段内，构件不发生弯曲和剪切变形，但仍保留轴向变形和扭转变形。杆端刚域的大小取决于交汇于同一节点的各构件的截面尺寸和节点构造，刚域尺寸的合理确定，会在一定程度上影响结构的整体分析结果。刚域长度（图4.2）的近似计算公式（4.1）～式（4.4）在实际工程中已有多年应用，有一定的代表性。当按式（4.1）～式（4.4）计算的刚域长度为负值时，应取为零。确定计算模型时，壁式框架梁、柱轴线可取为剪力墙连梁和墙肢的形心线（图4.2）。

$$l_{b1} = a_1 - 0.25h_b \tag{4.1}$$

$$l_{b2} = a_2 - 0.25h_b \tag{4.2}$$

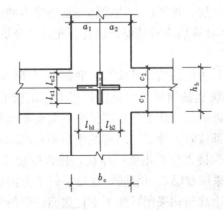

图4.2 节点刚域长度

$$l_{c1} = c_1 - 0.25b_c \tag{4.3}$$

$$l_{c2} = c_2 - 0.25b_c \tag{4.4}$$

2. 密肋楼盖和无梁楼盖

密肋楼盖和无梁楼盖，宜按实际情况参与整体计算。无梁楼盖必须考虑面外刚度，宜选用可考虑楼盖面外刚度的软件进行计算。

当密肋梁较多时，如果软件的计算容量有限，也可采用简化方法计算。此时，可将密肋梁均匀等效为柱上框架梁参与整体计算。当密肋梁截面高度相等时，等效框架梁的截面宽度可取被等效的密肋梁截面宽度之和，截面高度取密肋梁的截面高度，钢筋混凝土构件的计算配筋可均匀分配给各密肋梁。

如果计算软件不能考虑楼板的面外刚度，可采用近似方法考虑加以考虑。此时，柱上板带可等效为框架梁参与整体抗侧力计算，等效框架梁的截面宽度可取等代框架方向板跨的 3/4 及垂直于等代框架方向板跨的 1/2 两者的较小值。

3. 复杂平面和立面剪力墙

随着建筑功能和体形的多样化，剪力墙结构、框架-剪力墙结构中复杂平面和立面的剪力墙不断出现：有的上下开洞不规则，有的平面形状上下不一致。对这些复杂剪力墙，除应采用适合的计算模型进行分析外，尚应根据工程实际情况和计算软件的分析模型，对其进行必要的模型化处理。当采用有限元模型时，应在复杂变化处合理地选择单元类型和划分单元。当采用杆-薄壁杆系模型时，对错洞墙可采用适当的模型化处理后进行整体计算；对平面形状上大下小的剪力墙，也可采用开设计算洞（施工洞）使之传力明确。必要时应在整体分析的基础上，对结构复杂局部进行二次补充计算分析，保证局部构件计算分析的可靠性。

对复杂平面和立面剪力墙，在结构内力与位移整体计算中，当对其局部做适当的和必要的简化处理时，不应改变结构的整体变形和受力特点。模型简化时的计算洞口，在施工时宜留设施工洞，保证实际结构与计算模型基本一致。

与复杂剪力墙相类似，对复杂高层建筑结构，如转换层结构、加强层结构、连体结构、错层结构、多塔楼结构等，应按情况选用合适的计算单元进行分析。模型化处理时，应保证反映结构的实际受力和变形特点。比如，多塔楼结构，一般不应按单塔楼结构计算分析。在整体计算中对转换层、加强层、连接体等复杂受力部位做简化处理的（如未考虑构件的轴向变形等），整体计算后应对其局部进行补充计算分析。

4. 结构嵌固部位

高层建筑结构计算中，主体结构计算模型的底部嵌固部位，理论上应能限制构件在两个水平方向的平动位移和绕竖轴的转角位移，并将上部结构的剪力全部传递给地下室结构。因此对作为主体结构嵌固部位地下室楼层的整体刚度和承载能力应加以控制。当地下室顶板作为上部结构嵌固部位时，地下室结构的楼层侧向刚度不应小于相邻上部结构楼层侧向刚度的 2 倍；嵌固部位楼盖应采用梁板结构，楼板厚度不宜小于 180mm，混凝土强度等级不宜低于 C30，应采用双层双向配筋，且每层每个方向的配筋率不宜小于 0.25%；地下一层的抗震等级应按上部结构采用，地下室柱截面每侧的纵向钢筋面积除应符合计算要求外，不应少于地上一层对应柱每侧纵向钢筋面积的 1.1 倍。一般情况下，这些控制条件是容易满足的。当地下室不能满足嵌固部位的楼层侧向刚度比规定时，有条件时可增加地下室楼层的侧向刚度，或者将主体结构的嵌固部位下移至符合要求的部位，例如：筏形基础顶面或箱形基础顶面等。

计算地下室结构楼层侧向刚度时，可考虑地上结构以外的地下室相关部位的结构，"相关部位"一般指地上结构外扩不超过三跨的地下室范围。

楼层侧向刚度比可按下列公式计算：

$$\gamma = \frac{G_0 A_0}{G_1 A_1} \times \frac{h_1}{h_0} \tag{4.5}$$

$$A_i = A_{wi} + \sum_{j=1}^{n_{ci}} C_{ij} A_{ci,j} \quad (i = 0, 1) \tag{4.6}$$

$$C_{ij} = 2.5 \left(\frac{h_{ci,j}}{h_i} \right)^2 \quad (i = 0, 1) \tag{4.7}$$

式中　G_0、G_1——地下一层和地上一层的混凝土剪变模量；

　　　A_0、A_1——地下一层和地上一层的折算受剪截面面积，按式（4.6）计算；

　　　　A_{wi}——第 i 层全部剪力墙在计算方向的有效截面面积（不包括翼缘面积）；

　　　$A_{ci,j}$——第 i 层第 j 根柱的截面面积；

　　　　　h_i——第 i 层的层高；

　　　$h_{ci,j}$——第 i 层第 j 根柱沿计算方向的截面高度；

　　　　n_{ci}——第 i 层柱总数。

【禁忌 4.3】　不知道计算时如何考虑楼盖和屋盖的刚度

高层建筑结构中，楼、屋盖的刚度按如下所述考虑：

1. 高层建筑的楼、屋面绝大多数为现浇钢筋混凝土楼板和有现浇面层的预制装配整体式楼板，进行高层建筑内力与位移计算时，可视其为水平放置的深梁，具有很大的面内刚度，可近似认为楼板在其自身平面内为无限刚性。采用这一假设后，结构分析的自由度数目大大减少，可能减小由于庞大自由度系统而带来的计算误差，使计算过程和计算结果的分析大为简化。计算分析和工程实践证明，刚性楼板假定对绝大多数高层建筑的分析具有足够的工程精度。采用刚性楼板假定进行结构计算时，设计上应采取必要措施保证楼面的整体刚度。比如，平面体形宜符合《高规》的规定；宜采用现浇钢筋混凝土楼板和有现浇面层的装配整体式楼板；局部削弱的楼面，可采取楼板局部加厚、设置边梁、加大楼板配筋等措施。

2. 楼板有效宽度较窄的环形楼面或其他有大开洞楼面、有狭长外伸段楼面、局部变窄产生薄弱连接的楼面、连体结构的狭长连接体楼面等场合，楼板面内刚度有较大削弱且不均匀，楼板的面内变形会使楼层内抗侧刚度较小的构件的位移和受力加大（相对刚性楼板假定而言），计算时应考虑楼板面内变形的影响。根据楼面结构的实际情况，楼板面内变形可全楼考虑、仅部分楼层考虑或仅部分楼层的部分区域考虑。考虑楼板的实际刚度可以采用将楼板等效为剪弯水平梁的简化方法，也可采用有限单元法进行计算。

3. 当需要考虑楼板面内变形而计算中采用楼板面内无限刚性假定时，应对所得的计算结果进行适当调整。具体的调整方法和调整幅度与结构体系、构件平面布置、楼板削弱情况等密切相关，不便具体化。一般可对楼板削弱部位的抗侧刚度相对较小的结构构件，适当增大计算内力，加强配筋和构造措施。

4. 对于无梁楼盖结构，因为楼板比较厚，其面外刚度在结构整体计算时不能忽略，否则会对结构的整体分析带来较大影响。如果计算软件具有考虑楼板面外刚度的功能，则应直接按楼板的实际情况计算；如果作为近似计算，可以将楼板的面外刚度以等带框架梁的方法加以考虑。无梁楼盖的面外刚度可按有限元方法计算或近似将柱上板带等效为扁梁计算。

高层建筑一般采用现浇楼面和装配整体式楼面，楼板作为梁的有效翼缘形成 T 形或 Γ 形截面梁，提高了楼面梁的刚度，从而也提高了结构整体的侧向刚度，因此，结构整体计算时应予考虑。作为梁翼缘的楼板宽度取值，跟楼板的厚度、跨度、边界条件以及配筋构造有关，一般梁每侧翼缘宽度可取为楼板厚度的 6 倍左右。当近似以梁刚度增大系数考虑时，应根据梁翼缘尺寸与梁截面尺寸的比例予以确定。通常现浇楼面的边框架梁可取 1.5，中框架梁可取 2.0；有现浇面层的装配式楼面梁的刚度增大系数可适当减小。当框架梁截面较小而楼板较厚或者梁截面较大而楼板较薄时，梁刚度增大系数可能会超出 1.5～2.0 的范围，本次修订将梁刚度增大系数调整为 1.3～2.0。以前，计算软件中全楼或每层考虑楼板作用的梁刚度增大系数只有一个的做法是不完备的，应予以改进。目前，已有一部分计算软件已经改为每根梁可有不同的刚度增大系数。

一般情况下，现浇楼板作为楼面梁的有效翼缘，仅在结构整体计算时和在正常使用极限状态时考虑，在承载能力极限状态时往往不予考虑，而作为结构的安全储备。需要说明的是：一般高层建筑结构的计算往往不必整体考虑楼板的面外刚度，以免过高地估计结构的整体刚度。事实上，一般结构的楼板厚度相对于楼面梁是比较小的，其面外刚度对结构的整体刚度贡献不能估计过高。

当结构整体计算模型中考虑了现浇楼板的面外刚度时，梁单元计算中不应再考虑额外的刚度增大系数。

对于无现浇面层的装配式结构，虽然有现浇板缝等构造做法，一定程度上也可起到梁的翼缘作用，但作用效果有限，而且不同的构造做法差异较大，因此，整体计算时可不考虑楼面翼缘的刚度贡献。

【禁忌 4.4】 不知道连梁刚度如何折减

如前节所述，在承载能力极限状态和正常使用极限状态设计中，高层建筑结构构件均采用弹性刚度参与整体分析。但框架-剪力墙或剪力墙结构中的连梁刚度相对墙体刚度较小，而承受的弯矩和剪力往往较大，截面配筋设计困难。因此，抗震设计时，可考虑在不影响其承受竖向荷载能力的前提下，允许其适当开裂（降低刚度）而把内力转移到墙体等其他构件上。通常，设防烈度低时连梁刚度可少折减一些（6、7 度时可取 0.7），设防烈度高时可多折减一些（8、9 度时可取 0.5）。连梁刚度折减系数不宜小于 0.5，以保证连梁承受竖向荷载的能力和正常使用极限状态的性能。

对框架-剪力墙结构中一端与柱连接、一端与墙连接的梁以及剪力墙结构中的某些连梁，如果跨高比较大（比如大于 5）、重力作用效应比水平风荷载或水平地震作用效应更为明显，此时应慎重考虑梁刚度的折减问题，折减幅度不宜过大，以控制正常使用阶段梁裂缝的发生和发展。

【禁忌 4.5】 不知道按空间整体工作计算时各构件应考虑哪些变形

高层建筑按空间整体工作计算时，应考虑下列变形：
- 梁的弯曲、剪切、扭转变形，必要时考虑轴向变形；
- 柱的弯曲、剪切、轴向、扭转变形；
- 墙的弯曲、剪切、轴向、扭转变形。

高层建筑层数多、重量大，墙、柱的轴向变形影响显著，计算时应考虑。

构件内力是与其变形相对应的，分别为弯矩、剪力、轴力、扭矩等，这些内力是构件截面承载力计算的基础，如梁的弯、剪、扭，柱的压（拉）、弯、剪、扭，墙肢的压（拉）、弯、剪，等等。

在内力与位移计算中，型钢混凝土和钢管混凝土构件宜按实际情况直接参与计算，此时，要求计算软件具有相应的计算单元。对结构中只有少量型钢混凝土和钢管混凝土构件时，也可等效为混凝土构件进行计算，比如可采用等刚度原则。构件的截面设计应按国家现行有关标准进行。

【禁忌 4.6】 不了解抗震设计时对 B 级高度高层结构、混合结构和复杂高层结构计算上有何要求

抗震设计时，对 B 级高度高层建筑结构、混合结构和复杂高层建筑结构，计算上有下列要求：

（1）应采用至少两个不同力学模型的三维空间分析软件进行整体内力和位移计算；

（2）抗震计算时，宜考虑平扭耦联计算结构的扭转效应，振型数不应小于 15，对多塔楼结构的振型数不应小于塔楼数的 9 倍，且计算振型数应使振型参与质量不小于总质量的 90%；

（3）应采用弹性时程分析法进行补充计算；

（4）宜采用弹塑性静力或弹塑性动力分析方法补充计算。

【禁忌 4.7】 不了解对受力复杂结构构件计算上有何要求

对受力复杂的结构构件，宜按应力分析的结果校核配筋设计。

所谓受力复杂的结构构件，是指结构整体分析中不能较准确地获取其内力、应力分布的构件，如竖向布置复杂的剪力墙、加强层构件、转换层构件、错层构件、连接体及其相关构件等。对这些构件，除结构整体分析外，尚应按有限元等方法进行局部应力分析，掌握应力分布规律，并根据需要按应力分析结果进行截面配筋设计校核。

【禁忌 4.8】 不了解对竖向不规则高层建筑结构楼层抗侧刚度有何要求

对竖向不规则的高层建筑结构，包括某楼层抗侧刚度小于其上一层的 70% 或小于其上相邻三层侧向刚度平均值的 80%，或结构楼层层间抗侧力结构的承载力小于其上一层的 80%，或某楼层竖向抗侧力构件不连续，其薄弱层对应于地震作用标准值的地震剪力应乘以 1.15 的增大系数；结构的计算分析应符合《高规》的规定，并应对薄弱部位采取有效的抗震构造措施。

需要注意的是：对竖向不规则结构的薄弱层首先应按地震作用标准值计算的楼层剪力应乘以 1.15 的增大系数；然后，仍应满足关于楼层最小地震剪力系数（剪重比）的规定，即楼层最小地震剪力系数不应小于 1.15λ（λ 取值见表 3.23），以提高薄弱层的抗震承载能力。

【禁忌 4.9】 不了解对计算软件有什么要求

对结构分析软件的计算结果，应进行分析判断，确认其合理性、有效性。

在计算机和计算软件广泛应用的条件下，除了要根据具体工程情况，选择使用合适、可靠的计算分析软件外，还应对计算软件产生的计算结果从力学概念和工程经验等方面加以分析判断，确认其合理性和可靠性，方可用于工程设计。工程经验上的判断一般包括：结构整体位移、结构楼层剪力、振型形态和位移形态、结构自振周期、超筋超限情况等。

体型复杂、结构布置复杂的高层建筑结构，应采用至少两个不同力学模型的结构分析软件进行整体计算，以保证力学分析的可靠性。

体型复杂、结构布置复杂的结构，一般包括复杂高层建筑结构和不规则结构（平面不规则、竖向不规则）等。"应采用至少两个不同力学模型的结构分析软件进行整体计算"包含两层含义，一个是比较适合的不同的两个力学计算模型，一个是两个不同的计算软件（比如不是同一单位开发的软件）。不同的计算软件，所采用的计算模型和计算假定不完全相同。因此，对同一个结构，采取两个或两个以上计算软件进行分析计算，可以互相比较和校核，对把握结构的实际受力状况十分必要。

为了了解不同计算软件对同一建筑的计算结果，请看下面的例题。

【例 4.1】 长沙市泊富大厦办公楼小震下采用 SATWE 软件和 ETABS 软件的计算结果比较。

1. 结构概况

长沙市泊富大厦由深圳市建筑设计研究总院有限公司设计。根据《建筑抗震设防分类标准》GB 50223—2008 及《高层建筑混凝土结构技术规程》JGJ 3—2002，该大厦办公楼采用型钢混凝土组合柱框架-混凝土核心筒结构体系，上部结构计算嵌固部位设在地下 1 层楼面，计算高度为 210m，结构平面尺寸 45.7m×42.7m，核心筒尺寸 22.0m×21.9m，第 11 层至第 23 层结构平面图如图 4.3 所示。结构共分为地上 49 层、地下 4 层，第 9、24 和 39 层为避难层，其他均为办公楼。地上二层及三层楼板分别在大堂上空开一个 45.7m×10.4m 大洞，另外从 6 层楼面往上每层均开一个 9.6m×9.0m 的矩形洞。

2. 结构体系与选型

根据建筑功能要求，考虑建造成本因素，本工程采用现浇钢筋混凝土梁板结构体系，顶部框架梁跨度大，采用双向楼盖体系；部分柱采用钢管混凝土组合柱；部分连梁采用型钢混凝土梁；剪力墙角部加型钢。

3. 主要构件截面尺寸

梁、柱、混凝土墙的主要截面尺寸见表 4.1。

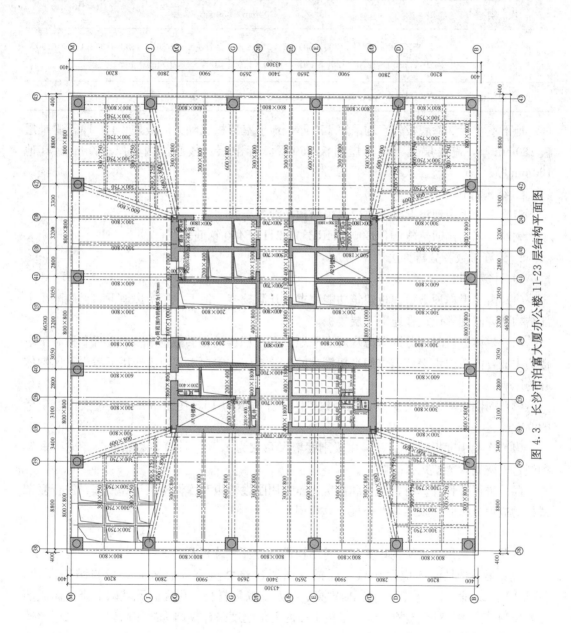

图 4.3 长沙市泊富大厦办公楼 11~23 层结构平面图

93

| 梁、柱、墙的主要截面尺寸 | 表 4.1 |

构件类别	截　　面
框架梁	600mm×800mm，800mm×800mm
次　梁	300mm×750mm
框架柱	1500×1500（钢骨φ1200×30），1400×1400（钢骨φ1000×30），1300×1300（钢骨φ1000×20），1300×1300，1200×1200，1100×1100，1000×1000（mm×mm）
地下室混凝土墙	900、800、700、600、500、400、500、300、200（mm）

地下室楼板（除底板外）均采用 150 厚，地下室顶板（除人防板外）180 厚，避难层板 180mm 厚，避难层上下层及屋面板 150 厚，标准层：核心筒内板厚 150mm，其他 120mm 厚。

4. 结构材料

混凝土：采用现浇混凝土，建议采用预拌混凝土。

钢筋：采用普通热轧 HPB300、HRB335、HRB400 钢筋。

5. 计算参数及分析方法

1）计算参数

（1）由于考虑地下室顶板建筑功能要求，开洞较多，地下一层南边地下室无侧限，上部结构计算嵌固部位设在地下一层楼板。

（2）单体分析时，分别考虑双向水平地震平扭耦连的扭转效应和 x、y 两个相对于塔楼的主轴方向单向水平地震作用平扭耦连的扭转效应，单向水平地震作用下考虑了偶然偏心的影响。

（3）周期折减系数为 0.90，振型数单体计算时取为 15，使振型参与质量大于总质量的 90%。

（4）连梁刚度折减为 0.70，中梁刚度增大系数为 1.70，计算参数选取时考虑了框架梁端弯矩调幅，梁扭矩折减影响。

（5）进行位移计算时，塔楼和裙房连体采用刚性楼板和弹性楼板计算模型，进行复杂楼板的应力分析时，采用弹性楼板计算模型。

2）计算程序

现阶段拟采用 2 种结构计算程序对结构进行计算、分析及对比：

（1）第一种是国内应用比较广泛的《高层建筑结构空间有限元分析与结构设计》SATWE，该程序采用空间杆单元模拟梁、柱及支撑等杆件，用在壳元基础上凝聚而成的墙元模拟剪力墙，对于楼板，采用楼板平面内无限刚度采计算结构的侧向位移，采用弹性楼板来计算结构的极限承载力。

（2）第二种是国际上应用较为广泛的《集成化建筑结构分析与设计软件系统》ETABS，该程序提供了丰富的有限元结构分析的单元库供结构工程师选用，三维框架框架单元、三维壳单元、弹簧单元、连接单元等等，可以方便地对结构进行静力计算、静动力计算、线性及非线性计算。

3）结构模型

分别采用 SATWE 及 ETABS 程序对结构进行整体建模：

（1）采用空间杆单元模拟梁，空间壳单元模拟剪力墙；

（2）采用楼板刚性假定计算结构的侧向位移，弹性楼板计算结构极限承载力；

（3）将地下一层楼板位置作为上部结构的嵌固端。

6. 反应谱分析计算结果

计算结果见表 4.2。

长沙市泊富大厦办公楼不同软件计算结果比较　　表 4.2

计算软件			SATWE			ETABS		
总重量（kN）			2009872.5			2039000		
单位重量（kN/m²）			18.07			18.33		
结构自振周期（s）	T_1		5.7828			5.8473		
	T_2		5.7205			5.7657		
	T_3		3.4318			4.4358		
	T_4		1.7023			1.7853		
	T_5		1.5707			1.6566		
	T_6		1.3991			1.5306		
周期比 T_t/T_1			0.59			0.75		
振型质量参与系数	x 向		99.47%			90%		
	y 向		98.35%			92%		
发生第一扭转周期所在振型			3			3		
地震作用下基底剪力（kN）	x 向		17750.6			15580		
	y 向		18034.22			16240		
地震作用下剪重比（%）	底部	x 向	0.96	y 向	0.96	x 向	0.9	y 向	0.9
	避难层	x 向	1.34	y 向	1.34	x 向	1.1	y 向	1.2
	标准层	x 向	1.2	y 向	1.2	x 向	1.1	y 向	1.1
	顶部	x 向	2.6	y 向	2.6	x 向	1.6	y 向	1.6
框架柱承担剪力占层总剪力（%）	上部	x 向	43.8	y 向	35.45	x 向	19.8	y 向	19.5
	中部	x 向	23.56	y 向	32.74	x 向	1.9	y 向	18
	下部	x 向	8.07	y 向	6.63	x 向	13	y 向	12.6
地震作用下倾覆弯矩（kN·m）	x 向		2993291			2497000		
	y 向		3041527.8			2506000		

计算软件			SATWE	ETABS
框架柱承担倾覆弯矩占层总弯矩（%）		上部	47.76	45.7
		中部	33.16	33.5
		下部	27.35	24.5
最大层间位移角	风	x向	1/2087	1/2311
		y向	1/1942	1/2056
	地震	x向	1/1225	1/1376
		y向	1/1263	1/1430
	地震±5%	x向	1/1176	
		y向	1/1212	
最大位移比		x向	1.09	1.21
		y向	1.1	1.04
最大层间位移比		x向	1.09	
		y向	1.1	
最小楼层抗剪承载力比		x向	0.97	
		y向	0.97	
刚重比		x向	2.11	1.75
		y向	2.17	1.75
是否考虑 $P\text{-}\Delta$ 效应			✓	✓
剪力墙最大轴压比			0.58	0.60
柱最大轴压比			0.70	0.73

【禁忌 4.10】 不了解如何对重力荷载进行施工过程模拟分析

结构设计时，通常假定结构已经建成，然后将重力荷载一次性输入，进行内力与变形计算。其实，高层建筑结构是逐层施工，竖向荷载（如自重和施工荷载）也是逐层施加的。结构的实际内力和变形，与按结构刚度一次形成、竖向荷载一次施加（图 4.4a）的

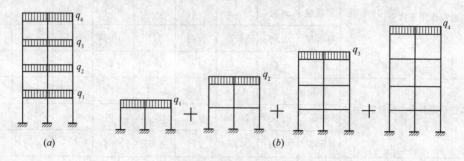

图 4.4 竖向荷载作用下内力计算图形

(a) 一次加载；(b) 分层加载

计算结果存在较大差异。房屋越高，构件竖向刚度相差越大，其影响越大。因此，对于层数较多的高层建筑，其重力荷载作用效应分析时，柱、剪力墙的轴向变形宜考虑施工过程的影响。房屋高度 150m 以上及复杂高层建筑应考虑施工过程的影响。

施工过程的模拟可根据需要采用适当的方法考虑。如文献［5］介绍的结构竖向刚度和竖向荷载逐层形成、逐层计算的较精确的分层加载计算方法，或结构竖向刚度一次形成、竖向荷载逐层施加的简化计算方法。

1. 分层加载法

采用分层加载法时，竖向荷载应随施工过程分层施加，最后叠加在一起，得到总的内力。但这样一来，每一次加载时结构图形都不相同，有 N_s 个楼层，就要形成 N_s 次结构刚度矩阵，进行 N_s 次内力分析（图 4.4b）。

采用分层加载法计算时，每一次加载时的结构图形都不相同，有 n 个楼层，就要形成 n 次结构刚度矩阵，进行 n 次内力分析，程序编制较复杂，程序框图如图 4.5 所示。

2. 近似方法

直接模拟施工过程的分层加载方法（图 4.5）要形成 N_s 个不同的刚度矩阵，进行 N_s 次内力计算，然后再叠加。这种计算方法要对左端项中的刚度矩阵 K 处理 N_s 次，实际上难以应用。

在施工过程中，当第 i 层加载时，第 1 层至第 $i-1$ 层已经完成，楼面已找平标高，没有变形差，这时已施加上去的 $q_1, q_2, \cdots, q_{i-1}$ 等 $i-1$ 层的荷载不再产生轴向变形差，对上层轴向变形不再产生影响，下部楼层对第 i 层以上相当于一个弹性支座。

所以，如图 4.6 所示，第一层梁柱内力由 $q_1, q_2, \cdots q_n$ 层荷载产生；第 2 层梁柱内力由 $q_1, q_2, \cdots q_n$ 层荷载产生；第 i 层梁、柱内力由 $q_i, q_{i+1}, \cdots q_n$ 层荷载产生。

这样，只需分别计算各层荷载在总结构图形中产生的内力，并将该层以上的各个单个内力图形叠加，就可得到该层结构内力。而这样计算时，无须形成多个不同的刚度矩阵，只需修正右端荷载项即可：

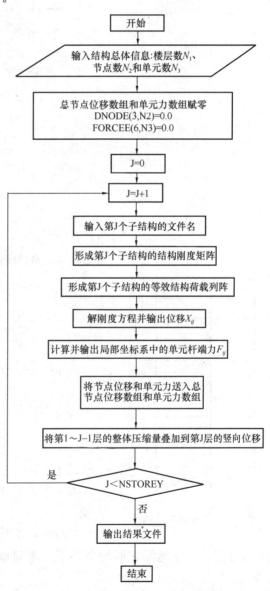

图 4.5　精确模拟施工过程分析程序框图

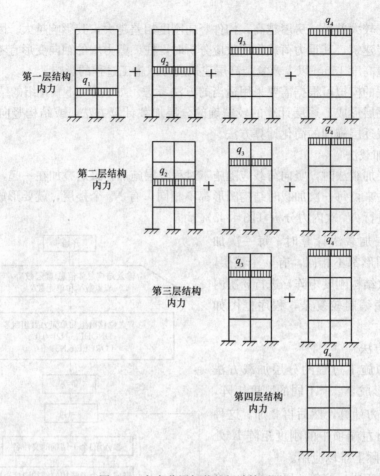

图 4.6　考虑分层加载的新计算图形

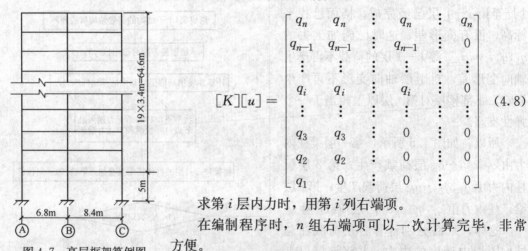

图 4.7　高层框架算例图

$$[K][u] = \begin{bmatrix} q_n & q_n & \vdots & q_n & \vdots & q_n \\ q_{n-1} & q_{n-1} & \vdots & q_{n-1} & \vdots & 0 \\ \vdots & \vdots & \vdots & \vdots & \vdots & \vdots \\ q_i & q_i & \vdots & q_i & \vdots & 0 \\ \vdots & \vdots & \vdots & \vdots & \vdots & \vdots \\ q_3 & q_3 & \vdots & 0 & \vdots & 0 \\ q_2 & q_2 & \vdots & 0 & \vdots & 0 \\ q_1 & 0 & \vdots & 0 & \vdots & 0 \end{bmatrix} \qquad (4.8)$$

求第 i 层内力时，用第 i 列右端项。

在编制程序时，n 组右端项可以一次计算完毕，非常方便。

已经在高层建筑空间分析程序 TBSA 中实现了这一算法，在不增加太多运算机时的条件下，顺利地进行了许多工程的分层施加竖向荷载的计算。

【例 4.2】　采用一次加载法、分层加载法和近似方法三种方法，对图 4.7 的两跨 20

层的钢筋混凝土框架进行分析。框架的总高为 69.6m，底层层高为 5m，其他层层高为 3.4m，AB 跨跨长为 6.8m，BC 跨跨长为 8.4m，构件的截面尺寸见表 4.3。层面梁的线荷载为 5kN/m，楼面梁的线荷载为 6.5kN/m，混凝土的强度等级为 C40，混凝土的弹性模量为 $3.25 \times 10^4 \mathrm{N/mm^2}$。

构件截面尺寸表　　　　　　　　　　　　　表 4.3

	层　　号	1～5 层	6～12 层	13～20 层
柱	中柱	1m×1m	0.8m×0.8m	0.6m×0.6m
	边柱	0.8m×0.8m	0.6m×0.6m	0.5m×0.5m
梁			0.3m×0.8m	

【解】 采用三种方法算得的框架杆件弯矩图如图 4.8 所示。由图 4.8 可见，采用一次

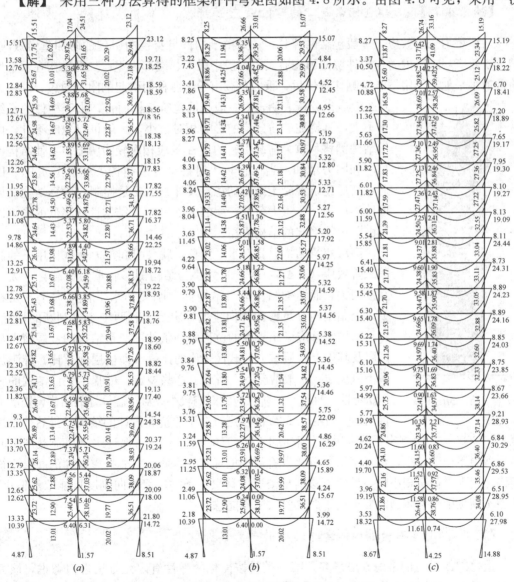

图 4.8　弯矩图(kN·m)

(a)全结构一次加载法解；(b)分层加载法解；(c)近似方法解

加载法计算的弯矩，与采用分层加载法计算的弯矩相差较大；而采用近似方法计算的弯矩，与采用分层加载法计算的弯矩相差较小。

高层建筑结构进行水平风荷载作用效应分析时，除对称结构外，因风荷载体型系数可能不同，结构构件在正反两个方向的风荷载作用下的效应一般是不相同的，按两个方向风效应的较大值采用，是为了保证安全的前提下简化计算。

体型复杂的高层建筑，应考虑不同方向风荷载作用（即考虑风向角变化），进行风荷载效应对比分析，增加结构抗风计算的安全性。

所谓重力二阶效应，一般包括两部分：一是由于构件自身挠曲引起的附加重力效应，即 $P\text{-}\delta$ 效应，二阶内力与构件挠曲形态有关，一般中段大、端部为零；二是结构在水平荷载或水平地震作用下产生侧移变位后，重力荷载由于该侧移而引起的附加效应，即重力

图 4.9 结构失稳

$P\text{-}\Delta$ 效应。分析表明，对一般高层建筑结构而言，由于构件的长细比不大，其挠曲二阶效应的影响相对很小，一般可以忽略不计；由于结构侧移和重力荷载引起的 $P\text{-}\Delta$ 效应相对较为明显，可使结构的位移和内力增加，当位移较大时甚至导致结构失稳（图 4.9）。因此，高层建筑混凝土结构的稳定设计，主要是控制、验算结构在风或地震作用下，重力荷载产生的 $P\text{-}\Delta$ 效应对结构性能降低的影响以及由此可能引起的结构失稳。

高层建筑结构只要有水平侧移，就会引起重力荷载作用下的侧移二阶效应（$P\text{-}\Delta$ 效应），其大小与结构侧移和重力荷载自身大小直接相关，而结构侧移又与结构侧向刚度和水平作用大小密切相关。控制结构有足够的侧向刚度，宏观上有两个容易判断的指标：一是结构侧移应满足规程的位移限制条件；二是结构的楼层剪力与该层及其以上各层重力荷载代表值的比值（即楼层剪重比）应满足最小值规定。一般情况下，满足了这些规定，可基本保证结构的整体稳定性，且重力二阶效应的影响较小。对抗震设计的结构，楼层剪重比必须满足表 3.23 的规定；对于非抗震设计的结构，虽然荷载规范 GB 50009—2012 规定：基本风压的取值不得小于 0.3kN/m^2，可保证水平风荷载产生的楼层剪力不至于过小，但对楼层剪重比没有最小值规定。因此，对非抗震设计的高层建筑结构，当水平荷载较小时，虽然侧移满足楼层位移限制条件，但侧向刚度可能依然偏小，可能不满足结构整体稳定要求或重力二阶效应不能忽略。

重力 $P\text{-}\Delta$ 效应的考虑方法很多，第一类是按简化的弹性有限元方法近似考虑，该方法之一是根据楼层重力和楼层在水平力作用下产生的层间位移，计算出考虑 $P\text{-}\Delta$ 效应的等效荷载向量，结构构件刚度不折减，利用结构分析的有限元方法求解其影响；该方法之

二是对结构的线弹性刚度进行折减，如《混凝土结构设计规范》（GB 50010—2010）规定：可将梁、柱、剪力墙的弹性抗弯刚度分别乘以折减系数 0.4、0.6、0.45；然后，根据折减后的刚度按考虑二阶效应的弹性分析方法直接计算结构的内力，截面设计时不再考虑受压构件的偏心距增大系数 η。但是，弹塑性阶段结构刚度的衰减是十分复杂的；而且，结构刚度改变后，按照目前抗震规范规定的反应谱方法计算的地震作用会随之减小；与弹性分析相比，构件之间的内力会产生不同的分配关系；另外，结构位移控制条件也不明确，因为弹性位移和弹塑性位移的控制条件相差很大。第二类方法是对不考虑重力 $P\text{-}\Delta$ 效应的构件内力乘以增大系数，该方法之一是《混凝土结构设计规范》（GB 50010—2002）规定的偏心受压构件的偏心距增大系数法，即采用标准偏心受压柱（即两端铰接的等偏心距压杆）求得的偏心距增大系数与柱计算长度相结合来近似估计重力二阶效应（弯矩）的影响，综合考虑了构件挠曲二阶效应和侧移二阶效应的影响，但对破坏形态接近弹性失稳的细长柱的误差较大；该方法之二是楼层内力和位移增大系数法，即将不考虑二阶效应的初始内力和位移乘以考虑二阶效应影响的增大系数后，作为考虑二阶效应的内力和位移，该方法对线弹性或弹塑性计算同样适用，《高规》采用了这种方法。

【禁忌 4.14】 不知道如何计算高层框架结构的临界荷载

在水平力作用下，高层剪力墙结构的变形形态一般为弯曲型或弯剪型，框架-剪力墙结构和筒体结构的变形形态一般为弯剪型，框架结构的变形形态一般为剪切型。

忽略杆件的弯曲变形时，图 4.10（a）中的杆件代表第 i 层框架的各柱在水平荷载下的受力和位移情况，图 4.10（b）为第 i 层框架各柱在水平荷载以及第 i 层和第 i 层以上各层传来的重力荷载共同作用下的内力和位移情况，图 4.10（c）为图 4.10（b）的柱用等效水平力 V^* 替代的情况。

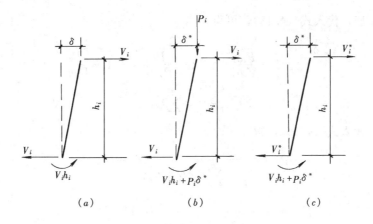

图 4.10 框架柱二阶效应图

众所周知，柱的抗侧刚度为：

$$D_i = \frac{V_i}{\delta_i} \tag{4.9}$$

由此可得：

$$\delta_i = \frac{V_i}{D_i} \tag{4.10}$$

式中 V_i——第 i 层各柱的剪力；

$\quad\quad D_i$——第 i 层各柱的抗侧刚度；

$\quad\quad \delta_i$——第 i 层由水平荷载产生的一阶侧移。

由图 4.10（c）的静力平衡条件可以求得：

$$V_i^* = V_i + \Delta V_i = V_i + \frac{P_i \delta_i^*}{h_i} \tag{4.11}$$

式中 ΔV_i——第 i 层各柱考虑重力二阶效应后的剪力增量；

$\quad\quad \delta_i^*$——第 i 层考虑重力二阶效应后的侧移。

$$\delta_i^* = \frac{V_i^*}{D_i} = \frac{V_i + \frac{P_i \delta_i^*}{h_i}}{\frac{V_i}{\delta_i}} = \delta_i + \frac{P_i \delta_i}{V_i h_i} \delta_i^* \tag{4.12}$$

由式（4.12）可得：

$$\delta_i^* = \frac{1}{1 - \frac{P_i \delta_i}{V_i h_i}} \delta_i \tag{4.13}$$

如果框架失稳，则 δ_i^* 应趋于无穷大，即式（4.13）中分母应趋于零，由此得：

$$\frac{P_{i,cr} \delta_i}{V_i h_i} = 1 \tag{4.14}$$

则

$$P_{i,cr} = \frac{V_i h_i}{\delta_i} = D_i h_i \tag{4.15}$$

由式（4.15）可见，第 i 层的临界荷载等于该层柱的抗侧刚度与该层层高的乘积。 $D_i h_i$ 可称为第 i 层框架各柱的侧向刚度。

【禁忌 4.15】 不知道如何计算框架结构考虑重力二阶效应后的内力和变形

将式（4.15）代入式（4.13），可得：

$$\delta_i^* = \frac{1}{1 - \frac{P_i \delta_i}{V_i h_i}} \delta_i = \frac{1}{1 - \frac{P_i}{P_{i,cr}}} \delta_i = \frac{1}{1 - \frac{P_i}{D_i h_i}} \delta_i \tag{4.16}$$

$$P_i = \sum_{j=i}^{n} G_j \tag{4.17}$$

将式（4.17）代入式（4.16），得：

$$\delta_i^* = \frac{1}{1 - \sum_{j=i}^{n} G_j / (D_i h_i)} \delta_i = F_{1i} \delta_i \tag{4.18}$$

$$F_{1i} = \frac{1}{1 - \sum_{j=i}^{n} G_j / (D_i h_i)} \quad (i = 1,\ 2,\ \cdots,\ n) \tag{4.19}$$

式中 F_{1i}——框架结构考虑重力二阶效应的位移放大系数。

弯矩和剪力可以仿照位移相似的方法乘放大系数。但是在位移计算时不考虑结构刚度的折减，以便与《高规》的弹性位移限制条件一致；而在内力增大系数计算时，结构构件的弹性刚度考虑 0.5 倍的折减系数，结构内力增量控制在 20% 以内。则：

$$M^* = F_{2i} M \tag{4.20}$$

$$V^* = F_{2i}V \tag{4.21}$$

$$F_{2i} = \frac{1}{1 - 2\sum_{j=i}^{n} G_j/(D_i h_i)} \quad (i = 1, 2, \cdots, n) \tag{4.22}$$

式中　F_{2i}——框架结构考虑重力二阶效应的内力放大系数。

因此，高层框架结构重力二阶效应，可采用弹性方法进行计算，也可采用对未考虑重力二阶效应的计算结果乘以增大系数的方法近似考虑。

重力二阶效应以侧移二阶效应（P-Δ）效应为主，构件挠曲二阶效应（P-δ）的影响比较小，一般可以忽略。

【禁忌 4.16】 不知道如何确保高层框架结构的稳定

为便于分析讨论，将式（4.18）写成如下形式：

$$\delta_i^* = \frac{1}{1 - \sum_{j=i}^{n} G_j/(D_i h_i)} \delta_i = \frac{1}{1 - 1/[(D_i h_i)/\sum_{j=i}^{n} G_j]} \delta_i \tag{4.23}$$

由式（4.23）可知，结构的侧向刚度与重力荷载设计值之比（简称为刚重比）$D_i h_i / \sum_{j=i}^{n} G_j$ 是影响重力二阶效应的主要参数。现将 $(\delta_i^* - \delta_i)/\delta_i$ 与 $D_i h_i / \sum_{j=i}^{n} G_j$ 的关系用图 4.11 表示。图中，左侧平行于纵轴的直线为双曲线的渐近线，其方程为：

$$(D_i h_i)/\sum_{j=i}^{n} G_j = 1 \tag{4.24}$$

即结构临界荷重的近似表达式。当 $(D_i h_i)/\sum_{j=i}^{n} G_j$ 趋近于 1 时，δ^* 趋向于无穷大。

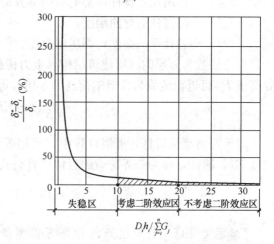

图 4.11　剪切型结构二阶效应图

由图 4.11 可明显看出，P-Δ 效应随着结构刚重比的降低呈双曲线关系增加。如果控制结构的刚重比，则可以控制结构不失去稳定。我国《高规》对框架结构以刚重比等于 10 作为结构稳定的下限条件，即要求：

$$D \geqslant 10 \sum_{j=i}^{n} G_j/h_i \quad (i = 1, 2, \cdots, n) \tag{4.25}$$

高层建筑结构的稳定设计主要是控制在风荷载或水平地震作用下，重力荷载产生的二阶效应（重力 P-Δ 效应）不致过大，以致引起结构的失稳倒塌。如果结构的刚重比满足式（4.25）的规定，则重力 P-Δ 效应可控制在 20% 之内，结构的稳定具有适宜的安全储备。若结构的刚重比进一步减小，则重力 P-Δ 效应将会呈非线性关系急剧增长，直至引起结构的整体失稳。在水平力作用下，高层建筑结构的稳定应满足本条的规定，不应再放松要求；如不满足上述规定，应调整并增大结构的侧向刚度。

当结构的设计水平力较小，如计算的楼层剪重比过小（如小于 0.02），结构刚度虽能满足水平位移限值要求，但有可能不满足稳定要求。

【禁忌 4.17】 不知道什么条件下可不考虑高层框架结构的重力二阶效应

由图 4.11 可见，高层框架结构当刚重比不小于 20，即：

$$D_i \geqslant 20 \sum_{j=i}^{n} G_j / h_i (i = 1, 2, \cdots, n) \tag{4.26}$$

这时，重力二阶效应的影响已经很小，可以忽略不计。

【禁忌 4.18】 不知道如何计算弯剪型结构的临界荷载

剪力墙结构、框架-剪力墙结构和筒体结构属弯剪型结构。
竖向弯曲型悬臂杆的顶点欧拉临界荷载为：

$$P_{cr} = \frac{\pi^2 EJ}{4H^2} \tag{4.27}$$

式中　P_{cr}——作用在悬臂杆顶部的竖向临界荷载；

　　　EJ——悬臂杆的弯曲刚度；

　　　H——悬臂杆的高度，即房屋高度。

对总层数为 n 层的高层建筑结构，重力荷载可假定沿竖向均匀分布，为简化计算，临界荷重 P_{cr} 可近似地取为顶部临荷载的 3 倍，即：

$$P_{cr} = 3 \times \frac{\pi^2 EJ}{4H^2} = 7.4 \frac{EJ}{H^2} \tag{4.28}$$

对于弯剪型悬臂杆，近似计算中，可用等效抗侧刚度 EJ_d 代替弯曲型悬臂杆的弯曲刚度 EJ。因此，作为临界荷载的近似计算公式，可对弯曲型和弯剪型悬臂杆统一表示为：

$$P_{cr} = 7.4 \frac{EJ_d}{H^2} \tag{4.29}$$

【禁忌 4.19】 不知道如何计算弯剪型结构考虑重力二阶效应后的内力和变形

仿照式（4.16），可将剪力墙结构、框架-剪力墙结构和筒体结构考虑重力二阶效应的结构侧移表示为：

$$\Delta^* = \frac{1}{1 - \dfrac{P_i}{P_{cr}}} \Delta \tag{4.30}$$

$$P_i = \sum_{j=1}^{n} G_i \tag{4.31}$$

式中　Δ^*、Δ——分别为考虑 $P\text{-}\Delta$ 效应及不考虑 $P\text{-}\Delta$ 效应计算的结构侧移；

　　　$\sum\limits_{i=1}^{n} G_i$——各楼层重力荷载设计值之和。

将式（4.29）和式（4.31）代入式（4.30），可得：

$$\Delta^* = \frac{1}{1 - 0.14 H^2 \sum\limits_{i=1}^{n} G_i / (EJ_d)} \Delta = F_1 \Delta \tag{4.32}$$

与框架结构一样，求内力时，将结构构件的弹性刚度考虑 0.5 倍的折减系数，因此，

考虑 P-Δ 效应后，结构构件弯矩 M^* 与不考虑 P-Δ 效应时的弯矩 M 的关系为：

$$M^* = \frac{1}{1-0.28H^2\sum_{i=1}^{n}G_i/(EJ_d)}M = F_2M \tag{4.33}$$

式（4.32）和式（4.33）中的 F_1 和 F_2，分别为剪力墙结构、框架-剪力墙结构和筒体结构考虑重力二阶效应影响时位移增大系数和内力增大系数，计算公式为：

$$F_1 = \frac{1}{1-0.14H^2\sum_{i=1}^{n}G_i/(EJ_d)} \tag{4.34}$$

$$F_2 = \frac{1}{1-0.28H^2\sum_{i=1}^{n}G_i/(EJ_d)} \tag{4.35}$$

【禁忌 4.20】 不知道如何确保弯剪型结构的稳定

为便于分析，将式（4.32）写成如下形式：

$$\Delta^* = \frac{1}{1-0.14/[(EJ_d)/H^2\sum_{i=1}^{n}G_i]}\Delta \tag{4.36}$$

式中，EJ_d 为弯剪型结构的抗弯刚度，$\sum_{i=1}^{n}G_i$ 为重力荷载。因此，刚重比是影响重力二阶效应的主要参数。现将 $(\Delta^*-\Delta)/\Delta$ 与 $(EJ_d)/H^2\sum_{i=1}^{n}G_i$ 的关系表示于图 4.12 中。

图 4.12 中，左侧平行于纵轴的直线为双曲线的渐近线，其方程为：

$$EJ_d/H^2\sum_{i=1}^{n}G_i = 0.14 \tag{4.37}$$

由式（4.37）可以看出，当 $EJ_d/H^2\sum_{i=1}^{n}G_i$ 趋近于 0.14 时，Δ^* 趋向于无穷大。式（4.37）为弯剪结构临界荷载的近似表达式。

从图 4.12 可以看出，P-Δ 效应随着结构刚重比的降低呈双曲线关系增加。当刚重比小于 1.4 时，P-Δ 效应迅速增加，甚至引起失稳。因此，为了保持剪力墙结构、框架-剪力墙结构和筒体结构的整体稳定，要求：

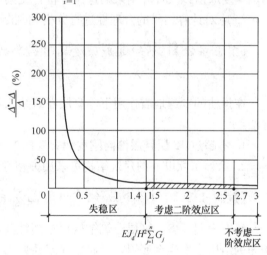

图 4.12 弯剪型结构二阶效应图

$$EJ_d \geqslant 1.4H^2\sum_{i=1}^{n}G_i \tag{4.38}$$

【禁忌 4.21】 不知道什么条件下可不考虑弯剪型结构的重力二阶效应

由图 4.12 可见，剪力墙结构、框架-剪力墙结构和筒体结构当刚重比大于 2.7 时，重力 P-Δ 导致的内力和位移增量在 5% 左右；即使考虑实际刚度折减 50% 时，结构内力和位移增量也控制在 10% 以内。因此，当结构满足以下条件时：

$$EJ_d \geqslant 2.7H^2\sum_{i=1}^{n}G_i \tag{4.39}$$

重力二阶效应的影响可以忽略不计。

【禁忌4.22】 不知道高层建筑应采用什么方法进行弹塑性分析

高层建筑混凝土结构进行弹塑性计算分析时，可根据实际工程情况采用静力或动力时程分析方法，并应符合下列规定：

1. 当采用结构抗震性能设计时，应根据【禁忌4.35】的有关规定预定结构的抗震性能目标；

2. 梁、柱、斜撑、剪力墙、楼板等结构构件，应根据实际情况和分析精度要求采用合适的简化模型；

3. 构件的几何尺寸、混凝土构件所配的钢筋和型钢、混合结构的钢构件应按实际情况参与计算；

4. 应根据预定的结构抗震性能目标，合理取用钢筋、钢材、混凝土材料的力学性能指标以及本构关系。钢筋和混凝土材料的本构关系可按现行国家标准《混凝土结构设计规范》GB 50010的有关规定采用；

5. 应考虑几何非线性影响；

6. 进行动力弹塑性计算时，地面运动加速度时程的选取、预估罕遇地震作用时的峰值加速度取值以及计算结果的选用应符合【禁忌3.35】中所述的规定；

7. 应对计算结果的合理性进行分析和判断。

【禁忌4.23】 不知道高层建筑结构薄弱层（部位）弹塑性变形计算采用什么方法

在预估的罕遇地震作用下，高层建筑结构薄弱层（部位）弹塑性变形计算可采用下列方法：

1. 不超过12层且层侧向刚度无突变的框架结构可采用简化计算法；

2. 除第1款以外的建筑结构可采用弹塑性静力或动力分析方法。

【禁忌4.24】 不知道如何采用简化方法计算结构的弹塑性变形

研究表明，多、高层建筑结构存在塑性变形集中现象，对楼层屈服强度系数 ξ_y 分布均匀的结构多发生在底层，对屈服强度系数 ξ_y 分布不均匀的结构多发生在 ξ_y 相对较小的楼层（部位）；剪切型变形的框架结构薄弱层弹塑性变形与结构弹性变形有比较稳定的相似关系。因此，对于多层剪切型框架结构，其弹塑性变形可近似采用罕遇地震下的弹性变形乘以弹塑性变形增大系数 η_p 进行估算。弹塑性变形增大系数 η_p，对于屈服强度系数 ξ_y 分布均匀的结构，可按层数和楼层屈服强度系数 ξ_y 的差异以表格形式给出（表4.4）；对于屈服强度系数 ξ_y 分布不均匀的结构，在结构侧向刚度沿高度变化比较平缓时，可近似用均匀结构的弹塑性变形增大系数 η_p 适当放大后取值。

结构的弹塑性位移增大系数 η_p 表4.4

ξ_y	0.5	0.4	0.3
η_p	1.8	2.0	2.2

因此，对于不超过12层且层侧向刚度比较均匀（无突变）的框架结构，可采用下列简化方法计算其弹塑性位移：

$$\Delta u_p = \eta_p \Delta u_e \tag{4.40}$$

或

$$\Delta u_p = \mu \Delta u_y = \frac{\eta_p}{\xi_y} \Delta u_y \tag{4.41}$$

式中　Δu_p——层间弹塑性位移；

Δu_y——层间屈服位移；

μ——楼层延性系数；

Δu_e——罕遇地震作用下按弹性分析的层间位移。计算时，水平地震影响系数最大值应按表 3.18 采用；

η_p——弹塑性位移增大系数，当薄弱层（部位）的屈服强度系数不小于相邻层（部位）该系数平均值的 0.8 时，可按表 4.4 采用；当不大于该平均值的 0.5 时，可按表内相应数值的 1.5 倍采用；其他情况可采用内插法取值；

ξ_y——楼层屈服强度系数。

楼层屈服强度系数，是指按构件实际配筋和材料强度标准值计算的楼层受剪承载力与按罕遇地震作用标准值计算的楼层弹性地震剪力的比值。计算楼层弹性地震剪力时，罕遇地震作用的水平地震影响系数最大值，应按表 3.18 采用。楼层实际受剪承载力计算比较复杂，由于地震作用和结构地震反应的复杂性，合理、准确地确定结构的破坏机制是相当困难的，不同的屈服模型计算结果会有所差异。计算构件的实际承载力时，应取构件截面的实际配筋和材料强度标准值。对钢筋混凝土梁、柱的正截面实际受弯承载力，可按下列公式计算：

$$M_{bua} = f_{yk} A_{sb}^a (h_{b0} - a'_s) \tag{4.42}$$

$$M_{cua} = f_{yk} A_{sc}^a (h_{c0} - a'_s) + 0.5 N_G h_c \left(1 - \frac{N_G}{f_{ck} b_c h_c}\right) \tag{4.43}$$

式中　M_{bua}——梁正截面受弯承载力；

M_{cua}——柱正截面受弯承载力；

f_{yk}——钢筋强度标准值；

f_{ck}——混凝土强度标准值；

A_{sb}^a、A_{sc}^a——分别为梁、柱纵向钢筋实际配筋面积；

N_G——重力荷载代表值产生的轴向压力值（分项系数取 1.0）。

结构薄弱层（部位）的位置可按下列情况确定：

（1）楼层屈服强度系数沿高度分布均匀的结构，可取底层；

（2）楼层屈服强度系数沿高度分布不均匀的结构，可取该系数最小的楼层（部位）及相对较小的楼层，一般不超过 2～3 处。

【禁忌 4.25】 不知道高层建筑结构的弹塑性位移角限值为多少

结构薄弱层（部位）层间弹塑性位移应符合式（4.44）的要求：

$$\Delta u_p \leqslant [\theta_p] h \tag{4.44}$$

式中　Δu_p——层间弹塑性位移；

$[\theta_p]$——层间弹塑性位移角限值，可按表 4.5 采用；对框架结构，当轴压比小于 0.40 时，可提高 10%；当柱子全高的箍筋构造采用比 2010 高规中框架柱箍筋最小含箍特征值大 30％时，可提高 20％，但累计不超过 25％；

h——层高。

层间弹塑性位移角限值   表 4.5

结构体系	$[\theta_p]$
框架结构	1/50
框架-剪力墙结构、框架-核心筒结构、板柱-剪力墙结构	1/100
剪力墙结构和筒中筒结构	1/120
除框架结构外的转换层	1/120
多层、高层钢结构	1/50

【禁忌 4.26】 不知道房屋高度不小于 150m 的高层混凝土结构应满足怎样的舒
适度要求

高层建筑物在风荷载作用下将产生振动，过大的振动加速度将使在高楼内居住的人们感觉不舒适，甚至不能忍受，两者的关系见表 4.6。其中，g 为重力加速度。

舒适度与风振加速度关系   表 4.6

不舒适的程度	建筑物的加速度	不舒适的程度	建筑物的加速度
无感觉	$<0.005g$	十分扰人	$(0.05\sim0.15)\,g$
有　感	$(0.005\sim0.015)\,g$	不能忍受	$>0.15g$
扰　人	$(0.015\sim0.05)\,g$		

房屋高度不小于 150m 的高层混凝土建筑结构应满足风振舒适度要求。在现行国家标准《建筑结构荷载规范》GB 50009—2012 规定的 10 年一遇的风荷载标准值作用下，结构顶点的顺风向和横风向振动最大加速度计算值不应超过表 4.7 的限值。结构顶点的顺风向和横风向振动最大加速度，可按现行行业标准《高层民用建筑钢结构技术规程》JGJ 99 的有关规定计算，也可通过风洞试验结果判断确定，计算时阻尼比宜取 0.01～0.02。

结构顶点风振加速度限值 a_{lim} 表 4.7

使用功能	a_{lim}（m/s²）	使用功能	a_{lim}（m/s²）
住宅、公寓	0.15	办公、旅馆	0.25

【禁忌 4.27】 不知道如何计算结构顶点最大风振加速度

超高层建筑风振反应加速度包括顺风向最大加速度、横风向最大加速度和扭转角速度。

国际上对顺风向的风振加速度峰值的研究做了大量的工作，但至今仍未能获得统一和公认的实用计算公式。

参考我国《高层民用建筑钢结构技术规程》JGJ 99 和《建筑结构荷载规范》GB 50009—2012，可采用下式计算顺风向最大加速度：

$$a_D = \xi\gamma\frac{\mu_s w_0 A}{m_{tot}} \quad\quad\quad (4.45)$$

式中　a_D——顺风向顶点最大加速度（m/s²）；

μ_s——风荷载体型系数；

w_0——风压（kN/m^2），采用 10 年重现期的值；

ξ、γ——分别为脉动增大系数和脉动影响系数；

A——建筑物总迎风面积（m^2）；

m_{tot}——建筑物总质量（t）。

当结构高宽比较大、结构顶点风速大于临界风速时，可能引起较明显的结构横风向振动，甚至出现横风向振动效应大于顺风向作用效应的情况。因此，横风向振动效应或扭转风振效应明显的高层建筑，应考虑横风向风振或扭转风振的影响。横风向风振或扭转风振的计算范围、方法以及顺风向与横风向效应的组合方法应符合现行国家标准《建筑结构荷载规范》GB 50009—2012 的有关规定。结构横风向振动问题比较复杂，与结构的平面形状、竖向体型、高宽比、刚度、自振周期和风速都有一定关系。当结构体型复杂时，宜通过空气弹性模型的风洞试验确定横风向振动的等效风荷载；也可参考有关资料确定。

横风向效应与顺风向效应是同时发生的，因此必须考虑两者的效应组合。对于结构侧向位移控制，仍可按同时考虑横风向与顺风向影响后的计算方向位移确定，不必按矢量和的方向控制结构的层间位移。

我国《高层民用建筑钢结构技术规程》JGJ 99 采用下列公式计算：

$$a_w = \frac{b_r}{T_t^2} \frac{\sqrt{BL}}{\gamma_B \sqrt{\zeta_{t,cr}}} \tag{4.46}$$

$$b_r = 2.05 \times 10^{-4} \left[\frac{v_{n,m} T_t}{\sqrt{BL}} \right] \tag{4.47}$$

式中 a_w——横风向顶点最大加速度（m/s^2）；

b_r——参数（kN/m^3）；

$\zeta_{t,cr}$——建筑物横风向临界阻尼比；

T_t——建筑物横风向第一周期（s）；

γ_B——建筑物平均重度（kN/m^3）；

B、L——分别为建筑物平面的宽度和长度（m）；

$v_{n,m}$——建筑物顶点平均风速（m/s），按 $v_{n,m} = 40\sqrt{\mu_z \mu_s w_0}$ 计算，但 w_0 应按 10 年重现期取值。

一般来说，高层建筑物顺风向的总侧移比横风向的侧移大，顺风向峰值加速度比横风向峰值加速度大。

如果 $\sqrt{BL}/H < 1/3$（B 为建筑物的宽度，L 为建筑物的长度，H 为建筑物的高度），则横风向的峰值加速度比顺风向的峰值加速度大，这一点不能忽视。

【禁忌 4.28】 不知道楼盖结构应满足怎样的竖向振动舒适度要求

楼盖结构宜具有适宜的刚度、质量及阻尼，其竖向振动舒适度应符合下列规定：

（1）钢筋混凝土楼盖结构竖向频率不宜小于 3Hz，轻钢楼盖结构竖向频率不宜小于 8Hz。自振频率计算时，楼盖结构的阻尼比可取 0.02；

（2）不同使用功能、不同自振频率的楼盖结构，其振动峰值加速度不宜超过表 4.8 的限值。

楼盖竖向振动加速度限值　　　　　　　　　　　　　　表 4.8

人员活动环境	峰值加速度限值（m/s²）	
	竖向自振频率不大于 2Hz	竖向自振频率不小于 4Hz
住宅、办公	0.07	0.05
商场及室内连廊	0.22	0.15

注：楼盖结构竖向自振频率为 2~4Hz 时，峰值加速度限值可按线性插值选取。

【禁忌 4.29】 不会计算楼盖结构的竖向振动加速度

楼盖结构的竖向振动加速度可按下列方法计算：

（1）人行走引起的楼盖振动峰值加速度可按下列公式近似计算：

$$a_{\mathrm{p}} = \frac{F_{\mathrm{p}}}{\beta w}g \tag{4.48}$$

$$F_{\mathrm{p}} = p_0 e^{-0.35 f_{\mathrm{n}}} \tag{4.49}$$

式中　a_{p}——楼盖振动峰值加速度（m/s²）；

F_{p}——接近楼盖结构自振频率时人行走产生的作用力（kN）；

p_0——人们行走产生的作用力（kN），按表 4.9 采用；

f_{n}——楼盖结构竖向自振频率（Hz）；

β——楼盖结构阻尼比，按表 4.9 采用；

w——楼盖结构阻抗有效重量（kN），可按下面方法计算；

g——重力加速度，取 9.8m/s²。

人行走作用力及楼盖结构阻尼比　　　　　　　　　　　表 4.9

人员活动环境	人员行走作用 p_0（kN）	结构阻尼比 β
住宅、办公、教堂	0.3	0.02~0.05
商场	0.3	0.02
室内人行天桥	0.42	0.01~0.02
室外人行天桥	0.42	0.01

注：1. 表中阻尼比用于钢筋混凝土楼盖结构和钢-混凝土组合楼盖结构；

2. 对住宅、办公、教堂建筑，阻尼比 0.02 可用于无家具和非结构构件情况，如无纸化电子办公区、开敞办公区和教堂；阻尼比 0.03 可用于有家具、非结构构件，带少量可拆卸隔断的情况；阻尼比 0.05 可用于含全高填充墙的情况；

3. 对室内人行天桥，阻尼比 0.02 可用于天桥带干挂吊顶的情况。

（2）楼盖结构的阻抗有效重量 w 可按下列公式计算：

$$w = \bar{w}BL \tag{4.50}$$

$$B = CL \tag{4.51}$$

式中　$\bar{w}$——楼盖单位面积有效重量（kN/m²），取恒载和有效分布活荷载之和。楼层有效分布活荷载：对办公建筑可取 0.55kN/m²；对住宅可取 0.3kN/m²；

L——梁跨度（m）；

B——楼盖阻抗有效质量的分布宽度（m）；

C——垂直于梁跨度方向的楼盖受弯连续性影响系数,对边梁取1,对中间梁取2;

(3)楼盖结构的竖向振动加速度宜采用时程分析方法计算。

【禁忌4.30】 不了解如何计算结构构件的承载力

高层建筑结构构件承载力应按下列公式验算:

无地震作用组合 $\gamma_0 S_d \leqslant R_d$ (4.52)

有地震作用组合 $S_d \leqslant R_d / \gamma_{RE}$ (4.53)

式中 γ_0——结构重要性系数,对安全等级为一级或设计使用年限为100年及以上的结构构件,不应小于1.1;对安全等级为二级或设计使用年限为50年的结构构件,不应小于1.0;

S_d——作用效应组合的设计值;

R_d——构件承载力设计值;

γ_{RE}——构件承载力抗震调整系数,见表4.10。

承载力抗震调整系数 表4.10

材 料	结构构件	受力状态	γ_{RE}
钢	柱,梁,支撑,节点板件,螺栓,焊缝	强度	0.75
	柱,支撑	稳定	0.80
砌体	两端均有构造柱、芯柱的抗震墙	受剪	0.9
	其他抗震墙	受剪	1.0
混凝土	梁	受弯	0.75
	轴压比小于0.15的柱	偏压	0.75
	轴压比不小于0.15的柱	偏压	0.80
	抗震墙	偏压	0.85
	各类构件	受剪、偏拉	0.85

当仅计算竖向地震作用时,各类结构构件承载力抗震调整系数均应采用1.0。

【禁忌4.31】 不知道如何确定结构的抗震等级

抗震设计时,高层建筑钢筋混凝土结构构件应根据烈度、结构类型和房屋高度采用不同的抗震等级,并应符合相应的计算和构造措施要求。A级高度丙类建筑钢筋混凝土结构的抗震等级应按表4.11确定。当本地区的设防烈度为9度时,A级高度乙类建筑的抗震等级应按特一级采用,甲类建筑应采取更有效的抗震措施。

注:"特一级和一、二、三、四级"即"抗震等级为特一级和一、二、三、四级"的简称。

A级高度的高层建筑结构抗震等级 表4.11

结构类型		烈 度						
		6度		7度		8度		9度
框架结构		三		二		一		一
框架-剪力墙结构	高度(m)	≤60	>60	≤60	>60	≤60	>60	≤50
	框架	四	三	三	二	二	一	一
	剪力墙	三		二		一		一

结构类型		烈度						
		6度		7度		8度		9度
剪力墙结构	高度（m）	≤80	>80	≤80	>80	≤80	>80	≤60
	剪力墙	四	三	三	二	二	一	一
部分框支剪力墙结构	非底部加强部位的剪力墙	四	三	三	二	二	╱	╱
	底部加强部位的剪力墙	三	二	二	一	一	╱	╱
	框支框架	二	二	二	二	一	╱	╱
简体结构	框架-核心筒 框架	三	三	二	二	一	一	一
	框架-核心筒 核心筒	二	二	二	二	一	一	一
	筒中筒 内筒	三	三	二	二	一	一	一
	筒中筒 外筒	三	三	二	二	一	一	一
板柱-剪力墙结构	高度（m）	≤35	>35	≤35	>35	≤35	>35	╱
	框架、板柱及柱上板带	三	二	二	二	一	一	╱
	剪力墙	二	二	二	一	一	一	╱

注：1. 接近或等于高度分界时，应结合房屋不规则程度及场地、地基条件适当确定抗震等级；

  2. 底部带转换层的筒体结构，其框支框架的抗震等级应按表中部分框支剪力墙结构的规定采用；

  3. 当框架-核心筒结构的高度不超过60m时，其抗震等级允许按框架-剪力墙结构采用；

  4. 乙类建筑及Ⅲ、Ⅳ类场地且设计基本地震加速度为0.15g和0.30g地区的丙类建筑，当高度超过表中上界时，应采用特一级的抗震构造措施。

  新规程不包括24m以下结构的抗震等级，对板柱-剪力墙结构的抗震等级做了调整，增加了表注3、注4内容。

  B级高度高层建筑结构的抗震等级可按表4.12确定。

B级高度的高层建筑结构抗震等级　　　　　　　　表4.12

结 构 类 型		烈 度		
		6度	7度	8度
框架-剪力墙	框 架	二	一	一
	剪力墙	二	一	特一
剪力墙	剪力墙	二	二	一
框支剪力墙	非底部加强部位剪力墙	二	一	一
	底部加强部位剪力墙	二	一	特一
	框支框架	一	特一	特一
框架-核心筒	框 架	二	一	一
	筒 体	二	一	特一
筒中筒	外 筒	二	一	特一
	内 筒	二	一	特一

注：底部带转换层的筒体结构，其框支框架和底部加强部位筒体的抗震等级应按表中框支剪力墙结构的规定采用。

抗震设计时，与主楼连为整体的裙房的抗震等级，除应按裙房本身确定外，相关范围不应低于主楼的抗震等级；主楼结构在裙房顶板上、下各一层，应适当加强抗震构造措施。裙房与主楼分离时，应按裙房本身确定抗震等级。

【禁忌 4.32】 不了解抗震等级为特一级的结构构件构造上要满足什么要求

特一级是比一级抗震等级更严格的构造措施。这些措施主要体现在，采用型钢混凝土或钢管混凝土构件提高延性；增大构件配筋率和配箍率；加大强柱弱梁和强剪弱弯的调整系数；加大剪力墙的受弯和受剪承载力；加强连梁的配筋构造等。框架角柱的弯矩和剪力设计值仍应按《高规》的规定，乘以不小于 1.1 的增大系数。

高层规程中，特一级抗震等级主要用于抗震设计的 B 级高度高层建筑、复杂高层建筑结构、9 度抗震设防的乙类高层建筑结构。

高层建筑结构中，抗震等级为特一级的钢筋混凝土构件，除应符合一级抗震等级的基本要求外，尚应满足下列规定：

1. 框架柱应符合下列要求：

1) 宜采用型钢混凝土柱或钢管混凝土柱；

2) 柱端弯矩增大系数 η_c、柱端剪力增大系数 η_{vc} 应增大 20%；

3) 钢筋混凝土柱柱端加密区最小配箍特征值 λ_v 应按表 5.11 数值增大 0.02 采用；全部纵向钢筋最小构造配筋百分率，中、边柱取 1.4%，角柱取 1.6%。

2. 框架梁应符合下列要求：

1) 梁端剪力增大系数 η_{vb} 应增大 20%；

2) 梁端加密区箍筋构造最小配箍率应增大 10%。

3. 框支柱应符合下列要求：

1) 宜采用型钢混凝土柱或钢管混凝土柱；

2) 底层柱下端及与转换层相连的柱上端的弯矩增大系数取 1.8，其余层柱端弯矩增大系数 η_c 应增大 20%；柱端剪力增大系数 η_{vc} 应增大 20%；地震作用产生的柱轴力增大系数取 1.8，但计算柱轴压比时可不计该项增大；

3) 钢筋混凝土柱柱端加密区最小配箍特征值 λ_v 应按第 5 章中表 5.11 的数值增大 0.03 采用，且箍筋体积配箍率不应小于 1.6%；全部纵向钢筋最小构造配筋百分率取 1.6%。

4. 筒体、剪力墙应符合下列要求：

1) 底部加强部位及其上一层的弯矩设计值应按墙底截面组合弯矩计算值的 1.1 倍采用，其他部位可按墙肢组合弯矩计算值的 1.3 倍采用；底部加强部位的剪力设计值，应按考虑地震作用组合的剪力计算值的 1.9 倍采用，其他部位的剪力设计值，应按考虑地震作用组合的剪力计算值的 1.2 倍采用；

2) 一般部位的水平和竖向分布钢筋最小配筋率应取为 0.35%，底部加强部位的水平和竖向分布钢筋的最小配筋率应取为 0.4%；

3) 约束边缘构件纵向钢筋最小构造配筋率应取为 1.4%，配箍特征值宜增大 20%；构造边缘构件纵向钢筋的配筋率不应小于 1.2%；

4) 框支剪力墙结构的落地剪力墙底部加强部位边缘构件宜配置型钢，型钢宜向上、下各延伸一层；

5) 连梁的要求同一级。

【禁忌 4.33】 不了解设计基准期与设计使用年限的区别

设计基准期是为确定可变作用及与时间有关的材料性能而选用的时间参数。

设计使用年限是设计规定的结构构件不需进行大修即可按其预定目的使用的时期。

【禁忌 4.34】 不了解如何对正常使用情况下高层建筑结构的层间位移进行控制

高层建筑层数多、高度大，为保证高层建筑结构具有必要的刚度，应对其层位移加以控制。这个控制实际上是对构件截面大小、刚度大小的一个相对指标。

国外一般对层间位移角（剪切变形角）加以限制，它不包括建筑物整体弯曲产生的水平位移，数值较宽松。

在正常使用条件下，限制高层建筑结构层间位移的主要目的有两点：

（1）保证主结构基本处于弹性受力状态，对钢筋混凝土结构来讲，要避免混凝土墙或柱出现裂缝；同时，将混凝土梁等楼面构件的裂缝数量、宽度和高度限制在规范允许范围之内。

（2）保证填充墙、隔墙和幕墙等非结构构件的完好，避免产生明显损伤。

迄今，控制层间变形的参数有三种：即层间位移与层高之比（层间位移角）；有害层间位移角；区格广义剪切变形。其中，层间位移角过去应用最广泛，最为工程技术人员所熟知，原《高规》JGJ 3—91 也采用了这个指标。

1）层间位移与层高之比（简称层间位移角）

$$\theta_i = \frac{\Delta u_i}{h_i} = \frac{u_i - u_{i-1}}{h_i} \tag{4.54}$$

2）有害层间位移角

$$\theta_{id} = \frac{\Delta u_{id}}{h_i} = \theta_i - \theta_{i-1} = \frac{u_i - u_{i-1}}{h_i} - \frac{u_{i-1} - u_{i-2}}{h_{i-1}} \tag{4.55}$$

式中，θ_i，θ_{i-1} 为 i 层上、下楼盖的转角，即 i 层、$i-1$ 层的层间位移角。

3）区格的广义剪切变形（简称剪切变形）

$$\gamma_{ij} = \theta_i - \theta_{i-1,j} = \frac{u_i - u_{i-1}}{h_i} + \frac{v_{i-1,j} - v_{i-1,j-1}}{l_j} \tag{4.56}$$

式中，γ_{ij} 为区格 ij 剪切变形，其中脚标 i 表示区格所在层次，j 表示区格序号；$\theta_{i-1,j}$ 为区格 ij 下楼盖的转角，以顺时针方向为正；l_j 为区格 ij 的宽度；$v_{i-1,j-1}$，$v_{i-1,j}$ 为相应节点的竖向位移。

如上所述，从结构受力与变形的相关性来看，参数 γ_{ij} 即剪切变形较符合实际情况；但就结构的宏观控制而言，参数 θ_i 即层间位移角又较简便。

考虑到层间位移控制是一个宏观的侧向刚度指标，为便于设计人员在工程设计中应用，本规程采用了层间最大位移与层高之比 $\Delta u/h$，即层间位移角 θ 作为控制指标。

高层建筑结构是按弹性阶段进行设计的。地震按小震考虑；风按 50 年一遇的风压标准值考虑；结构构件的刚度采用弹性阶段的刚度；内力与位移分析不考虑弹塑性变形。因此，所得出的位移相应也是弹性阶段的位移。它比在大震作用下弹塑性阶段的位移小得多，因而位移的控制值也比较小。

《高规》采用层间位移角 $\Delta u/h$ 作为侧移控制指标，并且不扣除整体弯曲转角产生的侧移，抗震时可不考虑质量偶然偏心的影响。

高度不大于 150m 的常规高度高层建筑的整体弯曲变形相对影响较小，层间位移角 $\Delta u/h$ 的限值按不同的结构体系在 1/550～1/1000 之间分别取值，见表 4.13。但当高度超过 150m 时，弯曲变形产生的侧移有较快增长，所以高度超过 250m 高度的建筑，层间位移角限值按 1/500 作为限值，高度在 150～250m 之间的高层建筑，按线性插入考虑。

楼层层间最大位移与层高之比的限值　　　　　　　　　表 4.13

结　构　体　系	$\Delta u/h$ 限值
框　　架	1/550
框架-剪力墙、框架-核心筒、板柱-剪力墙	1/800
筒中筒、剪力墙	1/1000
除框架结构外的转换层	1/1000
多高层钢结构	1/250

层间位移角 $\Delta u/h$ 的限值指最大层间位移与层高之比，第 i 层的 $\Delta u/h$ 指第 i 层和第 $i-1$ 层在楼层平面各处位移差 $\Delta u_i = u_i - u_{i-1}$ 中的最大值。由于高层建筑结构在水平力作用下几乎都会产生扭转，所以，Δu 的最大值一般在结构单元的边角部位。

震害表明：结构如果存在薄弱层，在强烈地震作用下，结构薄弱部位将产生较大的弹塑性变形，会引起结构严重破坏甚至倒塌。

【禁忌 4.35】　不知道什么是抗震性能设计

结构抗震性能设计是指以结构抗震性能目标为基准的结构抗震设计。

结构抗震性能设计的主要工作有三项：

1. 分析结构方案不符合抗震概念设计的情况与程度

国内外历次大地震的震害经验已经充分说明，抗震概念设计是决定结构抗震性能的重要因素。按本节要求采用抗震性能设计的工程，一般不能完全符合抗震概念设计的要求。结构工程师应根据抗震概念设计的规定，与建筑师协调，改进结构方案，尽量减少结构不符合概念设计的情况和程度，不应采用严重不规则的结构方案。对于特别不规则结构，可按本节规定进行抗震性能设计，但需慎重选用抗震性能目标，并通过深入的分析论证。

2. 选用抗震性能目标

我国《高层建筑混凝土结构技术规程》JGJ 3—2010 提出 A、B、C、D 四级结构抗震性能目标和五个结构抗震性能水准。四级抗震性能目标与《建筑抗震设计规范》GB 50011—2010 提出的结构抗震性能水准 1、2、3、4 是一致的。五个结构抗震性能水准可按表 4.14 进行宏观判别其预期的震后性能状况，各种性能水准结构的楼板均不应出现受剪破坏。

结构抗震性能水准	宏观损坏程度	损坏部位			继续使用的可能性
		关键构件	普通竖向构件	耗能构件	
1	完好、无损坏	无损坏	无损坏	无损坏	不需修理即可继续使用
2	基本完好、轻微损坏	无损坏	无损坏	轻微损坏	稍加修理即可继续使用
3	轻度损坏	轻微损坏	轻微损坏	轻度损坏、部分中度损坏	一般修理后可继续使用
4	中度损坏	轻度损坏	部分构件中度损坏	中度损坏、部分比较严重损坏	修复或加固后可继续使用
5	比较严重损坏	中度损坏	部分构件比较严重损坏	比较严重损坏	需排险大修

注："关键构件"是指该构件的失效可能引起结构的连续破坏或危及生命安全的严重破坏；"普通竖向构件"是指"关键构件"之外的竖向构件；"耗能构件"包括框架梁、剪力墙连梁及耗能支撑等。

　　每个性能目标均与一组在指定地震地面运动下的结构抗震性能水准相对应（表4.15）。

性能目标 性能水准 地震水准	A	B	C	D
多遇地震	1	1	1	1
设防烈度地震	1	2	3	4
预估的罕遇地震	2	3	4	5

　　A、B、C、D 四级性能目标的结构，在小震作用下均应满足第 1 抗震性能水准，即满足弹性设计要求；在中震或大震作用下，四种性能目标所要求的结构抗震性能水准有较大的区别。A 级性能目标是最高等级，中震作用下要求结构达到第 1 抗震性能水准，大震作用下要求结构达到第 2 抗震性能水准，即结构仍处于基本弹性状态；B 级性能目标，要求结构在中震作用下满足第 2 抗震性能水准，大震作用下满足第 3 抗震性能水准，结构仅有轻度损坏；C 级性能目标，要求结构在中震作用下满足第 3 抗震性能水准，大震作用下满足第 4 抗震性能水准，结构中度损坏；D 级性能目标是最低等级，要求结构在中震作用下满足第 4 抗震性能水准，大震作用下满足第 5 性能水准，结构有比较严重的损坏，但不致倒塌或发生危及生命的严重破坏。

　　选用性能目标时，需综合考虑抗震设防类别、设防烈度、场地条件、结构的特殊性、建造费用、震后损失和修复难易程度等因素。鉴于地震地面运动的不确定性以及对结构在强烈地震下非线性分析方法（计算模型及参数的选用等）存在不少经验因素，缺少从强震记录、设计施工资料到实际震害的验证，对结构抗震性能的判断难以十分准确，尤其对长周期的超高层建筑或特别不规则结构的判断难度更大，因此，在性能目标选用中宜偏于安全一些。例如：特别不规则的超限高层建筑或处于不利地段场地的特别不规则结构，可考虑选用 A 级性能目标；房屋高度或不规则性超过本规程适用范围很多时，可考虑选用 B 级或 C 级性能目标；房屋高度或不规则性超过适用范围较多时，可考虑选用 C 级性能目标；房屋高度或不规则性超过适用范围较少时，可考虑选用 C 级或 D 级性能目标。以上仅仅是举些例子，实际工程情况很多，需综合考虑各项因素，所选用的性能目标需征得业主的认可。

3. 分析论证结构设计与结构抗震性能目标的符合性

结构抗震性能分析论证的重点是深入的计算分析和工程判断，找出结构有可能出现的薄弱部位，提出有针对性的抗震加强措施，必要的试验验证，分析论证结构可达到预期的抗震性能目标。一般需要进行如下工作：

1）分析确定结构超过本规程适用范围及不符合抗震概念设计的情况和程度；

2）认定场地条件，抗震设防类别和地震动参数；

3）深入的弹性和弹塑性计算分析（静力分析及时程分析），并判断计算结果的合理性；

4）找出结构有可能出现的薄弱部位以及需要加强的关键部位，提出有针对性的抗震加强措施；

5）必要时，还需进行构件、节点或整体模型的抗震试验，补充提供论证依据，例如：对 2010 高规未列入的新型结构方案又无震害和试验依据或对计算分析难以判断、抗震概念难以接受的复杂结构方案；

6）论证结构能满足所选用的抗震性能目标的要求。

【禁忌 4.36】 不了解如何设计不同抗震性能水准的结构

不同抗震性能水准的结构可按下列规定进行设计：

1. 第 1 性能水准的结构，应满足弹性设计要求。在多遇地震作用下，其承载力和变形应符合本规程的有关规定；在设防烈度地震作用下，结构构件的抗震承载力应符合下式规定：

$$\gamma_G S_{GE} + \gamma_{Eh} S_{Ehk}^* + \gamma_{Ev} S_{Evk}^* \leqslant R_d / \gamma_{RE} \tag{4.57}$$

式中　　　　R_d、γ_{RE}——分别为构件承载力设计值和承载力抗震调整系数；

S_{GE}、γ_G、γ_{Eh}、γ_{Ev}——同 4.38 节；

$\quad\quad\quad\quad S_{Ehk}^*$——水平地震作用标准值的构件内力，不需考虑与抗震等级有关的增大系数；

$\quad\quad\quad\quad S_{Evk}^*$——竖向地震作用标准值的构件内力，不需考虑与抗震等级有关的增大系数。

2. 第 2 性能水准的结构，在设防烈度地震或预估的罕遇地震作用下，关键构件及普通竖向构件的抗震承载力宜符合式（4.57）的规定；耗能构件的受剪承载力宜符合式（4.57）的规定，其正截面承载力应符合下式规定：

$$S_{GE} + S_{Ehk}^* + 0.4 S_{Evk}^* \leqslant R_k \tag{4.58}$$

式中 R_k——截面承载力标准值，按材料强度标准值计算。

3. 第3性能水准的结构应进行弹塑性计算分析。在设防烈度地震或预估的罕遇地震作用下，关键构件及普通竖向构件的正截面承载力应符合式（4.58）的规定，水平长悬臂结构和大跨度结构中的关键构件正截面承载力尚应符合式（4.59）的规定，其受剪承载力宜符合式（4.57）的规定；部分耗能构件进入屈服阶段，但其受剪承载力应符合式（4.58）的规定。在预估的罕遇地震作用下，结构薄弱部位的层间位移角应满足 4.32 节的规定。

$$S_{GE} + 0.4S^*_{Ehk} + S^*_{Evk} \leqslant R_k \tag{4.59}$$

4. 第4性能水准的结构应进行弹塑性计算分析。在设防烈度或预估的罕遇地震作用下，关键构件的抗震承载力应符合式（4.58）的规定，水平长悬臂结构和大跨度结构中的关键构件正截面承载力尚应符合式（4.59）的规定；部分竖向构件以及大部分耗能构件进入屈服阶段，但钢筋混凝土竖向构件的受剪截面应符合式（4.60）的规定，钢-混凝土组合剪力墙的受剪截面应符合式（4.61）的规定。在预估的罕遇地震作用下，结构薄弱部位的层间位移角应符合 4.32 节的规定。

$$V_{GE} + V^*_{Ek} \leqslant 0.15f_{ck}bh_0 \tag{4.60}$$

$$(V_{GE} + V^*_{Ek}) - (0.25f_{ak}A_a + 0.5f_{spk}A_{sp}) \leqslant 0.15f_{ck}bh_0 \tag{4.61}$$

式中 V_{GE}——重力荷载代表值作用下的构件剪力（N）；

V^*_{Ek}——地震作用标准值的构件剪力（N），不需考虑与抗震等级有关的增大系数；

f_{ck}——混凝土轴心拉压强度标准值（N/mm²）；

f_{ak}——剪力墙端部暗柱中型钢的强度标准值（N/mm²）；

A_a——剪力墙端部暗柱中型钢的截面面积（mm²）；

f_{spk}——剪力墙墙内钢板的强度标准值（N/mm²）；

A_{sp}——剪力墙墙内钢板的横截面面积（mm²）。

5. 第5性能水准的结构应进行弹塑性计算分析。在预估的罕遇地震作用下，关键构件的抗震承载力宜符合式（4.58）的规定；较多的竖向构件进入屈服阶段，但同一楼层的竖向构件不宜全部屈服；竖向构件的受剪截面应符合式（4.59）或式（4.60）的规定；允许部分耗能构件发生比较严重的破坏；结构薄弱部位的层间位移角应符合【禁忌 4.25】节的规定。

【禁忌 4.37】 不知道进行抗震性能设计时如何选用弹塑性分析方法

结构弹塑性计算分析除应符合【禁忌 4.22】的规定外，尚应符合下列规定：

1. 高度不超过 150m 的高层建筑可采用静力弹塑性分析方法；高度超过 200m 时，应采用弹塑性时程分析法；高度在 150～200m 之间，可视结构自振特性和不规则程度选择静力弹塑性方法或弹塑性时程分析方法；高度超过 300m 的结构，应有两个独立的计算进行校核。

2. 复杂结构应进行施工模拟分析，应以施工全过程完成后的内力为初始状态。

3. 弹塑性时程分析，宜采用双向或三向地震输入。

结构抗震性能设计时，弹塑性分析计算是很重要的手段之一。结构弹塑性分析应满足上述要求的原因是：

（1）静力弹塑性方法和弹塑性时程分析法各有其优、缺点和适用范围。本条对静力弹塑性方法的适用范围放宽到150m或200m非特别不规则的结构，主要考虑静力弹塑性方法计算软件设计人员比较容易掌握，对计算结果的工程判断也容易一些。对于高度在150～200m的特别不规则结构，以及高度超过200m的房屋应采用弹塑性时程分析法。对高度超过300m的结构或新型结构或特别复杂的结构，为使弹塑性时程分析计算结果的合理性有较大的把握，规定需要由两个不同单位进行独立的计算校核。

（2）结构各截面尺寸、配筋以及钢构件的截面规格将直接影响弹塑性分析的计算结果。因此，计算中应按实际情况输入信息。

（3）对复杂结构进行施工模拟分析是十分必要的。弹塑性分析应以施工全过程完成后的静载内力为初始状态。当施工方案与施工模拟计算不同时，应重新调整相应的计算。

（4）采用弹塑性时程分析的结构，其高度一般在200m以上或结构体系新型复杂。为比较有把握地检验结构可能具有的实际承载力和相应的变形，宜取多组波计算结果的最大包络值。计算中输入地震波较多时，可取平均值（如美国加利福尼亚州超限审查文件中要求输入7组地震波）。

（5）弹塑性计算分析是结构抗震性能设计的一个重要环节。然而，现有分析软件的计算模型以及恢复力特性、结构阻尼、材料的本构关系、构件破损程度的衡量、有限元的划分等均存在较多的人为经验因素。因此，弹塑性计算分析首先要了解分析软件的适用性，选用适合于所设计工程的软件；然后，对计算结果的合理性进行分析判断。工程设计中有时会遇到计算结果出现不合理或怪异现象，需要结构工程师与软件编制人员共同研究解决。

【禁忌 4.38】 不知道什么是结构的连续性倒塌

结构连续倒塌是指结构因突发事件或严重超载而造成局部结构破坏，继而引起与其相连的构件连续破坏，最终导致大范围的倒塌破坏。结构产生局部构件失效后，破坏范围可能沿水平方向和竖直方向发展。其中，破坏沿竖向发展影响更为突出，高层建筑结构抗连续倒塌更显重要。可以造成结构连续倒塌的原因，可以是爆炸、撞击、火灾、飓风、地震、设计施工失误、地基基础失效等偶然因素。当偶然因素导致局部结构破坏失效时，整体结构不能形成有效的多重荷载传递路径，破坏范围就可能沿水平或者竖直方向蔓延，最终导致结构发生大范围的倒塌甚至是整体倒塌。

结构连续倒塌事故，在国内外并不罕见。

1968年5月16日，英国伦敦22层、64m高的Ronan Point公寓在18层角部发生燃气爆炸，引发连续性倒塌。该公寓为全预制钢筋混凝土装配式板式结构，公寓18层角部发生燃气爆炸造成外墙破坏，随后19～22层对应部位发生倒塌，倒塌的废墟冲击到17层及其下各层导致对应结构角部单元破坏，形成典型的连续性倒塌事故。事故调查发现，初始破坏仅局限在18层的角部单元处，但最终导致结构约20％的面积倒塌。

1973年，美国北弗吉尼亚贝利十字（Bailey's Crossroads）的Skyline广场一座钢筋混凝土平板结构在施工过程中其23层处的柱因为支架的过早拆除而发生倒塌，导致14人死亡，34人受伤。

1987年4月23日，美国康涅狄格州布里奇波特的L'Ambiance广场一幢正在施工的建筑发生连续性倒塌[10]。该建筑由后张钢筋混凝土板以及钢柱组成，采用升板施工法建设。位于钢柱上的临时顶升设备首先发生破坏，此后楼板裂缝不断发展，波及相邻区间；在楼板相继破坏后，结构丧失了承载能力，整体倒塌。

1995 年 4 月 19 日，美国俄克拉荷马州的 Murrah 联邦大厦发生恐怖炸弹袭击事件。一辆装载炸弹的卡车在距离大厦 4.75m 的地方被引爆。Murrah 联邦大厦是传统的钢筋混凝土框架结构，根据美国混凝土规范 ACI 318-71 设计。大楼两主轴方向东西长 67.1m。南北长 304m，12.2m 的转换大梁支撑 3 根三～九层的柱子。汽车炸弹炸毁了结构的底层柱并击穿了楼板与转换大梁，由于失去了转换大梁与楼板的支撑，旁边的底层柱随后因为失稳发生破坏从而导致其上部分相继发生破坏，最终结构一侧发生了整体倒塌。此次事故造成 168 人死亡和超过 800 人受伤，事故死难者中大部分都是由于来不及逃生而在结构的倒塌中丧失的。

2001 年 9 月 11 日，美国纽约世界贸易中心大厦遭到恐怖分子劫持的飞机撞击。世贸中心主楼为钢结构双塔，双塔均为 110 层，高 411m，宽 62.7m，为当时最高的建筑。结构以高强钢框架核心加周边小间距空心柱作为主体结构。楼板支撑在连接外框架和结构核心的伸臂桁架上。两架飞机先后撞击了世贸的北楼与南楼，撞击导致世贸大厦包括核心筒的局部楼层发生破坏。另外，飞机燃油大量泼洒在结构上引发了大火，在大火作用下钢材强度、刚度迅速下降，进一步加剧了局部破坏。而破坏部位的上部结构因为丧失有效支撑而发生倒塌，倒塌结构的废墟又进一步将整个结构冲垮，南楼与北楼在遭受撞击后，分别于 1 小时 2 分钟和 1 小时 43 分钟后发生破坏。

我国湖南衡阳大厦特大火灾后倒塌，山东兖州钢结构门钢厂房在施工过程中倒塌，广东九江大桥由于运砂船撞击造成的桥面坍塌等，均属于结构连续倒塌。

【禁忌 4.39】 不知道结构抗连续性倒塌有哪些主要设计方法

自从 1968 年英国 Ronan Point 公寓倒塌事件发生以后，国外便开始了结构抗连续倒塌的研究，至今有 40 多年的历史，并列入设计规范或规程。例如：

1. 英国规范规程

英国是最早对建筑结构进行抗连续倒塌设计的国家之一。由于 Ronan Point 公寓倒塌事件的发生，英国的设计规范开始对五层和五层以上的建筑进行针对意外事件的考虑。1976 年的建筑规程规定：结构在意外荷载下不应发生与初始破坏不相称的大范围坍塌。规程提出了三种设计方法：

1）拉结强度设计：通过结构现有的构件或连接将结构进行"捆绑"，以提高结构的整体性和冗余度；

2）构件的跨越能力设计：结构的水平构件应在其支撑构件破坏后仍然能够横跨两个开间而不完全失去承载力，发生坍塌的相应区域不应超过楼层面积 15% 或者 75m²；

3）关键构件设计：对于拆除后可能引发大范围坍塌的构件，应设计成为关键构件，即该构件在各个方向应能承受额外的 34kN/m² 的均布荷载。在混凝土规范 BS8100 中，为了提高结构在意外荷载下的鲁棒性（避免结构垮塌为目标的整体结构的安全性），除采用了上述三种设计方法外，还应保证结构不存在明显的薄弱处，且每个楼层应能承受相当于该楼层自重 1.5% 的水平荷载。

英国将抗连续倒塌设计方法纳入结构设计流程已经有 30 余年的历史，在这期间内陆续发生了一些大规模的爆炸事件，它们对结构的破坏都仅限于局部范围内，这说明这些方法比较有效。目前，英国正考虑将结构抗连续倒塌设计的应用扩至更大的范围，但考虑经济性，将参考欧洲规范中的规定对建筑按照安全等级进行分类设计。

2. 欧洲 Eurocode 1

Eurocode 1 规定，结构必须具有足够的强度以抵御可预测或不可预测的意外荷载。规范中的抗连续倒塌设计分为两个方面：一个方面基于具体的意外事件；另一方面则独立于意外事件，设计的目的在于控制意外事件造成的局部破坏。

在针对具体意外事件进行设计时，规范建议采用三条途径：

1）降低意外事件的发生概率，如保证道路与结构之间的足够距离、改善结构内部的通风性能等；

2）减轻意外事件对结构的破坏作用，如设置防护栏等；

3）增加结构的强度，提高结构抵御意外事件的能力。规范对冲击和爆炸造成的荷载效应进行了详尽的规定，包括汽车的撞击、火车的撞击、轮船的撞击以及粉尘爆炸、燃气爆炸等。当然，即使按照规定的荷载进行设计，也无法完全避免局部破坏的发生。因为在结构的生命周期内，该荷载值总是有可能被超越的。局部破坏一旦发生，结构需具备良好的整体性、延性和冗余度来控制破坏蔓延。与英国规范类似，欧洲规范采用了拉结强度法、拆除构件法和关键构件法三种方法，这些方法的应用是对应于建筑安全等级分类的，如表 4.16 所示。

Eurocode 1 中的建筑安全等级分类以及相应的设计方法 表 4.16

建筑安全等级	1	2（高风险）	2（低风险）	3
应采用的设计方法	无需特别设计	水平拉结	1. 水平竖向拉结 2. 拆除构件法 3. 关键构件法	需进行倒塌风险评估

3. 美国的相关规范规程

（1）美国混凝土协会 ACI 318—02

该混凝土规范没有提供直接的抵御连续倒塌的设计方法，但包含了为实现结构延性和整体性所需采取的措施。规范中要求，构件配筋和构件连接构造应有效保证结构构件之间的拉结连接，改善结构的整体性，具体包括：钢筋在支座处应连续贯通；钢筋搭接的位置和要求；钢筋端部弯钩的要求等。对预制装配结构应采用沿建筑周边的纵向、横向和竖向拉结，并对拉结强度作了详细规定。

一些研究者提出，ACI 318—02 中的抗震设计有利于提高结构的抗连续倒塌能力。结构构件的抗震构造要求改善了构件的延性，使得结构在大震下实现延性破坏，而这些能力正是结构在抵御连续倒塌时所需要的。为了分析结构的抗震设计和结构在爆炸荷载下的抗连续倒塌能力之间的关系，美国联邦紧急事务管理局（FEMA）发起了一项对 1995 年在汽车炸弹袭击下发生严重坍塌的 Alfred P Murrah 办公楼的专门研究。结果表明，如果按照目前的抗震设计对原有建筑进行加固，结构的抗倒塌能力将得到加强，在同样的爆炸袭击下倒塌面积显著减小。同时，目前 ACI 318—02 中对于抗震框架（special moment frame）的构造措施也能改善结构的抗爆和抗倒塌能力。这些措施使得梁和柱具有更高的强度和更好的延性，在爆炸荷载下生存能力更强。

当然，结构在爆炸等意外荷载下的倒塌机制和在地震作用下的倒塌机制是不同的，两者的区别还有待进一步的研究。

（2）美国公共事务管理局 GSA 2003

该指南首先提供了一个判断建筑是否可以免于进行抗连续倒塌分析的流程（Exemption Process），考虑了建筑的用途、使用年限、结构材料、结构构造等多方面的因素。如果通过该流程判定建筑的倒塌风险为低，则可免于进一步的分析，否则将采用拆除构件法对结构的抗连续倒塌能力进行评估。可选择的分析方法包括线弹性分析和非线性分析，其中线弹性分析作为一种简化的分析方法，只能应用于 10 层和 10 层以下的建筑。对于 10 层以上的建筑和不规则的建筑，则必须采用非线性方法。按照是否考虑动力效应又可分为静力分析和动力分析，对于静力分析竖向荷载采用考虑动力放大系数的 $Load = 2(DL + 0.25LL)$。其中，DL 为结构的恒载标准值，LL 为结构的活载标准值。对于动力分析，荷载组合采用 $Load = DL + 0.25LL$。指南采用屈强比（DCR）作为线弹性分析的破坏准则，而对于非线性分析方法，则是以塑性铰转动和位移的延性比作为破坏准则。

另外，指南还建议了一些可供采纳的概念性的设计措施来提高新建建筑抵御连续倒塌的能力，包括提高结构冗余度、延性、连续性和考虑反向荷载作用等，并在附录中提供了进行结构构件尺寸和细部构造初始设计的流程供设计者参考。遵循这些流程，将使结构更容易通过接下来的连续倒塌风险评估。

（3）美国国防部 DOD 2005

该规范的主要目标为减少国防设施由于不可预测的事件造成的潜在连续倒塌风险。规范将建筑分为极低、低、中、高四个安全等级，对应不同的安全等级采用从简单到复杂的设计方法，即：

1）对于极低保护等级的建筑，只要保证结构的水平拉结强度即可；

2）对于中等保护等级的建筑，应保证结构水平和竖向的拉结强度；如果存在构件竖向拉结强度不足，则可采用拆除构件法分析；

3）对于中、高保护等级的建筑，则拉结强度法和拆除构件法的要求均需得到满足。

规范对拉结强度的规定基本上遵循英国相关规范中的要求，对拆除构件法则进行了比较详细的规定，并提供了线性静力、非线性静力和非线性动力三种分析方法的具体步骤。对于静力分析，荷载组合采用 $2[(0.9\text{ 或 }1.2)D + (0.5L\text{ 或 }0.2S)] + 0.2W$。其中，$D$ 为恒载，L 为活载，S 为地震荷载，W 为风荷载，2 为动力放大系数，0.9 为重力荷载有利时采用，$0.5L$ 表示最大标准活荷载的平均值；对于动力分析，则采用 $(0.9\text{ 或 }1.2)D + (0.5L\text{ 或 }0.2S) + 0.2W$。规范还规定了承重构件的拆除、荷载的计算、破坏限制、容许准则等内容。

我国对结构抗连续倒塌的研究起步较晚，但是在 2001 年美国 9.11 事件发生以后，研究工作速度加快，并且取得许多成果，《高层建筑混凝土结构技术规程》JGJ 3—2010 等已首次将其纳入。

结构抗连续倒塌的设计方法可以分为两类：间接设计方法和直接设计方法。间接设计方法从提高结构的连续性、冗余度、延性等方面入手，通过采取一定的措施来提高结构抵抗连续性倒塌的能力。直接设计方法针对明确的结构破坏或荷载进行设计与评估。

间接设计法包括概念设计法和拉结强度法。直接设计法包括拆除构件法和关键构件法。这些设计方法的设计要点是：

1. 概念设计法

对于充分考虑风荷载和地震荷载进行设计的结构，结构本身已具备较好的整体性和延性，能一定程度上抵御连续倒塌的发生。因此，在此基础上采取一些针对意外事件的概念性的设计措施，不仅可以取得良好的效果，而且不会过多地增加建筑的造价。措施包括以下几个方面：（1）合理的结构布置；（2）加强连接构造，保证结构的整体性和连续性；（3）提高冗余度，保证多荷载传递路径；（4）采用延性材料，延性构造措施，实现延性破坏；（5）考虑反向荷载作用；（6）发挥楼板和梁的悬链线作用；（7）设置剪力墙，使其能承受一定数量的横向荷载。

2. 拉结强度法

在结构中通过现有构件和连接进行拉结，可提供结构的整体牢固性以及荷载的多传递路径。

按照拉结的位置和作用，可分为内部拉结、周边拉结、对墙/柱的拉结和竖向拉结四种类型，如图 4.13 所示。对于各种拉结，要求传力路径连续、直接，并对拉结强度进行验算。一般来说，结构材料不同，拉结强度的要求也不一样。以内部拉结为例，英国规范中混凝土结构和钢结构的内部拉结强度计算公式中荷载组合系数有差异。此外，混凝土结构的内部拉结强度与结构层数和拉结跨度有关，而在钢结构中则与拉结的跨度和间距有关。

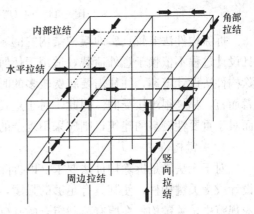

图 4.13　框架结构的拉结示意图

根据 Abruzzo John 等人的研究，即使满足现行美国混凝土规范 ACI 318—02 中的整体性要求以及 DOD 2005 中的拉结强度规定，结构在抵御连续倒塌方面仍然有明显的弱点。同时，如果涉及复杂、不规则结构的设计，设计者将很难有效地理解并采用这一方法。尽管如此，该方法能一定程度上保证结构在连续性和整体性上的基本要求，而且比较简单，不显著改善结构构型而且不过多增加建筑费用。

3. 拆除构件法

拆除构件法通过有选择性地拆除结构的一个或几个承重构件（柱、承重墙），并对剩余结构进行分析，确定初始破坏发生蔓延的程度，以此评价结构抵御连续倒塌的能力。GSA 2003 中规定，对于典型结构，建筑每层外围的长边中柱（墙）、短边中柱（墙）及角柱（墙）均须一一拆除进行分析，并考虑建筑底层和地下停车场不易采取安全防护措施，该层还需拆除一根内部柱（墙）。如图 4.14 所示。对于不规则结构，设计者须根据工程经验判断拆除位置。根据是否考虑非线性和动力效应，拆除构件法可采用线性静力分析、非线性静力分析、线性动力分析、非线性动力分析。这四种分析方法依次从简单到复杂，简单的方法实施方便，计算快速，但不精确；同时，出于安全的考虑，往往采用更保守的荷载组合，因而得到保守计算结果；复杂的方法精确程度较高，但繁琐耗时，而且对计算结果很难进行检验。对此，有学者提出一种渐进分析步骤，即依次采纳从简单的线弹性静力分析到复杂的非线性动力分析，计算逐步精确，而且每一阶段的计算结果均建立在上一阶段结果的基础上，相对易于检验。

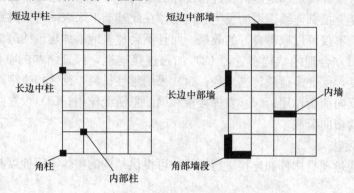

图 4.14 柱（墙）的拆除位置示意图

拆除构件法能较真实地模拟结构的倒塌过程，较好地评价结构抗连续倒塌的能力，而且设计过程不依赖于意外荷载，适用于任何意外事件下的结构破坏分析。但另一方面，拆除构件法设计繁琐，往往需要花费较多的时间和人力物力资源，这无论对于业主还是设计者而言，都是很难接受的。因此，对于重要性较低的建筑，应尽量采用简单易行的方法；而对于重要性较高的建筑，则应采用复杂的方法进行精确分析。

4. 关键构件法

对于无法满足拆除构件法要求（即拆除后可能引发结构大范围坍塌）的结构构件，应设计成为关键构件，使其具有足够的强度，能一定程度上抵御意外荷载作用。在英国及欧洲规范中，关键构件在原有荷载组合的基础上各个方向应能承受额外的 34kN/m² 的均布荷载，该值是通过参考 Ronan Point 公寓承重墙的失效荷载得到的，而并不得针对爆炸计算得到的压力值。当然，该荷载值总是有可能被超越的。但通过该方法加固对结构整体稳定性有重要影响的构件，能一定程度上减轻局部破坏发生的程度，从而降低连续倒塌发生的可能。设计中应将这种方法和拆除构件法结合起来，既能有效改善结构抵御连续倒塌的能力，也能同时减少建造费用，取得良好的经济效益。

【禁忌 4.40】 不知道什么高层建筑要进行抗连续倒塌设计

安全等级为一级的高层建筑结构，需要进行抗连续倒塌设计，并应符合以下要求：

（1）安全等级为一级时，应满足抗连续倒塌概念设计的要求；

（2）有特殊要求时，可采用拆除构件方法进行抗连续倒塌设计。

【禁忌 4.41】 不知道《高规》的抗连续倒塌概念设计应符合哪些要求

抗连续倒塌概念设计应符合下列要求：

（1）应采取必要的结构连接措施，增强结构的整体性。

（2）主体结构宜采用多跨规则的超静定结构。

（3）结构构件应具有适宜的延性，避免剪切破坏、压溃破坏、锚固破坏、节点先于构件破坏。

（4）结构构件应具有一定的反向承载能力。

（5）周边及边跨框架的柱距不宜过大。

（6）转换结构应具有整体多重传递重力荷载途径。

（7）钢筋混凝土结构梁柱宜刚接，梁板顶、底钢筋在支座处宜按受拉要求连续贯通。

（8）钢结构框架梁柱宜刚接。

（9）独立基础之间宜采用拉梁连接。

高层建筑结构应具有在偶然作用发生时适宜的抗连续倒塌能力，具有适宜的多余约束性、整体连续性、稳固性和延性。水平构件应具有一定的反向承载能力，如连续梁边支座、简支梁支座顶面及连续梁、框架梁梁中支座底面应有一定数量的配筋及合适的锚固连接构造，以保证偶然作用发生时，该构件具有一定的反向承载力，防止和延缓结构连续倒塌。

【禁忌 4.42】 不知道《高规》的抗连续倒塌拆除构件法应符合哪些要求

1. 抗连续倒塌的拆除构件方法应符合下列规定：

（1）逐个分别拆除结构周边柱、底层内部柱以及转换桁架腹杆等重要构件。

（2）可采用弹性静力方法分析剩余结构的内力与变表。

（3）剩余结构构件承载力应符合下列要求：

$$R_d \geqslant \beta S_d \tag{4.62}$$

式中 S_d——剩余结构构件效应设计值；

$\quad R_d$——剩余结构构件承载力设计值；

$\quad \beta$——效应折减系数。对中部水平构件取 0.67，对其他构件取 1.0。

2. 结构抗连续倒塌设计时，荷载组合的效应设计值可按下式确定：

$$S_d = \eta_d (S_{Gk} + \Sigma \psi_{qi} S_{Qi,k}) + \Psi_w S_{wk} \tag{4.63}$$

式中 S_{Gk}——永久荷载标准值产生的效应；

$\quad S_{Qi,k}$——第 i 个竖向可变荷载标准值产生的效应；

$\quad S_{wk}$——风荷载标准值产生的效应；

$\quad \psi_{qi}$——可变荷载的准永久值系数；

$\quad \Psi_w$——风荷载组合值系数，取 0.2；

$\quad \eta_d$——竖向荷载动力放大系数。当构件直接与被拆除竖向构件相连时取 2.0，其他构件取 1.0。

3. 构件截面承载力计算时，混凝土强度可取标准值；钢材强度，正截面承载力验算时，可取标准值的 1.25 倍，受剪承载力验算时可取标准值。

4. 当拆除某构件不能满足结构抗连续倒塌设计要求时，在该构件表面附加 $80kN/m^2$ 侧向偶然作用设计值，此时其承载力应满足下列公式要求：

$$R_d \geqslant S_d \tag{4.64}$$

$$S_d = S_{Gk} + 0.6 S_{Qk} + S_{Ad} \tag{4.65}$$

式中 R_d——构件承载力设计值；

$\quad S_d$——作用组合的效应设计值；

S_{Gk}——永久荷载标准值的效应；

S_{Qk}——活荷载标准值的效应；

S_{Ad}——侧向偶然作用设计值的效应。

【禁忌 4.43】 不知道哪些建筑需要进行超限高层建筑工程抗震设防专项审查

为了确保高层建筑结构的安全、可靠，对于高度较高、结构不规则以及复杂的高层建筑工程，除了要进行正常的方案审查、初步设计审查和施工图审查外，在方案设计阶段，还要进行超限高层建筑工程抗震设防专项审查。住房和城乡建设部 2010 年颁发的《超限高层建筑工程抗震设防专项审查技术要点》（建质〔2010〕109 号）中，超限高层建筑工程的主要范围见表 4.17。

表 4.17：超限高层建筑工程主要范围的参照简表

房屋高度（m）超过下列规定的高层建筑工程 表 4.17a

结 构 类 型		6度	7度 （含 0.15g）	8度 （0.20g）	8度 （0.30g）	9度
混凝土结构	框架	60	50	40	35	24
	框架-抗震墙	130	120	100	80	50
	抗震墙	140	120	100	80	60
	部分框支抗震墙	120	100	80	50	不应采用
	框架-核心筒	150	130	100	90	70
	筒中筒	180	150	120	100	80
	板柱-抗震墙	80	70	55	40	不应采用
	较多短肢墙		100	60	60	不应采用
	错层的抗震墙和框架-抗震墙		80	60	60	不应采用
混合结构	钢外框-钢筋混凝土筒	200	160	120	120	70
	型钢混凝土外框-钢筋混凝土筒	220	190	150	150	70
钢结构	框架	110	110	90	70	50
	框架-支撑（抗震墙板）	220	220	200	180	140
	各类筒体和巨型结构	300	300	260	240	180

注：当平面和竖向均不规则（部分框支结构指框支层以上的楼层不规则）时，其高度应比表内数值降低至少 10%；

同时具有下列三项及以上不规则的高层建筑工程（不论高度是否大于表 4.17a）

表 4.17b

序号	不规则类型	简 要 涵 义	备 注
1a	扭转不规则	考虑偶然偏心的扭转位移比大于 1.2	参见 GB 50011—3.4.2
1b	偏心布置	偏心率大于 0.15 或相邻层质心相差大于相应边长 15%	参见 JGJ 99—3.2.2
2a	凹凸不规则	平面凹凸尺寸大于相应边长 30%等	参见 GB 50011—3.4.2

序号	不规则类型	简 要 涵 义	备 注
2b	组合平面	细腰形或角部重叠形	参见 JGJ 3—4.3.3
3	楼板不连续	有效宽度小于50%，开洞面积大于30%，错层大于梁高	参见 GB 50011—3.4.2
4a	刚度突变	相邻层刚度变化大于70%或连续三层变化大于80%	参见 GB 50011—3.4.2
4b	尺寸突变	竖向构件位置缩进大于25%，或外挑大于10%和4m，多塔	参见 JGJ 3—4.4.5
5	构件间断	上下墙、柱、支撑不连续，含加强层、连体类	参见 GB 50011—3.4.2
6	承载力突变	相邻层受剪承载力变化大于80%	参见 GB 50011—3.4.2
7	其他不规则	如局部的穿层柱、斜柱、夹层、个别构件错层或转换	已计入1~6项者除外

注：1. 深凹进平面在凹口设置连梁，其两侧的变形不同时仍视为凹凸不规则，不按楼板不连续中的开洞对待；

2. 序号 a、b 不重复计算不规则项；

3. 局部的不规则，视其位置、数量等对整个结构影响的大小，判断是否计入不规则的一项。

具有下列某一项不规则的高层建筑工程（不论高度是否大于表 4.17a）

表 4.17c

序号	不规则类型	简 要 涵 义
1	扭转偏大	裙房以上的较多楼层，考虑偶然偏心的扭转位移比大于1.4
2	抗扭刚度弱	扭转周期比大于0.9，混合结构扭转周期比大于0.85
3	层刚度偏小	本层侧向刚度小于相邻上层的50%
4	高位转换	框支墙体的转换构件位置：7度超过5层，8度超过3层
5	厚板转换	7~9度设防的厚板转换结构
6	塔楼偏置	单塔或多塔与大底盘的质心偏心距大于底盘相应边长20%
7	复杂连接	各部分层数、刚度、布置不同的错层 连体两端塔楼高度、体型或者沿大底盘某个主轴方向的振动周期显著不同的结构
8	多重复杂	结构同时具有转换层、加强层、错层、连体和多塔等复杂类型的3种

注：仅前后错层或左右错层属于表 4.20b 中的一项不规则，多数楼层同时前后、左右错层，属于本表的复杂连接。

其他高层建筑

表 4.17d

序号	简 称	简 要 涵 义
1	特殊类型高层建筑	抗震规范、高层混凝土结构规程和高层钢结构规程暂未列入的其他高层建筑结构，特殊形式的大型公共建筑及超长悬挑结构，特大跨度的连体结构等
2	超限大跨空间结构	屋盖的跨度大于120m或悬挑长度大于40m或单向长度大于300m，屋盖结构形式超出常用空间结构形式的大型列车客运候车室、一级汽车客运候车楼、一级港口客运站、大型航站楼、大型体育场馆、大型影剧院、大型商场、大型博物馆、大型展览馆、大型会展中心，以及特大型机库等

注：表中大型建筑工程的范围，参见《建筑工程抗震设防分类标准》GB 50223—2008。

说明：

1. 当规范、规程修订后，最大适用高度等数据相应调整。

2. 具体工程的界定遇到问题时，可从严考虑或向全国、工程所在地省级超限高层建筑工程抗震设防专项审查委员会咨询。

第5章 高层框架结构

【禁忌 5.1】 采用单向梁柱抗侧力体系做高层建筑的承重结构

框架结构房屋的竖向承重体系可以分为横向承重体系、纵向承重体系和纵横两向承重体系三种形式（图 5.1）。其中，横向承重体系和纵向承重体系都是一向为框架，另一向采用连系梁与框架柱相连的结构。框架梁配筋数量较多，与框架柱在节点处连接牢固，可以较好地抵抗水平荷载。连系梁配筋数量较少，与框架柱的连接可以是刚性连接，也可以是铰接或半刚性连接，不能很好地抵抗水平荷载。因此，横向承重体系和纵向承重体系都属于单向（框架所在方向）梁柱抗侧力体系。纵、横两向均设框架时，为双向梁柱抗侧力体系。

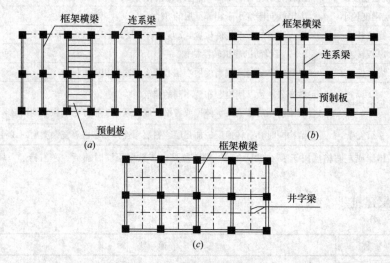

图 5.1 框架结构的布置
（a）横向承重；（b）纵向承重；（c）纵横双向承重

非地震区的多层民用建筑以竖向荷载为主，水平荷载较小，可采用横向承重体系或纵向承重体系。地震区的多层房屋以及楼面有动力荷载作用的多层房屋，当采用框架结构承重时，宜采用纵横两个方向承重的双向梁柱抗侧力体系。

高层民用建筑的风荷载和地震作用较大，而且风荷载和地震作用可能来自任意一个方向，为了保证结构的安全可靠，应在纵横两个方向都设计成梁柱抗侧力体系，主体结构除个别部位外，不应采用铰接。

【禁忌 5.2】 采用单跨框架做高层建筑的承重结构

框架结构是杆系结构，抗侧刚度较弱，单跨框架结构的抗侧刚度更弱。高层建筑采用

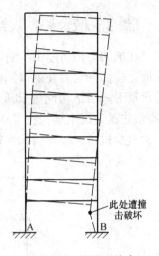

单跨框架结构时，变形难以满足要求。此外，框架结构的主要抗侧力构件是框架柱，单跨框架只有两条"腿"，任何一条"腿"受到伤害都可能危及整个结构的安全。以图5.2所示的单跨框架为例，如果底层任意一根柱（图5.2中为B柱）受到撞击或遭受恐怖袭击发生破坏，整个结构就有可能发生倒塌。

我国和世界上其他国家的地震灾害调查表明，单跨框架结构，尤其是层数较多的高层单跨框架结构的震害比较严重。因此，抗震设计时的高层框架结构不应采用冗余度低的单跨框架结构。

需要说明的是，这里所说的单跨框架结构，是指整栋建筑全部或绝大部分采用单跨框架的结构，不包括仅局部为单跨框架的框架结构。

在框架-剪力墙结构中，允许局部采用单跨框架结构。

图5.3为某高层建筑采用单跨框架结构的平面图。

图5.2　B柱遭遇撞击可能引起的倒塌

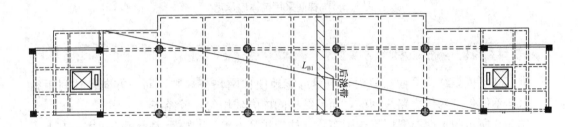

图5.3　地震区某高层建筑采用单跨框架结构平面图

【禁忌5.3】　采用砌体墙承重与框架结构承重的混合结构体系

框架结构与砌体结构是两种截然不同的结构体系，两种体系所用的承重结构完全不同，其抗侧刚度、变形能力等相差很大。砌体墙刚度大，变形能力差；框架结构刚度小，变形能力大。如将这两种结构在同一建筑物中混合使用，而不以防震缝将其分开（图5.4），对建筑物的抗震能力将产生很不利的影响。因此，《高规》规定：框架结构按抗震设计时，不应采用部分由砌体墙承重的混合形式。

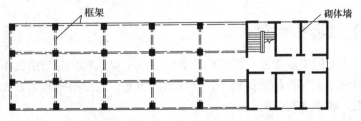

图5.4　砌体墙承重与框架承重混合结构体系

在框架结构房屋中，有时因使用上的要求，需要在室内增设电梯。有的结构设计人员采取在楼面开洞后在洞口周围砌筑墙体，将电梯间设计成墙体承重的形式（图5.5）。这种承重形式因结构刚度和变形能力与框架结构相差较大，地震时容易发生破坏。因此，《高层建筑混凝土结构技术规程》JGJ 3—2010规定，框架结构中楼、电梯间及局部出屋顶的电梯机房、楼梯间、水箱等，应采用框架承重，不应采用砌体墙承重。

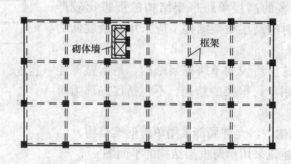

图5.5　电梯间采用砌体墙承重

进行高层框架结构平面布置时，应尽可能地使柱网整齐规则，同一方向各柱间距相等。这样不但使结构传力路线明确，而且结构的内力较均匀，较经济。

图5.6所示的平面布置属不规则布置，柱的排列不整齐，柱距大小相差较大，左上角还有两个柱只在单向有拉结。

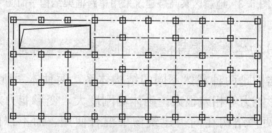

图5.6　平面不规则布置

高层框架结构不但要求平面布置规则，竖向布置也要规则，竖向刚度不应发生突变。

图5.7所示框架上部各层层高较小，且用墙体填充，底层层高较大，无墙体填充，整个框架上刚下柔，属不规则结构。

图5.8所示框架第四层楼面梁和底层的中间柱都未贯通，结构刚度沿竖向发生突变，也是竖向布置不规则结构。

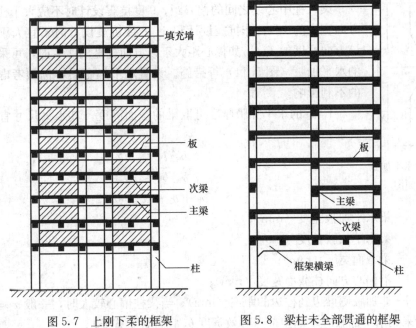

图 5.7　上刚下柔的框架　　　　图 5.8　梁柱未全部贯通的框架

　　竖向刚度不均匀结构存在抗侧刚度薄弱层，地震发生时，结构容易在抗侧刚度薄弱层处破坏。

【禁忌 5.7】　框架梁的中心线与框架柱的中心线偏离过大

　　框架梁的中心线如果能与框架柱的中心线重合，框架梁上的荷载只在框架柱中产生轴力（图 5.9）。框架梁的中心线如果不与框架柱的中心线重合，框架梁上的荷载不但在框架柱中产生轴力，而且产生弯矩（图 5.10）。两者的中心线偏离越大，框架梁上荷载在框架柱中产生的弯矩值也越大。因此，在进行结构布置时，应尽可能地使框架梁的中心线与框架柱的中心线重合或接近。

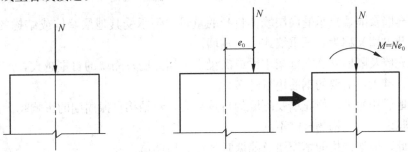

图 5.9　梁柱中心线重合时的受力　　　图 5.10　梁柱中心线不重合时的受力

　　可是，由于建筑造型上的考虑，例如建筑立面上不希望将边柱外露等原因，框架梁的中心线有可能与框架柱的中心线偏离。

　　当梁柱中心线不能重合时，在计算中应考虑偏心对梁柱节点核心区受力和构造的不利影响，以及梁上荷载对柱子的偏心影响。

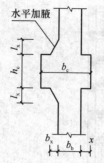

图 5.11 水平加腋
梁平面图

梁、柱中心线之间的偏心距，9 度抗震设计时不应大于柱截面在该方向宽度的 1/4；非抗震设计和 6～8 度抗震设计时不宜大于柱截面在该方向宽度的 1/4，如偏心距大于该方向柱宽的 1/4 时，可采取增设梁的水平加腋（图 5.11）等措施。设置水平加腋后，仍须考虑梁柱偏心的不利影响。

1. 梁的水平加腋厚度可取梁的截面高度，其水平尺寸宜满足下列要求：

$$b_x/l_x \leqslant 1/2 \tag{5.1}$$

$$b_x/b_b \leqslant 2/3 \tag{5.2}$$

$$b_b + b_x + x \geqslant b_c/2 \tag{5.3}$$

式中　b_x——梁水平加腋宽度（mm）；

l_x——梁水平加腋长度（mm）；

b_b——梁截面宽度（mm）；

b_c——沿偏心方向柱截面宽度（mm）；

x——非加腋侧梁边到柱边的距离（mm）。当梁柱偏心较大时，一般 x 均较小。

2. 梁采用水平加腋时，框架节点有效宽度 b_j 宜符合下式要求：

当 $x=0$ 时，b_j 按下式计算：

$$b_j \leqslant b_b + b_x \tag{5.4}$$

当 $x \neq 0$ 时，b_j 取式（5.5）和式（5.6）两式计算的较大值，且应满足式（5.7）的要求：

$$b_j \leqslant b_b + b_x + x \tag{5.5}$$

$$b_j \leqslant b_b + 2x \tag{5.6}$$

$$b_j \leqslant b_b + 0.5h_c \tag{5.7}$$

式中　h_c——柱截面高度。

【禁忌 5.8】　采用自重大的材料做框架结构的填充墙及隔墙

填充墙及隔墙只承受同层墙体自身的重量，不承受其他层墙体或结构的重量。因此，填充墙及隔墙又称为自承重墙或非承重墙。

填充墙及隔墙支承在框架主梁或次梁上，填充墙及隔墙的自重越大，产生的框架内力和变形也越大，需要的钢筋用量越多。

在地震作用下，填充墙及隔墙的自重越大，对结构自振周期的影响越大，结构吸收地震能量越多，对结构的抗震不利。

因此，框架结构的填充墙及隔墙宜选用轻质墙体。

最近几十年，我国重视轻质墙体材料的研究、生产与应用。目前在社会上出现的新型墙体材料有活性炭墙体、加气混凝土砌块、陶粒砌块、小型混凝土空心砌块、纤维石膏板、金属面聚苯乙烯夹心板、维纶纤维增强水泥平板等许多种类型，可供设计时选择。推广使用轻质墙体材料，可以减少环境污染，节约生产成本，增加房屋使用面积，减轻结构自重，有利结构抗震。

抗震设计时，框架结构如采用砌体填充墙，其布置应符合下列规定：

(1) 避免形成上、下层刚度变化过大；

(2) 避免形成短柱；

(3) 减少因抗侧刚度偏心而造成的结构扭转。

【禁忌 5.9】 填充墙及隔墙未与周边梁柱拉结

为了确保框架结构中填充墙及隔墙的稳定性，防止其在地震发生过程中外闪和倒塌，填充墙及隔墙设计应符合下列规定：

1. 砌体的砂浆强度等级不应低于 M5，当采用砖及混凝土砌块时，砌块的强度等级不应低于 MU5；采用轻质砌块时，砌块的强度等级不应低于 MU2.5。墙顶应与框架梁或楼板密切结合。

2. 砌体填充墙应沿框架柱全高每隔 500mm 左右设置 2 根直径 6mm 的拉筋，6 度时拉筋宜沿墙全长贯通，7、8、9 度时拉筋应沿墙全长贯通。

3. 墙长大于 5m 时，墙顶与梁（板）宜有钢筋拉结；墙长大于 8m 或层高的 2 倍时，宜设置间距大于 4m 的钢筋混凝土构造柱；墙高超过 4m 时，墙体半高处（或门洞上皮）宜设置与柱连接且沿墙全长贯通的钢筋混凝土水平系梁。

4. 楼梯间采用砌体填充墙时，应设置间距不大于层高且不大于 4m 的钢筋混凝土构造柱，并应采用钢丝网砂浆面层加强。

图 5.12　2008 年汶川地震中某建筑填充墙破坏照片

图 5.12 为 2008 年四川汶川地震中某建筑填充墙破坏的照片。由照片可见，此填充墙与框架梁柱之间无拉结。

【禁忌 5.10】 不会估算梁柱截面尺寸

框架结构的内力与梁柱的线刚度有关，梁柱的线刚度与梁和柱的截面尺寸有关。进行框架结构设计时，先要假定梁和柱的截面尺寸。

1. 梁截面尺寸估算

原《高规》JGJ 3—91 中，曾规定框架主梁的高度可取梁的设计跨度之 $1/12 \sim 1/8$。这个高度对于现代高层建筑已不能完全适用。最近 20 多年，我国一些设计单位在设计框架梁时，其高度取值已突破上述规定，一般为跨度的 $1/18 \sim 1/15$，且已有大量工程实践。对于 8m 左右的柱网的一般民用建筑，框架主梁高度取 500mm 左右，宽度为 $350 \sim 400mm$，工程实例很多。

国外规范中，对于梁高的规定，比我们的还小，美国混凝土结构规范 ACI 318—99 中，规定梁的高度如表 5.1 所示。

表中数值适用于钢筋屈服强度为 420MPa 者（相当于我国的 HRB400 级钢），其他屈服强度为 f_{yk} 的钢筋，表中数字应乘以 $(0.4 + f_{yk}/700)$。例如：屈服强度为 335MPa 的钢，$0.4 + \dfrac{335}{700} = 0.88$，对于简支梁，$\dfrac{1}{16} \times 0.88 \approx \dfrac{1}{18}$。

新西兰《混凝土结构标准》（DZ 3101—94）关于梁截面高度的规定，见表 5.2。

<table>
<tr><td colspan="4" align="center">ACI 318—99 中关于梁截面
高跨比的规定   表 5.1</td></tr>
<tr><td>支承情况</td><td>简支梁</td><td>一端连续梁</td><td>两端连续梁</td></tr>
<tr><td>高跨比</td><td>1/16</td><td>1/18.5</td><td>1/21</td></tr>
</table>

<table>
<tr><td colspan="4" align="center">DZ 3101—94 中关于梁截面
跨高比的规定   表 5.2</td></tr>
<tr><td>钢筋屈服强度</td><td>简支梁</td><td>一端连续梁</td><td>两端连续梁</td></tr>
<tr><td>300MPa</td><td>1/20</td><td>1/23</td><td>1/26</td></tr>
<tr><td>430MPa</td><td>1/17</td><td>1/19</td><td>1/22</td></tr>
</table>

同时，要提请注意的是，在一般民用建筑中，如柱网尺寸为 8m 左右，梁高为 450～500mm 时，梁宽一般 400mm 左右，即可满足要求，不必做成"宽扁梁"。

因此，梁的截面尺寸可按下述方法估算：

$$h = \left(\frac{1}{10} \sim \frac{1}{18}\right) l_0 \tag{5.8}$$

$$b = \left(\frac{1}{2} \sim \frac{1}{3}\right) h \tag{5.9}$$

式中 l_0——梁的计算跨度；

       h——梁的截面高度；

       b——梁的截面宽度。

梁净跨与截面高度之比不宜小于 4。梁的截面宽度不宜小于梁截面高度的 1/4，也不宜小于 200mm。

当梁高较小或采用扁梁时，除应验算其承载力和受剪截面要求外，尚应满足刚度和裂缝的有关要求。在计算梁的挠度时，可扣除梁的合理起拱值。

2. 柱截面尺寸估算

柱截面尺寸宜符合下列要求：

（1）矩形截面柱的边长，非抗震设计时不宜小于 250mm；抗震设计时，四级不宜小于 300mm；一、二、三级时不宜小于 400mm；圆柱直径，非抗震和四级抗震设计时不宜小于 350mm，一、二、三级时不宜小于 450mm；

（2）柱剪跨比宜大于 2；

（3）柱截面高宽比不宜大于 3。

抗震设计时，钢筋混凝土柱轴压比不宜超过表 5.3 的规定；对于Ⅳ类场地上较高的高层建筑，其轴压比限值应适当减小。

柱的轴压比按下式计算：

$$\mu_c = \frac{N}{bh f_c} \tag{5.10}$$

式中 N——柱轴力设计值，可近似取 $N = (1.1 \sim 1.2) N_v$，$N_v =$ 负荷面积 $\times$ （12～14）kN/m²；

       f_c——混凝土轴心抗压强度设计值；

       b、h——柱截面宽度和高度。

结构类型	抗震等级			
	一	二	三	四
框架结构	0.65	0.75	0.85	—
板柱-剪力墙、框架-剪力墙、框架-核心筒、筒中筒结构	0.75	0.85	0.90	0.95
部分框支剪力墙结构	0.60	0.70		

注：1. 轴压比指柱考虑地震作用组合的轴压力设计值与柱全截面面积和混凝土轴心抗压强度设计值乘积的比值；

2. 表内数值适用于混凝土强度等级不高于C60的柱。当混凝土强度等级为C65~C70时，轴压比限值应比表中数值降低0.05；当混凝土强度等级为C75~C80时，轴压比限值应比表中数值降低0.10；

3. 表内数值适用于剪跨比大于2的柱。剪跨比不大于2但不小于1.5的柱，其轴压比限值应比表中数值减小0.05；剪跨比小于1.5的柱，其轴压比限值应专门研究并采取特殊构造措施；

4. 当沿柱全高采用井字复合箍，箍筋间距不大于100mm、肢距不大于200mm、直径不小于12mm，或当沿柱全高采用复合螺旋箍，箍筋螺距不大于100mm、肢距不大于200mm、直径不小于12mm，或当沿柱全高采用连续复合螺旋箍，且螺距不大于80mm、肢距不大于200mm、直径不小于10mm时，轴压比限值可增加0.10。上述三种配箍类别的配箍特征值，应按增大的轴压比由JGJ 3—2010表6.4.7确定；

5. 当柱截面中部设置有附加纵向钢筋形成的芯柱，且附加纵向钢筋的截面面积不小于柱截面面积的0.8%时，柱轴压比限值可增加0.05。当本项措施与注4的措施共同采用时，柱轴压比限值可比表中数值增加0.15，但箍筋的配箍特征值，仍可按轴压比增加0.10的要求确定；

6. 柱轴压比限值不应大于1.05。

【禁忌5.11】 不会计算梁柱的线刚度

框架结构通常采用梁和柱的线刚度进行内力与变形计算，因此，要了解如何计算梁和柱的线刚度。

1. 梁的线刚度计算方法

当楼板与梁的钢筋互相交织、混凝土同时浇灌时，楼板相当于梁的翼缘，梁的截面抗弯刚度比矩形梁增大，宜考虑梁受压翼缘的有利影响。在装配整体式楼盖中，预制板上的现浇刚性面层对梁的抗弯刚度也有一定的提高。

现浇楼面每一侧翼缘的有效宽度，可取至板厚度6倍。梁的截面惯性矩，可按表5.4近似计算。

梁截面惯性矩 表5.4

楼板类型	边框架梁	中间框架梁	楼板类型	边框架梁	中间框架梁
现浇楼板	$I=1.5I_0$	$I=2.0I_0$	装配式楼板	$I=I_0$	$I=I_0$
装配整体式楼板	$I=1.2I_0$	$I=1.5I_0$			

表中，$I_0=\dfrac{1}{12}bh^3$，b为矩形梁的截面宽度，h为截面高度。叠合楼板框架梁可按现浇楼板框架梁取值。

房屋高度不超过50m时，可采用装配整体式楼盖；超过50m时，宜采用现浇楼盖。

梁的线刚度

$$i=\frac{E_c I}{l} \tag{5.11}$$

式中 E_c——混凝土的弹性模量；

l——梁的跨度。

2. 柱的线刚度计算方法

高层建筑中，框架柱的截面形状一般为矩形、方形、圆形、正多边形，且以矩形和方形居多。当柱的截面为矩形或方形时，柱的截面惯性矩为：

$$I = \frac{1}{12}bh^3 \tag{5.12}$$

柱的线刚度为：

$$i = \frac{E_c I}{H_i} \tag{5.13}$$

式中　b——柱截面宽度；

　　　h——柱截面高度；

　　　E_c——混凝土的弹性模量；

　　　H_i——柱的高度。

【禁忌 5.12】　不知道如何将楼面荷载分配给周边支承结构

进行框架结构在竖向荷载作用下的内力计算前，先要将楼面上的竖向荷载分配给支承它的结构。

楼面荷载的分配与楼盖的构造有关。当采用装配式或装配整体式楼盖时，板上荷载通过预制板的两端传递给它的支承结构。如果采用现浇楼盖时，楼面上的恒载和活荷载根据每个区格板两个方向的边长之比，沿单向或双向传递。区格板长边边长与短边边长之比大于 3 时，沿单向传递（图 5.13）；比小于或等于 3 时，沿双向传递（图 5.14）。

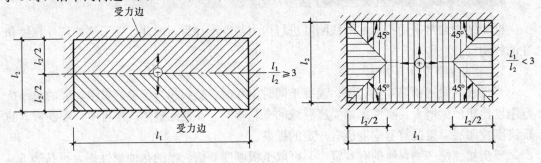

图 5.13　单向板荷载传递图　　　　图 5.14　双向板荷载传递图

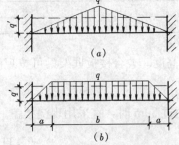

图 5.15　三角形荷载和梯形荷载
的等效均布荷载

(a) 三角形荷载；(b) 梯形荷载

当板上荷载沿双向传递时，可以按双向板楼盖中的荷载分析原则，从每个区格板的四个角点作 45°线将板划分成四块，每个分块上的恒载和活荷载向与之相邻的支承结构上传递。此时，由板传递给框架梁上的荷载为三角形或梯形。为简化框架内力计算，可以将梁上的三角形和梯形荷载按式 (5.14) 或式 (5.15) 换算成等效的均布荷载计算。

三角形荷载的等效均布荷载（图 5.15a）：

$$q' = \frac{5}{8}q \tag{5.14}$$

梯形荷载的等效均布荷载（图 5.15b）：

$$q' = (1 - 2\alpha^2 + 3\alpha^3)q \tag{5.15}$$

式中　$\alpha = \dfrac{a}{l}$，l 为板的长边长度。

墙体重量直接传递给它的支承梁。

【禁忌 5.13】　未将楼梯作为结构构件参与结构整体分析计算

楼梯是结构的组成部分，既将其上的荷载传递给其他结构构件，又与其他结构构件一起，共同抵抗各种荷载和作用。在地震区，当地震发生时，楼梯是主要的逃生通道，对保护生命财产安全起着重要作用。但是，在许多地震区的结构设计中，在进行结构整体受力分析时，未将楼梯作为结构构件参与分析与计算，而是将楼梯单独取出按简支结构分析设计，没有考虑地震发生时水平地震力对楼梯的影响（图 5.16a），对楼梯及周边构件也未进行加强处理。

2008 年汶川地震震害表明，由于设计中没有考虑水平地震力对楼梯的影响，框架结构中的楼梯及周边构件破坏严重，梯段板被拉断的情况非常普遍（图 5.17）。

因此，框架结构的楼梯间应符合下列规定：

1. 楼梯间的布置应尽量减小其造成的结构平面不规则。
2. 宜采用现浇钢筋混凝土楼梯，楼梯结构应有足够的抗倒塌能力。
3. 宜采取措施减小楼梯对主体结构的影响。

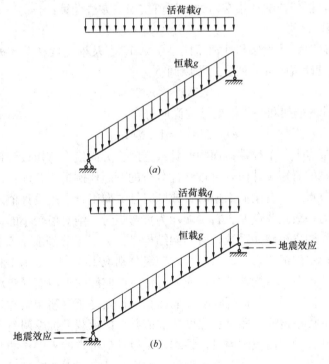

图 5.16　楼梯梯段计算简图
(a) 静力荷载下的计算简图；(b) 地震作用下的计算简图

4. 当钢筋混凝土楼梯与主体结构整体连接时，应考虑楼梯对地震作用及其效应的影响，并应对楼梯构件进行抗震承载力验算（图 5.16b）。

5. 楼梯梁、柱的抗震等级应与框架结构本身相同。

6. 楼梯板宜采用双排配筋。

图 5.17　梯段板地震时被拉断照片之一

【禁忌 5.14】　抗震设计时不知道如何确定框架柱端与梁端的弯矩设计值和剪力设计值

抗震设计时，框架柱端和梁端内力设计值按如下方法计算：

1. 柱端弯矩设计值

（1）抗震设计时，除顶层和柱轴压比小于 0.15 者及框支梁柱节点外，柱端考虑地震作用组合的弯矩设计值应按下列公式予以调整：

$$\sum M_c = \eta_c \sum M_b \tag{5.16}$$

9 度抗震设计的框架和一级框架结构尚应符合：

$$\sum M_c = 1.2 \sum M_{bua} \tag{5.17}$$

式中　$\sum M_c$——节点上、下柱端截面顺时针或逆时针方向组合弯矩设计值之和；上、下柱端的弯矩设计值，可按弹性分析的弯矩比例进行分配；

$\sum M_b$——节点左、右梁截面逆时针或顺时针方向组合弯矩设计值之和；当抗震等级为一级且节点左、右梁端均为负弯矩时，绝对值较小的弯矩应取零；

η_c——柱端弯矩增大系数，对框架结构，二、三级分别取 1.5 和 1.3；对其他结构中的框架，一、二、三、四级分别取 1.4、1.2、1.1 和 1.1；

$\sum M_{bua}$——节点左、右梁端逆时针或顺时针方向实配的正截面受弯承载力所对应的弯矩值之和，可根据实际配筋面积（计入受压钢筋和梁有效翼缘宽度范围内的楼板钢筋）和材料强度标准值并考虑承载力抗震调整系数计算。

当反弯点不在柱的层高范围内时，柱端弯矩设计值可直接乘以柱端弯矩增大系数 η_c。

（2）抗震设计时，一、二、三级框架结构的底层柱底截面的弯矩设计值。应分别采用考虑地震作用组合的弯矩值与增大系数 1.7、1.5 和 1.3 的乘积。

2. 柱端剪力设计值

抗震设计的框架柱、框支柱端部截面的剪力设计值，一、二、三、四级时应按下列公式计算：

$$V = \eta_{vc}(M_c^t + M_c^b)/H_n \qquad (5.18)$$

9 度抗震设计的框架和一级框架结构尚应符合：

$$V = 1.2(M_{cua}^t + M_{cua}^b)/H_n \qquad (5.19)$$

式中　M_c^t、M_c^b——分别为柱上、下端顺时针或逆时针方向截面组合的弯矩设计值；

　　M_{cua}^t、M_{cua}^b——分别为上、下端顺时针或逆时针方向实配的正截面受弯承载力所对应的弯矩值，可根据实配钢筋面积、材料强度标准值和重力荷载代表值产生的轴向压力设计值并考虑承载力抗震调整系数计算；

　　H_n——柱的净高；

　　η_{vc}——柱端剪力增大系数，对框架结构，二、三级分别取 1.3、1.2；对其他结构类型的框架，一、二级分别取 1.4 和 1.2，三、四级均取 1.1。

3. 角柱的弯矩、剪力设计值

抗震设计时，框架角柱应按双向偏心受压构件进行正截面承载力设计。一、二、三、四级框架角柱经按上述规定调整后的弯矩、剪力设计值应乘以不小于 1.1 的增大系数。

4. 梁端剪力设计值

抗震设计时，框架梁端部截面组合的剪力设计值，一、二、三级应按下列公式计算；四级时，可直接取考虑地震作用组合的剪力计算值。

$$V = \eta_{vb}(M_b^l + M_b^r)/l_n + V_{Gb} \qquad (5.20)$$

9 度抗震设计的框架和一级框架结构尚应符合：

$$V = 1.1(M_{bua}^l + M_{bua}^r)/l_n + V_{Gb} \qquad (5.21)$$

式中　M_b^l、M_b^r——分别为梁左、右端逆时针或顺时针方向截面组合的弯矩设计值，当抗震等级为一级且梁两端弯矩均为负弯矩时，绝对值较小一端的弯矩应取零；

　　M_{bua}^l、M_{bua}^r——分别为梁左、右端逆时针或顺时针方向实配的正截面受弯承载力所对应的弯矩值，可根据实配钢筋面积（计入受压钢筋，包括有效翼缘范围内的楼板钢筋）和材料强度标准值并考虑承载力抗震调整系数计算；

　　η_{vb}——梁剪力增大系数，一、二、三级分别取 1.3、1.2 和 1.1；

　　l_n——梁的净跨；

　　V_{Gb}——考虑地震作用组合的重力荷载代表值（9 度时还应包括竖向地震作用标准值）作用下，按简支梁分析的梁端截面剪力设计值。

【禁忌 5.15】　框架柱的轴压比超限

轴压比对框架柱的延性影响较大。轴压比小时框架柱的延性较好，轴压比大时框架柱的延性较差。

当房屋高度大、层数多、柱距大时，由于单柱轴向力很大，受轴压比限制而使柱截面过大，不仅加大自重和材料消耗，而且妨碍建筑功能。减小柱截面尺寸，通常可采用高强度混凝土、钢管混凝土和型钢混凝土柱这三条途径。

与采用 C40 的框架柱相比，采用 C60～C80 的高强混凝土，可以减小柱截面面积 30% 左右。当前，C60 混凝土已广泛采用，取得了良好的效益。

型钢混凝土柱截面含型钢面积 5% ~ 10%，可使柱截面面积减小 30% ~ 40%，由于型钢骨架要求钢结构的制作、安装能力，因此，目前较多用在高层建筑的下层部位柱、转换层以下的支柱；也有少数工程全部采用型钢混凝土梁和柱。

钢管混凝土可使柱混凝土处于有效侧向约束下，形成三向应力状态，因而延性很大，承载力提高很多。钢管的壁厚一般为柱直径的 1/100 ~ 1/70。钢管混凝土柱如采用高强混凝土浇筑，可以使柱截面减小至原截面面积的 50% 左右。但目前某些钢管混凝土柱与钢筋混凝土梁的节点构造较难满足 8 度设防的抗震性能要求，设计时应引起重视。

【禁忌 5.16】 框架角柱按单向偏心受力构件设计

框架结构中的角柱（图 5.18）既承受 x 方向荷载产生的内力，又承受 y 方向荷载产生的内力，属双向偏心受力构件（图 5.19）。有的结构设计人员将其视为单向偏心受力构件，按单向偏心受力构件对其进行计算与配筋，使角柱的配筋数量不能满足承载能力的要求。

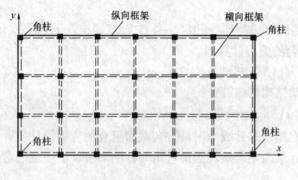
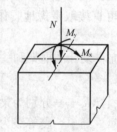

图 5.18　框架结构平面布置　　　　图 5.19　双向受力构件

【禁忌 5.17】 不了解框架梁的配筋应满足哪些构造要求

框架梁的配筋应满足以下要求：

1. 抗震设计时，计入受压钢筋作用的梁端截面混凝土受压区高度与有效高度的比值，一级不应大于 0.25，二、三级不应大于 0.35。

2. 纵向受拉钢筋的最小配筋百分率 ρ_{min}（%），非抗震设计时，不应小于 0.2 和 $45f_t/f_y$ 两者的较大值；抗震设计时，不应小于表 5.5 规定的数值。

梁纵向受拉钢筋最小配筋百分率 ρ_{min}（%）　　　　　　表 5.5

抗震等级	位　置		抗震等级	位　置	
	支座（取较大值）	跨中（取较大值）		支座（取较大值）	跨中（取较大值）
一级	0.40 和 $80f_t/f_y$	0.30 和 $65f_t/f_y$	三、四级	0.25 和 $55f_t/f_y$	0.20 和 $45f_t/f_y$
二级	0.30 和 $65f_t/f_y$	0.25 和 $55f_t/f_y$			

3. 抗震设计时，梁端截面的底面和顶面纵向钢筋截面面积的比值，除按计算确定外，一级不应小于 0.5，二、三级不应小于 0.3。

4. 抗震设计时，梁端箍筋的加密区长度、箍筋最大间距和最小直径应符合表 5.6 的要求；当梁端纵向钢筋配筋率大于 2%时，表中箍筋最小直径应增大 2mm。

梁端箍筋加密区的长度、箍筋最大间距和最小直径   表 5.6

抗震等级	加密区长度（取较大值，mm）	箍筋最大间距（取最小值，mm）	箍筋最小直径（mm）
一	$2.0h_b$，500	$h_b/4,6d,100$	10
二	$1.5h_b$，500	$h_b/4,8d,100$	8
三	$1.5h_b$，500	$h_b/4,8d,150$	8
四	$1.5h_b$，500	$h_b/4,8d,150$	6

注：d 为纵向钢筋直径，h_b 为梁截面高度。一、二级抗震等级框架梁，当箍筋直径大于 12mm 且肢数大于 4 肢时，箍筋加密区最大间距应允许适当放松，但不大于 150mm。

在抗震设计中，为保证梁端的延性，要求框架梁梁端的纵向受压及受拉钢筋的比例 A_s'/A_s 不小于 0.5（一级）或 0.3（二、三级）。因为梁端有箍筋加密区，箍筋间距较密，对于充分发挥受压钢筋的作用，是很好的保证。所以，在验算梁端截面混凝土受压区高度与有效高度之比值时，可以按双筋梁考虑，在计入受压钢筋的作用后，梁端截面的相对受压区高度 x/h_0 值即可减小很多，即使梁的高度较小，例如：取到跨度的 1/18，一般也能满足要求。

国外规范，一般皆将梁的纵向钢筋最小配筋率与混凝土及钢筋强度挂钩，这是合理的。新的混凝土规范已有改进。

5. 梁纵向钢筋要求

（1）抗震设计时，梁端纵向受拉钢筋的配筋率不宜大于 2.5%，不应大于 2.75%。当梁端受拉钢筋的配筋率不小于 2.5%时，受压钢筋的配筋率不应小于受拉钢筋的一半。

（2）沿梁全长顶面和底面应至少各配置两根纵向配筋，一、二级抗震设计时，钢筋直径不应小于 14mm，且分别不应小于梁两端顶面和底面纵向配筋中较大截面面积的 1/4；三、四级抗震设计和非抗震设计时，钢筋直径不应小于 12mm；

（3）一、二、三级抗震等级的框架梁内贯通中柱的每根纵向钢筋的直径，对矩形截面柱，不宜大于柱在该方向截面尺寸的 1/20；对圆形截面柱，不宜大于纵向钢筋所在位置柱截面弦长的 1/20。

对于非抗震设计，连续梁的跨中上部钢筋，仅是架立筋，不是受力筋。对于抗震设计，由于在强震发生时，梁支座上部的负弯矩区，有可能延伸至跨中，因此规程规定，在一、二级抗震设计时，梁跨中上部钢筋不小于 $2\phi14$ 且分别不应小于梁两端顶面纵向配筋中较大截面面积的 1/4。

6. 非抗震设计时，框架梁箍筋配筋构造应符合下列规定：

（1）应沿梁全长设置箍筋，第一个箍筋应设置在距支座边缘 50mm 处；

（2）截面高度大于 800mm 的梁，其箍筋直径不宜小于 8mm；其余截面高度的梁不应小于 6mm。在受力钢筋搭接长度范围内，箍筋直径不应小于搭接钢筋最大直径的 0.25 倍；

（3）箍筋间距不应大于表 5.7 的规定：在纵向受拉钢筋的搭接长度范围内，箍筋间距尚不应大于搭接钢筋较小直径的 5 倍，且不应大于 100mm；在纵向受压钢筋的搭接长度范围内，箍筋间距尚不应大于搭接钢筋较小直径的 10 倍，且不应大于 200mm；

（4）承受弯矩和剪力的梁，当梁的剪力设计值大于 $0.7f_tbh_0$ 时，其箍筋的面积配筋率应符合下式要求：

$$\rho_{sv} \geqslant 0.24 f_t / f_{yv} \tag{5.22}$$

（5）承受弯矩、剪力和扭矩的梁，其箍筋面积配筋率和受扭纵向钢筋的面积配筋率应分别符合式（5.23）和式（5.24）的要求：

$$\rho_{sv} \geqslant 0.28 f_t / f_{yv} \tag{5.23}$$

$$\rho_{tl} \geqslant 0.6 \sqrt{\frac{T}{Vb}} f_t / f_y \tag{5.24}$$

当 $T/(Vb)$ 大于 2.0 时，取 2.0。

式中 T、V——分别为扭矩、剪力设计值。

非抗震设计梁箍筋最大间距（mm） 表 5.7

h_b (mm) \ V	$V > 0.7 f_t b h_0$	$V \leqslant 0.7 f_t b h_0$	h_b (mm) \ V	$V > 0.7 f_t b h_0$	$V \leqslant 0.7 f_t b h_0$
$h_b \leqslant 300$	150	200	$500 < h_b \leqslant 800$	250	350
$300 < h_b \leqslant 500$	200	300	$h_b > 800$	300	400

（6）当梁中配有计算需要的纵向受压钢筋时，其箍筋配置尚应符合下列要求：

1）箍筋直径不应小于纵向受压钢筋最大直径的 0.25 倍；

2）箍筋应做成封闭式；

3）箍筋间距不应大于 15d 且不应大于 400mm；当一层内的受压钢筋多于 5 根且直径大于 18mm 时，箍筋间距不应大于 10d（d 为纵向受压钢筋的最小直径）；

4）当梁截面宽度大于 400mm 且一层内的纵向受压钢筋多于 3 根时，或当梁截面宽度不大于 400mm 但一层内的纵向受压钢筋多于 4 根时，应设置复合箍筋。

7. 抗震设计时，框架梁的箍筋尚应符合下列构造要求：

（1）沿梁全长箍筋的面积配筋率应符合下列要求：

一级 $\rho_{sv} \geqslant 0.30 f_t / f_{yv}$ （5.25）

二级 $\rho_{sv} \geqslant 0.28 f_t / f_{yv}$ （5.26）

三、四级 $\rho_{sv} \geqslant 0.26 f_t / f_{yv}$ （5.27）

式中 ρ_{sv}——框架梁沿梁全长箍筋的面积配筋率。

（2）在箍筋加密区范围内的箍筋肢距：一级不宜大于 200mm 和 20 倍箍筋直径的较大值，二、三级不宜大于 250mm 和 20 倍箍筋直径的较大值，四级不宜大于 300mm；

（3）箍筋应有 135°弯钩，弯钩端头直段长度不应小于 10 倍的箍筋直径和 75mm 的较大值；

（4）在纵向钢筋搭接长度范围内的箍筋间距，钢筋受拉时，不应大于搭接钢筋较小直径的 5 倍，且不应大于 100mm；钢筋受压时，不应大于搭接钢筋较小直径的 10 倍，且不应大于 200mm；

（5）框架梁非加密区箍筋最大间距，不宜大于加密区箍筋间距的 2 倍。

8. 框架梁的纵向钢筋不应与箍筋、拉筋及预埋件等焊接。

【禁忌 5.18】 不了解框架柱的配筋应满足哪些构造要求

框架柱的配筋应满足以下要求：

1. 柱全部纵向钢筋的配筋率，不应小于表 5.8 的规定值，且柱截面每一侧纵向钢筋配筋率不应小于 0.2%；抗震设计时，对Ⅳ类场地上较高的高层建筑，表中数值应增加 0.1；

柱纵向受力钢筋最小配筋百分率（%）　　　　　　　表 5.8

柱类型	抗震等级				非抗震
	一级	二级	三级	四级	
中柱、边柱	0.9 (1.0)	0.7 (0.8)	0.6 (0.7)	0.5 (0.6)	0.5
角柱	1.1	0.9	0.8	0.7	0.5
框支柱	1.1	0.9	—	—	0.7

注：1. 表中括号内数值适用于框架结构；
　　2. 采用 335MPa 级、400MPa 级纵向受力钢筋时，应分别按表中数值增加 0.1 和 0.05 采用；
　　3. 当混凝土强度等级高于 C60 时，上述数值应增加 0.1 采用。

2. 抗震设计时，柱箍筋在规定的范围内应加密，加密区的箍筋间距和直径，应符合下列要求：

（1）箍筋的最大间距和最小直径，应按表 5.9 采用；

柱端箍筋加密区的构造要求　　　　　　　　　　表 5.9

抗震等级	箍筋最大间距（mm）	箍筋最小直径（mm）
一级	6d 和 100 的较小值	10
二级	8d 和 100 的较小值	8
三级	8d 和 150（柱根 100）的较小值	8
四级	8d 和 150（柱根 100）的较小值	6（柱根 8）

注：1. d 为柱纵向钢筋直径（mm）；
　　2. 柱根指框架柱底部嵌固部位。

（2）一级框架柱的箍筋直径大于 12mm 且箍筋肢距不大于 150mm 及二级框架柱箍筋直径不小于 10mm 且肢距不大于 200mm 时，除柱根外最大间距应允许采用 150mm；三级框架柱的截面尺寸不大于 400mm 时，箍筋最小直径应允许采用 6mm；四级框架柱的剪跨比不大于 2 或柱中全部纵向钢筋的配筋率大于 3% 时，箍筋直径不应小于 8mm；

（3）剪跨比不大于 2 的柱，箍筋间距不应大于 100mm。

3. 柱的纵向钢筋配置，尚应满足下列要求：

（1）抗震设计时，宜采用对称配筋；

（2）抗震设计时，截面尺寸大于 400mm 的柱，其纵向钢筋间距不宜大于 200mm；非抗震设计时，柱纵向钢筋间距不应大于 350mm；柱纵向钢筋净距均不应小于 50mm；

（3）全部纵向钢筋的配筋率，非抗震设计时不宜大于 5%、不应大于 6%，抗震设计时不应大于 5%；

（4）一级且剪跨比不大于 2 的柱，其单侧纵向受拉钢筋的配筋率不宜大于 1.2%；

（5）边柱、角柱及剪力墙端柱考虑地震作用组合产生小偏心受拉时，柱内纵筋总截面面积应比计算值增加 25%。

4. 柱的纵筋不应与箍筋、拉筋及预埋件等焊接。

5. 抗震设计时，柱箍筋加密区的范围应符合下列要求：

（1）底层柱的上端和其他各层柱的两端，应取矩形截面柱的长边尺寸（或圆形截面柱之直径）、柱净高的 1/6 和 500mm 三者的最大值范围；

（2）底层柱刚性地面上、下各 500mm 的范围；

（3）底层柱柱根以上 1/3 柱净高的范围；

（4）剪跨比不大于 2 的柱和因填充墙等形成的柱净高与截面高度之比不大于 4 的柱全高范围；

（5）一级及二级框架角柱的全高范围；

（6）需要提高变形能力的柱的全高范围。

6. 柱加密区箍筋构造

抗震设计时，柱箍筋在规定的范围内应加密，加密区的箍筋间距、直径、肢距、体积配箍率等，应符合下列要求：

（1）一般情况下，箍筋的最大间距和最小直径，应按表 5.10 采用；

柱端箍筋加密区的构造要求　　　　　　　　　　　　　　　　表 5.10

抗震等级	箍筋最大间距（mm）	箍筋最小直径（mm）	抗震等级	箍筋最大间距（mm）	箍筋最小直径（mm）
一级	6d 和 100 的较小值	10	三级	8d 和 150（柱根 100）的较小值	8
二级	8d 和 100 的较小值	8	四级	8d 和 150（柱根 100）的较小值	6（柱根 8）

注：1. d 为柱纵向钢筋直径（mm）。

　　2. 柱根指框架柱底部嵌固部位。

（2）二级框架柱箍筋直径不小于 10mm、肢距不大于 200mm 时，除柱根外，最大间距应允许采用 150mm；三级框架柱的截面尺寸不大于 400mm 时，箍筋最小直径应允许采用 6mm；四级框架柱的剪跨比不大于 2 或柱中全部纵向钢筋的配筋率大于 3% 时，箍筋直径不应小于 8mm；

（3）剪跨比不大于 2 的柱，箍筋间距不应大于 100mm，一级时尚不应大于 6 倍的纵向钢筋直径；

（4）箍筋应为封闭式，其末端应做成 135°弯钩且弯钩末端平直段长度不应小于 10 倍的箍筋直径，并且不应小于 75mm；

（5）箍筋加密区的箍筋肢距，一级不宜大于 200mm，二、三级不宜大于 250mm 和 20 倍箍筋直径的较大值，四级不宜大于 300mm；每隔一根纵向钢筋宜在两个方向有箍筋约束；采用拉筋组合箍时，拉筋宜紧靠纵向钢筋并勾住封闭箍；

（6）柱箍筋加密区箍筋的体积配箍率，应符合下式要求：

$$\rho_v \geqslant \lambda_v f_c / f_{yv} \tag{5.28}$$

式中　　ρ_v——柱箍筋的体积配箍率；

　　　　λ_v——柱最小配箍特征值，宜按表 5.11 采用；

　　　　f_c——混凝土轴心抗压强度设计值。当柱混凝土强度等级低于 C35 时，应按 C35 计算；

f_{yv}——柱箍筋或拉筋的抗拉强度设计值；超过 $360N/mm^2$ 时，应按 $360 N/mm^2$ 计算。

（7）对一、二、三、四级框架柱，其箍筋加密区范围内箍筋的体积配箍率尚且分别不应小于0.8%、0.6%、0.4%和0.4%；

柱端箍筋加密区最小配箍特征值 λ_v

表5.11

抗震等级	箍筋形式	柱 轴 压 比								
		≤0.30	0.40	0.50	0.60	0.70	0.80	0.90	1.00	1.05
一	普通箍、复合箍	0.10	0.11	0.13	0.15	0.17	0.20	0.23	—	—
	螺旋箍、复合或连续复合螺旋箍	0.08	0.09	0.11	0.13	0.15	0.18	0.21	—	—
二	普通箍、复合箍	0.08	0.09	0.11	0.13	0.15	0.17	0.19	0.22	0.24
	螺旋箍、复合或连续复合螺旋箍	0.06	0.07	0.09	0.11	0.13	0.15	0.17	0.20	0.22
三	普通箍、复合箍	0.06	0.07	0.09	0.11	0.13	0.15	0.17	0.20	0.22
	螺旋箍、复合或连续复合螺旋箍	0.05	0.06	0.07	0.09	0.11	0.13	0.15	0.18	0.20

注：普通箍指单个矩形箍或单个圆形箍；螺旋箍指单个连续螺旋箍筋；复合箍指由矩形、多边形、圆形箍或拉筋组成的箍筋；复合螺旋箍指由螺旋箍与矩形、多边形、圆形箍或拉筋组成的箍筋；连续复合螺旋箍指全部螺旋箍由同一根钢筋加工而成的箍筋。

（8）剪跨比不大于2的柱宜采用复合螺旋箍或井字复合箍，其体积配箍率不应小于1.2%；设防烈度为9度时，不应小于1.5%；

（9）计算复合箍筋的体积配箍率时，应扣除重叠部分的箍筋体积；计算复合螺旋箍筋的体积配箍率时，其非螺旋箍筋的体积应乘以换算系数0.8。

我国及国外的许多试验结果都表明：提高箍筋的强度，能有较好的约束作用；同时，柱的混凝土强度越高，对箍筋的约束要求也越高。因此，采用箍筋的配箍特征值的做法，以适应钢筋和混凝土强度的变化，更合理地采用较高强度的钢筋；同时，为了避免计算所得的配筋率过低，还规定了柱最小体积配箍率。

此处所提出的箍筋最小配箍特征值，除与柱抗震等级和轴压比有关外，还与箍筋形式有关。井式复合箍、螺旋箍、复合螺旋箍、连续复合螺旋箍等形式，对混凝土具有较好的约束性能，因此，其配箍特征值可比普通箍筋低一些，可以取表5.16各抗震等级中的较低一档。

柱配筋形式示例，如图5.20所示。

应注意的是：由于规范中有一个柱箍筋肢距不大于200mm的规定，有不少设计人员在画图时，将箍筋肢距一律按均匀分布且不大于200mm，如图5.20（a）所示，这样将使浇捣混凝土发生困难。因为混凝土在浇捣时，是不允许从高处直接坠落的，必须使用导管，将混凝土引导至柱根部，然后逐渐向上浇灌。如果箍筋肢距全部不大于200mm，将无法使用导管。国外设计单位在柱横剖面中的箍筋布置，常如图5.20（b）所示，这样既便于施工，对柱纵筋的拉结也符合要求。

当柱截面很大且为矩形时，例如1.2m×2.4m等，应考虑留2个导管的位置。

7. 关于箍筋焊接

过去曾经规定，当柱内全部纵向钢筋的配筋率超过3%时，应将箍筋焊成封闭箍。考虑到此种要求在实施时，常易将箍筋与纵筋焊在一起，使纵筋变脆；同时，每个箍筋皆要求焊接，费时、费工，增加造价，于质量无益反而有害；而且，目前国际上主要的结构设

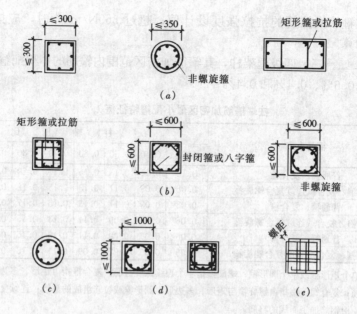

图 5.20　柱箍筋形式示例

(a) 普通箍；(b) 复合箍；(c) 螺旋箍；(d) 复合螺旋箍；(e) 连续复合螺旋箍

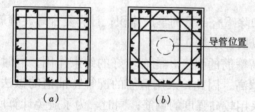

图 5.21　柱内箍筋形式

计规范，皆无此种将箍筋焊成封闭箍的要求。

因此，当柱纵筋配筋率超过 3% 时，箍筋可不焊成封闭箍。不论抗震与非抗震设计，箍筋只需做成带 135°弯钩的封闭箍，箍筋末端的直段长度应不小于 10d，皆不需焊成封闭箍（图 5.21）。

对于截面较大的柱，其截面中心部分的箍筋，一部分可用拉条代替，拉条两端弯钩的做法同箍筋。

8. 框架节点核芯区

为使梁、柱纵向钢筋在节点内有较好的锚固，同时也为了使节点的抗剪能力有所保证，对于节点核芯区的混凝土应有良好的约束。因此，规定了节点核芯区箍筋的最小配箍率。

但是，节点核芯区的钢筋很密集，设置较多的箍筋比较困难，因此，节点核芯区的箍筋配筋率可以略少于柱端箍筋加密区的配筋率。并且，为使施工方便，可以使用开口箍，如图 5.22 所示的箍筋形式，等等。

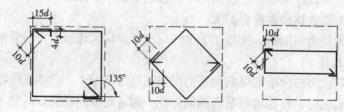

图 5.22　节点核芯区的箍筋形式

【禁忌 5.19】 不了解梁柱纵向受力钢筋如何锚固与连接

纵向受力钢筋只有在锚固和连接可靠的条件下才可以充分发挥其受力性能。

1. 非抗震设计时的锚固与连接要求

非抗震设计时，受拉钢筋的最小锚固长度应取 l_a。受拉钢筋绑扎搭接的搭接长度，应根据位于同一连接区段内搭接钢筋截面面积的百分率按下式计算，且不应小于 300mm。

$$l_1 = \zeta l_a \tag{5.29}$$

式中　l_1——受拉钢筋的搭接长度；

　　　l_a——受拉钢筋的锚固长度，应按现行国家标准《混凝土结构设计规范》GB 50010—2010 的有关规定采用；

　　　ζ——受拉钢筋搭接长度修正系数，应按表 5.12 采用。

纵向受拉钢筋搭接长度修正系数 ζ　　　　　　表 5.12

同一连接区段内搭接钢筋面积百分率（%）	≤25	50	100
受拉搭接长度修正系数 ζ	1.2	1.4	1.6

注：同一连接区段内搭接钢筋面积百分率取在同一连接区段内有搭接接头的受力钢筋与全部受力钢筋面积之比。

2. 抗震设计时的锚固与连接要求

抗震设计时，钢筋混凝土结构构件纵向受力钢筋的锚固和连接，应符合下列要求：

（1）纵向受拉钢筋的最小锚固长度 l_{aE} 应按下列规定采用：

$$\text{一、二级抗震等级} \qquad l_{aE} = 1.15 l_a \tag{5.30}$$

$$\text{三级抗震等级} \qquad l_{aE} = 1.05 l_a \tag{5.31}$$

$$\text{四级抗震等级} \qquad l_{aE} = 1.00 l_a \tag{5.32}$$

（2）当采用绑扎搭接接头时，其搭接长度不应小于下式的计算值：

$$l_{lE} = \zeta l_{aE} \tag{5.33}$$

式中　l_{lE}——抗震设计时受拉钢筋的搭接长度。

（3）受拉钢筋直径大于 28mm、受压钢筋直径大于 32mm 时，不宜采用绑扎搭接接头；

（4）现浇钢筋混凝土框架梁、柱纵向受力钢筋的连接方法，应符合下列规定：

1）框架柱：一、二级抗震等级及三级抗震等级的底层，宜采用机械连接接头，也可采用绑扎搭接或焊接接头；三级抗震等级的其他部位和四级抗震等级，可采用绑扎搭接或焊接接头；

2）框支梁、框支柱：宜采用机械连接接头；

3）框架梁：一级宜采用机械连接接头，二、三、四级可采用绑扎搭接或焊接接头。

（5）位于同一连接区段内的受拉钢筋接头面积百分率，不宜超过 50%；

（6）当接头位置无法避开梁端、柱端箍筋加密区时，应采用满足等强度要求的机械连接接头，且钢筋接头面积百分率不宜超过 50%；

（7）钢筋的机械连接、绑扎搭接及焊接，尚应符合国家现行有关标准的规定。

【禁忌 5.20】 不了解框架节点区的钢筋如何锚固和搭接

框架节点将框架梁和框架柱连接在一起，使它们相互传递内力与变形，是框架的重要组成部分。抗震设计要求弱梁、强柱、节点更强，可见节点设计的重要性。

1. 非抗震设计时节点钢筋的锚固和搭接要求

非抗震设计时，框架梁、柱的纵向钢筋在框架节点区的锚固和搭接，应符合下列要求（图5.23）：

（1）顶层中节点柱纵向钢筋和边节点柱内侧纵向钢筋应伸至柱顶；当从梁底边计算的直线锚固长度不小于 l_a 时，可不必水平弯折；否则，应向柱内或梁、板内水平弯折。当充分利用柱纵向钢筋的抗拉强度时，其锚固段弯折前的竖直投影长度不应小于 $0.5l_{ab}$，弯折后的水平投影长度不宜小于12倍的柱纵向钢筋直径。此处，l_{ab} 为钢筋基本锚固长度，应符合现行国家标准《混凝土结构设计规范》GB 50010—2010 的有关规定；

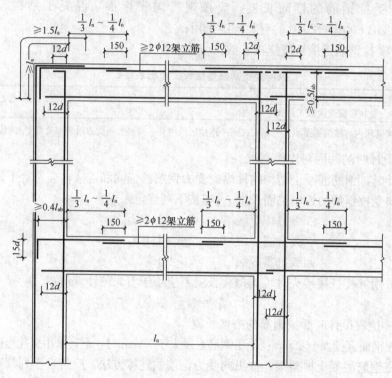

图5.23 非抗震设计时框架梁、柱纵向钢筋在节点区的锚固示意

（2）顶层端节点处，在梁宽范围以内的柱外侧纵向钢筋可与梁上部纵向钢筋搭接，搭接长度不应小于 $1.5l_a$；在梁宽范围以外的柱外侧纵向钢筋可伸入现浇板内，其伸入长度与伸入梁内的相同。当柱外侧纵向钢筋的配筋率大于1.2%时，伸入梁内的柱纵向钢筋宜分两批截断，其截断点之间的距离不宜小于20倍的柱纵向钢筋直径；

（3）梁上部纵向钢筋伸入端节点的锚固长度，直线锚固时不应小于 l_a，且伸过柱中心线的长度不宜小于5倍的梁纵向钢筋直径；当柱截面尺寸不足时，梁上部纵向钢筋应伸至节点对边并向下弯折，弯折水平段的投影长度不应小于 $0.4l_{ab}$，弯折后竖直投影长度不应小于15倍纵向钢筋直径；

（4）当计算中不利用梁下部纵向钢筋的强度时，其伸入节点内的锚固长度应取不小于12倍的梁纵向钢筋直径。当计算中充分利用梁下部钢筋的抗拉强度时，梁下部纵向钢筋可采用直线方式或向上90°弯折方式锚固于节点内，直线锚固时的锚固长度不应小于 l_a；

弯折锚固时，弯折水平段的投影长度不应小于 $0.4l_{ab}$，弯折后竖直投影长度不应小于 15 倍纵向钢筋直径。

2. 抗震设计时节点钢筋的锚固和搭接要求

抗震设计时，框架梁、柱的纵向钢筋在框架节点区的锚固和搭接，应符合下列要求（图 5.24）：

（1）顶层中节点柱纵向钢筋和边节点柱内侧纵向钢筋应伸至柱顶。当从梁底边计算的直线锚固长度不小于 l_{aE} 时，可不必水平弯折；否则应向柱内或梁内、板内水平弯折。锚固段弯折前的竖直投影长度不应小于 $0.5l_{abE}$，弯折后的水平投影长度不宜小于 12 倍的柱纵向钢筋直径。此处，l_{abE} 为抗震时钢筋的基本锚固长度，一、二级取 $1.15l_{ab}$，三、四级分别取 $1.05l_{ab}$ 和 l_{ab}。

（2）顶层端节点处，柱外侧纵向钢筋可与梁上部纵向钢筋搭接，搭接长度不应小于 $1.5l_{aE}$，且伸入梁内的柱外侧纵向钢筋截面面积不宜小于柱外侧全部纵向钢筋截面面积的 65%；在梁宽范围以外的柱外侧纵向钢筋可伸入现浇板内，其伸入长度与伸入梁内的相同。当柱外侧纵向钢筋的配筋率大于 1.2% 时，伸入梁内的柱纵向钢筋宜分两批截断，其截断点之间的距离不宜小于 20 倍的柱纵向钢筋直径。

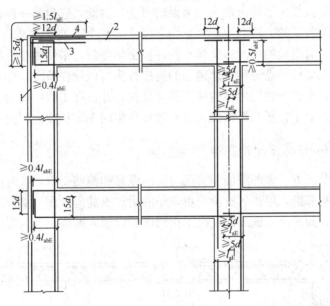

图 5.24　抗震设计时框架梁、柱纵向钢筋在节点区的锚固示意
1—柱外侧纵向钢筋；2—梁上部纵向钢筋；3—伸入梁内的柱外侧纵向钢筋；
4—不能伸入梁内的柱外侧纵向钢筋，可伸入板内

（3）梁上部纵向钢筋伸入端节点的锚固长度，直线锚固时不应小于 l_{aE}，且伸过柱中心线的长度不应小于 5 倍的梁纵向钢筋直径；当柱截面尺寸不足时，梁上部纵向钢筋应伸至节点对边并向下弯折。锚固段弯折前的水平投影长度不应小于 $0.4l_{abE}$，弯折后的竖直投影长度应取 15 倍的梁纵向钢筋直径。

（4）梁下部纵向钢筋的锚固与梁上部纵向钢筋相同，但采用 90° 弯折方式锚固时，竖直段应向上弯入节点内。

【禁忌 5.21】 不了解钢筋为什么要尽可能地选用机械连接

过去对于构件的关键部位，钢筋的连接皆要求焊接，现在改为要求用机械连接。这是因为目前施工条件下，焊接质量较难保证，而机械连接技术已比较成熟，质量和性能比较稳定。

目前，我国施工现场的质量状况还参差不齐，而机械连接技术近年来已比较成熟，不论是不等强或等强连接，质量和性能比较稳定。因此，我们改变过去对于钢筋连接的要求，对于重要构件以及构件的关键部位，宜首先选用机械接头。

机械接头一般有等强与不等强两种，这两种接头在抗震设计中皆可应用。当接头必须设在构件受力较大部位（例如：构件箍筋加密区），且必须在同一连接区段 50% 连接时，应选用等强连接；当接头可以避开受力较大部位，并能错开接头，一次只接 50% 以下时，可以选用不等强连接（例如：锥螺纹连接）。

【禁忌 5.22】 不了解钢筋搭接连接应注意什么问题

钢筋的搭接接头只要：①选择正确的接头部位；②有足够的搭接长度；③搭接部位箍筋间距加密至满足规范要求；④有足够的混凝土强度，则其质量是可以保证的。而且，很少有机械接头或焊接接头那样出现人为失误的可能。因此，它也是一种较好的钢筋接头方法，而且往往是最省工的方法。当然，它也有缺点，例如：在抗震构件的内力较大部位，承受反复荷载时，有滑动的可能；又如在构件较密集部位，采用搭接方法将使浇捣混凝土很困难。所以，在梁柱节点处梁下部钢筋的搭接接头可以设在节点以外，这在国外的规范中是这样规定的，在我国也已由试验证明其可靠性，并已在工程中应用。搭接接头宜避开梁的箍筋加密区；对于柱子，搭接接头宜设置在柱中间 1/3 长度范围内。

【禁忌 5.23】 框架梁中间节点钢筋过密

框架梁中间节点处，梁的纵筋和箍筋与柱的纵筋和箍筋交织，有时梁跨中纵筋在中间节点处起弯伸向相邻跨，梁顶还有承受负弯矩的附加纵筋等（图 5.25），使得框架的中间节点钢筋数量多，间距小，施工时混凝土振动棒难以插入振捣，节点混凝土不密实，在荷

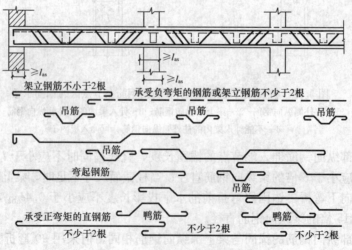

图 5.25 主梁配筋构造要求

载或地震作用下，节点先于梁柱破坏。

为了改善此种现象，可以采取以下措施：

1. 在保证支座负弯矩钢筋面积不变的条件下，适当地增大钢筋直径，减少钢筋根数。

2. 采用并筋的配筋形式。我国《混凝土结构设计规范》GB 50010—2010 允许并筋的配置形式。直径 28mm 及以下的钢筋并筋数量不应超过 3 根；直径 32mm 的钢筋并筋数量宜为 2 根；直径 36mm 及以上的钢筋不应采用并筋。并筋应按单根等效钢筋进行计算，等效钢筋的等效直径应按截面面积相等的原则换算确定。

【禁忌 5.24】 梁上任意开洞

框架梁跨中截面底部受拉、预部受压，支座截面则顶部受拉、底部受压。因此，在框架梁的顶部和底部都配置有许多水平的受力钢筋，沿梁的跨度方向还配置有许多箍筋。

框架梁上开洞时，洞口位置宜位于梁跨中 1/3 区段，洞口高度不应大于梁高的 0.4 倍；开洞较大时应进行验算。梁上洞口周边应加强配筋构造（图 5.26）。

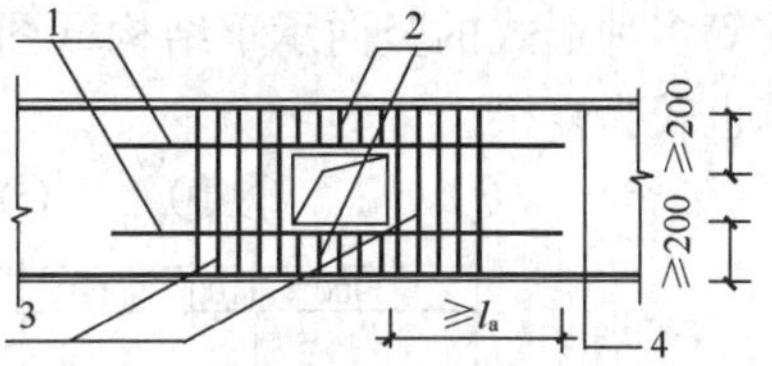

当梁承受均布荷载时，在梁跨度的中部 1/3 区段内，剪力较小。洞口高度较大时，应通过计算确定洞口上、下的纵向钢筋和箍筋。在梁两端接近支座处，如必须开洞则洞口不宜过大，且必须经过核算，加强配筋构造。

如果洞口角部配置斜筋，应避免钢筋间距过小，使混凝土浇捣困难。

图 5.26 梁上洞口周边配筋构造示意
1—洞口上、下附加纵向钢筋；2—洞口上、下附加箍筋；3—洞口两侧附加箍筋；4—梁纵向钢筋；l_a—受拉钢筋的锚固长度

当梁跨中部有集中荷载时，应根据具体情况另行考虑。

图 5.27 为某建筑在使用过程中需要加装空调设备，工作人员在梁上任意开洞，造成纵向受力钢筋和箍筋断裂的情况。图 5.28 为空调管道穿梁照片。

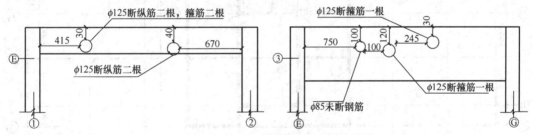

图 5.27 某建筑因安装空调设备在框架梁上任意开洞图

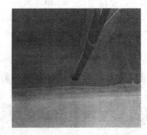

图 5.28 某建筑空调管道穿梁照片

第6章 剪力墙结构

【禁忌6.1】 同一建筑中同时使用普通剪力墙、短肢剪力墙和异形柱等多种形式的竖向承重结构

第2章中介绍过普通剪力墙、短肢剪力墙和异形柱的概念及划分方法，它们的受力性能和设计方法有较大的差别。同一建筑中，如果同时使用普通剪力墙、短肢剪力墙和异形柱等多种形式的竖向承重结构（图6.1），结构的受力体系和受力特征不够明确，设计计算也较为复杂。

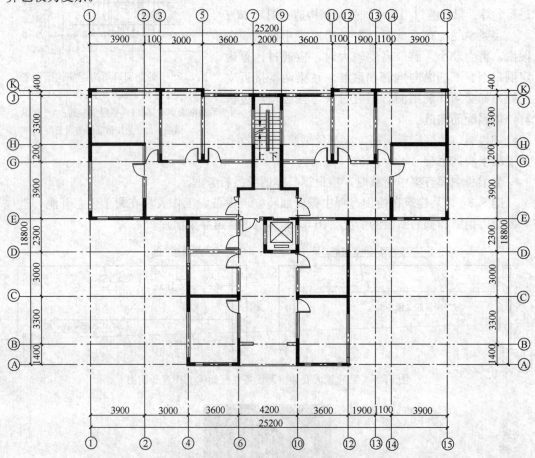

图6.1 某高层住宅同时使用普通剪力墙、短肢剪力墙和异形柱平面图

【禁忌6.2】 两个方向的剪力墙布置不均匀

在剪力墙结构的房屋中，沿两个方向剪力墙布置不均匀的情况较为普遍。通常情况

下，沿横向布置剪力墙比较方便，因此剪力墙的数量较多，长度也较长。沿纵向由于开设门洞、窗洞的原因，剪力墙的数量较少，长度也较短（图6.2）。

当沿两个方向布置的剪力墙不均匀时，房屋在两个方向的抗侧刚度便不相等。剪力墙布置越不均匀，两个方向的抗侧刚度相差越大，在风荷载和地震作用下，房屋的扭转变形也就越大。

因此，剪力墙结构中，剪力墙宜沿主轴方向或其他方向双向布置；抗震设计的剪力墙结构，应避免仅单向有墙的结构布置形式，以使其具有较好的空间工作性能，并宜使两个方向抗侧刚度接近。剪力墙要均匀布置，数量要适当。剪力墙配置过少时，结构抗侧刚度不够；剪力墙配置过多时，墙体得不到充分利用，抗侧刚度过大，会使地震作用加大，自重加大，并不有利。

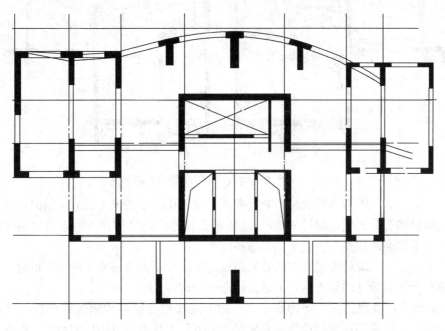

图6.2 某高层住宅建筑剪力墙两向失衡布置平面图

【禁忌6.3】 两个方向的剪力墙均为"一"字形剪力墙

个别结构设计人员设计剪力墙结构时，两个方向的剪力墙全部设计成既无翼缘又无边缘构件的"一"字形剪力墙形式（图6.3）。

这种"一"字形剪力墙的平面外刚度很弱，特别是在既有轴向压力，又有平面外弯矩的情况下，容易丧失稳定性。因此，在高层建筑中应尽量避免采用"一"字形剪力墙。

【禁忌6.4】 不知道什么是约束边缘构件，什么是构造边缘构件

对延性要求比较高的剪力墙，在可能出现塑性铰的部位应设置约束边缘构件，其他部位可设置构造边缘构件。约束边缘构件的截面尺寸及配筋都比构造边缘构件要求高，其长度及箍筋配置量都需要通过计算确定。

两种边缘构件的应用范围：

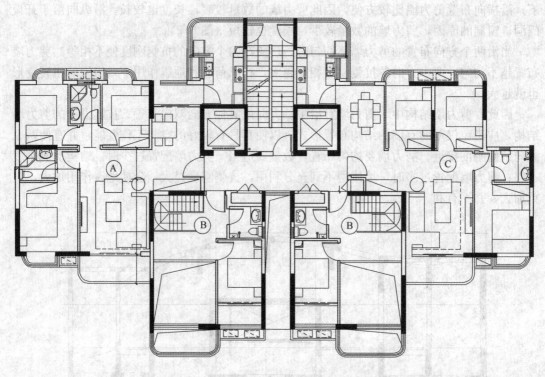

图 6.3 两个方向均为"一"字形剪力墙示例

（1）一、二、三级剪力墙底层墙肢底截面的轴压比大于表 6.1 的规定值时，以及部分框支剪力墙结构的剪力墙，应按 6.18 节的规定设置约束边缘构件，约束边缘构件的高度不应小于底部加强部位及其以上一层的总高度；

（2）一、二、三级剪力墙底层墙肢底截面的轴压比不大于表 6.1 的规定值时，以及四级剪力墙和非抗震设计的剪力墙，可设置构造边缘构件；

（3）B 级高度高层建筑的剪力墙，宜在约束边缘构件层与构造边缘构件层之间设置 1～2 层过渡层，过渡层边缘构件的箍筋配置要求可低于约束边缘构件的要求，但应高于构造边缘构件的要求。

剪力墙可不设约束边缘构件的最大轴压比　　　　　　　　　　　表 6.1

等级或烈度	一级（9 度）	一级（6、7、8 度）	二、三级
轴压比	0.1	0.2	0.3

约束边缘构件的主要措施是加大边缘构件的长度 l_c 及其体积配箍率 ρ_v，体积配箍率 ρ_v 由配箍特征值 λ_v 计算。剪力墙的约束边缘构件可为暗柱、端柱和翼墙（图 6.4），并应符合下列要求：

1. 约束边缘构件沿墙肢的长度 l_c 和箍筋配箍特征值 λ_v 应符合表 6.2 的要求。其体积配箍率应按下式计算：

$$\rho_v = \lambda_v \frac{f_c}{f_{yv}} \tag{6.1}$$

154

式中　ρ_v——箍筋体积配箍率，可计入箍筋、拉筋以及伸入约束边缘构件且符合下述条件的水平分布钢筋；在墙端有 90°弯折且弯折段的搭接长度不小于 10 倍分布钢筋直径、水平钢筋之间设置足够的拉筋形成复合箍，计入的水平分布钢筋的体积配箍率不应大于 0.3 倍总体积配箍率；

　　　f_c——混凝土轴心抗压强度设计值；混凝土强度等级低于 C35 时，应取 C35 的混凝土轴心抗压强度设计值；

　　　f_{yv}——箍筋、拉筋或水平分布钢筋的抗拉强度设计值。

约束边缘构件沿墙肢的长度 l_c 及其配箍特征值 λ_v 　　　　表 6.2

项　　目	一级（9 度）		一级（8 度）		二、三级	
	$\mu_N \leqslant 0.2$	$\mu_N > 0.2$	$\mu_N \leqslant 0.3$	$\mu_N > 0.3$	$\mu_N \leqslant 0.4$	$\mu_N > 0.4$
l_c（暗柱）	$0.20h_w$	$0.25h_w$	$0.15h_w$	$0.20h_w$	$0.15h_w$	$0.20h_w$
l_c（翼墙或端柱）	$0.15h_w$	$0.20h_w$	$0.10h_w$	$0.15h_w$	$0.10h_w$	$0.15h_w$
λ_v	0.12	0.20	0.12	0.20	0.12	0.20

注：1. μ_N 为墙肢在重力荷载代表值作用下的轴压比，h_w 为墙肢的长度；

　　2. 剪力墙的翼墙长度小于其 3 倍厚度或端柱截面边长小于 2 倍墙厚时，视为无翼墙、无端柱；

　　3. l_c 为约束边缘构件沿墙肢的长度（图 6.32）。对暗柱不应小于墙厚和 400mm 的较大值；有翼墙或端柱时，不应小于翼墙厚度或端柱沿墙肢方向截面高度加 300mm。

　　2. 剪力墙约束边缘构件阴影部分（图 6.4）的竖向钢筋除应满足正截面受压（受拉）承载力计算要求外，其配筋率一、二、三级时分别不应小于 1.2%、1.0% 和 1.0%，并分别不应少于 8ϕ16、6ϕ16 和 6ϕ14 的钢筋（符号 ϕ 表示钢筋直径）。

　　3. 约束边缘构件内箍筋或拉筋沿竖向的间距，一级不宜大于 100mm，二、三级不宜大于 150mm；箍筋沿水平方向的无支长度不宜大于 300mm，拉筋的水平间距不应大于竖向钢筋间距的 2 倍。

　　剪力墙构造边缘构件的范围宜按图 6.5 采用，其最小配筋应满足表 6.3 的规定，并应符合下列要求：

　　（1）竖向配筋应满足正截面受压（受拉）承载力的要求；

　　（2）当端柱承受集中荷载时，其竖向钢筋、箍筋直径和间距应满足框架柱的相应要求；

　　（3）箍筋沿水平方向的无支长度不宜大于 300mm，拉筋的水平间距不应大于竖向钢筋间距的 2 倍；

　　（4）B 级高度的复杂高层建筑结构、混合结构、框架-剪力墙结构、筒体结构中的一级剪力墙（筒体），其构造边缘构件的最小配筋应符合下列要求：

　　1）竖向钢筋最小配筋应将表 6.3 中的 $0.008A_c$、$0.006A_c$、$0.005A_c$ 和 $0.004A_c$ 分别代之以 $0.010A_c$、$0.008A_c$、$0.006A_c$ 和 $0.005A_c$；

　　2）箍筋的配筋范围宜取图 6.5 中阴影部分，其配箍特征值 λ_v 不宜小于 0.1。

　　（5）非抗震设计的剪力墙，墙肢端部应配置不少于 4ϕ12 的纵向钢筋，箍筋直径不应小于 6mm，间距不宜大于 250mm。

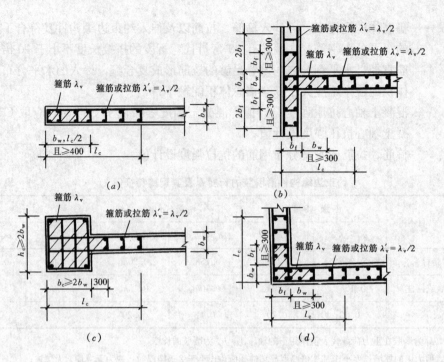

图 6.4 剪力墙的约束边缘构件

(*a*) 暗柱；(*b*) 有翼墙；(*c*) 有端柱；(*d*) 转角墙（L形墙）

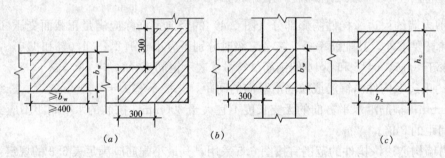

图 6.5 剪力墙的构造边缘构件

(*a*) 暗柱；(*b*) 翼柱；(*c*) 端柱

剪力墙构造边缘构件的最小配筋要求　　　　　　　　　　表 6.3

抗震等级	底部加强部位			其 他 部 位		
	竖向钢筋最小量（取较大值）	箍 筋		竖向钢筋最小量（取较大值）	箍 筋	
		最小直径（mm）	沿竖向最大间距（mm）		最小直径（mm）	沿竖向最大间距（mm）
一	$0.010A_c$，$6\phi16$	8	100	$0.008A_c$，$6\phi14$	8	150
二	$0.008A_c$，$6\phi14$	8	150	$0.006A_c$，$6\phi12$	8	200
三	$0.006A_c$，$6\phi12$	6	150	$0.005A_c$，$4\phi12$	6	200
四	$0.005A_c$，$4\phi12$	6	200	$0.004A_c$，$4\phi12$	6	250

注：1. A_c 为构造边缘构件的截面面积，即图 6.5 剪力墙截面的阴影部分；符号 ϕ 表示钢筋直径；

2. 其他部位的转角处宜采用箍筋。

高层建筑由于平面和竖向的不规则性，在风荷载和地震作用下，除了产生水平位移外，还会发生扭转。

高层建筑结构的平面发生扭转时，刚度中心的位移为零，四个角点的位移最大（图6.6）。

此外，四个角点处承受两个方向传来的荷载作用，受力较为复杂。因此，房屋平面的四个角点处结构上应该得以加强。

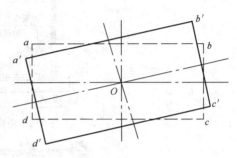

图 6.6　建筑平面绕刚度中心扭转图

有的建筑设计人员不了解高层建筑结构的受力性能，对高层建筑平面的四角不但未与加强，反而将角部墙体取消，在端部设计角窗（图6.7），使角部楼板变成悬挑板，使两个方向的外墙端部无翼缘。使剪力墙结构的受力性能受到严重的损害。尽管有的设计在两向墙端的楼板内设置板带，在板带内配有2φ12加强筋，但此加强筋方向与悬臂板裂缝方向平行，对控制悬臂板裂缝起不到作用。因此，在许多设置角窗的房屋中，在角窗附近的楼板中经常出现裂缝（图6.8）。

如果建筑设计强烈要求在房屋端部设置角窗，结构设计则需要在设置角窗处采取结构上的加强措施。如图6.9所示在房屋端部设置角窗的高层建筑，在设置角窗处，剪力墙端

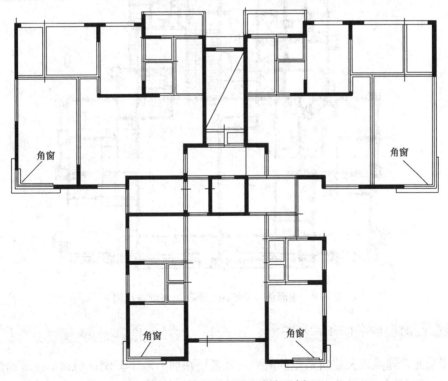

图 6.7　房屋端部设置角窗示例

部除设置了端柱外，楼面还设置了折线形梁将两个方向的端柱进行拉结。

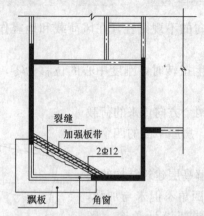

图 6.8　角窗设置处的常见裂缝

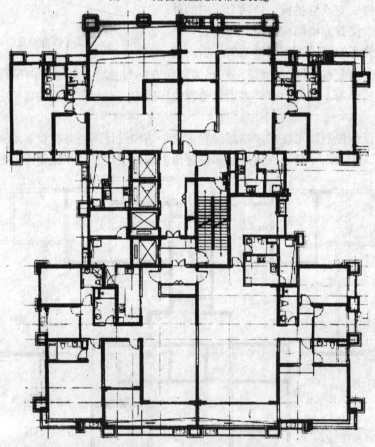

图 6.9　端部角窗处结构上采取加强措施示例

【禁忌 6.6】　墙上任意开洞

为了采光、通风以及建筑造型的需要，经常要在剪力墙上开洞。剪力墙按墙面面积计算开洞大小的不同，可分为如下四种类型，它们的受力特点也不相同：

1. 整截面剪力墙

不开洞或开洞面积不大于15％的墙为整截面剪力墙（图6.10）。

受力特点：如同一个整体的悬臂墙。在墙肢的整个高度上，弯矩图既不突变，也无反弯点。变形以弯曲型为主。

2. 整体小开口剪力墙

开洞面积大于15％但仍较小的墙，为整体小开口剪力墙（图6.11）。

受力特点：弯矩图在连系梁处发生突变，但在整个墙肢高度上没有或仅仅在个别楼层中，才出现反弯点。整个剪力墙的变形，仍以弯曲型为主。

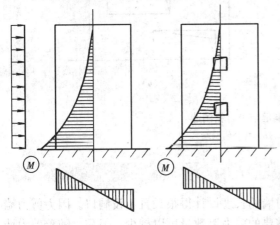

图6.10　整截面剪力墙

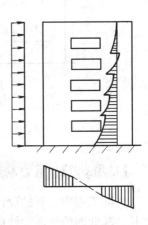

图6.11　整体小开口剪力墙

3. 双肢及多肢剪力墙

开洞较大、洞口成列布置的墙为双肢或多肢剪力墙（图6.12）。

受力特点：与整体小开口墙相似。

4. 壁式框架

洞口尺寸大、连梁线刚度大于或接近墙肢线刚度的墙为壁式框架（图6.13）。

受力特点：柱的弯矩图在楼层处有突变，而且在大多数楼层中都出现反弯点。整个剪力墙的变形以剪切型为主，与框架的受力相似。

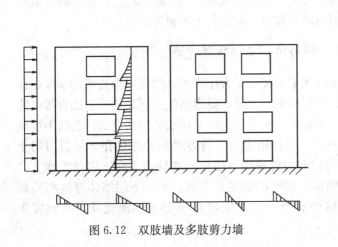

图6.12　双肢墙及多肢剪力墙

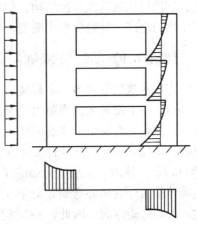

图6.13　壁式框架

剪力墙墙肢截面宜简单、规则，剪力墙的竖向刚度应均匀，剪力墙的门窗洞口宜上下对齐、成列布置，形成明确的墙肢和连梁，宜避免使墙肢刚度相差悬殊的洞口设置。抗震设计时，一、二、三级抗震等级剪力墙的底部加强部位不宜采用错洞墙；一、二、三级抗震等级的剪力墙，均不宜采用叠合错洞墙（图 6.14）。

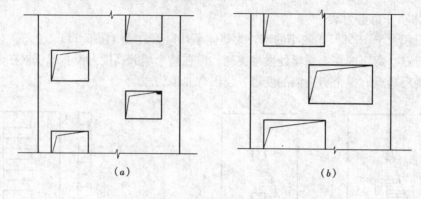

图 6.14　错洞墙与叠合错洞墙
(a) 错洞墙；(b) 叠合错洞墙

【禁忌 6.7】　剪力墙的长度过长

实际工程中，有的设计人员喜欢将剪力墙的长度设计得很长且不设洞口。因为剪力墙越长，其截面的抗弯和抗剪刚度越大，所需要的剪力墙数量可以越少。但是，随着剪力墙长度的增加，其脆性也在加大，对结构的受力并不有利。

为了避免剪力墙脆性破坏，较长的剪力墙宜开设洞口，将其分成长度较均匀的若干墙段。墙段之间宜采用弱梁连接，每个独立墙段的总高度与其截面高度之比不宜小于 3。墙肢截面高度不宜大于 8m。

【禁忌 6.8】　剪力墙沿房屋高度方向不贯通

有时候由于使用上的要求等原因，剪力墙沿房屋高度方向不贯通布置（图 6.15）。这种布置的缺点是，结构的抗侧刚度沿竖向发生突变，剪力墙在不连续处需要设置转换大梁、转换桁架或其他转换结构，结构的受力性能较为复杂。《高规》规定：剪力墙宜贯通建筑物的全高，宜避免刚度突变；剪力墙开洞时，洞口宜上下对齐。

【禁忌 6.9】　上、下层墙体竖向剖面偏心且墙体厚度发生突变

高层建筑层数较多，上部楼层受力比下部楼层受力小很多，因此，剪力墙的厚度往往上部较小，下部较大。当剪力墙上、下层厚度不等时，剪力墙竖向剖面的形心线宜尽可能重合。但是，有时由于建筑或使用上的要求，剪力墙上、下层墙体竖向剖面形心线不可能重合。例如，房屋的外墙面要求平整时，往往出现上层剪力墙偏心作用在下层剪力墙上（图 6.16）。这时，上层剪力墙除了将轴向力传递给下层剪力墙外，还在下层剪力墙上产生墙体平面外的偏心弯矩，对下层墙体平面外的稳定性不利。上、下层墙体厚度相差越大，偏心弯矩越大。因此，高层建筑中剪力墙的厚度宜自下至上逐渐变化，不宜发生突变。

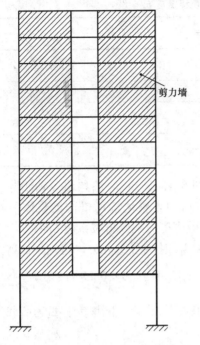

图 6.15　剪力墙沿房屋高度方向不贯通示例 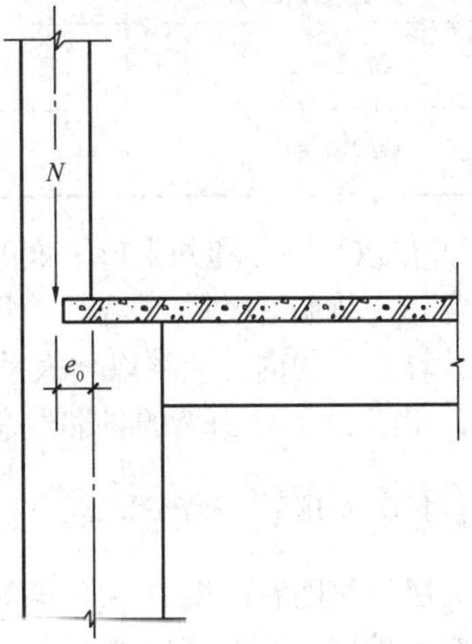　　　　图 6.16　上、下层剪力墙偏心示意图

【禁忌 6.10】　不知道如何确定剪力墙的有效翼缘宽度

1. 计算剪力墙的内力与位移时，可以考虑纵墙、横墙的共同工作（图 6.17）。有效翼缘的宽度按表 6.4 采用，取最小值。

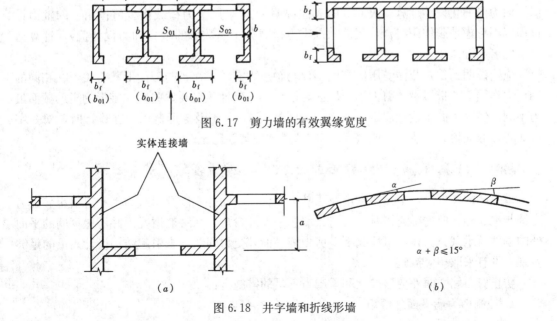

图 6.17　剪力墙的有效翼缘宽度

图 6.18　井字墙和折线形墙

剪力墙有效翼缘宽度 b_f 表 6.4

考虑方式	截面形式	
	T 形或 I 形	L 形或〔形
按剪力墙间距	$b+\dfrac{S_{01}}{2}+\dfrac{S_{02}}{2}$	$b+\dfrac{S_{02}}{2}$
按翼缘厚度	$b+12h_f$	$b+6h_f$
按总高度	$\dfrac{H}{10}$	$\dfrac{H}{20}$
按门窗洞口	b_{01}	b_{02}

2. 在双十字形和井字形平面的建筑中（图 6.18a），核心墙各墙段轴线错开距离 a 不大于实体连接墙厚度的 8 倍，并且不大于 2.5m 时，整体墙可以作为整体平面剪力墙考虑。计算所得的内力应乘以增大系数 1.2，等效刚度应乘以折减系数 0.8。

3. 当折线形剪力墙的各墙段总转角不大于 15°时（图 6.18b），可按平面剪力墙考虑。

【禁忌 6.11】 轴压比超限

高层建筑随着高度的不断增高，剪力墙的轴压应力也不断增大。重力荷载代表值作用下墙肢的轴压比，不宜超过表 6.5 的限值。

剪力墙轴压比限值 表 6.5

轴压比	一级（9 度）	一级（6、7、8 度）	二级
$\dfrac{N}{f_c A}$	0.4	0.5	0.6

注：N——重力荷载代表值作用下剪力墙墙肢的轴向压力设计值；

　　A——剪力墙墙肢截面面积；

　　f_c——混凝土轴心抗压强度设计值。

因为要简化设计计算，表 6.5 的表注说明了 N 采用重力荷载代表值作用下的轴力设计值（不考虑地震作用组合，但需乘以重力荷载分项系数后的最大轴力设计值），计算剪力墙的名义轴压比。

应当说明的是：截面受压区高度不仅与轴压力有关，而且与截面形状有关，在相同的轴压力作用下，带翼缘的剪力墙受压区高度较小，延性相对要好些，一字形的矩形截面最为不利。但为了简化设计规定，条文中未区分 I 形、T 形及矩形截面。在设计时，对一字形的矩形截面剪力墙墙肢（或墙段），应从严掌握其轴压比。

【禁忌 6.12】 忽视剪力墙平面外的变形和承载力验算

剪力墙的特点是：平面内刚度及承载力大，而平面外刚度及承载力都相对很小。当剪力墙与平面外方向的梁连接时，会造成墙肢平面外弯矩，而一般情况下并不验算墙的平面外的刚度及承载力。在许多情况下，剪力墙平面外受力问题，未引起结构设计人员的足够重视，没有采取相应措施。

防止剪力墙平面外变形过大和承载力不足的措施有：

1. 控制剪力墙平面外弯矩

特别要控制楼面大梁与剪力墙墙肢平面垂直相交或斜向相交时，较大的梁端弯矩对墙平面外的不利影响。梁高大于 2 倍墙厚时，梁端弯矩对墙平面外的安全不利。

2. 加强剪力墙平面外刚度和承载力的措施

可采用以下措施加强剪力墙平面外刚度和承载力（图 6.19）：

（1）沿梁轴线方向设置与梁相连的剪力墙，抵抗该墙肢平面外弯矩（图 6.19a）；

（2）当不能设置与梁轴线方向相连的剪力墙时，宜在墙与梁相交处设置扶壁柱。扶壁柱宜按计算确定截面及配筋（图 6.19b）；

（3）当不能设置扶壁柱时，应在墙与梁相交处设置暗柱，并宜按计算确定配筋（图 6.19c）；

（4）必要时，剪力墙内可设置型钢（图 6.19d）。

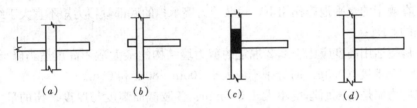

(a) (b) (c) (d)

图 6.19 梁墙相交时的措施
(a) 加墙；(b) 加扶壁柱；(c) 加暗柱；(d) 加型钢

3. 其他措施及有关规定

除了加强剪力墙平面外的抗弯刚度和承载力以外，还可采取减小梁端弯矩的措施。例如：做成变截面梁，将梁端部截面减小，可减小端弯矩；又如：楼面梁可设计为铰接或半刚接，或通过调幅减小梁端弯矩（此时应相应加大梁跨中弯矩）。通过调幅降低端部弯矩后，梁达到其设计弯矩后先开裂，墙便不会开裂，但这种方法应在梁出现裂缝不会引起其他不利影响的情况下采用。如果计算时假定大梁与墙相交的结点为铰接，则无法避免梁端裂缝。另外，是否能假定为铰接与墙梁截面相对刚度有关。总之，以上减小梁端弯矩的措施也有不利的一面，不易定量控制，因此，在规程条文中未给出，设计人员可根据具体情况灵活处理。

此外，楼面梁与剪力墙连接时，梁内纵向钢筋应伸入墙内，并可靠锚固。这条规定无论是梁与墙平面在哪个方向连接、无论是大梁还是小梁、无论采取了哪种措施，都应遵守。因为无论如何，梁可以开裂而不能掉落，可靠锚固是防止掉落的必要措施。梁与墙的连接有两种情况：当梁与墙在同一平面内时，多数为刚接，梁钢筋在墙内的锚固长度应与梁、柱连接时相同。当梁与墙不在同一平面内时，多数为半刚接，梁钢筋锚固应符合锚固长度要求；当墙截面厚度较小时，可适当减小梁钢筋锚固的水平段，但总长度应满足非抗震或抗震锚固长度要求。

由于剪力墙中的连梁更弱，不宜将楼面主梁支承在剪力墙之间的连梁上。因为，一方面主梁端部约束达不到要求，连梁没有抗扭刚度去抵抗平面外弯矩；另一方面，对连梁不利，连梁本身剪切应变较大，容易出现裂缝，因此要尽量避免。楼面主梁支承在剪力墙之间的连梁上，是目前许多设计中常见的现象，规程对此作了明确规定。楼板次梁支承在连梁或框架梁上时，次梁端部可按铰接处理。

剪力墙平面外轴心受压承载力应按如下公式验算：

$$N \leqslant \varphi \left(f_c A + f_y' A_s' \right) \tag{6.2}$$

式中　A_s'——取全部竖向钢筋的截面面积；

　　　φ——稳定系数，在确定稳定系数 φ 时，平面外计算长度可按层高取；

　　　N——取计算截面最大轴压力设计值。

【禁忌 6.13】 不知道采用短肢剪力墙结构时应注意什么问题

抗震设计时，高层建筑结构不应全部采用短肢剪力墙；B 级高度高层建筑以及抗震设防烈度为 9 度的 A 级高度高层建筑，不宜布置短肢剪力墙，不应采用具有较多短肢剪力墙的剪力墙结构。当采用具有较多短肢剪力墙的剪力墙结构时，应符合下列规定：

(1) 在规定的水平地震作用下，短肢剪力墙承担的底部倾覆力矩不宜大于结构底部总倾覆力矩的 50%；

(2) 房屋适用高度应比表 2.2 规定的剪力墙结构的最大适用高度适当降低，7 度、8 度（0.2g）和 8 度（0.3g）时分别不应大于 100m、80m 和 60m。

短肢剪力墙是指截面厚度不大于 300mm、各肢截面高度与厚度之比的最大值大于 4 但不大于 8 的剪力墙。

具有较多短肢剪力墙的剪力墙结构是指，在规定的水平地震作用下，短肢剪力墙承担的底部倾覆力矩不小于结构底部总地震倾覆力矩的 30% 的剪力墙。

抗震设计时，短肢剪力墙的设计应符合下列规定：

1　短肢剪力墙截面厚度除应符合的要求外，底部加强部位尚不应小于 200mm，其他部位尚不应小于 180mm。

2　一、二、三级短肢剪力墙的轴压比，分别不宜大于 0.45、0.50、0.55，一字形截面短肢剪力墙的轴压比限值应相应减少 0.1。

3　短肢剪力墙的底部加强部位应按调整剪力设计值，其他各层一、二、三级时剪力设计值应分别乘以增大系数 1.4、1.2 和 1.1。

4　短肢剪力墙边缘构件的设置应符合的规定。

5　短肢剪力墙的全部竖向钢筋的配筋率，底部加强部位一、二级不宜小于 1.2%，三、四级不宜小于 1.0%；其他部位一、二级不宜小于 1.0%，三、四级不宜小于 0.8%。

6　不宜采用一字形短肢剪力墙，不宜在一字形短肢剪力墙上布置平面外与之相交的单侧楼面梁。

【禁忌 6.14】 不知道剪力墙应如何配筋

在高层建筑剪力墙中"不应采用"单排分布钢筋。因为高层建筑的剪力墙厚度大，为防止混凝土表面出现收缩裂缝，同时使剪力墙具有一定的出平面抗弯能力，剪力墙不允许单排配筋。

当剪力墙厚度超过 400mm 时，如仅采用双排配筋，形成中间大面积的素混凝土，会使剪力墙截面应力分布不均匀，因此"可采用"和"宜采用"三排或四排配筋方案，受力钢筋可均匀分布成数排，或靠墙面的配筋略大。设计人员应根据具体情况采用符合上述精神的配筋方式（表 6.6）。

截 面 厚 度	配 筋 方 式	截 面 厚 度	配 筋 方 式
$b_w \leqslant 400mm$	双 排 配 筋	$b_w > 700mm$	四 排 配 筋
$400mm < b_w \leqslant 700mm$	三 排 配 筋		

各排分布钢筋之间的拉结筋间距不应大于 600mm，直径不应小于 6mm。在底部加强部位，约束边缘构件以外的拉结筋间距尚应适当加密。

为了防止混凝土墙体在受弯裂缝出现后立即达到极限抗弯承载力，同时为了防止斜裂缝出现后发生脆性的剪拉破坏，规定了竖向分布钢筋和水平分布钢筋的最小配筋百分率，见表 6.7。

剪力墙分布钢筋最小配筋率　　　　　　　　　　　　　　　表 6.7

情　　况	抗震等级	最小配筋率	最大间距	最小直径
一般剪力墙	一、二、三级	0.25%	300mm	8mm
	四级、非抗震	0.20%	300mm	8mm
B 级高度剪力墙	特一级	0.35%、0.40% （底部加强部位）	同上	同上
1. 房屋顶层 2. 长矩形平面房屋的楼电梯间 3. 纵向剪力墙端开间 4. 端山墙	抗震与非抗震	0.25%	200mm	—

为了保证分布钢筋具有可靠的混凝土握裹力，剪力墙竖向、水平分布钢筋的直径不宜大于墙肢截面厚度的 1/10。如果要求的分布钢筋直径过大，则应加大墙肢截面厚度。

【禁忌 6.15】　不知道剪力墙中钢筋应如何锚固与连接

剪力墙中，钢筋的锚固和连接要满足以下要求：

1. 非抗震设计时，剪力墙纵向钢筋最小锚固长度应取 l_a；抗震设计时，剪力墙纵向钢筋最小锚固长度应取 l_{aE}。l_a、l_{aE} 的取值，应分别符合有关规定。

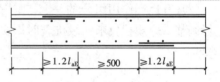

图 6.20　墙内分布钢筋的连接
注：非抗震设计时图中 l_{aE} 应取 l_a

2. 剪力墙竖向及水平分布钢筋的搭接连接（图 6.20），一级、二级抗震等级剪力墙的加强部位，接头位置应错开，每次连接的钢筋数量不宜超过总数量的 50%，错开净距不宜小于 500mm；其他情况剪力墙的钢筋可在同一部位连接。非抗震设计时，分布钢筋的搭接长度不应小于 $1.2l_a$；抗震设计时，不应小于 $1.2l_{aE}$。

3. 暗柱及端柱内纵向钢筋连接和锚固要求宜与框架柱相同。

【禁忌 6.16】　不知道连梁截面尺寸应满足什么要求

连梁是对剪力墙结构抗震性能影响较大的构件，如果平均剪应力过大，在箍筋充分发挥作用之前，连梁就会发生剪切破坏。根据国内外的有关试验研究得到：连梁截面内平均剪应力大小对连梁破坏性能影响较大，尤其在小跨高比条件下，对截面尺寸提出要求，限制截面平均剪应力，对小跨高比连梁限制更加严格。验算公式与原规程差别不大，只是在公式中增加了与混凝土等级有关的系数 β_c（与墙肢截面平均剪应力限制公式一样），公式如下：

（1）永久、短暂设计状况

$$V \leqslant 0.25\beta_c f_c b_b h_{b0} \tag{6.3}$$

（2）地震设计状况

跨高比大于 2.5 时 $\qquad V \leqslant \dfrac{1}{\gamma_{RE}}(0.20\beta_c f_c b_b h_{b0}) \tag{6.4}$

跨高比不大于 2.5 时 $\qquad V \leqslant \dfrac{1}{\gamma_{RE}}(0.15\beta_c f_c b_b h_{b0}) \tag{6.5}$

式中　V——连梁剪力设计值；

　　　b_b——连梁截面宽度；

　　　h_{b0}——连梁截面有效高度；

　　　β_c——混凝土强度影响系数。

【禁忌 6.17】　不会进行连梁设计

1. 内力设计值

连梁与普通梁一样，需进行抗弯和抗剪设计。跨高比小于 5 的连梁应按本章方法设计，跨高比不小于 5 的连梁宜按框架梁设计。

为了实现连梁的强剪弱弯、推迟剪切破坏、提高延性，给出了连梁剪力设计值的增大系数。

（1）无地震作用组合以及有地震作用组合的四级抗震等级时，应取考虑水平风荷载或水平地震作用组合的剪力设计值（原规程规定四级也要调整）；

（2）有地震作用组合的一、二、三级抗震等级时，连梁的剪力设计值应按式（6.6）进行调整（原规程要求一级抗震时用实配受弯钢筋反算，新规程允许采用增大系数 η_{vb}）：

$$V = \eta_{vb} \frac{M_b^l + M_b^r}{l_n} + V_{Gb} \tag{6.6}$$

（3）9 度设防时要求用连梁实际抗弯配筋反算该增大系数。

$$V = 1.1(M_{bua}^l + M_{bua}^r)/l_n + V_{Gb} \tag{6.7}$$

式中　M_b^l、M_b^r——分别为梁左、右端顺时针或反时针方向考虑地震作用组合的弯矩设计值；对一级抗震等级且两端均为负弯矩时，绝对值较小一端的弯矩应取零；

　　M_{bua}^l、M_{bua}^r——分别为连梁左、右端顺时针或反时针方向实配的受弯承载力所对应的弯矩值，应按实配钢筋面积（计入受压钢筋）和材料强度标准值并考虑承载力抗震调整系数计算；

　　　　　l_n——连梁的净跨；

　　　　V_{Gb}——在重力荷载代表值（9 度时还应包括竖向地震作用标准值）作用下，按简支梁计算的梁端截面剪力设计值；

　　　　η_{vb}——连梁剪力增大系数，一级取 1.3，二级取 1.2，三级取 1.1。

2. 承载力计算

连梁截面验算应包括正截面受弯及斜截面受剪承载力两部分。受弯验算与梁相同，由于一般连梁都是上、下配置相同数量的钢筋，可按双筋截面验算。受压区很小，通常用受拉钢筋对受压钢筋取矩，就可得到受弯承载力。

连梁的斜截面受剪承载力计算时，要注意将剪力设计值 V_b 要经过调整增大，以保证连梁的强剪弱弯，受剪承载力计算公式如下：

(1) 永久、短暂设计状况

$$V \leqslant 0.7f_tb_bh_{b0} + f_{yv}\frac{A_{sv}}{s}h_{b0} \tag{6.8}$$

(2) 地震设计状况

跨高比大于 2.5 时
$$V \leqslant \frac{1}{\gamma_{RE}}\left(0.42f_tb_bh_{b0} + f_{yv}\frac{A_{sv}}{s}h_{b0}\right) \tag{6.9}$$

跨高比不大于 2.5 时
$$V \leqslant \frac{1}{\gamma_{RE}}\left(0.38f_tb_bh_{b0} + 0.9f_{yv}\frac{A_{sv}}{s}h_{b0}\right) \tag{6.10}$$

3. 抗剪承载力不够时的措施

剪力墙连梁对剪切变形十分敏感，其名义剪应力限制比较严，在很多情况下，计算时经常出现超限情况。

(1) 减小连梁截面高度；注意连梁名义剪应力超过限制值时，加大截面高度会吸引更多剪力，更为不利，减小截面高度或加大截面厚度有效，而后者一般很难实现。

(2) 抗震设计的剪力墙中，连梁弯矩及剪力可进行塑性调幅，以降低其剪力设计值。连梁塑性调幅可采用两种方法：一是在内力计算前就将连梁刚度进行折减；二是在内力计算之后，将连梁弯矩和剪力组合值乘以折减系数。两种方法的效果都是减小连梁内力和配筋。因此，在内力计算时已经降低了刚度的连梁，其调幅范围应当限制或不再继续调幅。当部分连梁降低弯矩设计值后，其余部位连梁和墙肢的弯矩设计值应相应提高。

无论用什么方法，连梁调幅后的弯矩、剪力设计值不应低于使用状况下的值，也不宜低于比设防烈度低一度的地震作用组合所得的弯矩设计值，其目的是避免在正常使用条件下或较小的地震作用下连梁上出现裂缝。因此，建议一般情况下，可掌握调幅后的弯矩不小于调幅前弯矩（完全弹性）的 0.8 倍（6～7 度）和 0.5 倍（8～9 度）。

(3) 当连梁破坏对承受竖向荷载无明显影响时，可考虑在大震作用下该连梁不参与工作，按独立墙肢进行第二次多遇地震作用下结构内力分析，墙肢应按两次计算所得的较大内力进行配筋设计。

当前面第 1、2 款的措施不能解决问题时，允许采用第 3 款的方法处理，即假定连梁在大震下破坏，不再能约束墙肢。因此，可考虑连梁不参与工作，而按独立墙肢进行第二次结构内力分析，这时就是剪力墙的第二道防线。此时，剪力墙的刚度降低，侧移允许增大，这种情况往往使墙肢的内力及配筋加大，以保证墙肢的安全。

【禁忌 6.18】 不了解连梁在配筋上要满足哪些构造要求

一般连梁的跨高比都较小，容易出现剪切斜裂缝。为防止斜裂缝出现后的脆性破坏，除了采取减小其名义剪应力、加大其箍筋配置的措施外，在构造上可采取一些特殊要求，例如：钢筋锚固、箍筋加密区范围、腰筋配置等。连梁配筋构造示意图，见图 6.21。

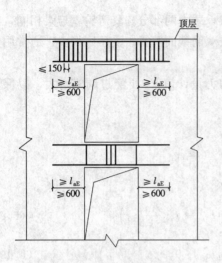

图 6.21　连梁配筋构造示意

注：图中非抗震设计时 l_{aE} 应取 l_a

1. 连梁顶面、底面纵向受力钢筋伸入墙内的锚固长度，抗震设计时不应小于 l_{aE}，非抗震设计时不应小于 l_a，且不应小于 600mm。

2. 抗震设计时，沿连梁全长箍筋的构造应按框架梁梁端加密区箍筋的构造要求采用；非抗震设计时，沿连梁全长的箍筋直径不应小于 6mm，间距不应大于 150mm。

3. 顶层连梁纵向钢筋伸入墙体的长度范围内，应配置间距不大于 150mm 的构造箍筋，箍筋直径应与该连梁的箍筋直径相同。

4. 墙体水平分布钢筋应作为连梁的腰筋在连梁范围内拉通连续配置；当连梁截面高度大于 700mm 时，其两侧面沿梁高范围设置的纵向构造钢筋（腰筋）的直径不应小于 8mm，间距不应大于 200mm；对跨高比不大于 2.5 的连梁，梁两侧的纵向构造钢筋（腰筋）的面积配筋率不应小于 0.3%。

5. 跨高比（l/h_b）不大于 1.5 的连梁，其纵向钢筋的最小配筋率宜符合表 6.8 的要求；跨高比大于 1.5 的连梁，其纵向钢筋的最小配筋率可按框架梁的要求采用。

跨高比不大于 1.5 的连梁纵向钢筋的最小配筋率（%）　　　表 6.8

跨高比	最小配筋率（采用较大值）
$l/h_b \leqslant 0.5$	0.20，$45 f_t/f_y$
$0.5 < l/h_b \leqslant 1.5$	0.25，$55 f_t/f_y$

6. 抗震设计的剪力墙结构连梁中，单侧纵向钢筋的最大配筋率宜符合表 6.9 的要求；如不满足，则应按实配钢筋进行连梁强剪弱弯的验算。

连梁纵向钢筋的最大配筋率（%）　　　表 6.9

跨　高　比	最大配筋率（采用较大值）
$l/h_b \leqslant 1.0$	0.6
$1.0 < l/h_b \leqslant 2.0$	1.2
$2.0 < l/h_b \leqslant 2.5$	1.5

7. 剪力墙的连梁不满足【禁忌 6.16】中的要求时，可采取如下措施：

（1）减小连梁截面高度或设水平缝形成双连梁；

（2）抗震设计剪力墙连梁的弯矩可塑性调幅；内力计算时已经按【禁忌 4.4】中的规定降低了刚度的连梁，其弯矩值不宜再调幅，或限制再调幅范围。此时，应取弯矩调幅后相应的剪力设计值校核其是否满足【禁忌 6.16】中的规定；

（3）当连梁破坏对承受竖向荷载无明显影响时，可考虑在大震作用下连梁不参加工作，按独立墙肢的计算简图进行第二次多遇地震作用下的内力分析，墙肢截面按两次计算的较大值计算配筋。第二次计算时，位移不限制。

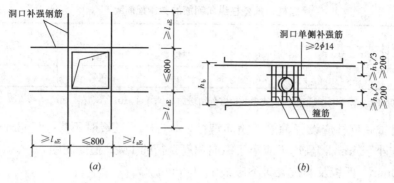

图 6.22　洞口补强配筋示意

(a) 剪力墙洞口补强；(b) 连梁洞口补强

注：非抗震设计时，图中锚固长度取 l_a。

【禁忌 6.19】 不了解剪力墙墙面和连梁上开洞要满足哪些构造要求

当剪力墙墙面开洞较小，在整体计算中不考虑其影响时，除了将切断的分布钢筋集中在洞口边缘补足外，还要有所加强，以抵抗洞口应力集中。连梁是剪力墙中的薄弱部位，应重视连梁中开洞后的截面抗剪验算和加强措施。给出剪力墙墙面开洞洞口长度小于800mm 以及连梁开洞时，应采取的措施：

1. 当剪力墙墙面开有非连续小洞口（其各边长度小于 800mm），且在整体计算中不考虑其影响时，应将洞口处被截断的分布筋量分别集中配置在洞口上、下和左、右两边（图 6.22a），且钢筋直径不应小于 12mm（原规程要求 8mm）；

2. 穿过连梁的管道宜预埋套管，洞口上、下的有效高度不宜小于梁高的 1/3，且不宜小于 200mm。洞口处宜配置补强钢筋，被洞口削弱的截面应进行承载力验算（图 6.22b）。

【禁忌 6.20】 将楼面梁支承在剪力墙的连梁上

楼面梁支承在剪力墙或核心筒的连梁上时，将在剪力墙或核心筒的连梁上施加一个集中荷载。如果这个集中荷载很大，将使剪力墙或连梁产生局部或整体破坏。因此，楼面梁不宜支承在剪力墙或核心筒的连梁上。

当剪力墙或核心筒墙肢与其平面外相交的楼面梁刚接时，可沿楼面梁轴线方向设置与梁相连的剪力墙、扶壁柱或在墙内设置暗柱，并应符合下列规定：

（1）设置沿楼面梁轴线方向与梁相连的剪力墙时，墙的厚度不宜小于梁的截面宽度；

（2）设置扶壁柱时，其截面宽度不应小于梁宽，其截面高度可计入墙厚；

（3）墙内设置暗柱时，暗柱的截面高度可取墙的厚度，暗柱的截面宽度可取梁宽加 2 倍墙厚；

（4）应通过计算确定暗柱或扶壁柱的纵向钢筋（或型钢），纵向钢筋的总配筋率不宜小于表 6.10 的规定；

（5）楼面梁的水平钢筋应伸入剪力墙或扶壁柱，伸入长度应符合钢筋锚固要求。钢筋锚固段的水平投影长度，非抗震设计时不宜小于 $0.4l_{ab}$；抗震设计时不宜小于 $0.4l_{abE}$。当锚固段的水平投影长度不满足要求时，可将楼面梁伸出墙面形成梁头，梁的纵筋伸入梁头后弯折锚固，也可采取其他可靠的锚固措施；

暗柱、扶壁柱纵向钢筋的构造配筋率					表 6.10
设计状况	抗 震 设 计				非抗震设计
	一级	二级	三级	四级	
配筋率（%）	0.9	0.7	0.6	0.5	0.5

注：采用 400MPa、335MPa 级钢筋时，表中数值宜分别增加 0.05 和 0.10。

（6）暗柱或扶壁柱应设置箍筋，箍筋直径，一、二、三级时不应小于 8mm，四级及非抗震时不应小于 6mm，且均不应小于纵向钢筋直径的 1/4；箍筋间距，一、二、三级时不应大于 150mm，四级及非抗震时不应大于 200mm。

【禁忌 6.21】 不知道如何确定剪力墙的截面厚度

剪力墙的截面厚度，需根据承载力、变形、裂缝、稳定性等多种因素确定。剪力墙截面的最小厚度应满足以下要求：

1. 剪力墙的截面厚度应符合下列要求：

（1）应符合墙体稳定验算要求；

（2）一、二级剪力墙，底部加强部位不应小于 200mm，其他部位不应小于 160mm；无端柱或翼墙的一字形独立剪力墙，底部加强部位不应小于 220mm，其他部位不应小于 180mm；

（3）三、四级剪力墙的截面厚度，底部加强部位不应小于 160mm，其他部位不应小于 160mm；无端柱或无翼墙的一字形独立剪力墙，底部加强部位截面厚度不应小于 180mm，其他部位不应小于 160mm；

（4）非抗震设计的剪力墙的截面厚度不应小于 160mm；

（5）剪力墙井筒中，分隔电梯井或管道井的墙肢截面厚度可适当减小，但不宜小于 160mm。

2. 剪力墙截面厚度应满足式（6.11）～式（6.13）的限制条件，目的是规定剪力墙截面尺寸的最小值，实际上是限制剪力墙截面的最大名义剪应力值。剪力墙的名义剪应力值过高，会在早期出现斜裂缝，抗剪钢筋不能充分发挥作用，即使配置很多抗剪钢筋，也会过早剪切破坏。验算公式与原规程类似，见式（6.11）～式（6.13），有两点变化：①有地震作用时按剪跨比分为两种情况，当剪跨比较小时，剪力墙的剪切变形会更大，对剪应力的控制也应更加严格；②在公式右端增加一个系数 β_c，它与混凝土强度等级有关，当混凝土强度等级大于 C50 时，混凝土的脆性较大，β_c 小于 1，也就是对剪应力控制更加严格。

（1）永久，短暂设计状况

$$V \leqslant 0.25\beta_c f_c b_w h_{w0} \tag{6.11}$$

（2）地震设计状况

剪跨比 λ 大于 2.5 时　　　$V \leqslant \dfrac{1}{\gamma_{RE}}(0.20\beta_c f_c b_w h_{w0}) \tag{6.12}$

剪跨比 λ 不大于 2.5 时　　　$V \leqslant \dfrac{1}{\gamma_{RE}}(0.15\beta_c f_c b_w h_{w0}) \tag{6.13}$

式中 V——剪力墙截面剪力设计值，应经过调整增大；

h_{w0}——剪力墙截面有效高度；

β_c——混凝土强度影响系数；

λ——计算截面处的剪跨比，即 $M^c/(V^c h_{w0})$，其中 M^c、V^c 应分别取与 V_w 同一组组合的弯矩和剪力计算值（注意，计算剪跨比时内力均不调整，以便反映剪力墙的实际剪跨比）。

【禁忌 6.22】 不会进行墙体稳定验算

当剪力墙墙肢的截面厚度小于规定时，则应满足下列稳定要求：

$$q \leqslant \frac{E_c t^3}{10 l_0^2} \tag{6.14}$$

式中 q——作用于墙顶组合的等效竖向均布荷载设计值；

E_c——剪力墙混凝土弹性模量；

t——剪力墙墙肢截面厚度；

l_0——剪力墙墙肢计算长度，应按式（6.15）确定：

$$l_0 = \beta h \tag{6.15}$$

h——墙肢所在楼层的层高；

β——墙肢计算长度系数，应根据墙肢的支承条件，按式（6.16）～式（6.18）确定。

1. 单片独立墙肢（两边支承）；

$$\beta = 1.0 \tag{6.16}$$

2. T 形、I 形剪力墙的翼缘墙肢（三边支承）应按式（6.17）计算，当计算结果小于 0.25 时，取 0.25；

$$\beta = \frac{1}{\sqrt{1 + \left(\frac{h}{2b_f}\right)^2}} \tag{6.17}$$

3. T 形剪力墙的腹板墙肢（三边支承），应按式（6.17）计算，但应将式（6.17）中的 b_f 代以 b_w；

4. I 形剪力墙的腹板墙肢（四边支承）应按式（6.18）计算；当计算结果小于 0.20 时，取 0.20。

$$\beta = \frac{1}{\sqrt{1 + \left(\frac{3h}{2b_w}\right)^2}} \tag{6.18}$$

式中 b_f——T 形、I 形剪力墙的单侧翼缘截面高度；

b_w——T 形、I 形剪力墙的腹板截面高度。

【禁忌 6.23】 不了解哪些因素会对外框筒的受力性能有影响

除高宽比和平面形状外，外框筒结构的空间受力性能还与开孔率、洞口形状、柱距、梁的截面高度和角柱截面面积等参数有关。现仍以矩形平面的外框筒为例，对下列几种参数的合理取值进行分析比较：

(1) 框筒的开孔率

开孔率是框筒结构的重要参数之一。当框筒孔洞的双向尺寸分别等于柱距和层高的40%（即开孔率为16%）时，墙面应力分布接近实体墙。在侧向荷载作用下，框筒同一横截面的竖向应力分布接近平截面假定；当孔洞的双向尺寸分别等于柱距和层高的80%（即开孔率为64%）时，框筒的剪力滞后现象相当明显。轴力比 N_c/N_m 已大于9，用料指标相当于开孔率25%的4倍以上（图6.23），说明开孔率应适当控制。为满足实用需要，框筒的开孔率不宜大于60%。

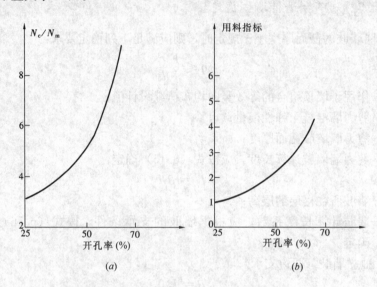

图 6.23　开孔率与框筒空间作用的关系
(a) 与轴力比的关系；(b) 与用料指标的关系

(2) 孔洞的形状

框筒的刚度与孔洞的形状（即梁高和柱宽的取值）也有很大关系。图 6.24 表示框筒开孔率为36%时，孔洞形状参数 γ_s 与框筒结构顶端侧移 u 的关系。孔洞形状参数 γ_s 可按式（6.19）计算：

$$\gamma_s = \frac{\gamma_1}{\gamma_2} \tag{6.19}$$

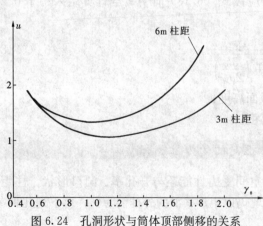

图 6.24　孔洞形状与筒体顶部侧移的关系

式中　γ_1——孔洞的高宽比；

　　　γ_2——层高与柱距之比。

由图 6.24 可知，当 $\gamma_s = 1$ 时，框筒顶部侧移最小，刚度最大，说明洞口高宽比宜尽量和层高与柱距之比相似。

(3) 柱距和梁高

从理论上讲，框筒采用密柱和深梁有利于结构的空间作用，但实用上尚需满足使用要求。计算分析表明：当孔洞的开孔率和形状已定时，框筒的刚度以柱距等于层高时最佳。考虑到高层建筑的标准层层高大多在 4m 以内，因此，在一般情况下，柱距不宜大于 4m。框筒梁的截面高度，可取柱净距的 1/4 左右。

（4）角柱截面面积

如上所述，在侧向力的作用下，框筒角柱的轴向力明显大于端柱。为了减小各层楼盖的翘曲，角柱的截面面积可适当放大，必要时可采用 L 形角墙或角筒。

【禁忌 6.24】 抗震设计时剪力墙的底部未采取加强措施

抗震设计时，为了保证剪力墙的底部在出现塑性铰以后具有足够大的延性，应对可能出现塑性铰的部位采取加强抗震的措施，包括提高其抗剪破坏的能力，设置约束边缘构件等，该加强部位称为"底部加强部位"。

剪力墙底部塑性铰出现都有一定范围。一般情况下，单个塑性铰的发展高度约为墙肢截面高度 h_w，但是为安全考虑，设计时加强部位范围应适当扩大。

《高层建筑混凝土结构技术规程》JGJ 3—2010 规定，抗震设计时，剪力墙底部加强部位的范围应符合下列要求：

（1）底部加强部位的高度，应从地下室顶板算起。

（2）底部加强部位的高度可取底部两层和墙体总高度的 1/10 两者的较大值，部分框支剪力墙结构底部加强部位的高度应从地下室顶板算起，宜取至转换层以上两层且不宜小于房屋高度的 1/10。

（3）当结构计算嵌固端位于地下一层底板或以下时，底部加强部位宜延伸到计算嵌固端。

【禁忌 6.25】 填充墙及隔墙与剪力墙及连梁接缝处未采取加强措施

填充墙及隔墙与剪力墙及连梁不但需要用钢筋拉结，以保证其稳定性，而且在填充墙及隔墙与剪力墙及连梁接缝的墙面处还宜用钢丝网水泥砂浆等方法加强，防止墙体及墙面粉灰干缩后开裂（图 6.25）。

图 6.25　填充墙与剪力墙及连梁接缝处粉灰干缩后开裂的照片

第7章 框架-剪力墙结构

【禁忌7.1】 不了解框架剪力墙结构的受力特点

如前所述，框架结构由杆件组成，杆件稀疏且截面尺寸小，因而侧向刚度不大，在侧向荷载作用下，一般呈剪切型变形，高度中段的层间位移较大（图 7.1a），因此，适用高度受到限制。剪力墙结构的抗侧刚度大，在水平荷载下，一般呈弯曲型变形，顶部附近楼层的层间位移较大，其他部位位移较小（图 7.1b），可用于较高的高层建筑。但当墙的间距较大时，水平承重结构尺寸较大，因而难于形成较大的使用空间，且墙的抗弯强度弱于抗剪强度，易于出现由于剪切造成的脆性破坏。

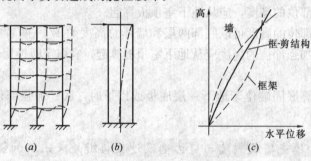

图 7.1 框架、剪力墙和框架-剪力墙的侧移

框架-剪力墙结构中有框架也有剪力墙，在结构布置合理的情况下，可以同时发挥两者的优点和克服其缺点，即既具有较大的抗侧刚度，又可形成较大的使用空间，而且两种结构形成两道抗震防线，对结构抗震有利，因此，框架-剪力墙结构在实际工程中得到广泛的采用。

【禁忌7.2】 框架柱的设置数量过少

在框架-剪力墙结构中，主要抗侧力构件框架柱和剪力墙的设置数量应该均衡，使两者承受的地震倾覆力矩相等或相近，这样框架柱和剪力墙就能较好地协同工作，并具有两道较好的抗震设防体系。

但是在有的高层建筑中，剪力墙设置的数量很多，框架柱设置的数量很少（图 7.2 和图 7.3）。这种框架柱设置数量过少的框架-剪力墙结构的受力性能，与纯剪力墙结构的受力性能相近似。因此，《高层建筑混凝土结构技术规程》JGJ 3—2010 规定：框架部分承受的地震倾覆力矩不大于结构总地震倾覆力矩的 10% 时，按剪力墙结构进行设计，其中的框架部分应按框架-剪力墙结构的框架进行设计。

《高层建筑混凝土结构技术规程》JGJ 3—2010 同时规定，框架-剪力墙结构中，框架承担的总剪力要满足以下要求：

174

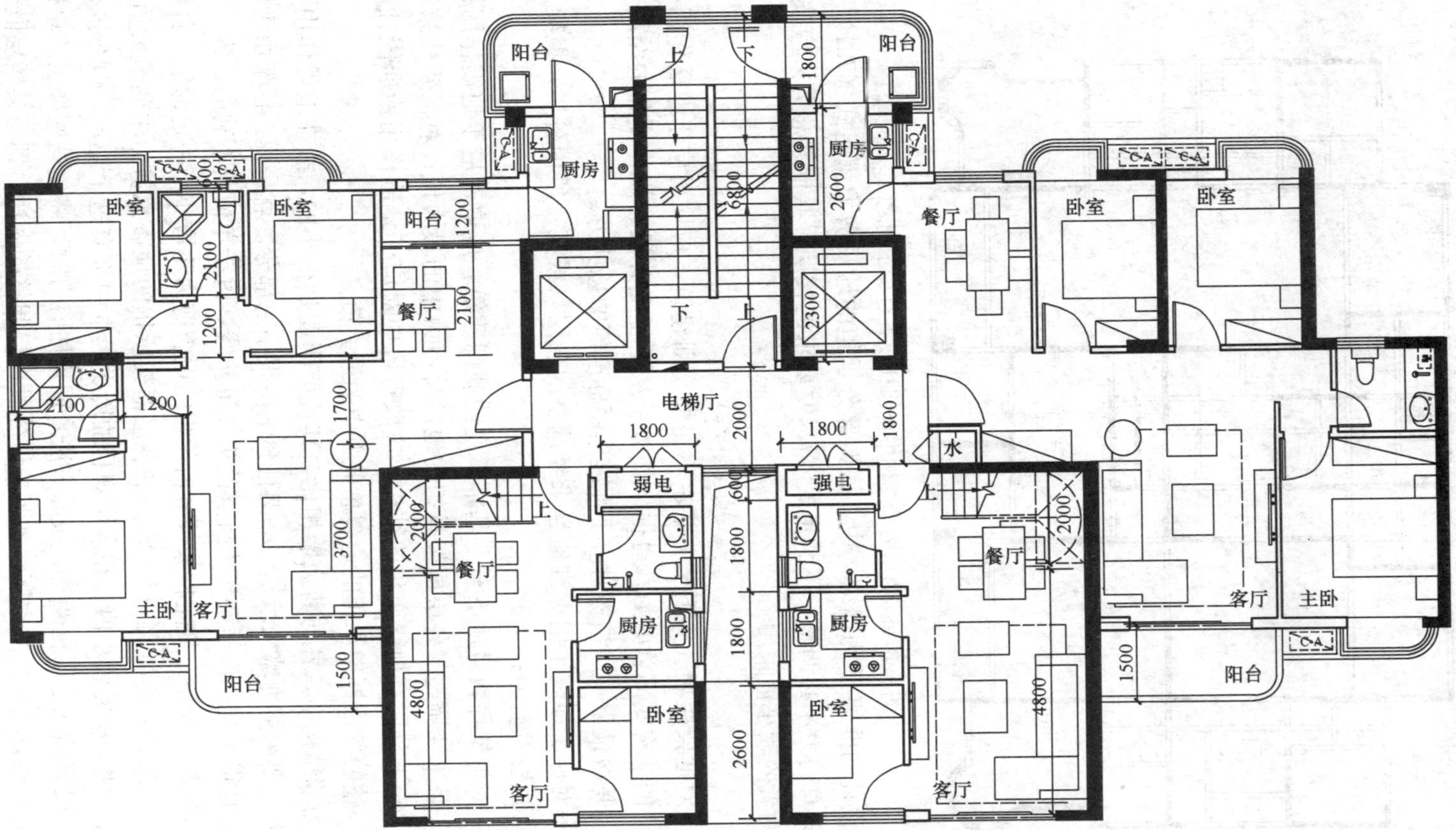

图 7.2 框架-剪力墙结构中框架柱设置过少示例之一

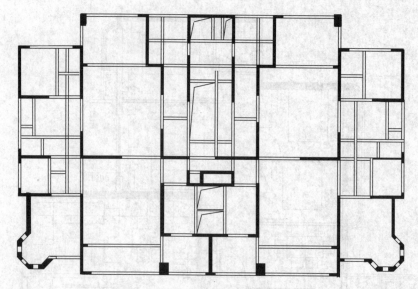

图 7.3　框架-剪力墙结构中框架柱设置过少示例之二

1. 抗震设计的框架-剪力墙结构中，框架部分承担的地震剪力满足式（7.1）要求的楼层，其框架总剪力不必调整；不满足式（7.1）要求的楼层，其框架总剪力应按 $0.2V_0$ 和 $1.5V_{f,max}$ 两者的较小值采用；

$$V_f \geqslant 0.2V_0 \tag{7.1}$$

其中　V_0——对框架柱数量从下至上基本不变的规则建筑，应取对应于地震作用标准值的结构底部总剪力；对框架柱数量从下至上分段有规律变化的结构，应取每段最下一层结构对应于地震作用标准值的总剪力；

V_f——对应于地震作用标准值且未经调整的各层（或某一段内各层）框架承担的地震总剪力；

$V_{f,max}$——对框架柱数量从下至上基本不变的规则建筑，应取对应于地震作用标准值且未经调整的各层框架承担的地震总剪力中的最大值；对框架柱数量从下至上分段有规律变化的结构，应取每段中对应于地震作用标准值且未经调整的各层框架承担的地震总剪力中的最大值。

框架-剪力墙结构中，柱与剪力墙相比，其抗剪刚度是很小的，故在地震作用下，楼层地震总剪力主要由剪力墙来承担，框架柱只承担很小一部分。就是说，框架由于地震作用引起的内力是很小的，而框架作为抗震的第二道防线，过于单薄是不利的。为了保证框架部分有一定的能力储备，规定框架部分所承担的地震剪力不应小于一定的值，并将该值规定为：取基底总剪力的 20％（$0.2V_0$）和各层框架承担的地震总剪力中的最大值的 1.5 倍（$1.5V_{f,max}$）两者中的较小值。在高层规程的历次版本中都有这个规定，但在执行中发现，若某楼层段突然减小了框架柱，按原方法来调整柱剪力时，将使这些楼层的单根柱承担过大的剪力而难以处理，故本版增加了容许分段进行调整的做法，即当某楼层段柱根数减少时，则以该段为调整单元，取该段最底一层的地震剪力为其该段的底部总剪力；该段内各层框架承担的地震总剪力中的最大值为该段的 $V_{f,max}$。

2. 各层框架所承担的地震总剪力按上面的第 1 款调整后，应按调整前、后总剪力的比值调整每根框架柱以及与之相连框架梁的剪力及端部弯矩标准值，框架柱的轴力标准值可不予调整。

3. 按振型分解反应谱法计算地震作用时，为便于操作，框架柱地震剪力的调整可在振型组合之后进行。

框架剪力的调整应在楼层剪力满足《高规》规定的楼层最小剪力系数（剪重比）的前提下进行。

对于框架柱设置较少的框架-剪力墙结构，应检查上述条件是否满足。

除此之外，在框架柱设置很少的框架-剪力墙结构中，框架与剪力墙的质量相差很大，自振周期也相差很大，为了使框架与剪力墙能变形协调和协同工作，要加强框架柱与剪力墙之间的拉结，加强节点的配筋与构造。

第 4 章表 4.11 表明，在抗震设防烈度为 6 度、7 度和 8 度时，框架-剪力墙结构的抗震等级是以高度 60m 进行判别，且剪力墙的抗震等级取该设防烈度中的偏高值，而剪力墙结构的抗震等级是以高度 80m 进行判别。因此，当房屋的高度不超过 80m 时，采用剪力墙结构可能比采用框架-剪力墙结构经济。在框架柱设置数量较少的框架-剪力墙结构中，到底是采用框架-剪力墙结构还是采用剪力墙结构更好，有必要进行比较。

【禁忌 7.3】 剪力墙的设置数量过少

由第 2 章中表 2.2 可知，框架结构的最大适用高度非抗震设计时为 70m，6 度抗震设防时为 60m，7 度抗震设防时为 50m，8 度（0.20g）抗震设防时为 40m，8 度（0.3g）抗震设防时为 35m。但是，框架-剪力墙结构 A 级高度的最大适用高度非抗震设计时为 150m，6 度抗震设防时为 130m，7 度抗震设防时为 120m，8 度（0.20g）抗震设防时为 100m，8 度（0.3g）抗震设防时为 80m，9 度抗震设防时为 50m。两者相比，在相同的情况下，框架-剪力墙结构允许的最大适用高度，比框架结构允许的最大适用高度高出一倍多。同时，框架-剪力墙结构还可以突破 A 级高度，进入 B 级高度。

因此，有的设计人员利用了这一规定，当框架结构的高度超限时，只需在结构中加入少量剪力墙，使之变成框架-剪力墙结构，结构的高度就不会超限。事实上，高层建筑都带电梯间，只要将高层框架结构的电梯井周围的墙体做成剪力墙，理论上说，结构就变成了框架-剪力墙结构。但是应该注意，剪力墙的数量不宜过少（图 7.4），剪力墙配置的数量过少时，整个结构的受力性能与纯框架结构相似。因此，《高层建筑混凝土结构技术规程》JGJ 3—2010 规定：当框架部分承受的地震倾覆力矩大于结构总地震倾覆力矩的 80% 时，按框架-剪力墙结构进行设计，但其最大适用高度宜按框架结构采用，框架部分的抗震等级和轴压比限值应按框架结构的规定采用。当结构的层间位移角不满足框架-剪力墙结构的规定时，可按有关规定进行结构抗震性能分析和论证。

《高规》同时规定：

1. 当框架部分承受的地震倾覆力矩大于结构总地震倾覆力矩的 10% 但不大于 50% 时，按本章框架-剪力墙结构的规定进行设计；

2. 当框架部分承受的地震倾覆力矩大于结构总地震倾覆力矩的 50% 但不大于 80% 时，按框架-剪力墙结构设计，其最大适用高度可比框架结构适当增加，框架部分的抗震等级和轴压比限值宜按框架结构的规定采用。

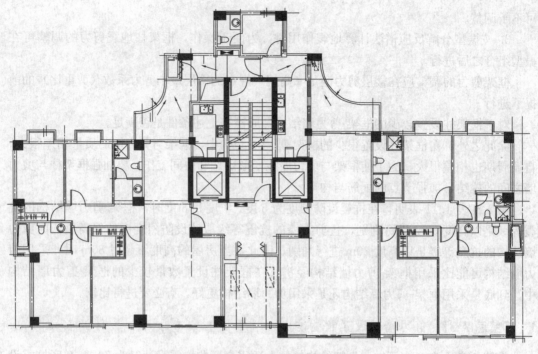

图 7.4 框架-剪力墙结构中剪力墙设置过少示例

【禁忌 7.4】 一个方向设置的剪力墙很多，另一个方向设置的剪力墙很少

风和地震波可能来自任意方向。因此，框架-剪力墙结构应设计成双向抗侧力体系，抗震设计时，结构两主轴方向均应布置剪力墙，且结构在两个主轴方向的刚度和承载力不宜相差过大。

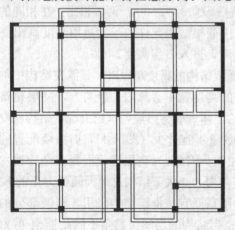

图 7.5 框架-剪力墙结构中剪力墙布置
一个方向多、另一个方向少示例

在框架-剪力墙高层建筑中，横向剪力墙的布置比较容易，纵向受门、窗开洞影响，布置比较麻烦。因此，有的建筑中横向剪力墙数量较多，纵向剪力墙数量较少（图7.5）。

框架-剪力墙结构中一个方向剪力墙很多、另一个方向很少时，剪力墙多的方向的刚度大、承载力大、变形小，剪力墙少的方向的刚度小、承载力小、变形大，结构的扭转变形较大，受力性能不好。

【禁忌 7.5】 剪力墙集中布置在核心筒处

剪力墙应沿两个方向均匀布置，使框架和剪力墙能较好地相互传递内力与变形。但是，有的框架-剪力墙结构中，为了形成较大的使用空间，将剪力墙集中布置在核心筒处（图7.6），使得核心筒的筒壁厚度变得很厚，核心筒的刚度变得很刚，难以与框架柱协同工作。

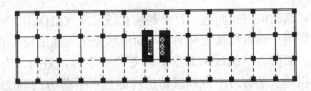

图 7.6　框架-剪力墙结构中剪力墙集中布置在核心筒处示例

【禁忌7.6】 剪力墙集中布置在房屋的两端

在框架-剪力墙结构中，剪力墙宜适当布置在房屋中间部位，使得中部刚度较大，四周刚度较弱。在温度变化时，结构容易向四周自由伸缩不产生温度收缩裂缝。如果将剪力墙集中布置在房屋的两端，使结构两端刚、中间柔（图 7.7），在温度升高时楼面要外伸，但受到两端刚度大的剪力墙限制，楼面外伸的长度有限，楼面梁、板内出现压应力；反过来，温度下降时楼面要收缩，但受到两端刚度大的剪力墙约束，楼面不可能自由收缩，楼面梁、板内此时出现拉应力。由于混凝土的抗拉强度

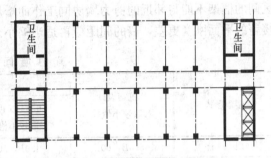

图 7.7　框架-剪力墙结构中剪力墙
集中布置在房屋两端示例

很低，只是其抗压强度的 1/10 左右，因此，在房屋的中部，梁、板有可能出现垂直于房屋纵向轴线的裂缝。

【禁忌7.7】 不了解框架-剪力墙结构的布置原则

框架-剪力墙结构的布置要注意遵守以下原则：

1. 框架-剪力墙结构应设计成双向抗侧力体系。抗震设计时，结构两主轴方向均应布置剪力墙。

2. 框架-剪力墙结构中，主体结构构件之间除个别节点外不应采用铰接；梁与柱或柱与剪力墙的中线宜重合；框架梁、柱中心线之间有偏离时，应符合框架结构中梁、柱中心线的有关规定。

3. 框架-剪力墙结构中剪力墙的布置宜符合下列要求：

（1）剪力墙宜均匀布置在建筑物的周边附近、楼梯间、电梯间、平面形状变化及恒载较大的部位，剪力墙间距不宜过大；

（2）平面形状凹凸较大时，宜在凸出部分的端部附近布置剪力墙；

（3）纵、横剪力墙宜组成 L 形、T 形和 匚 形等形式；

（4）单片剪力墙底部承担的水平剪力不宜超过结构底部总水平剪力的 30%，以免受力过分集中；

（5）剪力墙宜贯通建筑物的全高，宜避免刚度突变；剪力墙开洞时，洞口宜上下对齐；

（6）楼、电梯间等竖井的设置，宜尽量与其附近的框架或剪力墙的布置相结合，使之形成连续、完整的抗侧力结构；

（7）抗震设计时，剪力墙的布置宜使两个主轴方向的侧向刚度接近。

剪力墙布置在建筑物的周边附近,目的是使它既发挥抗扭作用又减小位于周边而受室外温度变化的不利影响;布置在楼电梯间、平面形状变化和凸出较大处,是为了弥补平面的薄弱部位;把纵、横剪力墙组成 L 形、T 形等非一字形,是为了发挥剪力墙自身的刚度;单片剪力墙承担的水平剪力不宜超过结构底部总水平剪力的 30%,是避免该片剪力墙对刚心位置影响过大,且一旦破坏对整体结构不利和其基础承担过大水平力等。

4. 当建筑平面为长矩形或平面有一部分为长条形(平面长宽比较大)时,在该部位布置的剪力墙除应有足够的总体刚度外,各片剪力墙之间的距离不宜过大(宜满足表 7.1 的要求)。因为间距过大时,两墙之间的楼盖会不能满足平面内刚性的要求,造成处于该区间的框架不能与邻近的剪力墙协同工作而增加负担。当两墙之间的楼盖开大洞时,该段楼盖的平面刚度更差,墙的间距应再适当缩小。

剪 力 墙 间 距(m)

表 7.1

楼盖形式	非抗震设计 (取较小值)	抗震设防烈度		
		6 度、7 度 (取较小值)	8 度 (取较小值)	9 度 (取较小值)
现　　浇	5.0B, 60	4.0B, 50	3.0B, 40	2.0B, 30
装配整体	3.5B, 50	3.0B, 40	2.5B, 30	—

注:1. 表中,B 为楼面宽度,单位为 m。

2. 装配整体式楼盖应设置钢筋混凝土现浇层。

3. 现浇层厚度大于 60mm 的叠合楼板可作为现浇板考虑。

长矩形平面中布置的纵向剪力墙,不宜集中布置在平面的两尽端。原因是集中在两端时,房屋的两端被抗侧刚度较大的剪力墙锁住,中间部分的楼盖在混凝土收缩或温度变化时容易出现裂缝,这种现象工程中常常见到,应予以重视。

【禁忌 7.8】 不了解抗震设计时板柱-剪力墙结构为什么要在房屋的周边设置边梁

板柱结构由于楼盖没有设置梁,可以减小楼层高度,对使用和管道安装都较方便,因而板柱结构在工程中时有采用。但板柱结构抵抗水平力的能力差,特别是板与柱的连接点是非常薄弱的部位,对抗震尤为不利。板柱-剪力墙结构要求房屋的周边应设置边梁形成周边框架,房屋的顶层及地下室顶板宜采用梁板结构,目的在于增加房屋的整体性,增大房屋的抗侧刚度,提高房屋的抗震和抗风能力。

《高规》规定,板柱-剪力墙结构的布置应符合下列要求:

1. 应同时布置筒体或两主轴方向的剪力墙以形成双向抗侧力体系,并应避免结构刚度偏心,其中剪力墙或筒体应分别符合第 6 章和第 8 章的有关规定且应在各楼层处设置暗梁;

2. 抗震设计时,房屋的周边应设置边梁形成周边框架,房屋的顶层及地下室顶板宜采用梁板结构;

3. 有楼、电梯间等较大开洞时,洞口周围宜设置框架梁或边梁;

4. 无梁板可根据承载力和变形要求采用无柱帽(柱托)板或有柱帽(柱托)板形式。

柱托板的长度和厚度应按计算确定，且每方向长度不宜小于板跨度的 1/6，其厚度不宜小于板厚度的 1/4。7 度时宜采用有柱托板，8 度时应采用有柱托板，此时托板每方向长度尚不宜小于同方向柱截面宽度和 4 倍板厚之和，托板总厚度尚不应小于柱纵向钢筋直径的 16 倍。当无柱托板且无梁板抗冲切承载力不足时，可采用型钢剪力墙，此时板的厚度不应小于 200mm；

5. 双向无梁板厚度与长跨之比，不宜小于表 7.2 的规定。

双向无梁板厚度与长跨的最小比值 表 7.2

非预应力楼板		预应力楼板	
无柱托板	有柱托板	无柱托板	有柱托板
1/30	1/35	1/40	1/45

【禁忌 7.9】 不了解框架-剪力墙结构和板柱-剪力墙结构中剪力墙配筋要满足哪些要求

这两种结构中，剪力墙都是抗侧力的主要构件，承担较大的水平剪力，因此，《高规》规定：剪力墙竖向和水平分布钢筋的配筋率，抗震设计时均应不小于 0.25%，非抗震设计时均应不小于 0.20%，并应至少双排布置（具体应根据墙厚确定，可参照剪力墙结构的相关规定）；各排分布钢筋之间应设置拉筋，拉筋直径不应小于 6mm，间距不应大于 600mm。

对于带边框的剪力墙，还需满足下列要求：

1. 截面厚度应符合下列规定：

（1）抗震设计时，一、二级剪力墙的底部加强部位均不应小于 200mm，且不应小于层高的 1/16；

（2）除第（1）项以外的其他情况下不应小于 160mm。

2. 剪力墙的水平钢筋应全部锚入边框柱内，锚固长度不应小于 l_a（非抗震设计）或 l_{aE}（抗震设计）；

3. 带边框剪力墙的混凝土强度等级宜与边框柱相同；

4. 与剪力墙重合的框架梁可保留，亦可做成宽度与墙厚相同的暗梁，暗梁截面高度可取墙厚的 2 倍或与该片框架梁截面等高，暗梁的配筋可按构造配置且应符合一般框架梁相应抗震等级的最小配筋要求；

5. 剪力墙截面宜按工字形设计，其端部纵向受力钢筋应配置在边框柱截面内；

6. 边框柱截面宜与该榀框架其他柱的截面相同，边框柱应符合框架柱构造配筋规定；剪力墙底部加强部位边框柱的箍筋宜沿全高加密；当带边框剪力墙上的洞口紧邻边框柱时，边框柱的箍筋宜沿全高加密。

带边框剪力墙的设计应使其能整体工作。首先，墙板自身应有足够厚度以保证其稳定性，条件许可时尽量满足条文中的厚度要求；若确实做不到，则应按【禁忌 6.22】所列公式进行稳定性复核；其次，墙截面的设计应将其作为工字形截面来考虑，因此，墙的端部纵向钢筋应配置在边框柱截面内，而边框柱又是框架的组成部分，故其构造应符合框架柱的构造要求。

【禁忌 7.10】 板柱-剪力墙结构中剪力墙设置的数量过少

板柱-剪力墙结构中，剪力墙是主要的抗侧力构件。板柱-剪力墙结构中如果剪力墙设置的数量过少，结构的抗侧刚度不足，将产生较大的侧向变形，甚至将较早地丧失承载能力。

因此，《高规》规定：抗风设计时，板柱-剪力墙结构中各层筒体或剪力墙应能承担不小于80%相应方向该层承担的风荷载作用下的剪力；抗震设计时，应能承担各层全部相应方向该层承担的地震剪力，而各层板柱部分尚应能承担不小于20%相应方向该层承担的地震剪力，且应符合有关抗震构造要求。

【禁忌 7.11】 无梁楼板上任意开洞

板柱-剪力墙结构的楼盖上基本没有设梁，楼面荷载由板直接传递给墙和柱，楼板上任意开洞可能对板的受力造成不利影响。因此，《高规》规定：无梁楼板允许开局部洞口，但应验算满足承载力及刚度要求。当未作专门分析时，在板的不同部位开单个洞的大小应符合图 7.8 的要求。若在同一部位开多个洞时，则在同一截面上各个洞宽之和不应大于该部位单个洞的允许宽度。所有洞边均应设置补强钢筋。

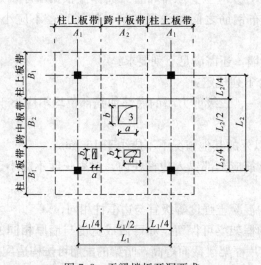

图 7.8 无梁楼板开洞要求

洞1：$b \leqslant b_c/4$ 且 $b \leqslant t/2$；其中，b 为洞口长边尺寸，b_c 为相应于洞口长边方向的柱宽，t 为板厚；

洞2：$a \leqslant A_2/4$ 且 $b \leqslant B_1/4$；洞3：$a \leqslant A_2/4$ 且 $b \leqslant B_2/4$

第8章 筒 体 结 构

【禁忌8.1】 不了解实腹筒与框筒受力上有什么区别

筒壁四周不开洞（图 8.1*a*）或开少量尺寸较小的洞的筒体，称为实腹筒；筒壁四周由于采光、通风需要，开有数量较多、尺寸较大的洞的筒体，称为框筒（图 8.1*b*）。

实腹筒在水平力作用下，腹板的应力和应变按线性分布，翼缘上各点应力相等（图8.2）。

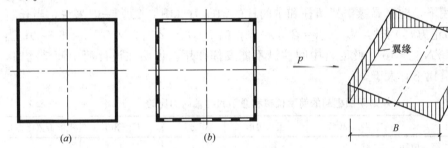

图 8.1 实腹筒与框筒
（*a*）实腹筒；（*b*）框筒

图 8.2 实腹筒在水平荷载作用下的截面内力分布

框筒结构在水平荷载的作用下，同一横截面各竖向构件的轴向力分布，与按平截面假定的轴向力分布有较大的出入。图 8.3 所示为某框筒在水平荷载下各竖向构件的轴向力分布图。其中，角柱的轴力明显比按平截面假定的轴力大，而靠近中线柱的轴力则比按平截面假定的轴力小，且越靠近中线时，轴力减小得越明显。这种现象称为"剪力滞后"现象，它主要是由框筒梁的广义剪切变形（含局部弯曲）所引起。

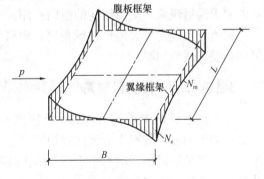

图 8.3 框筒的剪力滞后现象

剪力滞后现象，影响框筒结构的受力性能及其整体抗倾覆力矩的大小。当筒中筒结构的高宽比分别为 5、3 或 2 时，外框筒的抗倾覆力矩约占总倾覆力矩的 50%、25% 或 10%。

研究表明，筒中筒结构当高宽比小于 3 时，外框筒结构就不能较好地发挥结构的空间作用。因此，筒中筒结构的高宽比不宜小于 3，高度不宜低于 80m。对高度不超过 60m 的框架-核心筒结构，可按框架-剪力墙结构设计。

【禁忌 8.2】　不了解平面形状对筒中筒结构受力性能有什么影响

筒体结构的平面外形宜选用圆形、正多边形、椭圆形或矩形，内筒宜居中。研究表明：筒中筒结构在侧向荷载作用下，其结构性能与外框筒的平面外形也有关。对正多边形来说，边数越多，剪力滞后现象越不明显，结构的空间作用越大；反之，边数越少，结构的空间作用越差。

表 8.1 为圆形、正多边形和矩形平面框筒的性能比较。假定 5 种外形的平面面积和筒壁混凝土用量均相同，以正方形的筒顶位移和最不利柱的轴向力为标准，在相同的水平荷载作用下，以圆形的侧向刚度和受力性能最佳，矩形最差；在相同的基本风压作用下，圆形平面的风载体型系数和风荷载最小，优点更为明显；矩形平面相对更差；由于正方形和矩形平面的利用率较高，仍具有一定的实用性，但对矩形平面的长宽比需加限制。矩形的长宽比越接近 1，轴力比 N_c/N_m 越小，结构空间作用越佳。其中，N_c 和 N_m 分别为外框筒在侧向力作用下，框筒翼缘框架角柱和中间柱的轴向力（图 8.3）。一般来说，当长宽比 $L/B=1$（即正方形）时，$N_c/N_m = 2.5 \sim 5$；当 $L/B = 2$ 时，$N_c/N_m = 6 \sim 9$；当 $L/B = 3$ 时，$N_c/N_m > 10$。此时，中间柱已不能发挥作用。说明在设计筒中筒结构时，矩形平面的长宽比不宜大于 2。

规则平面框筒的筒顶位移和最不利柱轴向力比较　　　　　　　　　　表 8.1

平面形状		圆形	正六边形	正方形	正三角形	矩形长宽比为 2
当水平荷载相同时	筒顶位移	0.90	0.96	1	1	1.72
	最不利柱的轴向力	0.67	0.96	1	1.54	1.47
当基本风压相同时	筒顶位移	0.48	0.83	1	1.63	2.46
	最不利柱的轴向力	0.35	0.83	1	2.53	2.69

由表 8.1 可知，正三角形的结构性能也较差，应通过切角使其成为六边形来改善外框筒的剪力滞后现象，提高结构的空间作用。外框筒的切角长度不宜小于相应边长的 1/8，其角部可设置刚度较大的角柱或角筒；内筒的切角长度不宜小于相应边长的 1/10，切角处的筒壁宜适当加厚。

【禁忌 8.3】　核心筒宽高比过小

核心筒系框架-核心筒结构的主要抗侧力结构，应尽量贯通建筑物全高，并要求具有较大的侧向刚度，其刚度沿竖向宜均匀变化，否则结构的侧移和内力将发生急剧变化。一般来说，当核心筒的宽度不小于筒体结构高度的 1/12 时，结构的层间位移就能满足规定；当外框架范围内设置角筒、剪力墙或增强结构整体刚度的构件时，核心筒的宽度可适当减小。

【禁忌 8.4】　核心筒或内筒在水平方向连续开洞

核心筒或内筒的外墙不宜在水平方向连续开洞。核心筒或内筒的外墙连续开洞时（图8.4），筒体由实腹筒变成框筒，受力性能将发生较大变化。洞间墙肢的截面高度不宜小于1.2m；当洞间墙肢的截面高度与厚度之比小于 4 时，宜按框架柱进行截面设计。

抗震设计时，框筒柱和框架柱的轴压比限值可按框架-剪力墙结构的规定采用。

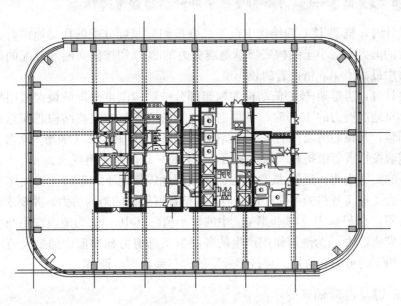

图 8.4　核心筒连续开洞

【禁忌8.5】　楼盖主梁搁置在核心筒或内筒的连梁上

楼盖主梁搁置在核心筒的连梁上（图 8.5），会使连梁产生较大的剪力和扭矩，容易产生脆性破坏。因此，楼盖主梁不宜搁置在核心筒或内筒的连梁上。

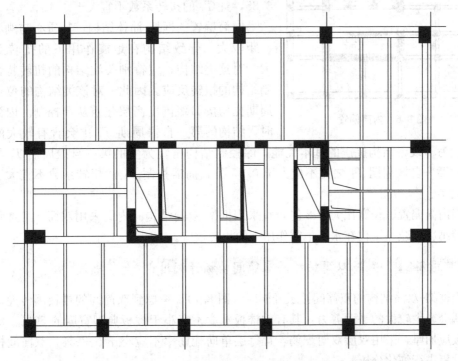

图 8.5　楼盖主梁搁置在核心筒或内筒连梁上示例

【禁忌 8.6】 框架-核心筒结构中框架部分承担的剪力很小

抗震设计时，框架-核心筒结构中框架部分按侧向刚度分配的楼层地震剪力应进行调整，调整后的剪力不应小于结构底部总地震剪力的 20％和按侧向刚度分配的框架部分楼层地震剪力中最大值 1.5 倍两者的较小值。

抗震设计时，当框架-核心筒结构的框架部分按侧向刚度分配的最大楼层地震剪力小于结构底部总地震剪力的 10％时，各层框架承受的地震剪力应按结构底部总地震剪力的 15％进行调整，其核心筒墙体的水平地震作用计算内力应乘以 1.1 的增大系数，墙体的抗震构造措施应按抗震等级提高一级后采用，已为特一级的可不再提高。

国内外的震害表明，框架-核心筒结构在强烈地震作用下，框架柱的损坏程度明显大于核心筒。为了提高各柱的可靠度，应适当调整各框架柱的地震剪力，并要求各层框架承担的总剪力不应小于 $0.2V_0$ 与 $1.5V_{f,max}$ 中的较小值。其中，V_0 为地震作用产生的结构底部总剪力标准值，$V_{f,max}$ 为地震作用产生的各层框架总剪力标准值中的最大值；各层框架柱在地震作用下的剪力和弯矩，可按相应层的调整系数进行调整。

【禁忌 8.7】 内筒偏置

对内筒偏置的框架-筒体结构（图 8.6），应控制结构在考虑偶然偏心影响的单向地震

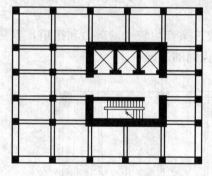

图 8.6 内筒偏置

作用下，最大楼层水平位移和层间位移不应大于该楼层平均值的 1.4 倍，结构扭转为主的第一自振周期 T_t 与平动为主的第一自振周期 T_1 之比不应大于 0.85，且 T_1 的扭转系数不宜大于 0.3。

内筒偏置的框架-筒体结构，其质心与刚心的偏心距较大，导致结构在地震作用下的扭转反应增大。对这类结构，应特别关注结构的扭转特性，控制结构的扭转反应。因此，对该类结构的位移比和周期比均按 B 级高度高层建筑从严控制。内筒偏置时，结构的第一自振周期 T_1 中会含有较大的扭转

系数。为了改善结构抗震的基本性能，除控制结构扭转为主的第一自振周期 T_t 与平动为主的第一自振周期 T_1 之比不应大于 0.85 外，尚需控制 T_1 的扭转系数不宜大于平动系数之半。

当内筒偏置、长宽比大于 2 时，宜采用框架-双筒结构。内筒采用双筒，可增强结构的扭转刚度，减小结构在水平地震作用下的扭转效应。

【禁忌 8.8】 框架-双筒结构的双筒间楼板开洞过大

当框架-双筒结构的双筒间楼板开洞时（图 8.7），考虑到双筒间的楼板因传递双筒间的力偶会产生较大的平面剪力，其有效楼板宽度不宜小于楼板典型宽度的 50％，洞口附近楼板应加厚，采用双层双向配筋，且每层单向配筋率不应小于 0.25％；双筒间楼板应按弹性板进行细化分析。

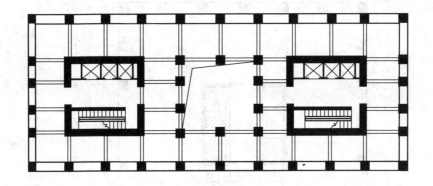

图 8.7　框架-双筒结构的双筒间楼板开洞示例

【禁忌 8.9】　筒体角部附近开洞

核心筒应具有良好的整体性，墙肢宜均匀、对称布置，筒体角部附近不宜开洞。当不可避免时（图 8.4），筒角内壁至洞口应保持一段距离，以便设置边缘构件，其值不应小于 500mm 和开洞墙的厚度；核心筒外墙的截面厚度不应小于 200mm，对一、二级抗震设计的底部加强部位，不宜小于 200mm。当厚度不能满足上述要求时，应通过稳定验算，必要时可增设扶壁柱或扶壁墙；在满足承载力要求及轴压比限值（仅对抗震设计的底部加强部位）时，核心筒内墙可适当减薄，但不应小于 160mm。筒体墙的加强部位高度、轴压比限值、边缘构件的设置以及截面设计，应符合第 6 章的有关规定。

【禁忌 8.10】　筒体墙的水平和竖向采用单排配筋

筒体的外墙厚度不应小于 200mm，内墙厚度不应小于 160mm，墙内应配置水平和竖向钢筋。

为了提高核心筒各墙肢自身平面外的强度和抗裂度，剪力墙的水平和竖向钢筋不应少于两排。

如果筒体墙内水平和竖向钢筋采用单排方式配筋，例如，配置在墙的截面中间部位，钢筋直径为 16mm（图 8.8）。那么，从钢筋边缘至墙边

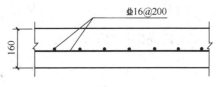

图 8.8　筒体墙水平和竖向钢筋单排配置示例

缘的混凝土保护层厚度为 64mm 或者更大，混凝土保护层由于温度、收缩等因素的影响，有可能开裂。

【禁忌 8.11】　框架-核心筒无梁楼盖结构的周边框间未设框架梁

由于框架-核心筒结构外围框架的柱距较大，为了保证其整体性，外围框架柱间必须要设置框架梁，形成周边框架。实践证明，纯无梁楼盖（图 8.9）会影响框架-核心筒结构的整体刚度和抗震性能，尤其是板柱节点的抗震性能较差。因此，在采用无梁楼盖时，更应在各层楼盖沿周边框架柱设置框架梁。

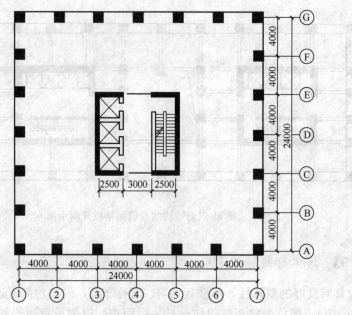

图 8.9　框架-核心筒无梁楼盖周边柱间未设框架梁示例

【禁忌 8.12】　不会设计框筒梁和连梁

要改善外框筒的空间作用，避免框筒梁和内筒连梁在地震作用下产生脆性破坏，外框筒梁和内筒连梁的截面尺寸应符合下列要求：

1. 永久、短暂设计状况：

$$V \leqslant 0.25\beta_c f_c b_b h_{b0} \tag{8.1}$$

2. 地震设计状况：

（1）跨高比大于 2.5 时

$$V \leqslant \frac{1}{\gamma_{RE}}(0.20\beta_c f_c b_b h_{b0}) \tag{8.2}$$

（2）跨高比不大于 2.5 时

$$V \leqslant \frac{1}{\gamma_{RE}}(0.15\beta_c f_c b_b h_{b0}) \tag{8.3}$$

式中　V——外框筒梁或内筒连梁剪力设计值；

　　b_b——外框筒梁或内筒连梁截面宽度；

　　h_{b0}——外框筒梁或内筒连梁截面的有效高度；

　　γ_{RE}——承载力抗震调整系数。

为了保证框筒梁或连梁在地震作用下具有足够的延性，在计算中，计入纵向受压钢筋的梁端混凝土受压区高度，应符合下列要求：

$$一级　　x \leqslant 0.25h_0 \tag{8.4}$$

$$二、三级　　x \leqslant 0.35h_0 \tag{8.5}$$

且梁端纵向受拉钢筋的配筋率不应大于 2.5%。

外框筒梁和内筒连梁的构造配筋，应符合下列要求：

非抗震设计时，箍筋直径不应小于 8mm，箍筋间距不应大于 150mm；抗震设计时，框筒梁和内筒连梁的端部反复承受正、负剪力，箍筋必须加强，箍筋直径不应小于10mm，箍筋间距不应大于100mm。由于梁跨高比较小，箍筋间距沿梁长不变。

梁内上、下纵向钢筋的直径，不应小于16mm。为了避免混凝土收缩，以及温差等间接作用导致梁腹部过早出现裂缝，当梁的截面高度大于450mm时，梁的两侧应增设腰筋，其直径不应小于10mm，间距不应大于200mm。

为了防止框筒或内筒连梁在地震作用下产生脆性破坏，对跨高比不大于1.5的梁，应采用交叉暗撑；跨高比不大于2的梁，宜采用交叉暗撑，且符合下列规定：

1. 梁的截面宽度不宜小于400mm，以免钢筋过密，影响混凝土浇筑质量。

2. 全部剪力由暗撑承担，每根暗撑由不少于4根纵向钢筋组成，纵筋直径不应小于14mm，其总面积 A_s 按下列公式计算：

无地震作用组合时：
$$A_s \geqslant \frac{V}{2f_y\sin\alpha} \tag{8.6}$$

有地震作用组合时：
$$A_s \geqslant \frac{\gamma_{RE}V}{2f_y\sin\alpha} \tag{8.7}$$

式中 α——暗撑与水平线的夹角。

3. 两个方向暗撑的纵向钢筋均应采用矩形箍筋或螺旋箍筋绑成一体，箍筋直径不应小于8mm，箍筋间距不应大于200mm及梁截面宽度 b_b 的一半；端部加密区的箍筋间距不应大于100mm，加密区长度不应小于600mm及梁截面宽度的2倍（图8.10）。

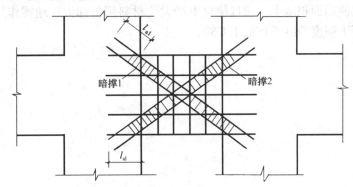

图8.10 梁内交叉暗撑的配筋

4. 纵筋伸入竖向构件的长度不应小于 l_{al}；非抗震设计时，l_{al} 可取 l_a；抗震设计时，l_{al} 宜取 $1.15l_a$，其中，l_a 为钢筋的锚固长度。

5. 梁内竖向箍筋的间距可适当放大，但不应大于150mm。

抗震设计时，核心筒的连梁宜通过配置交叉暗撑、设水平缝或减小梁截面的高跨比等措施，来提高连梁的延性。

【禁忌8.13】 筒体结构的楼盖外角未配板面钢筋

筒体结构的双向楼板在竖向荷载作用下，四周外角要向上翘，但受到剪力墙的约束，加上楼板混凝土的自身收缩和温度变化影响，使楼板外角可能产生斜裂缝。为防止这类裂缝出现，楼板外角顶面和底面宜配置双向钢筋网，以对楼板外角进行加强。单层单向配筋率不宜小于0.3%，钢筋的直径不应小于8mm，间距不应大于150mm，配筋范围不宜小于外框架（或外筒）至内筒外墙面距离的 1/3 或 3m（图 8.11）。

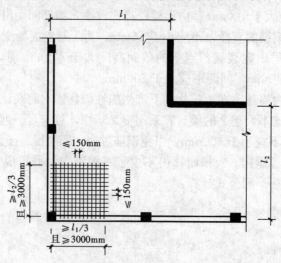

图 8.11　板角配筋

【禁忌 8.14】　筒体结构的混凝土强度等级过低

筒体结构的层数多、重量大，混凝土强度等级太低时，结构的截面尺寸会很大，不但会使建筑的有效使用面积减小，而且使自重增大、材料用量加大、地震作用增大。因此，筒体结构的混凝土强度等级不宜低于 C30。

第9章 复杂高层结构

【禁忌9.1】 不了解哪些高层建筑结构属于复杂高层结构

《高层建筑混凝土结构技术规程》JGJ 3—2010 所指的复杂高层建筑是:

(1) 带转换层结构;

(2) 带加强层结构;

(3) 错层结构;

(4) 连体结构;

(5) 竖向体型收进结构、悬挑结构。

上述五种结构竖向布置不规则、传力途径复杂,有的工程平面布置也不规则。因此,《高规》将它们统称为复杂高层结构。

【禁忌9.2】 不了解采用复杂高层结构时要注意什么问题

采用复杂高层结构时,要注意以下问题:

1.9度抗震设计时不应采用带转换层的结构、带加强层的结构、错层结构和连体结构。

2.7度和8度抗震设计时,剪力墙结构错层高层建筑的房屋高度分别不宜大于80m和60m;框架-剪力墙结构错层高层建筑的房屋高度分别不应大于80m和60m。抗震设计时,B级高度高层建筑不宜采用连体结构;底部带转换层的B级高度筒中筒结构,当外筒框支层以上采用由剪力墙构成的壁式框架时,其最大适用高度应比表2.3规定的数值适当降低。

3.7度和8度抗震设计的高层建筑不宜同时采用超过两种复杂高层建筑结构。

4. 复杂高层建筑结构的计算分析应符合第4章的有关规定。复杂高层建筑结构中的受力复杂部位,尚宜进行应力分析,并按应力进行配筋设计校核。

【禁忌9.3】 不了解转换构件有哪些主要形式

底部带转换层结构,转换层上部的部分竖向构件(剪力墙、框架柱)不能直接连续贯通落地,因此,必须设置安全、可靠的转换构件。转换构件可采用转换大梁、桁架、空腹桁架、斜撑、箱形结构以及厚板等形式(图9.1)。由于转换厚板在地震区使用经验较少,可在非地震区和6度抗震设计时采用,不宜在抗震设防烈度为7、8、9度时采用。对于大空间地下室,因周围有约束作用,地震反应小于地面以上的框支结构,故7、8度抗震设计时的地下室可采用厚板转换层。

由框支主梁承托剪力墙并承托转换次梁及次梁上的剪力墙,其传力途径多次转换,受力复杂。框支主梁除承受其上部剪力墙的作用外,还需承受次梁传给的剪力、扭矩和弯

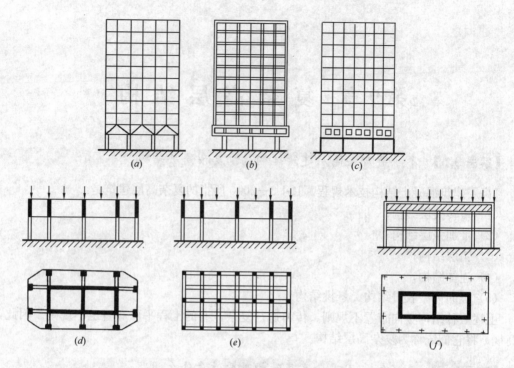

图 9.1　内部大空间转换层的结构形式
(a) 桁架；(b) 箱形；(c) 空腹桁架；(d) 托梁；(e) 双向梁；(f) 板式

矩，框支主梁易受剪破坏。这种方案一般不宜采用，但考虑到实际工程中会遇到转换层上部剪力墙平面布置复杂的情况，B 级高度框支剪力墙结构不宜采用框支主、次梁方案；A级高度框支剪力墙结构可以采用，但设计中应对框支梁进行应力分析，按应力校核配筋，并加强配筋构造措施。具体工程设计中，如条件许可也可考虑采用箱形转换层。

【禁忌9.4】　不了解转换层设置在什么部位比较好

底部转换层位置越高，转换层上、下刚度突变越大，转换层上、下内力传递途径的突变越加剧；此外，转换层位置越高，落地剪力墙或筒体易出现受弯裂缝，从而使框支柱的内力增大，转换层上部附近的墙体易于破坏。总之，转换层位置越高，对抗震越不利。因此，对部分框支剪力墙结构，转换层设置高度，8 度时不宜超过 3 层，7 度时不宜超过 5层，6 度时可适当提高。此外，对于底部带转换层的框架-核心筒结构和外筒为密柱框架的筒中筒结构，由于其转换层上、下的刚度突变不明显，转换层上、下内力传递途径的突变程度也小于框支剪力墙结构，转换层设置高度对这两种结构虽有影响，但不如框支剪力墙结构严重。据此，对这两种结构，其转换层位置可比框支剪力墙结构适当提高。当底部带转换层的筒中筒结构的外筒为由剪力墙组成的壁式框架时，其转换层上、下的刚度突变及内力传递途径突变的程度与框支剪力墙结构比较接近，其转换层设置高度的限制，宜与框支剪力墙结构相同。

必须指出，当设计转换层位于 3 层或 3 层以上的带转换层高层建筑结构时，应符合《高规》的各项专门规定。

【禁忌 9.5】 不了解怎样防止转换层上、下结构侧向刚度发生突变

为了防止转换层上、下结构侧向刚度发生突变，转换层的上、下结构侧向刚度应符合以下规定：

1. 当转换层设置在 1、2 层时，可近似采用转换层与其相邻上层结构的等效剪切刚度比 γ_{e1} 表示转换层上、下层结构刚度的变化，γ_{e1} 宜接近 1，非抗震设计时 γ_{e1} 不应小于 0.4，抗震设计时 γ_{e1} 不应小于 0.5。γ_{e1} 可按下列公式计算：

$$\gamma_{e1} = \frac{G_1 A_1}{G_2 A_2} \times \frac{h_2}{h_1} \tag{9.1}$$

$$A_i = A_{w,i} + \sum_j C_{i,j} A_{ci,j} \quad (i = 1,2) \tag{9.2}$$

$$C_{i,j} = 2.5 \left(\frac{h_{ci,j}}{h_i}\right)^2 \quad (i = 1,2) \tag{9.3}$$

式中　G_1、G_2 ——分别为转换层和转换层上层的混凝土剪变模量；

　　　A_1、A_2 ——分别为转换层和转换层上层的折算抗剪截面面积，可按式（9.2）计算；

　　　$A_{w,i}$ ——第 i 层全部剪力墙在计算方向的有效截面面积（不包括翼缘面积）；

　　　$A_{ci,j}$ ——第 i 层第 j 根柱的截面面积；

　　　h_i ——第 i 层的层高；

　　　$h_{ci,j}$ ——第 i 层第 j 根柱沿计算方向的截面高度；

　　　$C_{i,j}$ ——第 i 层第 j 根柱截面面积折算系数，当计算值大于 1 时取 1。

2. 当转换层设置在第 2 层以上时，按式（9.1）计算的转换层与其相邻上层的侧向刚度比不应小于 0.6。

3. 当转换层设置在第 2 层以上时，尚宜采用图 9.2 所示的计算模型按式（9.4）计算转换层下部结构与上部结构的等效侧向刚度比 γ_{e2}。γ_{e2} 宜接近 1，非抗震设计时 γ_{e2} 不应小于 0.5，抗震设计时 γ_{e2} 不应小于 0.8。

$$\gamma_{e2} = \frac{\Delta_2 H_1}{\Delta_1 H_2} \tag{9.4}$$

式中　γ_{e2} ——转换层下部结构与上部结构的等效侧向刚度比；

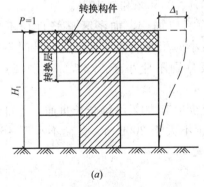 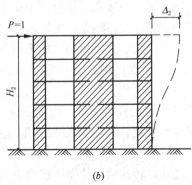

图 9.2　转换层上、下等效侧向刚度计算模型

（a）计算模型 1——转换层及下部结构；（b）计算模型 2——转换层上部结构

H_1——转换层及其下部结构（计算模型 1）的高度；

Δ_1——转换层及其下部结构（计算模型 1）的顶部在单位水平力作用下的侧向位移；

H_2——转换层上部若干层结构（计算模型 2）的高度，其值应等于或接近计算模型 1 的高度 H_1，且不大于 H_1；

Δ_2——转换层上部若干层结构（计算模型 2）的顶部在单位水平力作用下的侧向位移。

【禁忌 9.6】 不了解部分框支剪力墙结构中落地剪力墙和框支柱应如何布置

部分框支剪力墙结构的布置应符合下列规定：

1. 落地剪力墙和筒体底部墙体应加厚；

2. 框支柱周围楼板不应错层布置；

3. 落地剪力墙和筒体的洞口宜布置在墙体的中部；

4. 框支梁上一层墙体内不宜设置边门洞，也不宜在框支中柱上方设置门洞；

5. 落地剪力墙的间距 l 应符合下列规定：

（1）非抗震设计时，l 不宜大于 $3B$ 和 36m；

（2）抗震设计时，当底部框支层为 1~2 层时，l 不宜大于 $2B$ 和 24m；当底部框支层为 3 层及 3 层以上时，l 不宜大于 $1.5B$ 和 20m；此处，B 为落地墙之间楼盖的平均宽度。

6. 框支柱与相邻落地剪力墙的距离，1~2 层框支层时不宜大于 12m，3 层及 3 层以上框支层时不宜大于 10m；

7. 框支框架承担的地震倾覆力矩应小于结构总地震倾覆力矩的 50%；

8. 当框支梁承托剪力墙并承托转换次梁及其上剪力墙时，应进行应力分析，按应力校核配筋，并加强构造措施。B 级高度部分框支剪力墙高层建筑的结构转换层，不宜采用框支主、次梁方案。

【禁忌 9.7】 不会设计转换梁

转换梁设计应符合下列要求：

1. 转换梁上、下部纵向钢筋的最小配筋率，非抗震设计时均不应小于 0.30%；抗震设计时，特一级、一级和二级分别不应小于 0.60%、0.50% 和 0.40%。

2. 离柱边 1.5 倍梁截面高度范围内的梁箍筋应加密，加密区箍筋直径不应小于 10mm、间距不应大于 100mm。加密区箍筋的最小面积配筋率，非抗震设计时不应小于 $0.9f_t/f_{yv}$；抗震设计时，特一级、一级和二级分别不应小于 $1.3f_t/f_{yv}$、$1.2f_t/f_{yv}$ 和 $1.1f_t/f_{yv}$。

3. 偏心受拉的转换梁的支座上部纵向钢筋至少应有 50% 沿梁全长贯通，下部纵向钢筋应全部直通到柱内；沿梁腹板高度应配置间距不大于 200mm、直径不小于 16mm 的腰筋。

除此之外，转换梁设计尚应符合下列规定：

1. 转换梁与转换柱截面中线宜重合。

2. 转换梁截面高度不宜小于计算跨度的 1/8。托柱转换梁截面宽度不应小于其上所托

194

柱在梁宽方向的截面宽度。框支梁截面宽度不宜大于框支柱相应方向的截面宽度，且不宜小于其上墙体截面厚度的 2 倍和 400mm 的较大值。

3. 转换梁截面组合的剪力设计值应符合下列规定：

持久、短暂设计状况 $\qquad V \leqslant 0.20\beta_c f_c bh_0$ $\qquad\qquad$ (9.5)

地震设计状况 $\qquad\qquad V \leqslant \dfrac{1}{\gamma_{RE}}(0.15\beta_c f_c bh_0)$ $\qquad$ (9.6)

4. 托柱转换梁应沿腹板高度配置腰筋，其直径不宜小于 12mm、间距不宜大于 200mm。

5. 转换梁纵向钢筋接头宜采用机械连接，同一连接区段内接头钢筋截面面积不宜超过全部纵筋截面面积的 50%，接头位置应避开上部墙体开洞部位、梁上托柱部位及受力较大部位。

6. 转换梁不宜开洞。若必须开洞时，洞口边离开支座柱边的距离不宜小于梁截面高度；被洞口削弱的截面应进行承载力计算，因开洞形成的上、下弦杆应加强纵向钢筋和抗剪箍筋的配置。

7. 对托柱转换梁的托柱部位和框支梁上部的墙体开洞部位，梁的箍筋应加密配置，加密区范围可取梁上托柱边或墙边两侧各 1.5 倍转换梁高度；箍筋直径、间距及面积配筋率应符合《高规》第 10.2.7 条第 2 款的规定。

8. 框支剪力墙结构中的框支梁上、下纵向钢筋和腰筋（图 9.3）应在节点区可靠锚固，水平段应伸至柱边，且非抗震设计时不应小于 $0.4\,l_{ab}$，抗震设计时不应小于 $0.4\,l_{abE}$，梁上部第一排纵向钢筋应向柱内弯折锚固，且应延伸过梁底不小于 l_a（非抗震设计）或 l_{aE}（抗震设计）；当梁上部配置多排纵向钢筋时，其内排钢筋锚入柱内的长度可适当减小，但水

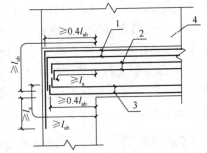

图 9.3　框支梁主筋和腰筋的锚固
1—梁上部纵向钢筋；2—梁腰筋；3—梁下部
纵向钢筋；4—上部剪力墙；
抗震设计时，图中 l_a、l_{ab} 分别取为 l_{aE}、l_{abE}

平段长度和弯下段长度之和不应小于钢筋锚固长度 l_a（非抗震设计）或 l_{aE}（抗震设计）。

9. 托柱转换梁在转换层宜在托柱位置设置正交方向的框架梁或楼面梁。

10. 转换层上部的竖向抗侧力构件（墙、柱）宜直接落在转换层的主要转换构件上。

【禁忌 9.8】 不会设计转换柱

转换柱设计应符合下列要求：

1. 柱内全部纵向钢筋配筋率应符合表 5.8 中框支柱的规定；

2. 抗震设计时，转换柱箍筋应采用复合螺旋箍或井字复合箍，并应沿柱全高加密，箍筋直径不应小于 10mm，箍筋间距不应大于 100mm 和 6 倍纵向钢筋直径的较小值；

3. 抗震设计时，转换柱的箍筋配箍特征值应比普通框架柱要求的数值增加 0.02 采用，且箍筋体积配箍率不应小于 1.5%。

除此之外，转换柱设计尚应符合下列规定：

1. 柱截面宽度，非抗震设计时不宜小于 400mm，抗震设计时不应小于 450mm；柱截

面高度，非抗震设计时，不宜小于转换梁跨度的 1/15；抗震设计时，不宜小于转换梁跨度的 1/12。

2. 一、二级转换柱由地震作用产生的轴力，应分别乘以增大系数 1.5、1.2；但计算柱轴压比时，可不考虑该增大系数。

3. 与转换构件相连的一、二级转换柱的上端和底层柱下端截面的弯矩组合值，应分别乘以增大系数 1.5、1.3；其他层转换柱柱端弯矩设计值，应符合【禁忌 5.14】中的规定。

4. 一、二级柱端截面的剪力设计值应符合【禁忌 5.14】中的有关规定。

5. 转换角柱的弯矩设计值和剪力设计值应分别在以上第 3、4 条的基础上，乘以增大系数 1.1。

6. 柱截面的组合剪力设计值应符合下列规定：

持久、短暂设计状况 $\qquad V \leqslant 0.20 \beta_c f_c b h_0$ (9.7)

地震设计状况 $\qquad V \leqslant \dfrac{1}{\gamma_{RE}}(0.15 \beta_c f_c b h_0)$ (9.8)

7. 纵向钢筋间距均不应小于 80mm，且抗震设计时不宜大于 200mm，非抗震设计时不宜大于 250mm；抗震设计时，柱内全部纵向钢筋配筋率不宜大于 4.0%。

8. 非抗震设计时，转换柱宜采用复合螺旋箍或井字复合箍，其箍筋体积配箍率不宜小于 0.8%，箍筋直径不宜小于 10mm，箍筋间距不宜大于 150mm。

9. 部分框支剪力墙结构中的框支柱在上部墙体范围内的纵向钢筋应伸入上部墙体内不少于一层，其余柱纵筋应锚入转换层梁内或板内；从柱边算起，锚入梁、板内的钢筋长度，抗震设计时，不应小于 l_{aE}；非抗震设计时，不应小于 l_a。

【禁忌 9.9】 不了解部分框支剪力墙结构中框支柱承受的水平地震剪力标准值应符合哪些规定

部分框支剪力墙结构框支柱承受的水平地震剪力标准值应按下列规定采用：

1. 每层框支柱的数目不多于 10 根时，当底部框支层为 1～2 层时，每根柱所受的剪力应至少取结构基底剪力的 2%；当底部框支层为 3 层及 3 层以上时，每根柱所受的剪力应至少取结构基底剪力的 3%。

2. 每层框支柱的数目多于 10 根时，当底部框支层为 1～2 层时，每层框支柱承受剪力之和应至少取结构基底剪力的 20%；当框支层为 3 层及 3 层以上时，每层框支柱承受剪力之和应至少取结构基底剪力的 30%。

框支柱剪力调整后，应相应调整框支柱的弯矩及柱端框架梁的剪力和弯矩，但框支梁的剪力、弯矩、框支柱的轴力可不调整。

【禁忌 9.10】 不了解框支梁上的墙体构造应满足哪些要求

框支梁上部墙体的构造应满足下列要求：

1. 当框支梁上部的墙体开有边门洞时，洞边墙体宜设置翼缘墙、端柱或加厚（图 9.4），并应按约束边缘构件的要求进行配筋设计；

2. 框支梁上墙体竖向钢筋在转换梁内的锚固长度，抗震设计时，不应小于 l_{aE}；非抗震设计时，不应小于 l_a；

3. 框支梁上一层墙体的配筋，宜按下列公式计算：

（1）柱上墙体的端部竖向钢筋 A_s：

$$A_s = h_c b_w (\sigma_{01} - f_c)/f_y$$

（9.9）

（2）柱边 $0.2l_n$ 宽度范围内竖向分布钢筋 A_{sw}：

$$A_{sw} = 0.2l_n b_w (\sigma_{02} - f_c)/f_{yw}$$

（9.10）

（3）框支梁上的 $0.2l_n$ 高度范围内水平分布筋 A_{sh}：

$$A_{sh} = 0.2l_n b_w \sigma_{xmax}/f_{yh}$$

（9.11）

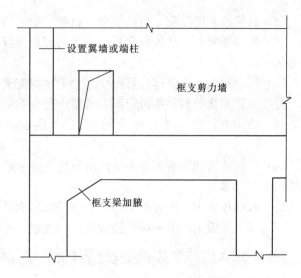

图 9.4 框支梁上墙体有边门洞时洞边墙体的构造措施

式中 l_n——框支梁净跨；

h_c——框支柱截面高度；

b_w——墙截面厚度；

σ_{01}——柱上墙体 h_c 范围内考虑风荷载、地震作用组合的平均压应力设计值；

σ_{02}——柱边墙体 $0.2l_n$ 范围内考虑风荷载、地震作用组合的平均压应力设计值；

σ_{xmax}——框支梁与墙体交接面上考虑风荷载、地震作用组合的水平拉应力设计值。

有地震作用组合时，式（9.9）～式（9.11）中 σ_{01}、σ_{02}、σ_{xmax} 均应乘以 γ_{RE}，γ_{RE} 取 0.85。

4. 转换梁与其上部墙体的水平施工缝处，宜验算抗滑移能力。

【禁忌 9.11】 **不了解抗震设计时矩形平面建筑框支层楼板截面剪力应符合哪些要求**

抗震设计的矩形平面建筑框支层楼板，其截面剪力设计值应符合下列要求：

$$V_f \leqslant \frac{1}{\gamma_{RE}} (0.1\beta_c f_c b_f t_f)$$

（9.12）

$$V_f \leqslant \frac{1}{\gamma_{RE}} (f_y A_s)$$

（9.13）

式中 b_f、t_f——分别为框支层楼板的验算截面宽度和厚度；

V_f——框支结构由不落地剪力墙传到落地剪力墙处，按刚性楼板计算的框支层楼板组合的剪力设计值，8 度时应乘以增大系数 2.0；7 度时应乘以增大系数 1.5；验算落地剪力墙时，不考虑此增大系数；

A_s——穿过落地剪力墙的框支层楼盖（包括梁和板）的全部钢筋的截面面积；

γ_{RE}——承载力抗震调整系数，可取 0.85。

【禁忌 9.12】 **不了解采用厚板做转换层时应符合哪些要求**

厚板设计应符合下列要求：

（1）转换厚板的厚度，可由抗弯、抗剪、抗冲切计算确定；

（2）转换厚板可局部做成薄板，薄板与厚板交界处可加腋；转换厚板，亦可局部做成夹心板；

（3）转换厚板宜按整体计算时所划分的主要交叉梁系的剪力和弯矩设计值进行截面设计，并按有限元法分析结果进行配筋校核。受弯纵向钢筋可沿转换板上、下部双层双向配置，每一方向总配筋率不宜小于 0.6%。转换板内暗梁抗剪箍筋的面积配筋率不宜小于 0.45%；

（4）为防止转换厚板的板端沿厚度方向产生层状水平裂缝，宜在厚板外周边配置钢筋骨架网进行加强；

（5）转换厚板上、下部的剪力墙、柱的纵向钢筋，均应在转换厚板内可靠锚固；

（6）转换厚板上、下一层的楼板应适当加强，楼板厚度不宜小于 150mm。

【禁忌 9.13】 不了解采用空腹桁架做转换层时应注意的问题

采用空腹桁架转换层时，空腹桁架宜满层设置，应有足够的刚度保证其整体受力作用。空腹桁架的上、下弦杆，宜考虑楼板作用。竖腹杆应按强剪弱弯进行配筋设计，加强箍筋配置，并加强与上、下弦杆的连接构造。空腹桁架应加强上、下弦杆与框架柱的锚固连接构造。

【禁忌 9.14】 不了解为什么要设置加强层

当框架-核心筒结构的侧向刚度不能满足设计要求时，可沿竖向利用建筑避难层、设备层空间，设置适宜刚度的水平伸臂构件，构成带加强层的高层建筑结构（图 9.5）。必要时，也可设置周边水平环带构件。加强层的工作机理如图 9.6 所示。

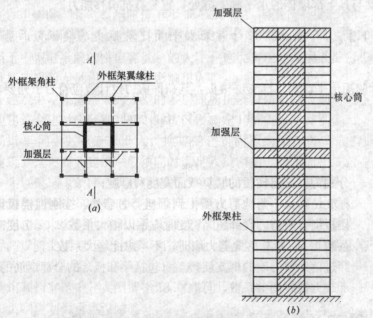

图 9.5 带加强层高层建筑结构的平面图和剖面图

（a）带加强层高层建筑结构平面图（图中虚线为加强层设置位置）；（b）A—A 剖面图

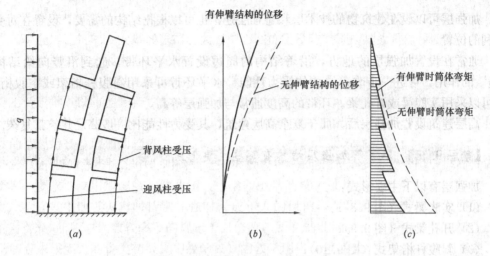

图 9.6　加强层的工作机理
(a) 伸臂结构在水平荷载作用下的变形；(b) 位移；(c) 筒体弯矩

由图 9.6 可见，设置加强层后，结构的内力和位移都比不设置加强层小，但内力和层间位移角在设置加强层处会发生突变（图 9.6c 和图 9.7）。

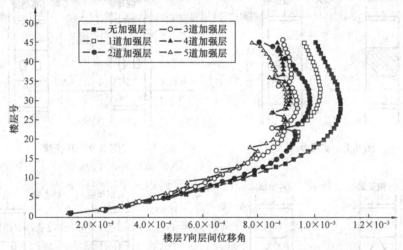

图 9.7　某高层建筑结构刚臂数量与楼层 Y 向层间位移角的关系图

加强层被广泛用于框架-核心筒结构的高层建筑。这是因为在这类结构中，核心筒一个方向的尺寸只有 10m 左右，外框架一个方向的尺寸为 30～40m，在超高层建筑中，整个房屋的高宽比，特别是核心筒的高宽比可能很大，例如，上海金茂大厦核心筒的高宽比为 13.7，上海环球金融中心核心筒的高宽比为 13.96，深圳地王大厦核心筒的高宽比为 24。房屋的高宽比和核心筒的高宽比很大时，在水平荷载和地震作用下，不但会产生很大的侧向变形，而且对结构的稳定与抗倾覆也会带来不利的影响。此外，在这类结构中，外框架与核心筒的质量、刚度、自振周期、振型等都各不相同，彼此之间的协同工作也存在着很大的问题。设置加强层后，可以使这些问题得到改善。

每一个加强层的高度可以是一层楼高，也可以是两层或两层以上的楼层层高。水平加强构件有时也称为刚臂或伸臂。

加强层可以设在建筑物的技术层和避难层处，也可以根据结构的需要，设置在对受力有利的位置。

通常在设置加强层的地方，沿着结构的周边设置水平环带，起到沿竖向给结构加"箍"的作用，可进一步改善结构的受力性能。水平环带可采用斜腹杆桁架或空腹桁架，也可以采用实腹梁或开孔梁。环带的高度通常与加强层等高。

高层建筑设置加强层后，属于复杂高层建筑，其受力性能比一般高层建筑都复杂。

【禁忌 9.15】 不了解加强层结构有哪些主要形式

加强层有以下主要形式：

(1) 实腹梁式（图 9.8）；

(2) 开孔梁式（图 9.9）；

(3) 斜腹杆桁架式（图 9.10）；

(4) 空腹桁架式（图 9.11）。

各种形式的加强层，其抗弯和抗剪刚度各不相同，设计人员可以根据设计需要进行选择。

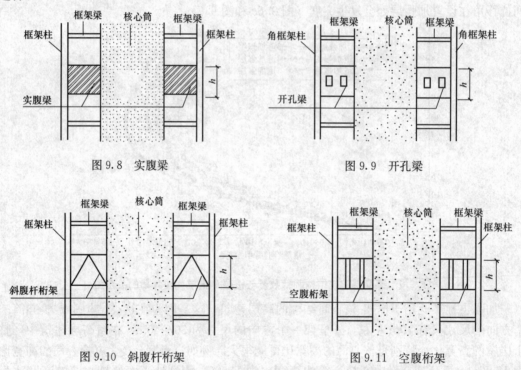

图 9.8　实腹梁　　　　　　　　　图 9.9　开孔梁

图 9.10　斜腹杆桁架　　　　　　　图 9.11　空腹桁架

【禁忌 9.16】 不了解带加强层结构的主要优点与缺点

带加强层结构的主要优点是：

(1) 改善结构的受力状态，有效减少结构侧移，增大结构抗侧移刚度。

(2) 用设备层或避难层作为水平加强层，如：水平支承大梁、空腹桁架、梁式、板式箱形结构布置转换层等，可较好地解决建筑底部或其他层的需要开高大空间，造成结构上下层形式不同和结构布置上的矛盾，从而满足建筑功能需求。

（3）从经济的角度来看，在满足使用功能和规范要求的前提下，减小剪力墙、筒体和柱等构件中的截面尺寸，增大了使用面积，提高净面积、毛面积比，有利于建筑的使用，增强了建筑的租售竞争力，由于减小剪力墙、筒体和柱等构件中的截面尺寸与不设水平加强层的相应结构相比，可节约混凝土12％左右。可见，设置水平加强层是减小高层建筑结构侧移提高其抗侧移刚度的一种既有效又经济的方法。

带加强层结构的主要缺点是：

设置加强层的主要缺点是：加强层的存在使结构刚度沿竖向发生突变，结构的核心筒和外围框架的变形协调集中在加强层处，这就导致在重力和水平荷载作用下，加强层上下附近几层的内力发生突变，结构地震反应复杂，在地震作用下容易出现薄弱层。所以，加强层不是越刚越好。加强层的刚度要根据建筑物的高度、结构类型及刚度等因素合理选择。

【禁忌 9.17】 不了解带加强层结构的工程应用情况

用加强层来提高框架-核心筒结构体系抗推能力的概念，最早是由 Barkacki 提出，并于 1962 年应用于加拿大蒙特利尔的一幢 47 层的钢结构大楼。1973 年，美国 Milwaukee 市建成的 42 层、高 183m 的威斯康星中心大楼，也采用带伸臂的"斜撑核心筒框架"体系。加强层在国内首先用于超高层钢结构，以提高抗侧刚度，改善内支撑框架的受力状况。近年来，加强层开始用于超高层钢筋混凝土结构，并日趋广泛。表 9.1 列出了国内外一些带加强层的超高层建筑。

高层建筑加强层结构体系的工程应用统计　　　　　　　　　　表 9.1

序号	工程名称	RC/ST /SRC	结构体系	层数	总高/m	加强层数量	加强层位置	加强层类型
1	上海环球金融中心大厦	SRC		101	492	3	18/30/54	桁架
2	上海金茂大厦	SRC		88	372	3	25/52/86	桁架
3	北京国贸大厦三期	SRC						桁架
4	深圳地王大厦	SRC	框筒	81	384.3	4	2/22/41/66	桁架
5	深圳赛格广场	SRC		71	353.8	4	19/34/49/64	桁架
6	天津国际贸易中心	SRC		63	226	3		桁架
7	深圳商业中心	RC	框筒	52	167	2	27/49	梁式
8	深圳世界贸易中心	RC		55	236	2	22/38	桁架
9	香港交易广场大厦	RC	框筒	51	183	2	20/37	梁式

序号	工程名称	RC/ST/SRC	结构体系	层数	总高/m	加强层数量	加强层位置	加强层类型
10	佳木斯国泰大厦	RC		43	162	3	14/32/43	梁式
11	上海金陵大楼	RC	框筒	37	140	2	20/35	梁式
12	上海峻岭广场	RC		41	158	3	8/22/41	梁式
13	北京国际大厦（深圳罗湖区）	RC	筒中筒	41	153	3	13/26/37	梁式
14	广州天河娱乐广场大楼	RC	筒中筒	33	126	2	21/33	梁式
15	广州中山信联大厦	RC	筒中筒	33	128	2	17/33	梁式
16	侨光广场大厦（深圳罗湖区）	RC	筒中筒	52	177	4	6/19/35/44	梁式
17	福州元洪城一期	RC	筒中筒	36	150	3	6/16/36	梁式
18	福州福星大厦	RC	框筒	30	100	1	6	梁式
19	深圳罗湖商务中心大厦	RC		45	170	1	30	桁架
20	上海新锦江饭店	ST	框撑	44	154	2	23/44	桁架
21	海口南亚大厦	SRC	框筒	38	126	1	17	桁架
22	厦门远华国际中心大厦	SRC	框筒	88	390	3		桁架
23	南京金丝利国际娱乐城	RC	框筒		160	3	6/16/32	梁式
24	上海光明大厦	RC	框筒	37	140	2	20/35	梁式
25	厦门商厦	RC	框筒	50	185.3	3	7/29/50	梁式
26	深圳深房广场大厦	RC	框筒	50	183.7	2	27/49	梁式
27	深圳贤成大厦	RC	筒中筒	60		1	52	梁式
28	郑州某办公楼	RC	框筒	34	117.2	2	4/18	梁式
29	南京新华大厦	RC	框筒	50	173	2	16/30	桁架
30	天津华信商厦	RC	筒中筒	48	206	2	21/36	梁式
31	大连远洋大厦	RC	框筒	51	200.8	2	31/45	桁架

序号	工程名称	RC/ST /SRC	结构体系	层数	总高/m	加强层数量	加强层位置	加强层类型
32	广州合银广场	RC	框筒	60	239.8	3	11/27/42	桁架
33	中山钓鱼台大厦	RC	框筒	39	138	1	39	梁式
34	深圳怡泰中心大厦高级公寓	RC	框筒	38	133.3	3	7/25/38	梁式
35	无锡商业谈判楼	RC	筒中筒	38	151.5	2	16/38	梁式
36	武汉世界贸易大厦	RC		58	229	3	9/28/52	桁架
37	加拿大蒙特利尔大楼	ST		47				
38	美国威斯康星中心大楼	ST		42	183	2	17/42	桁架
39	东京新宿行政大楼	ST		54	223	4	14/27/40/54	桁架
40	纽约 ETW 大楼	ST		42			3/15/38	桁架
41	墨尔本 BHP 总部大楼	ST		41	150	2	20/41	桁架
42	费城 One Liberty Place	ST		65		3	24/41/55	桁架
43	德国法兰克福博览会大厦			52	253	2		

从表 9.1 中的数据可以看出,国外高层建筑加强层的伸臂和圈梁主要采用钢桁架结构体系,而国内过去几年主要采用钢筋混凝土梁式体系,这主要是因为国外的超高层建筑大多采用钢结构,而国内的高层建筑多采用混凝土结构。近几年建造的超高层建筑,我国多采用钢-混凝土组合结构,伸臂和圈梁主要采用钢桁架结构体系。

由于加强层的存在,使得房屋沿竖向产生了较大的刚度突变,远远不能满足强柱弱梁的抗震设计原则。如果采用桁架式加强层,则可以缓解这方面的矛盾,因为桁架杆件的刚度与柱刚度处于同一数量级。但是由于国内高层建筑大多采用钢筋混凝土结构,钢筋混凝土桁架式加强层增加了施工的难度,同时由于桁架杆件在地震作用下将产生较大的轴向拉力,这使得普通的钢筋混凝土桁架难以满足要求,而必须采用预应力混凝土桁架,所以国内加强层大多采用实腹钢筋混凝土梁式体系,由此带来的抗震不利影响必须加以解决。最近十多年,我国建造的高层建筑中多采用外钢、钢管及钢骨混凝土框架-内混凝土筒体的钢-混凝土混合结构,加强层伸臂多数采用钢桁架形式,上海金茂大厦和深圳的地王大厦均采用此种结构。

【禁忌 9.18】 不知道在框架-筒体结构中如何确定加强层的最佳位置

加强层可根据其刚度大小分为刚性加强层与弹性加强层。它们理论上的最佳位置可按下面方法确定。

1. 按刚性加强层分析

（1）基本假定

1975 年，美国学者 Taranath 将复杂的带加强层框架-核心筒结构简化为如图 9.12 和图 9.13 所示的平面计算模型。它反映了带伸臂结构整体刚度提高的主要机理，概念清晰、明确。许多学者利用这个模型做了很多工作，直到今天对带加强层框架-核心筒结构的研究仍然具有重要的指导意义。

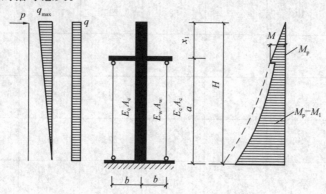

图 9.12　一层刚性伸臂的计算简图

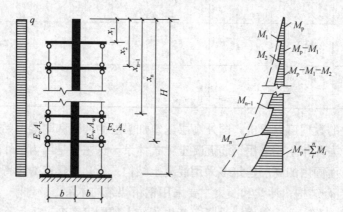

图 9.13　多层刚性伸臂的计算简图

对于带刚性加强层的结构，按 Taranath 模型，需要引入如下基本假设：

1）外排柱与核心筒横截面沿结构高度方向不变。

2）忽略转动惯量和剪切变形的影响，忽略一般楼盖的影响。

3）加强层与外排柱铰接，与核心筒刚接，核心筒承担弯矩，外排柱仅有轴力作用，而不承受弯矩。

4）水平加强层的弯曲刚度为无穷大。

(2) 最佳位置分析

1) 只有一道刚性加强层的情况。计算简图如图 9.12 所示。

设刚性层的转角为 θ，则：

柱的伸长、缩短：
$$\Delta = \theta b \tag{9.14}$$

柱的轴力：
$$N_c = \frac{E_c A_c \theta b}{a} \tag{9.15}$$

由 N_c 产生的弯矩：
$$M_1 = 2b N_c = \frac{2b^2 A_c E_c \theta}{a} \tag{9.16}$$

而由于核心剪力墙弯曲产生的转角 θ 为：

$$\theta = \int_H^a \frac{M_Q(x) - M_1}{E_w I_w} \mathrm{d}x \tag{9.17}$$

式中　$M_Q(x)$ ——外荷载产生的总力矩；

　　　$E_w I_w$ ——核心墙的弯曲刚度。

积分后可得：

$$
\left.
\begin{aligned}
\theta &= \frac{q}{6E_w I_w}[H^3 - X_1^3] - \frac{M_1 a}{E_w I_w} \quad （均布荷载）\\[2mm]
\theta &= \frac{q_{max}}{24 E_w I_w H}[H^4 - X_1^4] - \frac{M_1 a}{E_w I_w} \quad （三角形分布荷载）\\[2mm]
\theta &= \frac{P}{2}[H^2 - X_1^2] - \frac{M_1 a}{E_w I_w} \quad （顶点集中荷载）
\end{aligned}
\right\}
\tag{9.18}
$$

式中　q，q_{max}，P——均布荷载值，三角形分布荷载最大值和顶点集中荷载值。

由式（9.16）和式（9.18）可得弯矩 M_1 的数值：

$$
M_1 =
\begin{cases}
\dfrac{q(H^3 - X_1^3)}{6E_w I_w (H - X_1)} \dfrac{1}{\left(\dfrac{1}{E_w I_w} + \dfrac{1}{2b^2 A_c E_c}\right)} & （均布荷载）\\[6mm]
\dfrac{q_{max}(H^4 - X_1^4)}{24 E_w I_w (H - X_1)} \dfrac{1}{\left(\dfrac{1}{E_w I_w} + \dfrac{1}{2b^2 A_c E_c}\right)} & （三角形荷载）\\[6mm]
\dfrac{P(H^2 - X_1^2)}{2E_w I_w (H - X_1)} \dfrac{1}{\left(\dfrac{1}{E_w I_w} + \dfrac{1}{2b^2 A_c E_c}\right)} & （顶点集中荷载）
\end{cases}
\tag{9.19}
$$

顶点水平位移可由下式计算：

$$
u =
\begin{cases}
\dfrac{qH^4}{8E_w I_w} - \dfrac{M_1(H^2 - x_1^2)}{2E_w I_w} & （均布荷载）\\[6mm]
\dfrac{11 q_{max} H^4}{120 E_w I_w} - \dfrac{M_1(H^2 - x_1^2)}{2E_w I_w} & （三角形荷载）\\[6mm]
\dfrac{PH^3}{3E_w I_w} - \dfrac{M_1(H^2 - x_1^2)}{2E_w I_w} & （顶点集中荷载）
\end{cases}
\tag{9.20}
$$

2) 有几个刚性伸臂时的情况（图 9.13）。同样，在每一道刚性伸臂构件 x_i 处，建立 θ_i 的协调方程，可得在均布荷载作用下：

$$M_1 = \frac{q}{6E_w I_w S}(x_2^2 + x_1 x_2 + x_1^2)$$

$$M_i = \frac{q}{6E_w I_w S}(x_{i+1}^2 + x_{i+1} x_i - x_i x_{i-1} - x_{i-1}^2) \Bigg\} \quad (9.21)$$

$$S = \left(\frac{1}{E_w I_w} + \frac{1}{2E_c A_c b^2}\right)$$

顶部水平位移：

$$u = \frac{qH^4}{8E_w I_w} - \frac{1}{2E_w I_w}\sum_{i=1}^n M_i(H^2 - x_i^2) \quad (9.22)$$

3）最佳刚性层位置。在均布荷载作用下，单层水平刚性伸臂：

$$u = \frac{qH^4}{8E_w I_w} - \frac{M_1(H^2 - x_1^2)}{2E_w I_w}$$

$$M_1 = \frac{q}{6E_w I_w} \frac{1}{\left(\dfrac{1}{E_w I_w} + \dfrac{1}{2b^2 E_c A_c}\right)} \frac{H^3 - x_1^3}{H - x_1} \Bigg\} \quad (9.23)$$

对式（9.23）求极值，可得到 u 为最小时的 x_1 值，即是刚性伸臂的最佳位置。即求解方程：

$$4x_1^3 + 3x_1^2 H - H^3 = 0$$

得：

$$x_1 = 0.455H \quad (9.24)$$

在多道刚性伸臂时，可以建立 n 个方程：

$$\begin{cases} 4x_1^3 + 3x_1^2 x_2 - x_2^3 = 0 \\ \cdots \\ x_1^3 - 3x_{i-1}x_i^2 + 3x_i^2 x_{i+1} - x_{i+1}^3 = 0 \\ \cdots \end{cases} \quad (9.25)$$

解此联立方程式可得伸臂的最佳位置（表 9.2）。

伸臂的最佳位置 表 9.2

加强层数量	x_1/H	x_2/H	x_3/H	x_4/H
1	0.455			
2	0.312	0.686		
3	0.243	0.534	0.779	
4	0.202	0.443	0.646	0.829

作为工程设计实际应用，可取等分布置，即：

一道伸臂：$\dfrac{H}{2}$

二道伸臂：$\dfrac{H}{3}$，$\dfrac{2H}{3}$

三道伸臂：$\dfrac{H}{4}$，$\dfrac{H}{2}$，$\dfrac{3H}{4}$

四道伸臂：$\dfrac{H}{5}$，$\dfrac{2H}{5}$，$\dfrac{3H}{5}$，$\dfrac{4H}{5}$

由于实际工程中加强层的刚度并非无穷大，因此，《高层建筑混凝土结构技术规程》（JGJ 3—2010）规定，当布置 1 个加强层时，可设置在 0.6 倍房屋高度附近；当布置 2 个加强层时，可分别设置在顶层和 0.5 倍房屋高度附近；当布置多个加强层时，宜沿竖向从顶层向下均匀布置。

如果在这些层附近有避难层或技术层，可将它们与加强层合并。当伸臂在三道以上时，所提供的效果已不显著，所以在实际工程中，一般最多设三道水平刚性伸臂。

2. 按弹性加强层分析

实际工程中，加强层的刚度都是有限的。因此，按弹性加强层进行分析更加合理。下面介绍按弹性加强层确定加强层最佳位置的方法。

（1）基本假定

为了分析带弹性加强层框架-核心筒结构的特性和对结构的刚度进行优化，仍采用 Taranath 模型，所作假定如下：

1）外围框架柱中仅产生轴向力，忽略其抗弯和抗剪性能。

2）水平加强层与核心筒刚接，与外围框架柱铰接，核心筒与基础刚接。

3）外围框架柱仅通过加强层与核心筒相连，不考虑普通楼盖参与工作。

4）带加强层框架-核心筒结构处于弹性工作阶段。

（2）等效静荷载作用下的结构特性分析

在框架-核心筒结构中设置加强层的主要目的是为了控制侧移和减少核心筒弯矩。现通过对等效静力荷载-均布荷载作用下，带两道加强层框架-核心筒结构进行典型分析，来说明结构内力和侧移的规律及其主要影响因素，其他带单道或多道加强层的结构均可在此基础上，按类似的原则与方法进一步求解。

在上节假定的基础上，再进一步假定：

1）外围框架柱、核心筒和伸臂的截面特性沿高度不变，对于截面特性沿高度有变化，但变化不很大的情况，也可近似采取沿高度的加权平均值。

2）核心筒的弯曲刚度为 $E_w I_w$，伸臂的弯曲刚度为 $E_b I_b$，外围框架柱的轴向刚度为 $E_c A_c$。

计算简图如图 9.14（a）所示。

根据核心筒和水平加强层相交处角位移协调条件，可求出加强层作用于核心筒的结束弯矩。该弯短降低了外荷载产生的侧移和核心筒的弯矩。如图 9.14 所示，带两道加强层的结构在水平均布静载作用下，设第一、第二道加强层作用于筒体的弯矩为 M_1、M_2；弯矩 M_1、M_2 使外围框架柱产生轴向变形导致水平加强层产生的转角，即外围框架柱的转角为 θ_{f1}、θ_{f2}；全部静载作用下，核心筒在水平加强层处的转角为 θ_{w1}、θ_{w2}；M_1、M_2 使伸臂弯曲产生的转角为 θ_{b1}、θ_{b2}；根据核心筒和水平加强层相交处的角位移协调条件可知：

$$\theta_{w1} = \theta_{f1} + \theta_{b1} \tag{9.26a}$$

$$\theta_{w2} = \theta_{f2} + \theta_{b2} \tag{9.26b}$$

由结构力学知识可知，θ_{w1}、θ_{w2} 为：

$$\theta_{w1} = \frac{1}{E_w I_w} \int_{x_1}^{x_2} \left(\frac{qx^2}{2} - M_1 \right) \mathrm{d}x + \frac{1}{E_w I_w} \int_{x_2}^{H} \left(\frac{q^2 x}{2} - M_1 - M_2 \right) \mathrm{d}x \tag{9.27a}$$

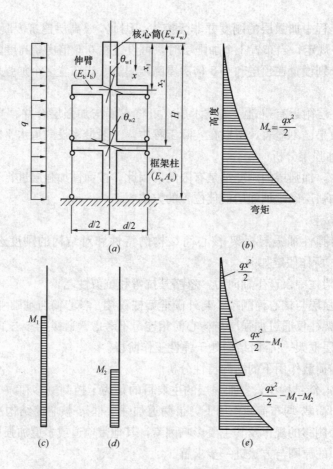

图 9.14 计算简图

(*a*) 两个伸臂层结构；(*b*) 外力矩图；(*c*) M_1 图；(*d*) M_2 图；(*e*) 筒体弯矩图

$$\theta_{w2} = \frac{1}{E_w I_w} \int_{x_2}^{H} \left(\frac{qx^2}{2} - M_1 - M_2 \right) dx \tag{9.27b}$$

式中　$E_w I_w$——核心筒的弯曲刚度。

外围框架柱在加强层处的转角 θ_{f1}、θ_{f2} 为：

$$\theta_{f1} = \frac{2M_1(H - x_1)}{d^2(E_c A_c)} + \frac{2M_2(H - x_2)}{d^2(E_c A_c)} \tag{9.28a}$$

$$\theta_{f2} = \frac{2(M_1 + M_2)(H - x_2)}{d^2(E_c A_c)} \tag{9.28b}$$

式中　E_c、A_c——分别为外围框架柱的弹性模量、面积。

伸臂弯曲产生的转角为：

$$\theta_{b1} = \frac{M_1 d}{12(E_b I_b)} \tag{9.29a}$$

$$\theta_{b2} = \frac{M_2 d}{12(E_b I_b)} \tag{9.29b}$$

式中　$E_b I_b$——伸臂的弯曲刚度。

由式（9.26a）和式（9.26b），有：

$$\frac{2M_1(H-x_1)}{d^2(E_cA_c)} + \frac{2M_2(H-x_2)}{d^2(E_cA_c)} + \frac{M_1d}{12(E_bI_b)}$$

$$= \frac{1}{E_wI_w}\int_{x_1}^{x_2}\left(\frac{qx^2}{2}-M_1\right)dx + \frac{1}{E_wI_w}\int_{x_2}^{H}\left(\frac{q^2x}{2}-M_1-M_2\right)dx \tag{9.30a}$$

$$\frac{2(M_1+M_2)(H-x_2)}{d^2(E_cA_c)} + \frac{M_2d}{12(E_bI_b)}$$

$$= \frac{1}{E_wI_w}\int_{x_2}^{H}\left(\frac{q^2x}{2}-M_1-M_2\right)dx \tag{9.30b}$$

这里考虑了核心筒宽度的影响。E_bI_b 是如图 9.16 所示的伸臂的等效弯曲刚度；设伸臂的实际弯曲刚度为 $E_{b0}I_{b0}$，如图 9.15 所示，按照水平加强层处核心筒转角相等的原则，等效为不考虑墙宽影响的弯曲刚度 E_bI_b，则 E_bI_b 应为：

$$E_bI_b = \left(1+\frac{a}{b}\right)^3(E_{b0}I_{b0}) \tag{9.31}$$

以下的 E_bI_b 都是按此定义的等效刚度。计算时应注意用式（9.31）把实际刚度 $E_{b0}I_{b0}$ 换算成 E_bI_b。

将式（9.30a）和式（9.30b）改写为：

$$M_1\left[S_1+S(H-x_1)\right]+M_2S(H-x_2) = \frac{q}{6E_wI_w}(H^3-x_1^3) \tag{9.32a}$$

$$M_1S(H-x_2)+M_2\left[(S_1+S(H-x_2)\right] = \frac{q}{6E_wI_w}(H^3-x_2^3) \tag{9.32b}$$

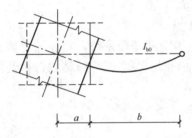 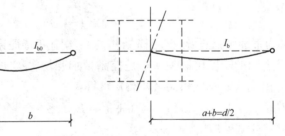

图 9.15　考虑墙宽影响的变形图　　图 9.16　等效全跨的变形图

其中，S、S_1 由下式给出：

$$S = \frac{1}{E_wI_w} + \frac{2}{d^2E_cA_c} \tag{9.33}$$

$$S_1 = \frac{d}{12E_bI_b} \tag{9.34}$$

联立式（9.32a）和式（9.32b）解得，作用于核心筒的弯矩为：

$$M_1 = \frac{q}{6E_wI_w}\frac{S_1(H^3-x_1^3)+S(H-x_2)(x_2^3-x_1^3)}{S_1^2+S_1S(2H-x_1-x_2)+S^2(H-x_2)(x_2-x_1)} \tag{9.35a}$$

$$M_2 = \frac{q}{6E_wI_w}\frac{S^1(H^3-x_2^3)+S\left[(H-x_1)(H^3-x_2^3)-(H-x_2)(H^3-x_1^3)\right]}{S_1^2+S_1S(2H-x_1-x_2)+S^2(H-x_2)(x_2-x_1)}$$

$$\tag{9.35b}$$

令 $\xi_i=\dfrac{x_i}{H}$，$i=(1, 2)$ 则式（9.32a）和式（9.32b）可改写为：

$$SH[M_1(\lambda+1-\xi_1)+M_2(1-\xi_2)]=\frac{qH^3}{6E_wI_w}(1-\xi_1^3) \tag{9.36a}$$

$$SH[M_1(1-\xi_2)+M_2(\lambda+1-\xi_2)]=\frac{qH^3}{6E_wI_w}(1-\xi_2^3) \tag{9.36b}$$

式中 $\lambda=\dfrac{S_1}{SH}$

联立以上两式，解得：

$$M_1=\frac{qH^2}{6E_wI_wS}\frac{\lambda(1-\xi_1^3)+(1-\xi_2)(\xi_2^3-\xi_1^3)}{\lambda^2+\lambda(2-\xi_1-\xi_2)+(1-\xi_2)(\xi_2-\xi_1)} \tag{9.37a}$$

$$M_2=\frac{qH^2}{6E_wI_wS}\frac{\lambda(1-\xi_2^3)+(1-\xi_1)(1-\xi_2^3)-(1-\xi_2)(1-\xi_1^3)}{\lambda^2+\lambda(2-\xi_1-\xi_2)+(1-\xi_2)(\xi_2-\xi_1)} \tag{9.37b}$$

式中，λ 是由 S 和 S_1 确定的，现把它改写为更有意义的形式，令：

$$\alpha=\frac{2E_wI_w}{d^2E_cA_c} \tag{9.38}$$

$$\beta=\frac{E_wI_w}{E_bI_b}\frac{d}{H} \tag{9.39}$$

式中 α——核心筒和外框架柱的刚度比；

   β——核心筒和伸臂的线刚度比。

则 λ 可由无量纲参数 α、β 表示为：

$$\lambda=\frac{\beta}{12(1+\alpha)} \tag{9.40}$$

这里，λ 定义为带加强层框架-核心筒结构的结构刚度特征系数，它表征了核心筒、外框架柱和伸臂三者间的刚度比例关系，是控制带加强层框架-核心筒结构特性及影响因素的关键性参数。由式（9.33）和式（9.38）可得：

$$1+\alpha=E_wI_wS \tag{9.41}$$

则式（9.37a）、式（9.37b）可表示为：

$$M_1=\frac{qH^2}{6(1+\alpha)}\frac{\lambda(1-\xi_1^3)+(1-\xi_2)(\xi_2^3-\xi_1^3)}{\lambda^2+\lambda(2-\xi_1-\xi_2)+(1-\xi_2)(\xi_2-\xi_1)} \tag{9.42a}$$

$$M_2=\frac{qH^2}{6(1+\alpha)}\frac{\lambda(1-\xi_2^3)+(1-\xi_1)(1-\xi_2^3)-(1-\xi_2)(1-\xi_1^3)}{\lambda^2+\lambda(2-\xi_1-\xi_2)+(1+\xi_2)(\xi_2-\xi_1)} \tag{9.42b}$$

利用上式求得的 M_1、M_2，可按下式求得均布荷载作用下，任意位置的核心筒弯矩：

$$M_x=\frac{qx^2}{2}-M_1-M_2 \tag{9.43}$$

其中，当 $0<\xi<\xi_1$ 时，$M_1=M_2=0$，当 $\xi_1<\xi<\xi_2$ 时，$M_2=0$。

按下式求得均布荷载作用下的结构顶点侧移：

$$y_0=\frac{qH^4}{8E_wI_w}-\frac{1}{2E_wI_w}[M_1(H^2-x_1^2)+M_2(H^2-x_2^2)] \tag{9.44}$$

现把以上结果推广为任意荷载作用下，带多道加强层的情况。

同样，根据加强层和核心筒在相交处的位移协调条件，令：

$$\boldsymbol{F} = \begin{bmatrix} S_1 + S(x-x_1) & S(H-x_2) & S(H-x_3) & \cdots & S(H-x_i) & \cdots & S(H-x_n) \\ S(H-x_2) & S_1 + S(x-x_2) & S(H-x_3) & \cdots & S(H-x_i) & \cdots & S(H-x_n) \\ S(H-x_3) & S(H-x_3) & S_1 + S(x-x_3) & \cdots & S(H-x_i) & \cdots & S(H-x_n) \\ \vdots & \vdots & \vdots & \vdots & \vdots & & \vdots \\ S(H-x_i) & S(H-x_i) & S(H-x_i) & \cdots & S_1 + S(x-x_i) & \cdots & S(H-x_n) \\ \vdots & \vdots & \vdots & \vdots & \vdots & & \vdots \\ S(H-x_n) & S(H-x_n) & S(H-x_n) & \cdots & S(H-x_n) & \cdots & S_1 + S(x-x_n) \end{bmatrix}$$

$$(9.45)$$

式中 n——加强层的数量。

伸臂作用在核心筒上的弯矩矩阵为：

$$\boldsymbol{M}_I = \begin{bmatrix} M_1 & M_2 & M_3 & \cdots & M_i & \cdots & M_n \end{bmatrix}^T \tag{9.46}$$

水平外荷载作用下，竖向悬臂核心筒在加强层位置的转角矩阵为：

$$\theta_a = \frac{1}{E_w I_w} \begin{bmatrix} \int_{x_1}^H M_a \mathrm{d}x & \int_{x_2}^H M_a \mathrm{d}x & \int_{x_3}^H M_a \mathrm{d}x & \cdots & \int_{x_i}^H M_a \mathrm{d}x & \cdots & \int_{x_n}^H M_a \mathrm{d}x \end{bmatrix}^T \tag{9.47}$$

式中 M_a——外荷载作用下竖向悬臂核心筒的弯矩。

于是可得如下矩阵方程：

$$\boldsymbol{F} \boldsymbol{M}_I = \theta_a \tag{9.48}$$

令 $\xi_i = \dfrac{x_i}{H}$, $i = (1, 2 \cdots n)$，把上式中的矩阵 $\boldsymbol{F}$ 改用 λ 和 α、β 表示：

$$\boldsymbol{F}_\xi = \begin{bmatrix} \lambda + (1-\xi_1) & (1-\xi_2) & (1-\xi_3) & \cdots & (1-\xi_i) & \cdots & (1-\xi_n) \\ (1-\xi_2) & \lambda + (1-\xi_2) & (1-\xi_3) & \cdots & (1-\xi_i) & \cdots & (1-\xi_n) \\ (1-\xi_3) & (1-\xi_3) & \lambda + (1-\xi_3) & \cdots & (1-\xi_i) & \cdots & (1-\xi_n) \\ \vdots & \vdots & \vdots & \vdots & \vdots & & \vdots \\ (1-\xi_i) & (1-\xi_i) & (1-\xi_i) & \cdots & \lambda + (1-\xi_i) & \cdots & (1-\xi_n) \\ \vdots & \vdots & \vdots & \vdots & \vdots & & \vdots \\ (1-\xi_n) & (1-\xi_n) & (1-\xi_n) & \cdots & (1-\xi_n) & \cdots & \lambda + (1-\xi_n) \end{bmatrix}$$

$$(9.49)$$

$$SH\boldsymbol{F}_\xi \boldsymbol{M}_I = \theta_a \tag{9.50}$$

其中，当等效静力荷载为水平均布荷载时

$$\theta_a = \frac{qH^3}{6E_w I_w} \begin{bmatrix} (1-\xi_1^3) & (1-\xi_2^3) & \cdots & (1-\xi_i^3) & \cdots & (1-\xi_n^3)^T \end{bmatrix} \tag{9.51}$$

式中 q——均布荷载值。

当为例三角形荷载时

$$\theta_a = \frac{WH^4}{24E_w I_w} \begin{bmatrix} (3-4\xi_1^3+\xi_1^4) & (3-4\xi_2^3+\xi_2^4) & \cdots & (3-4\xi_n^3+\xi_n^4) \end{bmatrix}^T \tag{9.52}$$

式中 W——倒三角形荷载最大值。

当为顶点集中荷载时

$$\theta_a = \frac{PH^2}{2E_w I_w} \begin{bmatrix} (1-\xi_1^2) & (1-\xi_2^2) & \cdots & (1-\xi_i^2) & \cdots & (1-\xi_n^2) \end{bmatrix}^T \tag{9.53}$$

式中 P——集中荷载值。

通过求解式（9.50），可得：

$$\boldsymbol{M}_1 = \frac{1}{SH}\boldsymbol{F}_\xi^{-1}\theta_a \tag{9.54}$$

则任意高度 x 的核心筒弯矩 M_x 和外围框架柱轴向力 N_x 可由下式给出：

$$M_x = M_a - \sum_{k=1}^{i} M_i \tag{9.55}$$

$$N_x = \pm \frac{\sum_{k=1}^{i} M_i}{d} \quad (x_i \leqslant x < x_{i+1}, i \leqslant n-1) \tag{9.56}$$

结构的顶点侧移为

$$y_0 = \frac{1}{E_w I_w}\int_0^H M_a x \mathrm{d}x - \frac{1}{2E_w I_w}[M_1(H^2 - x_1^2) + M_2(H^2 - x_2^2) + \cdots + M_n(H^2 - x_n^2)] \tag{9.57}$$

式中 M_a——外荷载作用下核心筒的弯矩。均布荷载作用时：

$$M_a = \frac{1}{2}qx^2 \tag{9.58}$$

倒三角形荷载作用时：

$$M_a = \frac{W}{6}\left(3x^2 - \frac{x^3}{H}\right) \tag{9.59}$$

顶点集中荷载作用时：

$$M_a = Px \tag{9.60}$$

式（9.57）中第一项是外荷载作用下竖向悬臂核心筒的顶点位移。

3. 结构刚度特征系数对加强层最优位置的影响分析

由上节分析可知，影响结构顶点侧移和核心筒弯矩的主要因素有：刚度比 α、β，加强层的位置 x_i 及加强层的数量 n。本节在分析加强层位置对结构顶点侧移影响的基础上，先以结构顶点侧移最小为目标函数，接着以核心筒底部弯矩最小为目标函数，分别用单纯形法找出加强层的最优位置，并分析各自的规律性。

当加强层处于最优位置时，顶点侧移 y_0 最小，这时顶点侧移 y_0 对加强层位置 x_i 的导数为0。现先对带一道加强层在均布荷载作用下的情况进行分析。

在这种情形下，由式（9.57）、式（9.50）可知：

$$y_0 = \frac{qH^4}{8E_w I_w} - \frac{H^2}{2E_w I_w}M_1(1 - \xi_1^2) \tag{9.61}$$

$$SHM_1[\lambda + (1 - \xi_1)] = \frac{qH^3}{6E_w I_w}(1 - \xi_1^3) \tag{9.62}$$

则由 $\frac{\mathrm{d}y_0}{\mathrm{d}\xi_1} = 0$，可得：

$$(1 - \xi_1^2)\left[\frac{-3\xi_1^2(\lambda + 1 - \xi_1) + (1 - \xi_1^3)}{(\lambda + 1 - \xi_1)^2}\right] - 2\xi_1\frac{1 - \xi_1^3}{\lambda + 1 - \xi_1} = 0 \tag{9.63}$$

由上式可知，加强层最优位置只和刚度特征系数 λ 有关，是结构刚度特征系数 λ 的函数。

当伸臂的刚度为无限大时，$\lambda = 0$，则上式可简化为：

$$4\xi_1^3 + 3\xi_1^2 - 1 = 0 \tag{9.64}$$

解得　$\xi_1 = 0.455$。

对带多道加强层的结构，若用上述方法求解加强层的最优位置，即将式（9.57）对 x_i（$i=1\cdots n$），求导，可得：

$$
\begin{bmatrix}
M_{11} & M_{21} & \cdots & M_{i1} & \cdots & M_{n1} \\
M_{12} & M_{22} & \cdots & M_{i2} & \cdots & M_{n2} \\
\vdots & \vdots & & \vdots & & \vdots \\
M_{1j} & M_{2j} & \cdots & M_{ij} & \cdots & M_{nj} \\
\vdots & \vdots & & \vdots & & \vdots \\
M_{1n} & M_{2n} & \cdots & M_{in} & \cdots & M_{nn}
\end{bmatrix}
\begin{bmatrix}
H^2 - x_1^2 \\
H^2 - x_2^2 \\
\vdots \\
H^2 - x_i^2 \\
\vdots \\
H^2 - x_n^2
\end{bmatrix}
- 2
\begin{bmatrix}
M_1 x_1 \\
M_2 x_2 \\
\vdots \\
M_i x_i \\
\vdots \\
M_n x_n
\end{bmatrix}
= 0 \tag{9.65}
$$

式中　$M_{ij} = \dfrac{\mathrm{d}M_i}{\mathrm{d}x_j}$（$i$，$j=1\cdots n$）。

理论上，由式（9.65）可以求得加强层的最佳位置，但是式（9.65）为复杂的高次方程，且需要对 x_i 求导，计算很复杂，不利于实际应用。

文献［12］应用优化方法中的单纯形法来寻找加强层的最优位置。这里优化目标函数为结构顶点侧移 y_0 最小。结构顶点侧移 y_0 由式（9.57）求得。即优化目标函数为：

$$
\min y_0 = \frac{1}{E_w I_w} \int_0^H M_a x \mathrm{d}x - \frac{1}{2E_w I_w}[M_1(H^2 - x_1^2)
$$
$$
+ M_2(H^2 - x_2^2) + \cdots + M_n(H^2 - x_n^2)] \tag{9.66}
$$

式中　$\boldsymbol{M}_I = \begin{bmatrix} M_1 & M_2 & \cdots & M_n \end{bmatrix}^T = \dfrac{1}{SH}\boldsymbol{F}_\xi^{-1}\theta_a$

由上面分析可知，加强层的最优位置 ξ_i 是结构刚度特征系数 λ 的函数。文献［12］对加强层数为 1～4，荷载为均布、倒三角和顶点集中荷载等情形，求解加强层最优位置 ξ_i 的值，并用最小二乘法对所得的值进行多项式拟合，得到方程：

$$\xi_i = b_0 + \sum_{i=1}^{5} b_i \lambda \tag{9.67}$$

$\xi_i - \lambda$ 曲线的系数列于表 9.3～表 9.5 中，曲线如图 9.17、图 9.18 所示。由计算可知：当 $\lambda \geqslant 1$ 后，伸臂的刚度相对较小，外围框架柱的刚度相对较大，这时加强层的最优位置随 λ 的变化很小，故这里仅列出 $0 \leqslant \lambda \leqslant 1.2$ 范围内的值。

均布荷载作用时 $\xi_i - \lambda$ 拟合曲线系数　　　　表 9.3

加强层数量 n	最优位置	b_0	b_1	b_2	b_3	b_4	b_5
1	ξ_1	0.455	−0.444	−0.274	1.573	−1.647	0.550
2	ξ_1	0.312	−0.254	−0.187	1.087	−1.227	0.433
	ξ_2	0.685	−0.489	−0.520	2.086	−2.010	0.627
3	ξ_1	0.243	−0.190	−0.089	0.520	−0.452	0.131
	ξ_2	0.534	−0.409	−0.157	0.936	−0.820	0.229
	ξ_3	0.779	−0.524	−0.619	2.662	−2.717	0.897

加强层数量 n	最优位置	b_0	b_1	b_2	b_3	b_4	b_5
4	ξ_1	0.202	−0.120	−0.022	0.162	−0.120	0.023
	ξ_2	0.443	−0.303	−0.131	0.808	−0.756	0.226
	ξ_3	0.646	−0.390	−0.076	0.650	−0.518	0.121
	ξ_4	0.829	−0.604	−0.421	2.366	−2.413	0.779

倒三角荷载作用时 $\xi_i - \lambda$ 拟合曲线系数　　　　表 9.4

加强层数量 n	最优位置	b_0	b_1	b_2	b_3	b_4	b_5
1	ξ_1	0.420	−0.423	−0.205	1.381	−1.433	0.467
2	ξ_1	0.291	−0.242	−0.187	1.087	−1.277	0.433
	ξ_2	0.647	−0.466	−0.502	2.086	−2.009	0.627
3	ξ_1	0.239	−0.189	−0.089	0.502	−0.452	0.131
	ξ_2	0.519	−0.373	−0.225	0.962	−0.741	0.168
	ξ_3	0.757	−0.533	−0.619	2.661	2.717	0.897
4	ξ_1	0.197	−0.135	0.022	0.162	−0.120	0.023
	ξ_2	0.421	−0.287	−0.131	0.808	−0.756	0.226
	ξ_3	0.624	−0.405	−0.076	0.650	0.581	0.121
	ξ_4	0.813	−0.611	−0.421	2.366	−2.413	0.779

顶部集中荷载作用时 $\xi_i - \lambda$ 拟合曲线系数　　　　表 9.5

加强层数量 n	最优位置	b_0	b_1	b_2	b_3	b_4	b_5
1	ξ_1	0.324	−0.377	−0.094	0.958	−0.977	0.307
2	ξ_1	0.203	−0.238	−0.016	0.563	−0.592	0.188
	ξ_2	0.587	−0.577	−0.241	1.605	−1.712	0.561
3	ξ_1	0.136	−0.117	−0.122	0.645	−0.686	0.229
	ξ_2	0.417	−0.404	−0.179	1.280	−1.302	0.417
	ξ_3	0.706	−0.645	−0.328	2.096	−2.101	0.666
4	ξ_1	0.136	−0.263	−0.033	0.640	−0.731	0.250
	ξ_2	0.339	−0.299	−0.202	1.110	−1.087	0.336
	ξ_3	0.535	−0.439	−0.234	1.511	−1.568	0.510
	ξ_4	0.751	−0.562	−0.286	1.705	−1.696	0.527

　　通过对 $\xi_i - \lambda$ 曲线的分析可知，以结构顶点侧移最小为目标函数，利用单纯形法求得的水平加强层最优位置的变化规律有以下几个特点：

　　（1）加强层的最优位置和结构的刚度直接相关：各种等效静荷载作用下加强层的最优位置，均可表示为结构刚度特征系数 λ 的函数，文献［12］在以下的优化分析中，把结构

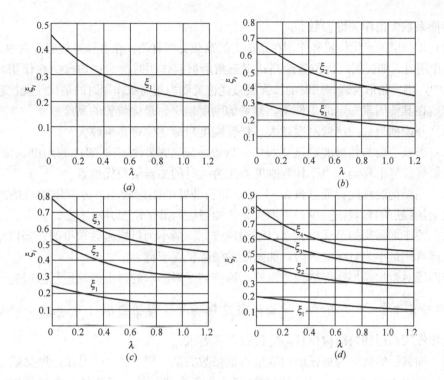

图 9.17　均布荷载作用时 $\xi_i - \lambda$ 图

(a) $n=1$；(b) $n=2$；(c) $n=3$；(d) $n=4$

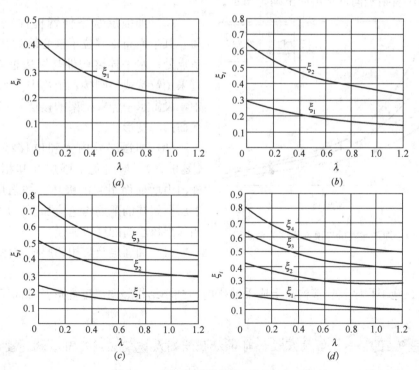

图 9.18　倒三角形荷载作用时 $\xi_i - \lambda$ 图

(a) $n=1$；(b) $n=2$；(c) $n=3$；(d) $n=4$

刚度特征系数 λ 当作关键参数。

（2）加强层的最优位置和作用在结构上的荷载类型有关：在各种等效静荷载中，顶部集中荷载作用时，加强层最优位置最高；倒三角形荷载作用时次之；均布荷载作用时位置最低。其中，倒三角形荷载作用时的加强层最优位置和均布荷载作用时的最优位置比较接近。

（3）在其他因素一定的条件下，伸臂的刚度越小，最优位置的高度越高。

（4）外围框架柱的抗弯刚度越大，伸臂刚度对最优位置影响越大。

（5）当核心筒与伸臂的刚度比一定，即 β 一定，减小外围框架柱的刚度，即 α 减小，伸臂的最优位置下移至相当于伸臂刚度为无穷大时的加强层最优位置。

（6）当结构的刚度特征系数 $\lambda>1$ 时，即当伸臂的刚度较小，外围框架柱的刚度较大时，无论加强层的数量很多少，再增大 λ 使加强层的最优位置升高不多。

以上关于加强层的最优位置是以结构顶点侧移最小为目标函数求得的。当以结构核心筒的底部弯矩最小为目标函数时，加强层的最优位置下移。

我们还对带加强层高层结构考虑核心筒剪切变形影响的自由振动进行过研究[18]。

【禁忌 9.19】 不了解带加强层高层建筑应符合哪些要求

带加强层高层建筑结构设计，应符合下列要求：

（1）加强层的效果与加强层的数量不是倍数关系（图 9.19）。因此，加强层不必设置过多，一般以 1~4 个为宜。加强层位置和数量要合理有效，当布置 1 个加强层时，位置可在 0.6H 附近；当布置 2 个加强层时，位置可在顶层和 0.5H 附近；当布置多个加强层时，加强层宜沿竖向从顶层向下均匀布置。

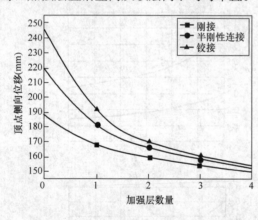

图 9.19 加强层数量与顶点侧移关系曲线

（2）加强层水平伸臂构件宜贯通核心筒，其平面布置宜位于核心筒的转角、T 字节点处；水平伸臂构件与周边框架的连接，宜采用铰接或半刚接。结构内力和位移计算中，设置水平伸臂桁架的楼层，宜考虑楼板平面内的变形。

（3）加强层处内力和位移将发生突变（图 9.19），应避免加强层及其相邻层框架柱内力增加而引起的破坏。加强层及其上、下层框架柱的配筋构造应加强；加强层及其相邻层核心筒配筋应加强。

（4）加强层及其相邻层楼盖刚度和配筋应加强。

（5）在施工程序及连接构造上应采取措施，减小结构竖向温度变形及轴向压缩对加强层的影响。

【禁忌 9.20】 不了解抗震设计时带加强层高层建筑应满足哪些构造要求

抗震设计时，带加强层高层建筑结构应符合下列构造要求：

1. 加强层及其相邻层的框架柱和核心筒剪力墙的抗震等级应提高一级采用，一级提高至特一级；若原抗震等级为特一级，则不再提高；

2. 加强层及其上、下相邻一层的框架柱，箍筋应全柱段加密，轴压比限值应按其他楼层框架柱的数值减小 0.05 采用。

3. 加强层及其相邻层核心筒剪力墙应设置约束边缘构件。

【禁忌 9.21】 不知道什么是错层结构

错层结构是指将同层楼面分成两个或两个以上的区段，并且将它们沿房屋高度方向错动形成的结构。

错层结构可以只在一层楼面错层，也可以在多层或所有楼面错层。

错层结构的最大特点是可以充分利用建筑空间，并且使其富有多样性，但是给结构的设计计算带来复杂性。

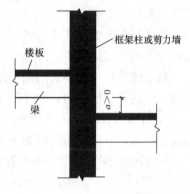

图 9.20　第一类错层结构示意图

根据错层的高度大小，可以将错层结构分成两类。第一类是指错层高度较大，以致较高部分楼面梁的梁底标高，高于较低部分楼面板的顶部标高，即 $a>0$（图 9.20）；第二类是指错层高度较小，以致较高部分楼面梁的梁底标高，低于较低部分楼面板的顶部标高，即 $a\leqslant0$（图 9.21a）。

对于第二类错层结构，可以采取在较高部分楼面的梁底加腋等措施，使结构视为无错层结构。图 9.21（b）为梁底加腋示意图。因此，本书以下的讨论均指对第一类错层结构的讨论。

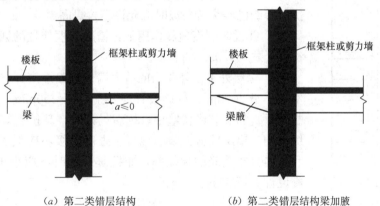

（a）第二类错层结构　　　　　（b）第二类错层结构梁加腋

图 9.21　错层结构示意图

【禁忌 9.22】 不了解错层结构的受力特点

与普通框架结构和普通框架-剪力墙结构相比，错层结构的受力特点主要表现在：

（1）由于错层，楼板被分割，楼面在自身平面内的刚度被削弱，楼面在自身平面内刚度视为无限大的假定不宜采用，在相同水平荷载或地震作用下，结构的变形比普通框架结构或普通框架-剪力墙结构的变形大。

（2）由于错层，有可能使错层处的框架柱或墙形成短柱和矮墙，在水平荷载和地震作用下，这些短柱和矮墙的延性差，容易发生脆性破坏。

（3）由于错层，使得错层处框架柱（以后简称为错层柱）的梁、柱节点应力集中，受力复杂，容易发生破坏。错层柱沿高度方向反向弯曲的数量增多，受力更加复杂。

【禁忌9.23】 不了解错层结构设计应符合哪些要求

错层结构（图9.22、图9.23）属竖向布置不规则结构。由于楼面结构错层，使错层柱（图9.23中的B柱）形成许多段短柱，在水平荷载和地震作用下，这些短柱容易发生剪切破坏。错层附近的竖向抗侧力结构受力复杂，难免会形成众多应力集中部位；错层结构的楼板有时会受到较大的削弱；剪力墙结构错层后，会使部分剪力墙的洞口布置不规则，形成错洞剪力墙或叠合错洞剪力墙；框架结构错层则更为不利，往往形成许多短柱与长柱混合的不规则体系。

高层建筑尽可能不采用错层结构，特别对抗震设计的高层建筑应尽量避免采用；如建筑设计中遇到错层结构，则应限制房屋高度，并需符合以下各项有关要求：

1. 抗震设计时，高层建筑沿竖向宜避免错层布置。当房屋不同部位因功能不同而使楼层错层时，宜采用防震缝划分为独立的结构单元。

2. 错层两侧宜采用结构布置和侧向刚度相近的结构体系。

3. 错层结构中，错开的楼层不应归并为一个刚性楼板，计算分析模型应能反映错层影响。

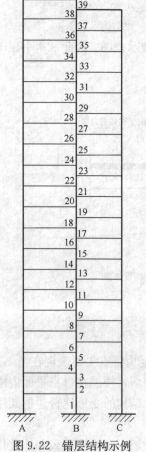

4. 抗震设计时，错层处框架柱应符合下列要求：

（1）截面高度不应小于600mm，混凝土强度等级不应低于C30，箍筋应全柱段加密配置；

（2）抗震等级应提高一级采用，一级应提高至特一级，但抗震等级已经为特一级时应允许不再提高。

5. 在设防烈度地震作用下，错层处框架柱的截面承载力宜符合公式（4.59）的要求。

6. 错层处平面外受力的剪力墙的截面厚度，非抗震设计时不应小于200mm，抗震设计时不应小于250mm，并均应设置与之垂直的墙肢或扶壁柱；抗震设计时，其抗震等级应提高一级采用。错层处剪力墙的混凝土强度等级不应低于C30，水平和竖向分布钢筋的配筋率，非抗震设计时不应小于0.3%，抗震设计时不应小于0.5%。

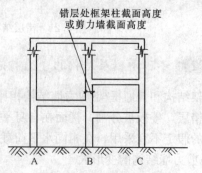

图9.22 错层结构示例

图9.23 错层结构加强部位示意

当结构的错层无法避免时，可以采取以下措施增加错层柱的延性，增大错层柱的剪跨比，或减小错层柱的弯矩和剪力，防止错层柱发生脆性破坏，改善错层框架结构的受力性能：

（1）提高错层柱的抗震等级，使错层柱的纵向钢筋和箍筋的配筋量加大，使安全储备增加和性能得到改善。

（2）将错层柱全柱范围内的箍筋加密，改善错层柱的脆性。

（3）当错层柱的截面尺寸较大时，沿柱截面两个方向的中线设缝，将截面一分为四（图9.24），使得在保证截面承载力不受影响的情况下，增大柱的剪跨比，改善错层柱的脆性。

（4）当错层高度较小时，在梁端加腋（图9.25），使建筑上有错层，但结构上无错层。

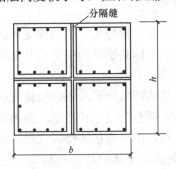

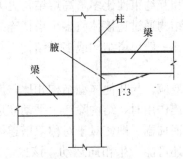

图9.24　大截面短柱处理方法　　　　图9.25　梁下加腋示意图

（5）适当增加非错层柱的截面尺寸和适当减小错层柱的截面尺寸，通过调整柱的刚度比来降低错层柱的弯矩和剪力，改善错层柱的受力性能。

（6）在错层框架结构中加设撑杆（图9.26），减小错层柱的弯矩和剪力。

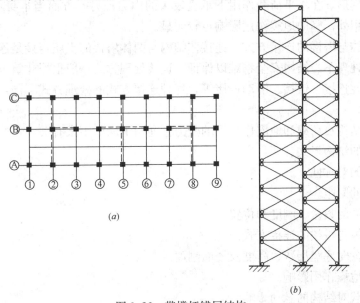

图9.26　带撑杆错层结构

（a）平面图（图中虚线为撑杆平面位置）；（b）②、⑤、⑧轴的带撑杆错层框架

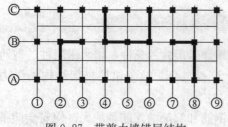

图 9.27　带剪力墙错层结构

（7）在错层框架结构中加设剪力墙（图9.27），使水平荷载和地震作用下的剪力主要由剪力墙承受，改善错层柱的受力性能。

带撑杆的错层框架结构和带剪力墙的错层框架结构（又称错层框架-剪力墙结构）包含两种结构体系，在地震作用下相当于有两道抗震设防体系，对结构的抗震十分有利。

【禁忌9.25】　不了解连体结构的受力特点

连体高层结构由两个或两个以上的塔楼和它们的连接体所组成，是一种较为复杂的高层建筑结构。在荷载和地震的作用下，塔楼之间的相互影响和相互约束性比多塔高层结构更大。

连体高层结构通过连接体将多个塔楼连接在一起，体型比一般结构复杂，因此连体高层结构的受力比一般单塔结构或多塔结构更复杂。连体高层结构中下列几个问题应更加受到重视：

（1）扭转效应。与其他体型结构相比，连体结构扭转变形较大，扭转效应较明显。

当风或地震作用时，结构除产生平动变形外，还会产生扭转变形，扭转效应随塔楼不对称性的增加而加剧。即使对于对称双塔连体结构，由于连接体楼板变形，两塔楼除有同向的平动外，还可能产生相向运动，该振动形态是与整体结构的扭转，振型耦合在一起的。实际工程中，由于地震在不同塔楼之间的振动差异是存在的，两塔楼的相向运动的振动形态极有可能发生响应，此时对连接体的受力很不利。对于多塔连体结构，因体型更为复杂，振动形态也将更复杂，扭转效应更加明显。

（2）连接体受力。连接体是连体结构的关键部位，其受力较复杂。连接体一方面要协调两侧结构的变形，在水平荷载作用下承受较大的内力；另一方面当本身：跨度较大时，除竖向荷载作用外，竖向地震作用影响也较明显。

（3）连接体与塔楼的连接方式。连接体结构与两侧塔楼的支座连接是连体结构的另一关键问题，如处理不当结构安全将难以保证。连接处理方式一般根据建筑方案与布置来确定，可以有刚性连接、铰接、滑动连接等，每种连接方式的处理方式不同，但均应进行详细分析与设计。

连体高层结构在荷载和地震作用下的受力性能与下面的因素有关：

（1）塔楼的结构形式。

（2）塔楼的对称性。

（3）塔楼的间距。

（4）连接体的数量、刚度和位置。

（5）连接体与塔楼的连接方式。

（6）有底盘时底盘层数、高度及楼面刚度。

（7）竖向地震作用影响。

（8）风荷载对结构的脉动影响。

连接体是连体高层结构的重要组成部分。连接体可能是架空的连廊，也可能是架空的楼面。它可能只有一层，也可能是多层。它沿房屋高度方向可能只设一道，也可能设多道。连接体自身受力较复杂，而且对结构整体的受力性能有较大影响。

连接体的结构形式主要有：

1. 普通桁架式连接体

桁架结构是由一系列轴向受力杆件组成的一种结构形式，相邻杆件之间形成三角形，这些三角形相连，共同组成几何不变体系。由于桁架结构是依靠其几何构成来抵抗外力和变形，因此它是一种比较高效的结构体系，具有重量轻、承载能力强、延性好、抗震性能良好等特点，是大跨度结构常用的一种结构形式（图 9.28a）。

对于钢桁架来说，应该采用上述斜腹杆布置方式，让这根斜腹件受拉。这时，端部第二根斜腹杆是受压的，而且它的轴向力也比较大，这根杆件常常成为桁架的

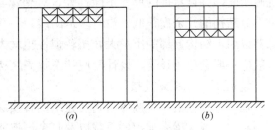

图 9.28 普通桁架式连接体

控制杆件。桁架的竖腹杆受力一般较小。由于各杆件均为轴向变形，所以桁架结构的刚度比较大，在荷载作用下的位移相对比较小。

根据建筑方案的要求，连接体有时是单层、双层的，有时则是多层的。当连接体为多层时，可以仅仅把连接体最下面一层做成桁架，起到一个转换的作用；上面几层则做成框架的形式，支承在"桁架转换层"上（图 9.28b）。

桁架这种结构形式由于其良好的受力特性，在连接体结构工程中有过许多的应用。

2. 空腹桁架式连接体

虽然普通的桁架式结构力学性能很好，但是它诸多的斜腹杆给它在连接体结构中的应用带来了很大的局限性。因为连接体作为一个楼层使用时，需要开很多的门窗，不希望有太多的斜杆出现。如果采用不带斜腹杆的桁架结构——空腹桁架结构（图 9.29），这个问题便可以得到很好的解决。

空腹桁架的节点为刚节点，是依靠各杆件间的刚接来构成几何不变体系，其超静定次数远大于一般的桁架。在荷载作用下空腹桁架的各个杆件更多地表现出梁柱的受力特性，即杆件以弯曲变形为主，承受较大的弯矩和剪力。因此，空腹桁架的计算模型中上、下弦杆和竖腹杆必须采用梁单元来模拟。正是由于杆件节点为刚性连接，杆件节点处要承受较大的弯矩和剪力，因此节点的抗剪设计就显得非常重要。

3. 悬臂式连接体

悬臂式连接体是采用两塔楼各自伸出一段悬臂作为连接体的一部分，两段悬臂中间的缝隙作为防震缝使用的一种连体结构形式（图 9.30）。它其实是一种假连体，两个塔楼并未真正连接起来。

由于两个塔楼间没有联系，这种连接体使得整体的结构形式趋于简单，两个塔楼独立工作。但也正是因为没有了双塔间的共同工作，采用这种连接体时，要求塔楼具有更强的

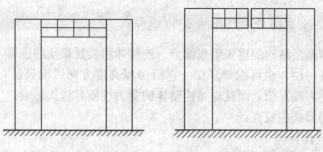

图 9.29　空腹桁架式连接体　　图 9.30　悬臂式连接体

抗侧刚度，并且悬挑的尺寸不能过大，对悬臂与塔楼连接处支座的要求也将更高。因为悬挑部分结构的冗余度很低，没有多道防线，一旦支座破坏，悬挑部分便会发生倒塌。塔楼悬臂以后，结构上部的质量大，扭转惯性矩就大，造成结构整体的抗扭刚度相对较小，扭转效应一般会比较显著，设计时应注意提高结构的抗扭刚度，限制扭转效应。

4. 托梁、吊梁式连接体

在一定程度上，连接体与高层建筑的转换层类似。与梁式转换层相似，连接体也可以采用利用一根大梁来承担外荷载以及其余框架质量的结构形式。这根大梁可以位于连接体的最下部，称为托梁式连接体（图 9.31a）；也可以位于连接体的最顶部，称为吊梁式连接体（图 9.31b）。

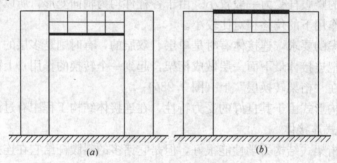

(a)　　　　　　　　　　　(b)

图 9.31　吊梁、托梁式连接体
(a) 托梁式连接体；(b) 吊梁式连接体

托梁、吊梁式连接体的结构形式简单，大梁受力比较明确，楼板受力较小；没有斜腹杆，施工方便。但是在连接体中，托梁和吊梁要承受很大的弯矩和剪力，将造成梁截面过大、设计困难、建筑空间难以充分利用；另一方面，由于这根大梁自重大、刚度大，连接体附近竖向刚度突变较大，特别是当连接体位置较高时，对抗震尤为不利。

在工程应用中，常常将托梁和吊梁结合起来，同时应用。可以采用上下两根大梁分别起到托梁和吊梁的作用，也可以只采用一根大梁，既起托梁的作用，又起吊梁的作用。

综合以上分析，将这几种连接体形式各自主要特点的对比以及适用情况列于表 9.6。

几种连接体形式的特点对比　　　　　　　　　　　　　　　表 9.6

	桁架式	空腹桁架式	悬臂式	托梁式、吊梁式
建筑空间利用率	高	高	高	低
竖向刚度突变	较大	较小	小	大

	桁架式	空腹桁架式	悬臂式	托梁式、吊梁式
连接体受力	较明确	较明确	较明确	明确
塔楼处应力集中	较小	较小	较小	大
适用跨度	大	大	小	较小

【禁忌 9.27】 抗震设计时连接体按非抗震设计时的受力情况计算

按非抗震设计时，连接体犹如受弯构件，主要的内力为弯矩和剪力，轴力较小。地震作用下，连体结构有许多振型，连接体除了承受弯矩和剪力以外，还可能承受拉力（图9.32a）、压力（图9.32b）或扭矩（图9.32c、d），是一个拉、压、弯、剪、扭结构。因此，连接体应与塔楼一起进行整体受力分析，根据整体分析结果进行设计，并加强与塔楼的连接。

有的设计单位将连接体设计成钢连接体，然后将连接体的设计、制作、安装分包给钢结构制作厂，钢结构制作厂将连接体按普通桁架结构设计，未考虑地震作用，也未考虑其与塔楼的相互影响。这种做法是不合适的，应该加以避免。

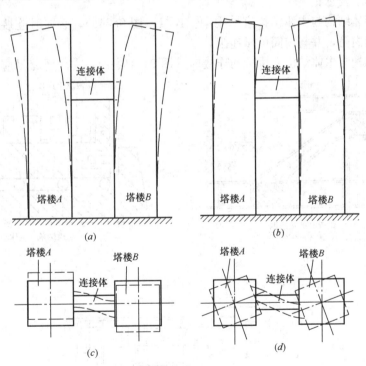

图 9.32 地震作用下连接体变形的几个示例

与塔楼相比，连接体的质量轻、刚度小，是连体结构的薄弱部位。连接体与塔楼的连接节点将连接体与塔楼的内力与变形相互传递，是连体结构的重要部位。设计时，应特别加强这些节点的设计，防止地震发生时由于这些节点破坏造成连接体坠落（图 9.33）。

223

(a)　　　　　　　　　　　　(b)

图 9.33　地震中连廊破坏示例

(a) 连接相邻建筑物的架空连廊破坏；(b) 公寓楼底层及架空连廊的破坏

【禁忌 9.28】 不了解连接体与塔楼应如何连接

为了使连接体结构与主体结构牢固连接，避免地震中塌落，连接体结构与主体结构的连接应满足以下要求：

(1) 连接体结构与主体结构宜采用刚性连接（图 9.34a），必要时连接体结构可延伸至主体部分的内筒，并与内筒可靠连接。

连接体结构与主体结构采用滑动连接时（图 9.34b、c），支座滑移量应能满足两个方

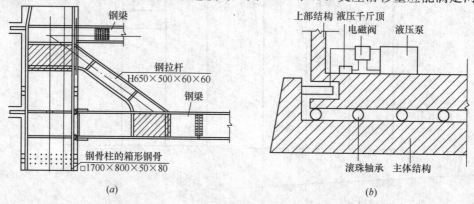

(a)　　　　　　　　　　　　(b)

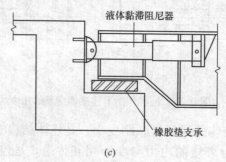

(c)

图 9.34　连接体（连廊）与塔楼常见的几种连接

(a) 钢骨柱与箱形钢梁刚接连接节点；(b) 滚珠限位装置；(c) 带阻尼器的橡胶垫支座

224

向在罕遇地震作用下的位移要求，并应采取防坠落和撞击措施。计算罕遇地震作用下的位移时，应采用时程分析方法进行复核计算。

（2）连接体结构应加强构造措施，连接体结构的边梁截面宜加大，楼板厚度不宜小于150mm，宜采用双层双向钢筋网。每层每方向钢筋网的配筋率，不宜小于0.25%。

连接体结构可设置钢梁、钢桁架和型钢混凝土梁，型钢应伸入主体结构并加强锚固。

当连接体结构包含多个楼层时，应特别加强其最下面一个楼层及顶层的设计和构造。

（3）抗震设计时，连接体及与连接体相邻的结构构件的抗震等级应提高一级采用，一级提高至特一级；若原抗震等级为特一级，则允许不再提高。

图 9.35～图 9.39 是几个实际工程中连接体与塔楼连接的节点构造。

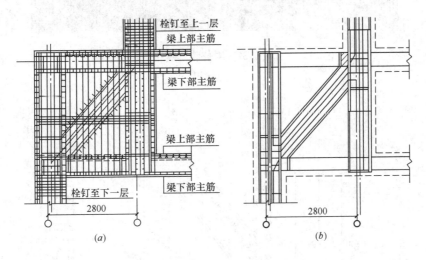

图 9.35　钢骨搭接块节点示意图

（a）搭接块钢筋及栓钉布置；（b）搭接块钢骨示意

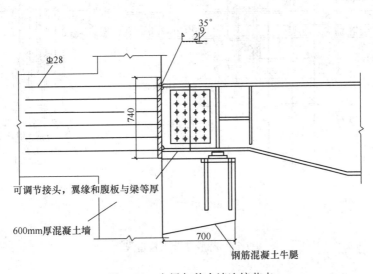

图 9.36　主梁与剪力墙连接节点

图 9.37 限位装置照片

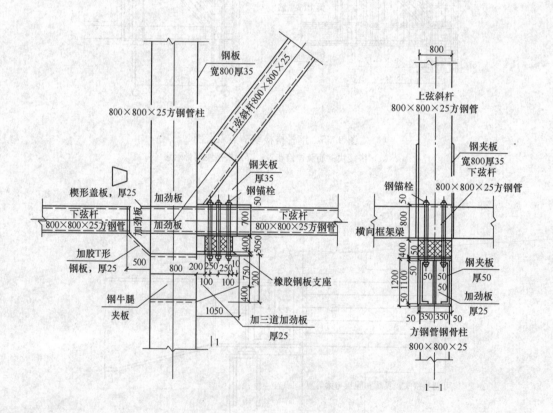

图 9.38 橡胶垫节点构造设计

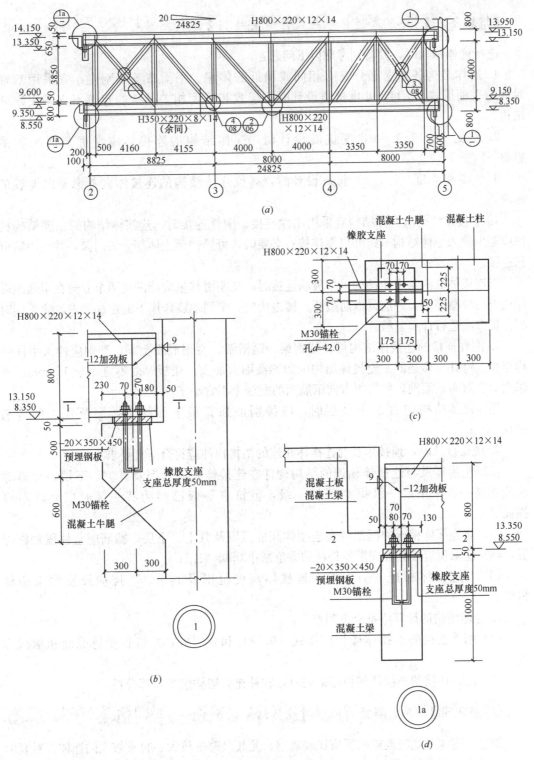

图 9.39　某工程连接体及部分连接节点图

(a) 连接体立面图；(b) 节点 1 大样；(c) 1—1 剖面；(d) 节点 1a 大样

227

【禁忌 9.29】 不了解连体结构设计时要特别考虑的问题

进行连体结构时，要特别考虑以下问题：

1. 连体结构各独立部分宜有相同或相近的体型、平面布置和刚度；宜采用双轴对称的平面形式。7度、8度抗震设计时，层数和刚度相差悬殊的建筑不宜采用连体结构。

2. 7度（0.15g）和 8 度抗震设计时，连体结构的连接体应考虑竖向地震的影响。

3. 6 度和 7 度（0.10g）抗震设计时，高位连体结构的连接体宜考虑竖向地震的影响。

4. 连接体结构与主体结构宜采用刚性连接。刚性连接时，连接体结构的主要结构构件应至少伸入主体结构一跨并可靠连接；必要时，可延伸至主体部分的内筒，并与内筒可靠连接。

当连接体结构与主体结构采用滑动连接时，支座滑移量应能满足两个方向在罕遇地震作用下的位移要求，并应采取防坠落、撞击措施。罕遇地震作用下的位移要求，应采用时程分析方法进行计算复核。

5. 刚性连接的连接体结构可设置钢梁、钢桁架、型钢混凝土梁，型钢应伸入主体结构至少一跨并可靠锚固。连接体结构的边梁截面宜加大；楼板厚度不宜小于 150mm，宜采用双层双向钢筋网，每层每方向钢筋网的配筋率不宜小于 0.25%。

当连接体结构包含多个楼层时，应特别加强其最下面一个楼层及顶层的构造设计。

6. 抗震设计时，连接体及与连接体相连的结构构件应符合下列要求：

（1）连接体及与连接体相连的结构构件在连接体高度范围及其上、下层，抗震等级应提高一级采用，一级提高至特一级，但抗震等级已经为特一级时应允许不再提高；

（2）与连接体相连的框架柱在连接体高度范围及其上、下层，箍筋应全柱段加密配置，轴压比限值应按其他楼层框架柱的数值减小 0.05 采用；

（3）与连接体相连的剪力墙在连接体高度范围及其上、下层应设置约束边缘构件。

7. 连体结构的计算应符合下列规定：

（1）刚性连接的连接体楼板应按式（9.12）和式（9.13）进行受剪截面和承载力验算；

（2）刚性连接的连接体楼板较薄弱时，宜补充分塔楼模型计算分析。

【禁忌 9.30】 不了解竖向地震对连体结构的影响

架空的连体对竖向地震的反应比较敏感，尤其是跨度较大、自重较大的连体，对竖向地震的影响更为明显（图 9.40）。因此，7 度 0.15g 和 8 度抗震设计时，连体结构的连体部分应考虑竖向地震的影响；6 度和 7 度 0.1g 抗震设计时，连体结构的连接体宜考虑竖向地震的影响。错层结构不应在 9 度抗震设计中采用。

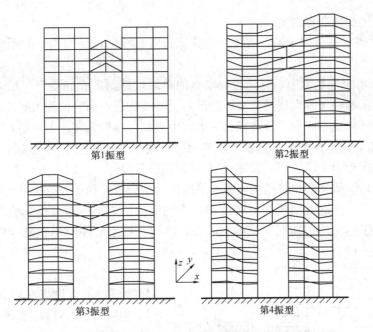

第1振型 第2振型

第3振型 第4振型

图 9.40　某高层建筑在竖向地震作用下的前四阶振型

【禁忌 9.31】　不了解多塔结构的受力特点

多塔高层结构由两个或两个以上的塔楼和一个大的底盘所组成，是一种复杂的高层建筑结构。在荷载和地震的作用下，任何一部分的内力和变形都与其他部分有着密切的关系。

多塔高层结构的振型复杂，除同向振型之外，还出现反向振型。高阶振型对结构内力与变形的影响较大。当各塔楼质量和刚度分布不均匀时，结构的扭转振动反应较大，高阶振型对内力与变形的影响更为突出。

多塔高层结构在荷载和地震作用下的性能与下面的因素有关：

（1）塔楼的结构形式。

（2）塔楼的对称性。

（3）塔楼刚度与底盘刚度的比值。

（4）塔楼的间距。

【禁忌 9.32】　不了解多塔结构应如何布置

多塔楼结构的主要特点是：在多个高层建筑的底部有一个连成整体的大裙房，形成大底盘；当一幢高层建筑的底部设有较大面积的裙房时，为带底盘的单塔结构。这种结构是多塔楼结构的一个特殊情况。对于多个塔楼仅通过地下室连为一体，地上无裙房或有局部小裙房但不连为一体的情况，一般不属于《高规》所指的大底盘多塔楼结构。

带大底盘的高层建筑，结构在大底盘上一层突然收进，属竖向不规则结构；大底盘上有两个或多个塔楼时，结构振型复杂，并会产生复杂的扭转振动；如结构布置不当，竖向刚度突变、扭转振动反应及高振型影响将会加剧。因此，多塔楼结构（含单塔楼）设计中，应遵守下述结构布置的要求。

1. 塔楼对底盘宜对称布置，塔楼结构的综合质心与底盘结构质心的距离不宜大于底盘相应边长的20%。

1995年日本阪神地震中，有几幢带底盘的单塔楼建筑，在底盘上一层严重破坏。一幢5层的建筑，第一层为大底盘裙房，上部四层突然收进，而且位于大底盘的一侧，上部结构与大底盘结构质心的偏心距离较大，地震中第二层（即大底盘上一层）严重破坏；另一幢12层建筑，底部两层为大底盘，上部十层突然收进，并位于大底盘的一侧，地震中第三层（即大底盘上一层）严重破坏，第四层也受到破坏。

中国建筑科学研究院建筑结构研究所等单位的试验研究和计算分析也表明：塔楼在底盘上部突然收进，已造成结构竖向刚度和抗力的突变；如结构布置上又使塔楼与底盘偏心，则更加剧了结构的扭转振动反应。因此，结构布置上应注意尽量减少塔楼与底盘的偏心。

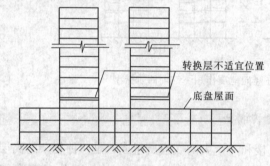

图9.41 多塔楼结构转换层不适宜位置示意

2. 抗震设计时，带转换层塔楼的转换层，不宜设置在底盘屋面的上层塔楼内（图9.41）；否则，应采取有效的抗震措施。

多塔楼结构中同时采用带转换层结构，这已经是两种复杂结构在同一工程中采用，结构的竖向刚度、抗力突变，加之结构内力传递途径突变，要使这种结构的安全能有基本保证已相当困难，如再把转换层设置在大底盘屋面的上层塔楼内，仅按《高规》和各项规定设计，也很难避免该楼层在地震中破坏，设计者必须提出有效的抗震措施。

3. 多塔楼建筑结构的各塔楼的层数、平面和刚度宜接近。

中国建筑科学研究院建筑结构研究所等单位进行了多塔楼结构的有机玻璃模型试验和计算分析说明：当各塔楼的质量和刚度不同、分布不均匀时，结构的扭转振动反应大，高振型对内力的影响更为突出。如各塔楼层数和刚度相差较大时，宜将裙房用防震缝分开。

4. 塔楼中与裙房相连的外围柱、剪力墙，从固定端至裙房屋面上一层的高度范围内，柱纵向钢筋的最小配筋率宜适当提高，剪力墙宜设置约束边缘构件，柱箍筋宜在裙楼屋面上、下层的范围内全高加密；当塔楼结构相对于底盘结构偏心收进时，应加强底盘周边竖向构件的配筋构造措施。

5. 大底盘多塔楼结构，可按整体和分塔楼计算模型分别验算整体结构和各塔楼结构扭转为主的第一周期与平动为主的第一周期的比值，并应符合第2章结构平面布置的有关要求。

【禁忌9.33】 多塔结构按多个单塔结构分别计算

多塔结构的杆件和节点数量很多，分析时要求计算机的容量较大。由于受到计算机容量等原因的限制，有的设计人员在设计多塔结构时，按单塔结构对各塔楼进行分析计算。

为了了解多塔结构按单塔结构分别计算时内力与变形等特征值的相差情况，我们采用MIDAS软件对［例9.1］的6塔高层结构进行了地震作用下的分析比较。

【例9.1】 长沙市 s 住宅小区大底盘6塔高层结构按单塔和按多塔分析结果比较。

1. 工程概况

长沙市 s 住宅小区为大底盘6塔结构，各栋房屋的高宽比大，且未设地下室。初步设计已采用SATWE程序按单塔结构分别对各塔楼进行了计算。受建设方委托，我们对单塔计算的准确性、各塔楼的抗倾覆和稳定性等问题进行了复核。此处，只将按单塔和按多塔进行分析的结果进行比较。

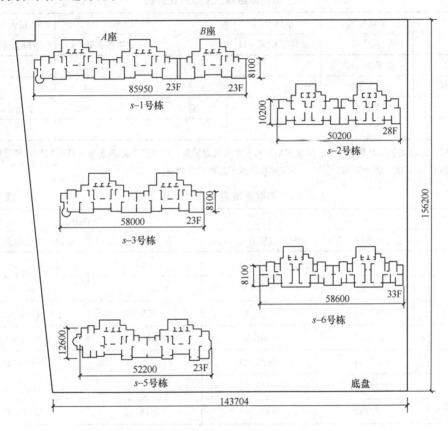

图9.42　s 住宅小区塔楼平面布置及各栋墙柱平面布置示意图

s 住宅小区内有5栋房屋，其中 s-1 号栋房屋设有一条伸缩缝，故有6个塔楼。6个塔楼共用一个1层的底盘。其中，s-1A 号栋、s-1B 号栋、s-3 号栋、s-5 号栋均为23层，顶点标高73.8m；s-2 号栋为28层，顶点标高88.8mm；s-6 号栋为33层，顶点标高103.8m。除底盘层高为5.8m和屋顶机房屋高为4.8m外，其余各层层高均为3m。s-1 号栋设有伸缩缝（缝的西面为 s-1A 号栋，缝的东面为 s-1B 号栋），小区各塔楼平面布置不相同，立面高度不相等。各塔楼为剪力墙结构，预应力管桩基础。各塔楼平面布置见图9.42。各塔楼因按原设计编号，无 s-4 号栋。

抗震设防烈度为6度，设计地震分组为第一组，Ⅱ类场地土。风荷载按100年重现期考虑。$w_0 = 0.40 \text{kN/m}^2$，B类地面粗糙度。抗震设防分类为丙类，安全等级为二级，基础设计等级为乙级，设计使用年限为 50 年。

2. 按单塔和按多塔分析结果比较

开始时，我们取 54 个振型计算，算得 x 方向的振型参与质量为 82.10%，y 方向为 71.61%，z 方向（扭转）为 22.37%。后改按 108 个振型计算，算得 x 方向的振型参与质量为 99.99%，y 方向为 99.98%，z 方向（扭转）为 88.68%。因此，我们取 108 个振型进行多塔结构计算。单塔与多塔地震作用下的分析结果对比见表 9.7～表 9.11。整体周期见表 9.12。整体分析时前 12 阶的振型见图 9.43。

单塔与整体结构总质量对比分析　　　　　　　　　　　表 9.7

楼 号	单塔分析	整体分析	楼 号	单塔分析	整体分析
	结构总质量（t）	结构总质量（t）		结构总质量（t）	结构总质量（t）
s-1A	19677.147		s-5	24117.399	
s-1B	9606.498		s-6	34535.040	
s-2	24049.172		总和	135959.953	165504.739
s-3	23974.697				

注：结构总质量包括荷载产生的总质量和结构自重产生的总质量，荷载产生的总质量包括外加恒载和活载产生的质量（1.000×恒＋0.500×活），单塔分析时未考虑底盘的质量。

单塔与整体地震剪力对比分析　　　　　　　　　　　表 9.8

楼 号	单塔分析		整体分析	
	x 向第 2 层剪力（kN）	y 向第 2 层剪力（kN）	x 向第 2 层剪力（kN）	y 向第 2 层剪力（kN）
s-1A	1363.44	1559.34	1366.13	1577.54
s-1B	666.91	830.45	683.55	884.57
s-2	1511.74	1780.91	1495.62	1779.20
s-3	1374.76	1587.66	1341.13	1595.92
s-5	1345.57	1626.00	1374.30	1642.08
s-6	2217.88	2517.32	2181.43	2517.13
底部总剪力	8480.30	9901.68	12675.49	13133.32

单塔与整体地震弯矩对比分析　　　　　　　　　　　表 9.9

楼 号	单塔分析		整体分析	
	x 向第 2 层弯矩(kN·m)	y 向第 2 层弯矩(kN·m)	x 向第 2 层弯矩(kN·m)	y 向第 2 层弯矩(kN·m)
s-1A	50934.913	55824.194	51030.714	56422.357
s-1B	24857.436	28435.048	25495.686	30398.124
s-2	68856.833	76493.616	68033.060	76123.425
s-3	51435.206	56664.878	49708.453	56876.210
s-5	50030.966	58938.573	42472.422	58421.190
s-6	118051.735	124533.073	115902.524	124560.593

单塔与整体地震顶点位移对比分析   表 9.10

楼 号	单塔分析		整体分析	
	x 向顶点位移(mm)	y 向顶点位移(mm)	x 向顶点位移(mm)	y 向顶点位移(mm)
s-1A	15. 1	15. 9	16. 5	17. 8
s-1B	15. 8	15. 4	17. 3	16. 1
s-2	18. 5	18. 3	18. 6	18. 4
s-3	14. 7	17. 1	14. 8	16. 9
s-5	11. 1	12. 6	11. 8	13. 5
s-6	16. 3	25. 7	17. 3	26. 1

单塔与整体地震层间位移角对比分析   表 9.11

楼 号	单塔分析		整体分析	
	x 向最大层间位移角 (层号)	y 向最大层间位移角 (层号)	x 向最大层间位移角 (层号)	y 向最大层间位移角 (层号)
s-1A	1/3686(10)	1/4008(16)	1/3496(10)	1/3602(17)
s-1B	1/3323(10)	1/4104(18)	1/3158(11)	1/3795(18)
s-2	1/3527(10)	1/4128(22)	1/3349(10)	1/4112(22)
s-3	1/3775(10)	1/3591(16)	1/3830(10)	1/3591(16)
s-5	1/4718(10)	1/4414(25)	1/4720(10)	1/4251(18)
s-6	1/5013(11)	1/3255(29)	1/4656(11)	1/3212(29)

按多塔计算的整体周期   表 9.12

振型号	周期(s)	x 向平动因子	y 向平动因子	z 向扭转因子
1	2.7212	0	100	0
2	2.4614	96.8	0.01	3.18
3	2.3554	37.65	0.01	62.34
4	2.3084	96.51	0.01	3.48
5	2.2955	62.37	0	37.62
6	2.2855	90.22	3.6	6.18
7	2.2741	0.01	99.99	0
8	2.2222	78.66	11.75	9.6
9	2.2102	3.79	95.63	0.58
10	2.1672	8.06	88.29	3.65
11	2.1584	0	99.98	0.02
12	2.0739	68.19	18.95	12.87

振型号	周期(s)	x向平动因子	y向平动因子	z向扭转因子
13	2.0285	13.05	80.38	6.56
14	1.9860	3.23	0.01	96.77
15	1.9354	6.75	0.08	93.17
16	1.8792	12.82	0.7	86.48
17	1.6807	18.86	0.71	80.43
18	1.5341	4.03	0.03	95.94
19	0.7553	99.18	0	0.82
20	0.7146	99.51	0	0.49
21	0.6793	99.31	0.01	0.68
22	0.6717	99.22	0.01	0.77
23	0.6543	98.68	0.04	1.29
24	0.5946	91.71	0.83	7.45
25	0.5685	96.17	3.57	0.26
26	0.561	0.04	99.93	0.03
27	0.5403	90.5	7.32	2.18
28	0.5381	1.35	5.53	93.12
29	0.5376	7.4	82.69	9.9
30	0.5333	93.57	5.58	0.85

由表 8-7～表 8-12 和图 8-2 可见：

(1)由于按单塔分析时未考虑底盘的影响，因此，按多塔分析时底盘底部和第 2 层底部的地震剪力比按单塔分析的略大。

(2)按多塔分析的地震弯矩值与按单塔分析的地震弯矩相近，但按多塔分析的各塔楼顶点位移和层间最大位移角比按单塔分析的一般都大一些。

(3)按单塔分析与按多塔分析的最大差别在于振型差别。按单塔结构分析时，每一振型下各塔楼都有较大的变形和位移(图 9.44)。而按多塔结构分析时，每一振型下只有个别塔楼会发生较大的变形和位移(图 9.43)。虽然按多塔分析时前 12 阶振型中只有第 3 阶振型为扭转振型，但是由图 8-2 可知，在第 2 阶振型中塔楼 s-2 有轻微扭转，在第 3 阶振型中塔楼 s-6 有较大扭转，在第 4 阶振型中塔楼 s-1B 有轻微扭转，在第 5 阶振型中塔楼 s-6 有较大扭转，在第 6 阶振型中塔楼 s-1A 有轻微扭转，在第 8 阶振型中塔楼 s-3 有轻微扭转，在第 12 阶振型中塔楼 s-5 有轻微扭转。各塔楼的抗扭刚度以高度最高、层数最多的塔楼 s-6 最弱。

《高规》规定，大底盘多塔楼结构应按整体和分塔楼计算模型分别验算整体结构和各塔楼结构扭转为主的第一周期与平动为主的第一周期的比值，并应符合相关要求。

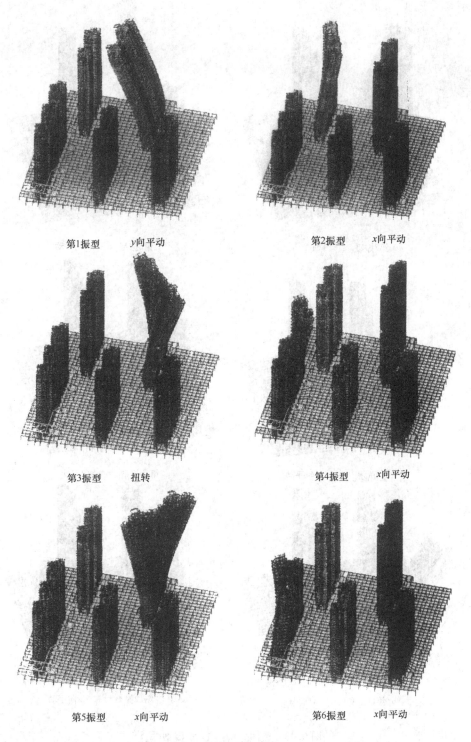

第1振型　　y向平动

第2振型　　x向平动

第3振型　　扭转

第4振型　　x向平动

第5振型　　x向平动

第6振型　　x向平动

图 9.43　整体分析前 12 阶振型（一）

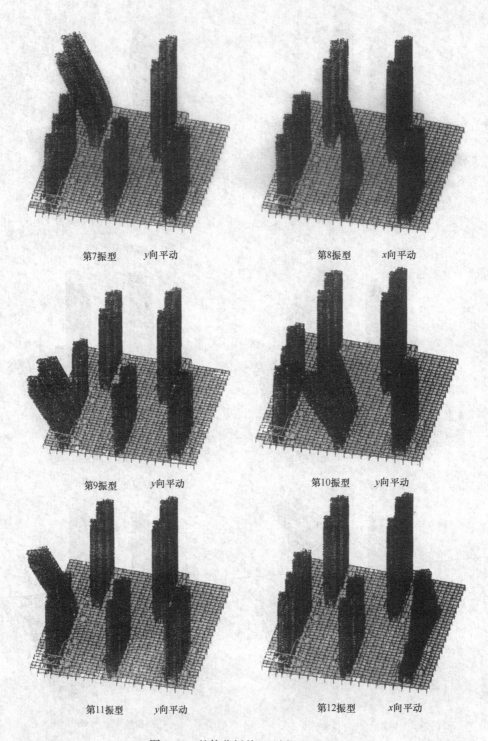

第7振型　　　y向平动　　　　　　　　第8振型　　　x向平动

第9振型　　　y向平动　　　　　　　　第10振型　　　y向平动

第11振型　　　y向平动　　　　　　　第12振型　　　x向平动

图 9.43　整体分析前 12 阶振型（二）

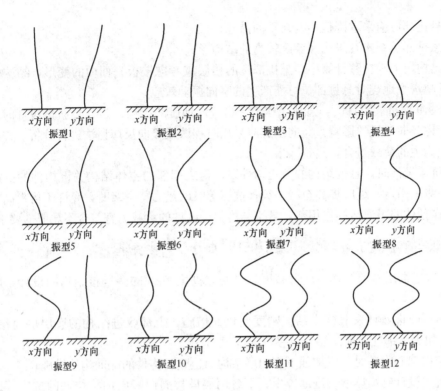

图 9.44 单塔结构前 12 阶振型图

【禁忌 9.34】不了解多塔结构有哪些加强措施

多塔楼结构的设计除需符合各项有关规定外，尚应满足下列补充加强措施。

1. 为保证多塔楼(含单塔楼)建筑结构底盘与塔楼的整体作用，底盘屋面楼板厚度不宜小于 150mm，并应加强配筋构造，板面负弯矩配筋宜贯通；底盘屋面的上、下层结构的楼板也应加强构造措施。当底盘楼层为转换层时，其底盘屋面楼板的加强措施，应符合转换层楼板的规定。

2. 抗震设计时，对多塔楼(含单塔楼)结构的底部薄弱部位，应予以特别加强，图 9.45 所示为加强部位示意。多塔楼之间的底盘屋面梁应予加强；各塔楼与底部裙房相连的柱、剪力墙，从固定端至裙

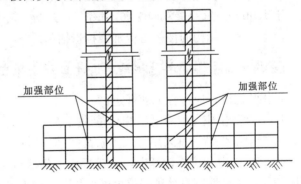

图 9.45　多塔楼结构加强部位示意

房屋面上一层的高度范围内，柱纵向钢筋的最小配筋率宜适当提高，柱箍筋宜在裙房屋面上、下层的范围内全高加密；剪力墙宜设置约束边缘构件。

【禁忌 9.35】不了解悬挑结构设计应符合哪些规定

悬挑结构设计应符合下列规定：

（1）悬挑部位应采取降低结构自重的措施；

（2）悬挑部位结构宜采用冗余度较高的结构形式；

（3）结构内力和位移计算中，悬挑部位的楼层应考虑楼板平面内的变形，结构分析模型应能反映水平地震对悬挑部位可能产生的竖向振动效应；

（4）8、9度抗震设计时，悬挑结构应考虑竖向地震的影响；6、7度抗震设计时，悬挑结构宜考虑竖向地震的影响。竖向地震应采用时程法或竖向反应谱法进行分析，并应考虑竖向地震为主的荷载组合；

（5）抗震设计时，悬挑结构的关键构件以及与之相邻的主体结构关键构件的抗震等级应提高一级采用，一级应提高至特一级；抗震等级已经为特一级时，允许不再提高；

（6）在预估的罕遇地震作用下，悬挑结构关键构件的承载力宜符合不屈服的要求。

【禁忌 9.36】 不了解体型收进结构设计应符合哪些要求

体型收进高层建筑结构、底盘高度超过房屋高度 20% 的多塔楼结构的设计，应符合下列要求：

1. 体型收进处宜采取减小结构刚度变化的措施，上部收进结构的底层层间位移角，不宜大于相邻下部区段最大层间位移角的 1.15 倍；

2. 结构偏心收进时，应加强下部两层结构周边竖向构件的配筋构造措施；

3. 抗震设计时，体型收进部位上、下各两层塔楼周边竖向结构构件的抗震等级，宜提高一级采用；当收进部位的高度超过房屋高度的 50% 时，应提高一级采用，一级应提高至特一级；抗震等级已经为特一级时，允许不再提高。

【禁忌 9.37】 不了解多塔结构以及体型收进、悬挑结构对竖向体型突变部位的楼板有什么要求

多塔楼结构以及体型收进、悬挑结构，竖向体型突变部位的楼板宜加强，楼板厚度不宜小于 150mm，宜双层双向配筋，每层每方向钢筋网的配筋率不宜小于 0.25%。体型突变部位上、下层结构的楼板也应加强构造措施。

【禁忌 9.38】 不了解悬挑结构设计应符合哪些规定

悬挑结构设计应符合下列规定：

1. 悬挑部位应采取降低结构自重的措施。

2. 悬挑部位结构宜采用冗余度较高的结构形式。

3. 结构内力和位移计算中，悬挑部位的楼层宜考虑楼板平面内的变形，结构分析模型应能反映水平地震对悬挑部位可能产生的竖向振动效应。

4. 7度($0.15g$)和8、9度抗震设计时，悬挑结构应考虑竖向地震的影响；6、7度抗震设计时，悬挑结构宜考虑竖向地震的影响。

5. 抗震设计时，悬挑结构的关键构件以及与之相邻的主体结构关键构件的抗震等级宜提高一级采用，一级提高至特一级，抗震等级已经为特一级时，允许不再提高。

6. 在预估罕遇地震作用下，悬挑结构关键构件的截面承载力宜符合式（4.59）的要求。

【禁忌9.39】 不了解体型收进结构、底盘高度超过房屋高度20％的多塔结构的设计应符合哪些规定

体型收进高层建筑结构、底盘高度超过房屋高度20％的多塔楼结构的设计应符合下列规定：

1. 体型收进处宜采取措施减小结构刚度的变化，上部收进结构的底部楼层层间位移角不宜大于相邻下部区段最大层间位移角的1.15倍；

2. 抗震设计时，体型收进部位上、下各2层塔楼周边竖向结构构件的抗震等级宜提高一级采用，一级提高至特一级，抗震等级已经为特一级时，允许不再提高；

3. 结构偏心收进时，应加强收进部位以下2层结构周边竖向构件的配筋构造措施。

第10章 高层混合结构

由外围钢框架或型钢混凝土、钢管混凝土框架与钢筋混凝土核心筒所组成的框架-筒体结构，以及由外围钢框筒或型钢混凝土、钢管混凝土框筒与钢筋混凝土核心筒所组成的筒中筒结构，称为高层混合结构（图 10.1）。

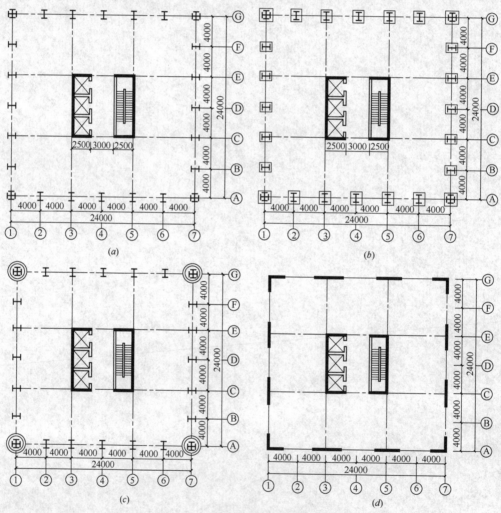

图 10.1 高层混合结构示例

（a）钢框架-钢筋混凝土核心筒高层混合结构平面示意图；（b）型钢混凝土框架-钢筋混凝土核心筒高层混合结构平面示意图；（c）主框架为钢管混凝土框架、次框架为钢框架-钢筋混凝土核心筒高层混合结构平面示意图；（d）外部为型钢混凝土框筒，内部为钢筋混凝土核心筒高层混合结构平面示意图

最近 20 年，采用筒中筒体系的混合结构建筑日趋增多，如上海环球金融中心、广州西塔、北京国贸三期、大连世贸等。此外，钢管混凝土结构因其优越的承载能力及延性，在高层建筑中越来越多地被采用。尽管采用型钢混凝土（钢管混凝土）构件与钢筋混凝土、钢构件组成的结构，均可称为混合结构，构件的组合方式多种多样，所构成的结构类型会很多，但工程实际中使用最多的还是框架-核心筒及筒中筒混合结构体系。

型钢混凝土框架可以是型钢混凝土梁与型钢混凝土柱（钢管混凝土柱）组成的框架，也可以是钢梁与型钢混凝土柱（钢管混凝土柱）组成的框架，外围的钢筒体可以是钢框筒、桁架筒或交叉网格筒。型钢混凝土外筒体主要指由型钢混凝土（钢管混凝土）构件构成的框筒、桁架筒或交叉网格筒。为减少柱子尺寸或增加延性而在混凝土柱中设置型钢，而框架梁仍为混凝土梁时，该体系不宜视为混合结构。此外，对于体系中局部构件（如框支梁柱）采用型钢梁柱（型钢混凝土梁柱），也不应视为混合结构。

混合结构不但具有钢结构建筑自重轻、延性好、截面尺寸好、施工进度快的特点，而且具有钢筋混凝土建筑结构刚度大、防火性能好、造价低等优点，因此，是最近 10 多年来迅速发展的一种结构体系。目前，世界上已经建成的最高建筑马来西亚 452m 高的石油大厦、我国已经建成的最高建筑上海 492m 高的环球金融中心和 420.5m 高的金茂大厦等，便采用了这种结构体系。

【禁忌 10.2】 不了解高层混合结构的特点

如前所述，高层混合结构是由钢框架或型钢混凝土框架与钢筋混凝土筒体组合而成。因此，它具有这两种结构某些共同的特性，但是又优于高层钢结构与高层混凝土结构。它具有以下特点：

（1）抗侧移刚度比钢结构大，延性比混凝土结构好。钢结构具有强度高、延性好、自重轻、结构体积小等优点。但是，它的抗侧移刚度小，在风荷载和地震作用下，结构将产生较大的侧移和二阶效应。高层建筑中，风荷载和地震作用对结构的内力和变形起主导作用。因此，抗侧移刚度小，对结构的正常使用与安全是不利的。钢筋混凝土结构的抗侧移刚度大，但延性较小，自重较大，结构的体积也较大。高层混合结构的抗侧移刚度和结构延性介乎两者之间，而且有多道抗震设防体系，对结构的抗震有利。

（2）用钢量比钢结构省，造价比钢结构低。高层混合结构采用钢筋混凝土筒体抵抗水平作用，比采用带支撑的钢框架抵抗水平作用的用钢量省，从而降低造价。据文献［13］介绍，如仅考虑结构造价，纯钢结构约为混凝土结构造价的 2 倍，钢-混凝土结构约为混凝土结构造价的 1.5 倍。但是，上部结构造价占工程总造价的比例很小，而采用钢结构、钢-混凝土结构或混凝土结构相互间的结构费用差价占工程总投资的比例更小，一般不到工程总投资的 4%。

（3）耐久性和耐火性比钢结构好。钢结构容易锈蚀，要定期进行油漆与防护，增加了日常维护工作量与费用。钢结构在持续的高温下容易软化甚至熔化，危及结构的安全。高层混合结构采用钢筋混凝土筒体承受部分竖向荷载和大部分水平作用，对结构的耐久性和耐火性是有利的。特别是当采用型钢混凝土框架时，对结构的耐久性和耐火性十分有利。

（4）施工速度比混凝土结构快。混合结构通常先施工钢筋混凝土核心筒体，后施工钢框架或型钢混凝土框架，使两者之间保持几层或十几层的差距。钢筋混凝土筒体通常采用滑模施工，钢结构构件通常在工厂制作，运至现场安装，而且可以进行立体化施工。施工速度比全现浇的钢筋混凝土结构速度快很多。

（5）结构所占面积比混凝土结构小，结构的自重比混凝土结构轻。根据文献［13］的介绍，一般高层钢结构柱的截面面积占总建筑面积的3%，而高层混凝土结构墙和柱的截面面积占总建筑面积的7%～9%。高层混合结构墙和柱的截面面积占总建筑面积的百分率介于两者之间。因此，采用高层混合结构可增加建筑的有效使用面积。此外，钢材虽然单位体积的重量比混凝土大，但是，钢结构构件的截面面积比混凝土结构构件小很多，因此，高层混合结构的自重比高层混凝土结构的轻，有利于节约材料、有利于结构抗震。

上海静安希尔顿酒店（图10.2）是我国较早建造的高层混合结构房屋，该建筑地上43层，高143.6m，型钢用钢量仅69kg/m²，钢筋用量仅64kg/m²。表10.1是上海民用建筑设计院对上海静安希尔顿酒店三种结构方案所做的技术经济分析。由表10.1可见，高层混合结构更符合我国的经济、技术、材料及施工条件，是一种经济、有效的结构体系。

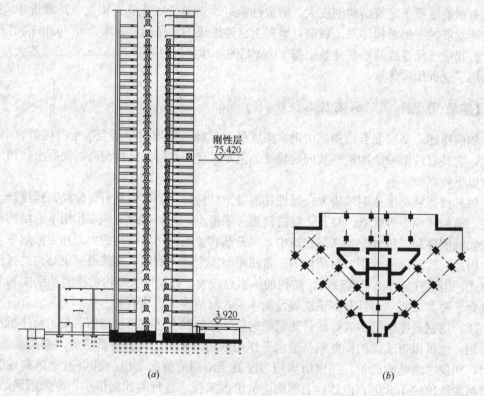

图10.2　上海静安希尔顿酒店
(a) 剖面图；(b) 平面图

上海静安希尔顿酒店三种结构方案技术经济分析　　　　　　　　表10.1

指标	项　目	钢-混凝土结构	钢结构	钢筋混凝土结构
结构自重	总重量（t）	66434	54626	94111
	每平方米结构重量（t/m²）	1.28	1.05	1.80
	百分率（%）	100	82	142

242

指标	项　目	钢-混凝土结构	钢结构	钢筋混凝土结构
施工工期	上部结构工期（d）	322	242	434
	比率	1	0.75	1.47
建筑使用空间	结构面积（m²）	1730	1320	4700
	结构面积/总面积（%）	3.3	2.5	9.0
用钢量	总用钢量（kg/m²）	133	165	—
	型钢用量（kg/m²）	69	141	—
	钢筋用量（kg/m²）	64	24	—
施工技术	节点电焊量（%）	100	250	
	高强度螺栓量（%）	100	200	

【禁忌 10.3】 不了解高层混合结构在国内外的应用状况

1. 高层混合结构在国外的应用状况

高层混合结构始建于美国。1972 年，美国芝加哥建造的 Gateway Ⅲ Building（36层，137m）被认为是世界上最早建成的高层混合结构。随后，这种结构在美国、欧洲、日本、马来西亚、新加坡等国得到推广。法国巴黎 1973 年建成的 Main Mantparnasse 大楼（64 层）以及 Anconda Tower（40 层，图 10.3）、英国伦敦的 The National West Minster Bank Building、捷克的 Guezla 大厦（36 层）、日本神奈川县 1992 年建成的海老名塔楼（25 层）、马来西亚的彼得罗纳斯大厦（95 层，450m）、新加坡的海外联合银行中心（Overseas Union Bank Center，64 层）以及美国西雅图 1985 年建成的 Bank of America Center（76 层）等，都属于高层混合结构。文献［5］介绍了国外一部分高层混合结构的构成方式（表 10.2）。图 10.3～图 10.7 为国外一部分高层混合结构的图例。

高层混合结构的构成方式　　　　　　表 10.2

体系	抗侧力结构	楼面结构	内柱	应用实例
外钢框架，混凝土内筒体	外部钢框架，内为混凝土筒体	钢梁与压型钢楼板或组合楼板	钢柱	①塔楼 49（纽约）：44 层 ②麦纳蒙巴斯办公楼（巴黎）：64 层 ③Anconda Tower：40 层 ④Guezla Tower（捷克布拉狄斯拉法）：36 层
混凝土外框筒，内钢框架	混凝土外框筒，内钢框架	压型钢板与轻混凝土组合楼板	钢柱	① Three First National Plaza（芝加哥）：58 层 ②Gate Way Ⅲ 大楼（芝加哥）：35 层 ③One Shell Square 大楼（新奥尔良）：52 层
混凝土筒中筒结构	外部混凝土框筒，内部剪力墙筒体	内外筒体之间采用组合梁或钢桁架组合楼板	内柱全为钢柱	第一加拿大中心（卡尔加里）：64 层

体系	抗侧力结构	楼面结构	内柱	应用实例
成束筒	多个混凝土框筒	组合梁与组合楼板	组成筒体的柱子为混凝土，其余为钢柱	东南金融中心（迈阿密）：53层 俄亥俄国家银行大楼（哥伦布）：25层
钢-混凝土筒中筒结构	外部钢框筒，内部混凝土筒体	组合梁与组合楼板		The Landmark office complex（雅加达）：32层
下部为钢混结构，上部为钢结构-钢筋混凝土剪力墙	钢筋混凝土剪力墙	—	钢柱	新加坡 OUB Centre：64层
劲性钢筋混凝土柱-钢梁框筒结构（下部3层钢结构）	外框筒结构	—	钢柱	休斯顿 Culf Tower：52层，高221m
劲性钢筋混凝土，普通混凝土组合内筒（加部分钢板墙）-钢框架	劲性钢筋混凝土、普通混凝土组合内筒-钢框架	轻混凝土及普通混凝土组合楼板	钢柱	日本北海 Alfa-Tomamu 饭店：36层，高121m
下部为劲性钢筋混凝土，上部为钢筋混凝土结构	框架-剪力墙结构	无粘结预应力楼板	—	志木新塔楼：20层＋2，高58.2m
钢筋混凝土核心-悬挂钢框架结构	钢筋混凝土筒体	组合楼面	—	West Coast Transmission Tower（Vamcover. B. C. Canada）：高76m
钢筋混凝土内筒劲性钢筋混凝土刚性层悬挂内部楼层结构，劲性钢筋混凝土外柱	同左	下部几层为钢筋混凝土双向密肋楼板； 上部为预应力混凝土井字楼盖	—	QANTAS Centre（澳大利亚·悉尼）：高198.25m

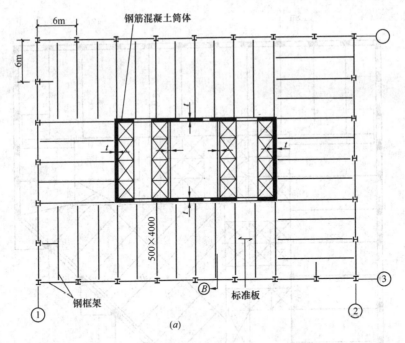

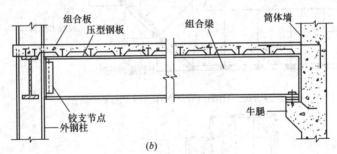

图 10.3　Anaconda Tower
(a) 平面；(b) 剖面

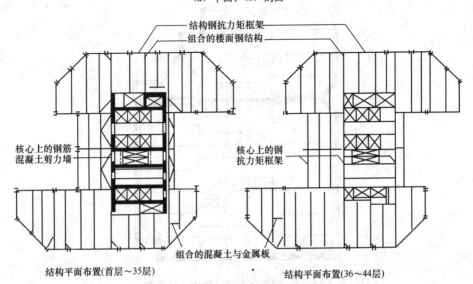

结构平面布置(首层～35层)　　　　结构平面布置(36～44层)

图 10.4　纽约塔楼 49 号平面图

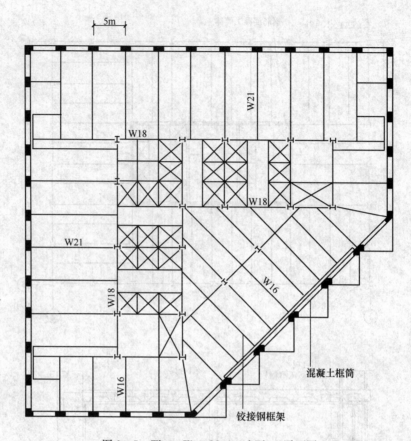

5m

W21

W18

W18

W21

W18

W16

W16

混凝土框筒

铰接钢框架

图 10.5　Three First National Plaza 平面图

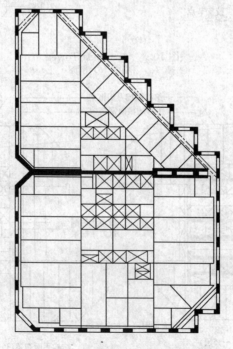

图 10.6　迈阿密东南金融中心平面图

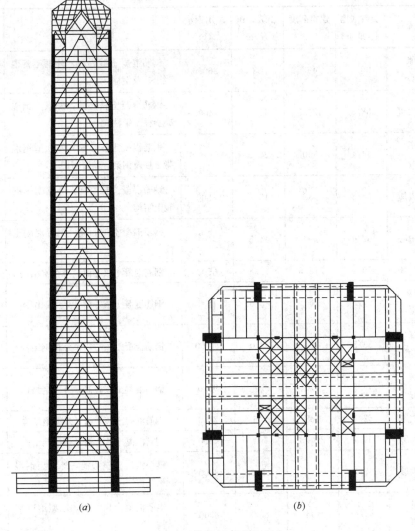

(a) (b)

图 10.7　休斯顿西南银行

(a) 立面图；(b) 平面图

2. 高层混合结构在我国的应用状况

我国自 20 世纪 80 年代开始采用高层混合结构。北京香格里拉饭店（82.75m，1986 年建成）和上海希尔顿酒店（43 层，143.6m），是我国最早建成的高层混合结构。此后，由于其显著的经济优势，这种结构在我国得到迅速发展，成为我国超高层结构的主要结构形式。上海金茂大厦（88 层，420.5m）、上海新金桥大厦（38 层，157m）、上海证券大厦（27 层，121m）、深圳地王大厦（81 层，325m）、深圳发展中心（48 层，165m）、北京国贸二期（39 层，156m）、大连云山大厦（52 层，208m）、大连远洋大厦（51 层，201m）、天津云顶花园（43 层，165m）以及上海环球金融中心（101 层，492m）等，均为高层混合结构。表 10.3 列出了我国已经建成的一部分高层混合结构的结构体系情况。还有上海中心大厦等正在建设中的高层建筑也采用了混合结构体系。

工程名称	层数（地上/地下）	建筑高度（m）	建筑面积（万 m²）	总用钢量（t）	结 构 体 系	核心筒高宽比
上海环球金融中心	95/4	492	33	26000	钢筋混凝土核心筒，外框型钢混凝土柱及钢柱	
上海金茂大厦	88/3	420.5	17.7	14000	钢筋混凝土核心筒，外框型钢混凝土柱及钢柱	15.48
厦门远华国际中心	44/4	390	28.0		钢筋混凝土核心筒，外框型钢混凝土柱及钢梁、伸臂桁架	
深圳地王大厦	68/3	298	13.8	6500	钢筋混凝土核心筒，外框型钢混凝土结构	24
香港长江中心	62/6	290	14.5		钢筋混凝土核心筒，钢管混凝土柱	
深圳赛格广场	70/4	278.6	15.8	6500	钢筋混凝土核心筒，外框钢结构	
上海香港新世界大厦	60/3	265	13.5		钢筋混凝土核心筒，外框钢结构	17.8
上海浦东国际金融大厦	53/3	230	12.0	11000	钢筋混凝土核心筒，外框钢结构	
上海国际航运大厦	48/3	210	10	9500	钢筋混凝土核心筒，外框钢结构	
大连云山大厦	52/4	208	9.6	7000	钢筋混凝土核心筒，外框钢结构	
大连远洋大厦	51/4	200.8	7.4	4880	钢筋混凝土核心筒，外框钢结构	11.4
上海森茂大厦	48/3	198	11.0	8000	钢筋混凝土核心筒，外框型钢混凝土结构	
上海信息枢纽大厦	41/4	196	8.7	8000	钢筋混凝土核心筒，巨型钢框架结构	
上海东海大厦	52/3	193.7	14.0	7350	钢筋混凝土核心筒，外框钢结构	
上海 21 世纪大厦	49/3	183.75	10	6700	钢筋混凝土核心筒，外钢框架支撑	8.75
上海世界金融大厦	43/3	176	8.3	3300	钢筋混凝土核心筒，外框型钢混凝土结构	13.96
天津云顶花园	46/3	174.5	8.5		钢筋混凝土核心筒，外框钢框架-钢结构	
深圳发展中心大厦	41/1	165.8	7.5	14000	钢筋混凝土核心筒，外框钢结构	
北京国贸中心二期	39/2	160	8.6	12000	内、外钢框架支撑筒体	
上海商品交易大厦	43/2	157.7	8.5	6500	钢筋混凝土核心筒，外框钢结构	

工程名称	层数（地上/地下）	建筑高度（m）	建筑面积（万 m²）	总用钢量（t）	结构体系	核心筒高宽比
上海期货大厦	38/3	157	8.5	6500	钢筋混凝土核心筒，外框钢结构	13
上海新金桥大厦	38/2	157	4.0	7000	钢筋混凝土核心筒，外框钢结构	8.97
上海中保大厦	38/3	154	7.0	2000	钢筋混凝土核心筒，钢桁架梁	
上海静安希尔顿饭店	43/1	143.6	7.1	9900	钢筋混凝土核心筒，外框钢结构	9.32
上海证券大厦	27/2	120	9.8	9000	钢筋混凝土核心筒，巨型钢框架-钢支撑	8.9
上海沪东造船厂综合技术中心大楼	26/1	99	5.6	3600	钢筋混凝土核心筒，外框钢结构	
北京 LG 大厦	31/4	141	15.1		钢-混凝土组合框架，钢筋混凝土框架	11.75
上海银行大厦	46/3	230	8.5		型钢混凝土柱，钢筋混凝土筒体	18.25
南京绿地紫峰大厦	70/4	450	26.1		型钢混凝土柱，钢梁，钢筋混凝土核心筒，带加强层	
大连期货大厦	53/3	241	34.1		钢框架，钢筋混凝土核心筒	9.9
湖南文化大厦	27/2	99.98	6.74	3854	钢管混凝土柱，钢梁，钢筋混凝土核心筒	11.9

值得一提的是广州新电视塔和广州珠江新城西塔。

广州新电视塔位于广州市海珠区滨江东路，广州新电视塔高 610m，由一座高 450m 的主塔体和一个高 160m 的天线桅杆构成，塔身由一个向上旋转的椭圆形钢外壳变化生成，相对于塔的顶、底部，其腰部纤细、体态生动（图 10.8）。而结构通过其外部的钢斜柱、斜撑、环梁和内部的钢筋混凝土筒，充分展现了建筑所要表达的建筑造型，核心筒椭圆外墙的内壁尺寸为 17m×14m。

钢结构外筒是结构主要的抗侧力构件，包括三种类型的杆件：立柱、环和斜撑。外筒共 24 根柱，由地下二层沿直线至塔顶，均为钢管混凝土组合柱。底部柱的钢管直径 2.0m，逐渐减小到顶部的 1.2m，壁厚 50mm、40mm 和 30mm，柱内填充 C60 混凝土。斜撑为钢管，直径 850～700mm，壁厚 40mm 和 30mm。外筒钢管环梁共有 46 组，直径均为 800mm，壁厚 30mm 和 25mm。楼面主梁跨度 10～32m，高度 0.6～1.5m，H 型钢。

该建筑总用钢量约为 5 万吨，主要钢构件的直径和厚度均较大，加工成型和焊接工艺的要求高。钢结构加工制作 A 标段包括钢结构外筒和桅杆天线，A 标段用钢量约为 42000t。

广州新电视塔 2010 年建成并投入使用。电视塔 450m 的身高，加上 160m 的天线，超越加拿大国家塔（553m），成为全球第一高塔。

广州珠江新城西塔高 432m，造型优美、线条流畅（图 10.9）。其外筒是一个不规则的钢结构网筒结构，横截面沿建筑高度连续变化。主塔楼地上 103 层，1～3 层为大厅，4

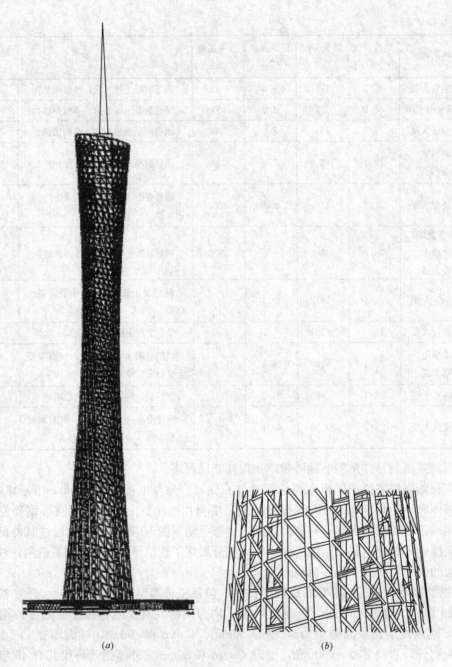

图 10.8　广州新电视塔

(a) 立面图；(b) 节点图

~67 层为办公楼，67 层以上是高级酒店及客房，最高处设有直升机平台。办公楼层采用钢管混凝土斜交网格柱外筒和钢筋混凝土内筒的筒中筒结构体系。酒店层处，混凝土内筒不再向上延伸，由钢柱锚入核心筒墙内，形成斜交网格柱外筒和带斜撑内框架的结构体系。该结构由钢管混凝土柱形成的外筒是结构的主要抗侧力体系。总共 30 根柱从地下四层处倾斜升至塔顶标高 432m 处。高度方向每隔 27m 在立柱与立柱相交处形成 "X" 形状的外筒节点。各柱的倾角不相同，由底部外径 1800mm、壁厚 50mm 逐渐缩至顶部外径

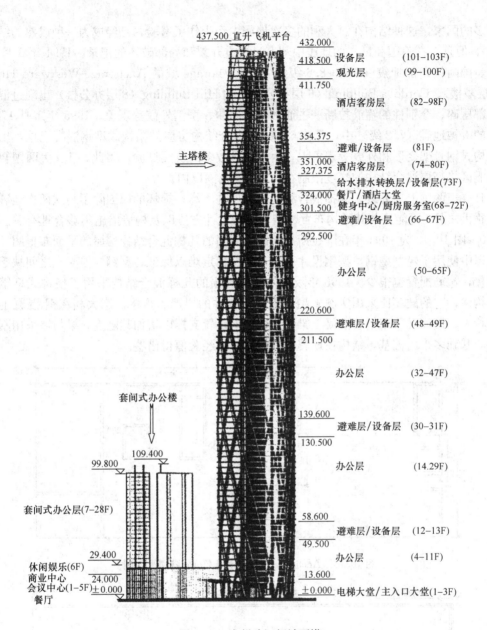

图 10.9　广州珠江新城西塔

700mm、壁厚 20mm。总用钢量近 4 万吨。

这两幢建筑的共同特点是：外部采用钢管混凝土斜交筒体结构体系，内部采用钢筋混凝土筒体结构。这是一种新型的高层混合结构形式，有着广阔的应用前景。

通过上述讨论可见，我国的高层混合结构虽然起步稍晚，但发展速度之快、应用数量之多、建筑物高度之高，是其他国家无法相比的。

【禁忌 10.4】 不了解高层混合结构在大震时有破损记录

高层混合结构中有钢框架或型钢混凝土框架，又有钢筋混凝土筒体，在地震作用下剪力主要由钢筋混凝土筒体承受，从理论上讲是一种抗震性能很好的结构。意大利是一个地震较多的国家，这种结构在意大利的多次地震中经受住了考验，已经成为一种成熟的结构形式。但是，在美国和日本的地震中却有过严重开裂和局部破坏的记录。1994年3月27日的美国阿拉斯加地震（8.3～8.6级）中，Anchorage城的Anchorage-Westward Hotel（14层塔楼）、Cordova Building（6层办公楼）和Hill Building（8层办公楼）出现过混凝土局部压碎、个别柱的箍筋拉断、主筋和型钢屈曲、型钢外鼓等现象。1995年1月17日日本的阪神地震（7.2级）中，几栋6～11层混合结构房屋的格构式型钢混凝土柱，出现过格构式钢骨架变形和外鼓等现象[4]。由于缺乏较多的抗震试验，因此，日、美两国暂时在地震区将高层混合结构的高度限制在150m的范围以内。

日、美两国上述开裂、破损混合结构的高度并不高，损坏的原因除了与这两次地震的震级很大之外，可能还与其结构布置、结构构件设计方法以及构造措施不够合理有关。图10.10～图10.12为1994年在阿拉斯加地震中破损的几栋混合结构房屋的平面布置图。这些房屋中使用了轻型型钢，型钢尺寸很小，自身稳定难以保证，型钢与混凝土之间缺乏剪力连接，箍筋配置也很少。1995年阪神地震中破损的几栋混合结构采用了格构式型钢混凝土构件，它的破坏比采用实腹式型钢混凝土构件的要严重得多。意大利在钢-混凝土混合结构中，楼面梁采用钢筋混凝土梁，钢框架上设置支撑以增加其刚度，梁与墙采用刚性连接，基础多采用桩基，结构在地震中表现良好的经验值得借鉴。

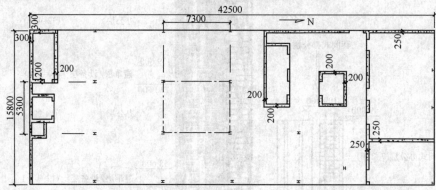

图10.10　Anchorage-Westward Hotel塔楼平面图

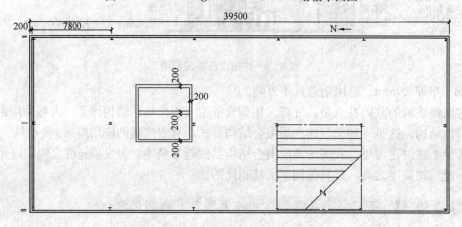

图10.11　Cordova Building平面图

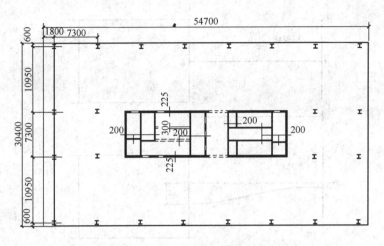

图 10.12　Hill Building 标准层平面图

【禁忌 10.5】　不了解竖向变形差分析对高层混合结构的重要性

高层建筑结构是高次超静定结构，在荷载和温度等因素的作用下，相邻竖向构件之间可能出现竖向变形不相等的现象。这种相邻竖向构件的竖向变形差将使结构内部产生弯矩、剪力、轴力等内力，出现内力重分布。以图 10.13（a）所示的单跨结构为例，由于荷载、混凝土收缩、混凝土徐变、温度等作用，横梁 AB 两端竖向构件的竖向变形不相等，使横梁两端产生竖向变形差 Δ（图 10.13b），并使横梁和竖向构件产生弯矩、剪力、轴力等内力（图 10.13c）。

横梁两端的竖向变形差为：

$$\Delta = \Delta_B - \Delta_A \tag{10.1}$$

式中　Δ_A、Δ_B——横梁 A 端和 B 端的竖向变形。

横梁两端的弯矩和剪力为[❶]：

$$M_A = M_B = -\frac{6EI\Delta}{l^2} \tag{10.2}$$

$$V_A = V_B = \frac{M_A + M_B}{l} = \frac{12EI\Delta}{l^3} \tag{10.3}$$

式中　EI——横梁 AB 的截面抗弯刚度；

　　　　l——横梁 AB 的跨长。

框架柱在 A 点的弯矩和轴向压力为：

$$M_A = \frac{6EI\Delta}{l^2} \tag{10.4}$$

$$N_A = -V_A = -\frac{12EI\Delta}{l^3} \tag{10.5}$$

核心筒在 B 点的弯矩和轴向拉力为：

$$M_B = \frac{6EI\Delta}{l^2} \tag{10.6}$$

$$N_B = V_B = \frac{12EI\Delta}{l^3} \tag{10.7}$$

[❶]　弯矩和剪力以绕截面顺时针转为正，反时针转为负；轴力以拉力为正，压力为负。

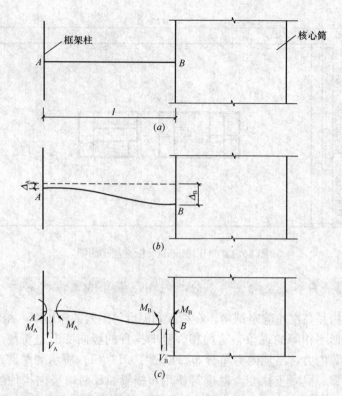

图 10.13 单跨结构横梁 AB 的竖向变形差及内力

由上面的讨论可见，当核心筒的竖向变形比框架柱的竖向变形大时，核心筒的轴压力将减小，框架柱的轴压力将加大，内力向框架柱转移。反过来，如果框架柱的竖向变形比核心筒大时，框架柱的轴压力将减小，核心筒的轴压力将加大，内力将向核心筒转移。

高层混合结构中，使框架柱与核心筒产生竖向变形差的主要因素有：

1. 荷载。和其他高层建筑结构一样，高层混合结构在竖向荷载作用下，各竖向构件都将产生竖向变形。由于各竖向构件受力的大小不同，各竖向构件的竖向变形大小也各不相同。各竖向构件之间的竖向变形差将使结构产生内力重分布。结构是逐层施工，结构自重也是逐层施加于结构之上，而且在楼面找平过程中可能将变形差部分地抵消，使结构的实际内力与一次加载时的内力有一定的差别。

2. 混凝土的收缩与徐变性能。与纯钢结构、纯型钢混凝土结构或纯混凝土结构不同的是，高层混合结构是由钢结构与混凝土结构组合而成，钢材无收缩徐变，混凝土会发生收缩与徐变。由于混凝土的收缩与徐变，将使高层混合结构各竖向构件的竖向变形差加大。由于混凝土收缩与徐变的存在，即使没有荷载作用，结构也会产生内力与变形。研究表明，由于混凝土收缩徐变引起的竖向变形差，远大于竖向荷载产生的竖向变形差。

因此，高层混合结构竖向变形差的影响问题，比其他结构更为重要。

3. 温度。建筑材料具有热胀冷缩性能，温度升高，构件伸长；温度降低，构件缩短。一天 24h 内温度随时都在变化，构件的变形也时刻在发生，温度是影响竖向变形差较为复杂的因素。

但是，也有一些措施对减小框架柱与核心筒的竖向变形差是有利的。例如：

（1）施工过程中加强对楼面标高的测量控制。

(2) 浇捣楼面混凝土时注意找平工序。

(3) 适当增加混凝土竖向承重构件的配筋率。

【禁忌 10.6】 不会计算重力荷载下高层混合结构相邻构件间的竖向变形差

如果将核心筒比拟为一根竖向杆件，高层混合结构在重力荷载下的变形差可以采用[禁忌 4.10]中介绍的一次加载法、分层加载法或近似模拟施工过程法计算。一次加载法没有考虑施工过程的影响，计算的竖向变形差很大，与实际变形差有很大出入。分层加载法计算较复杂，可采用近似模拟施工过程法替代。

近似模拟施工过程法的计算简图如图 10.14 所示。

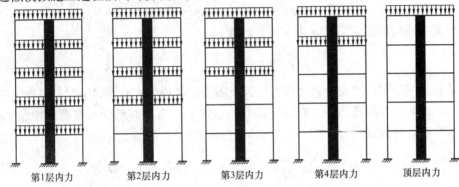

第1层内力　　第2层内力　　第3层内力　　第4层内力　　顶层内力

图 10.14　近似模拟施工过程法

这种计算方法可以用式（10.8）表示如下：

$$[K][\Delta] = \begin{bmatrix} q_n & q_n & \cdots & q_n & \cdots & q_n \\ q_{n-1} & q_{n-1} & \cdots & q_{n-1} & \cdots & 0 \\ \vdots & \vdots & & \vdots & & \vdots \\ q_i & q_i & \cdots & q_i & \cdots & 0 \\ \vdots & \vdots & & \vdots & & \vdots \\ q_3 & q_3 & \cdots & 0 & \cdots & 0 \\ q_2 & q_2 & \cdots & 0 & \cdots & 0 \\ q_1 & 0 & \cdots & 0 & \cdots & 0 \end{bmatrix} \tag{10.8}$$

其中，$[K]$ 是全结构的刚度矩阵；$[\Delta]$ 是位移矩阵，q_i（$i=1,\cdots,n$）是第 i 层的荷载。求第 i 层内力时，用第 i 列右端项。

【禁忌 10.7】 不会计算由于混凝土徐变收缩在高层混合相邻构件间产生的竖向变形差

先讨论钢筋混凝土轴压构件分批加载时徐变收缩的计算方法，再讨论高层混合结构各楼层柱和剪力墙徐变收缩竖向变形计算方法。

1. 钢筋混凝土轴压构件分批加载时徐变收缩分析的简化方法

混凝土徐变收缩对高层建筑结构影响的关键问题是确定徐变收缩引起的结构竖向变形差值。高层建筑结构的竖向构件在竖向荷载作用下主要承受轴力，弯矩和剪力则比较小。

所以，采用"高层建筑结构竖向构件的竖向变形主要是由轴力引起的"的假定以简化分析是合适的。

虽然只有通过对结构所用实际配比的构件进行适当的长期试验观察才能得到有关徐变和收缩值的准确数值，但很明显，这在设计上是很不切实际的。

我们采用 ACI 209 规范的徐变和收缩推荐公式，根据高层建筑竖向构件在施工过程的受力特点，建立钢筋混凝土轴压构件分批加载时徐变收缩分析的简化方法[16]。

（1）徐变应变的计算　在实际工程中，除了荷载因素外，混凝土构件截面的徐变受加载龄期、构件厚度、持荷时间和环境相对湿度的影响最大。所以，为了应用方便，可将徐变系数写为：

$$\varphi(t,t_0) = 2.35\gamma_a\gamma_h\gamma_t\gamma_\lambda \tag{10.9}$$

式中，γ_t 是持荷时间影响系数，用下式来计算：

$$\gamma_t = \frac{(t-t_0)^{0.6}}{10+(t-t_0)^{0.6}} \tag{10.10}$$

大量的试验研究证明：混凝土截面应力与其极限强度的比值在 0.5 以下时，混凝土的徐变是线性的，此时叠加原理适用。在线性徐变的条件下，当截面承受 n 级荷载增量 $\Delta\sigma_i$ 时，根据叠加原理，截面在 t（$t \geqslant t_n$）时刻的徐变应变为：

$$\varepsilon_c(t,t_0) = \sum_{i=1}^{n}\frac{\Delta\sigma_i}{E}\varphi(t,t_i) = \sum_{i=1}^{n}\frac{\Delta\sigma_i}{E}2.35\gamma_{a,i}\gamma_h\gamma_{t,i}\gamma_\lambda \tag{10.11}$$

其中，$\Delta\sigma_i$、$\gamma_{a,i}$ 和 $\gamma_{t,i}$ 分别是第 i（$i=1$，…，n）级荷载的荷载增量和加载龄期与持荷时间影响系数。当 $t\to\infty$ 时，有 $\gamma_{t,i}=1$。所以，截面承受 n 级荷载时的最终徐变应变为：

$$\varepsilon_c(\infty,t_0) = \sum_{i=1}^{n}\frac{\Delta\sigma_i}{E}\varphi(t,t_i) = 2.35\gamma_h\gamma_\lambda\sum_{i=1}^{n}\frac{\Delta\sigma_i}{E}\gamma_{a,i} \tag{10.12}$$

在高层建筑中，由于楼板形式基本上是相同的，大部分的施工都是重复进行，因此可以假定在每一时间间隔内，柱子和墙承受相同的荷载增量，即 $\Delta\sigma_i=\Delta\sigma$（$i=1$，…，$n$）。此时，式（10.12）可以改写为：

$$\varepsilon_c(\infty,t_0) = \frac{\Delta\sigma}{E}2.35\gamma_h\gamma_\lambda\sum_{i=1}^{n}\gamma_{a,i} = \frac{n\Delta\sigma}{E}2.35\gamma_h\gamma_\lambda\frac{\sum\limits_{i=1}^{n}\gamma_{a,i}}{n} \tag{10.13}$$

令：$\sigma=n\Delta\sigma$，代表截面总的应力增量；$\gamma_{av}=\sum\limits_{i=1}^{n}\gamma_{a,i}/n$ 代表平均龄期影响系数。则上式可以简化为：

$$\varepsilon_c(\infty,t_0) = 2.35\gamma_h\gamma_\lambda\gamma_{av}\frac{\sigma}{E} \tag{10.14}$$

我们根据大量的试算结果，拟合出平均龄期影响系数的计算公式为：

$$\gamma_{av} = 0.671 + 0.179e^{-0.0518t} + 0.244e^{-0.0055t} \tag{10.15}$$

如果对计算精度要求不是很高，也可以用下式计算平均龄期影响系数：

$$\gamma_{av} = 0.705 + 0.31e^{-0.01t} \tag{10.16}$$

式中，t 是第 n 级荷载的加载龄期。式（10.16）的误差不超过 5%，而式（10.15）的误差则不超过 0.2%。平均龄期影响系数也可以查图 10.15 求得。由式（10.11）可知，对于承受 n 级荷载的截面，前（$i-1$）级荷载（$i=2$，…，n）在 t_i 时刻完成的徐变应变为：

$$\varepsilon_c(t_i, t_0) = \sum_{j=1}^{i-1} \frac{\Delta\sigma_i}{E}\varphi(t_i, t_j) = \sum_{j=1}^{i-1} \frac{\Delta\sigma_i}{E}2.35\gamma_{a,j}\gamma_h\gamma_{t,j}\gamma_\lambda \tag{10.17}$$

当相同时间增量内的应力增量相等时，有：

$$\varepsilon_c(t_i, t_0) = 2.35\gamma_\lambda\gamma_h\frac{\Delta\sigma}{E}\sum_{j=1}^{i-1}\gamma_{a,j}\gamma_{t,j} \tag{10.18}$$

$$\gamma_{t,j} = \frac{(t_i - t_j)^{0.6}}{10 + (t_i - t_j)^{0.6}}$$

设前 $(i-1)$ 级荷载在 t_i 时刻完成的徐变占该荷载引起的截面最终徐变的比值为 γ_1，定义为平均持荷时间影响系数，则有：

$$\gamma_1 = \varepsilon_c(t_i, t_0)/\varepsilon_c(\infty, t_0) \tag{10.19}$$

即：
$$\varepsilon_c(t_i, t_0) = \gamma_1\varepsilon_c(\infty, t_0) \tag{10.20}$$

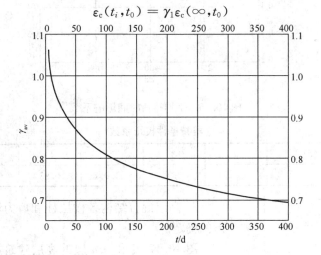

图 10.15　平均龄期影响系数

令式（10.14）中的 n 等于 $(i-1)$，并把式（10.14）和式（10.48）代入式（10.20），可得：

$$\gamma_1 = \sum_{j}^{i-1}\gamma_{a,j}\gamma_{t,j}/[(i-1)\gamma_{av}] \tag{10.21}$$

式中　$\gamma_{a,j}$——第 j 级荷载的龄期影响系数，$\gamma_{a,j} = 1.25t_j^{-0.118}$，$t_j$ 是第 j 级荷载的施加龄期；

　　　$\gamma_{t,j}$——第 j 级荷载的持荷时间影响系数，$\gamma_{t,j} = (t_i - t_j)^{0.6}/[10 + (t_i - t_j)^{0.6}]$；

　　　γ_{av}——平均龄期影响系数，按式（10.15）或式（10.16）计算，式中 t 取为 t_{i-1}。

为了简化计算，在大量试算的基础上，我们拟合出 γ_1 随时间 t_i 的变化曲线，如图 10.16 所示。γ_1 的值也可按式（10.22）计算：

$$\gamma_1 = 0.711 - 0.456e^{-0.0064t_i} \tag{10.22}$$

（2）收缩应变的计算 ACI 209、R-92 规范收缩公式可见参考文献［14］。我们取影响收缩的几个主要因素，把收缩公式写为：

$$\varepsilon_{sh,\infty} = 780\gamma_{cp}\gamma_\lambda\gamma_h \times 10^{-6} \tag{10.23}$$

式中　γ_{cp}——初始养护条件校正系数，按表 10.4 取值；

γ_λ——环境相对湿度校正系数，当 $40 \leqslant \lambda \leqslant 80$ 时，$\gamma_\lambda = 1.40 - 0.010\lambda$；当 $80 \leqslant \lambda \leqslant 100$ 时，$\gamma_\lambda = 3.00 - 0.030\lambda$（$80 \leqslant \lambda \leqslant 100$）。$\lambda$ 是环境相对湿度（%）。当 $\lambda < 40$ 时，取 $\gamma_\lambda > 1$；

γ_h——平均厚度校正系数，$\gamma_h = 1.2e^{-0.00472v/s}$，$v/s$ 是体积面积比（mm）。

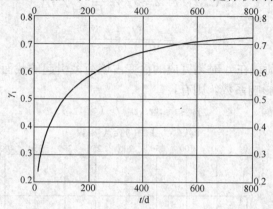

图 10.16　平均持荷时间影响系数

养护条件校正系数　　　　　　　　　　　　　　　　　　　　　　表 10.4

潮湿养护天数（d）	1	3	7	14	28	90
γ_{cp}	1.2	1.1	1.0	0.93	0.86	0.75

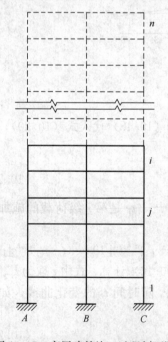

图 10.17　高层建筑施工过程剖面图

2. 高层混合结构各楼层柱和剪力墙徐变收缩竖向变形的确定。

图 10.17 表示一 n 层的高层建筑施工到第 i 层的剖面图。当施工到第 i 层时，下面第 1～（$i-1$）层的荷载已经产生了部分徐变和收缩变形，但这部分变形对第 i 层楼盖的受力不产生影响。当第 i 层浇筑后的所有时间内，1～n 层的竖向构件变形均将引起第 i 层楼盖产生内力和变形。所以，第 i 层（$i=1$，…，n）楼面的竖向徐变收缩变形由以下几部分组成：①前（$i-1$）级荷载在 t_i～∞ 时间段产生的徐变 Δ_{c1}；②第 i～n 级荷载在 t_i～∞ 时间段产生的徐变 Δ_{c2}；③第 1～i 层构件在 t_i～∞ 时间段产生的收缩 Δ_{sh}。

（1）Δ_{c1} 的计算　第 j 层（$j=1$，…，$i-1$）在前（$i-1$）级荷载作用下的最后竖向徐变变形为：

$$\delta_{c1,j} = h_j \sum_{k=j}^{i-1} \frac{\Delta\sigma_k}{E} 2.35 \gamma_{h,j} \gamma_{\lambda,j} \gamma_{a,j,k}(1 - \gamma_{t,j,k})$$

(10.24)

式中　h_j——第 j 层楼高；

$\Delta\sigma_k$——第 k 级荷载增量；

$\gamma_{h,j}$——第 j 层竖向构件徐变的厚度校正系数；

258

$\gamma_{\lambda,j}$——第 j 层竖向构件徐变的环境湿度校正系数；

$\gamma_{a,j,k}$——第 k 级荷载对第 j 层构件的加载龄期校正系数；

$\gamma_{t,j,k}$——第 k 级荷载对第 j 层构件的持荷时间校正系数。

如果在相同时间内荷载增量相等，则式（10.24）可以简化为：

$$\delta_{c1,j} = 2.35 h_j \gamma_{h,j} \gamma_{\lambda,j} \gamma_{av,j} (1 - \gamma_{1,j}) \frac{\sigma}{E} \tag{10.25}$$

式中　$\gamma_{av,j}$——第 j 层竖向构件在 t_{i-1} 时刻的平均龄期校正系数；

$\gamma_{1,j}$——第 j 层竖向构件在 $j\sim i-1$ 荷载作用下，在 t_i 时刻完成的徐变占最终徐变的比值；

σ——第 $j\sim i-1$ 级荷载在构件中产生的应力之和。

所以，由前 $i-1$ 级荷载产生的第 i 层的竖向最终徐变变形为：

$$\Delta_{c1} = \sum_{j=1}^{i-1} \delta_{c1,j} \tag{10.26}$$

（2）Δ_{c2} 的计算，第 $i\sim n$ 级荷载在第 j 层（$j=1,\cdots,i$）构件产生的最终徐变变形为：

$$\delta_{c2,j} = h_j \sum_{k=i}^{n} \frac{\Delta\sigma_k}{E} 2.35 \gamma_{h,j} \gamma_{\lambda,j} \gamma_{a,j,k} \tag{10.27}$$

式中，各参数意义同式（10.24）中参数的意义。

同样，如果在相同时间内荷载增量相等，则式（10.27）可以简化为：

$$\delta_{c2,j} = 2.35 h_j \gamma_{h,j} \gamma_{\lambda,j} \gamma_{av,j} \frac{\sigma}{E} \tag{10.28}$$

式中，σ 是从第 i 层到顶层的荷载引起的截面应力增量，其他参数的意义和式（10.25）中参数的意义相同。

所以，由 $i\sim n$ 级荷载产生的第 i 层的竖向最终徐变变形为：

$$\Delta_{c2} = \sum_{j=1}^{i} \delta_{c2,j} \tag{10.29}$$

（3）Δ_{sh} 的计算　第 i 层荷载施加后，其下面各层的最终收缩变形为：

$$\delta_{sh,j} = h_j \varepsilon_{sh,\infty,j} (1 - \gamma_{t,j}) (j = 1,\cdots,i) \tag{10.30}$$

式中　$\varepsilon_{sh,\infty,j}$——第 j 层的最终收缩值，按式（10.23）计算；

$\gamma_{t,j}$——施加第 i 层荷载时，相对于第 j 层构件的持荷影响系数，对于潮湿养护 $\gamma_{t,j} = t/(35+t)$，这里近似认为各层养护结束就加载，则有 $t = t_i - t_j$。

则第 i 层处的最终收缩变形为：

$$\Delta_{sh} = \sum_{j=1}^{i} \delta_{sh,j} \tag{10.31}$$

所以，第 i 层构件不考虑钢筋影响时的最终徐变收缩竖向变形为：

$$\Delta = \Delta_{c1} + \Delta_{c2} + \Delta_{sh} \tag{10.32}$$

文献［15］依据欧洲规范 EC2 关于混凝土弹性模量变化、徐变和收缩的规定，考虑施工顺序加载、混凝土徐变收缩、竖向构件压应力差异、施工过程中构件长度的调整等因素，结合屋顶高 381m 的南京紫峰大厦超高层结构（平面图如图 10.18 所示），分析计算了超高层结构中组合柱与核心筒剪力墙的竖向变形及差异。

为了模拟弹性模量、徐变、收缩随时间的发展，以大约每 6 层为一组，把整个结构分成 14 个不同的组，假定整个结构以组为单位向上施工；按照施工进度，取每组施工时间的中间时刻，计算出相应的弹性模量、徐变、收缩；然后，转换为等效弹性模量和等效温度降低。就整个结构来讲，随施工的不断进行，其中组的弹性模量、徐变和收缩也不断变化，并且结构与荷载也是逐个组向上施加，因此，按照施工顺序建立 14 个不同施工阶段的结构模型；这样，同一个组在不同施工阶段的模型中有不同的弹性模量、徐变和收缩值，同时也实现了按照施工顺序加载计算结构的竖向变形与差值以及由此引起的内力。不同竖向构件的轴向压应力差异在结构模型中被自然考虑。

　　由于地基不均匀沉降问题的复杂性，以及紫峰大厦的地质条件较好，故暂且不考虑地基不均匀沉降对竖向变形差的影响。

　　因为主体结构外包玻璃幕墙，芯筒剪力墙和周边组合柱的温度差异不大，所以不考虑温度变化对结构竖向变形差的影响。

　　在计算混凝土随时间变化的弹性模量、徐变、收缩时，需要明确施工中材料、环境条件、施工进度、施工顺序等情况。下面根据实际情况和工程经验对此作出假定：①核心筒剪力墙和型钢混凝土柱中使用的水泥为快硬高强水泥；②紫峰大厦施工环境相对湿度取为80%；③型钢混凝土柱的加载时龄期取 7d，核心筒剪力墙的加载时龄期取为 15d；施工速度取 5d 一层；④核心筒领先周边组合柱 6 层施工；⑤施工时恒载、附加恒载一起加上，忽略施工活载，活载在结构封顶半年后一次性加上；⑥伸臂桁架的施工安排是首次施工到伸臂桁架时先临时固定，待施工到上一伸臂桁架层时，再把下一伸臂桁架层中的伸臂桁架终固。

　　文献［15］按照前述的计算原理和施工情况，计算了紫峰大厦周边组合柱及芯筒剪力墙在结构封顶后半年的竖向变形量值和差异。在周边组合柱和核心筒剪力墙中分别选取了对应的 8 个点，见图 10.18，查看和统计出其竖向变形情况。为了节省篇幅，选择四组对应的柱墙列出其计算结果，见表 10.5。表中给出了考虑施工调整和不考虑施工调整两种情况下的柱墙竖向变形及差异。实际上，施工中一般是把正在施工的楼层实时调整到设计标高，从而补偿本层和之前已经产生的竖向变形。但是，其后施工的楼层会使已经施工的楼层产生新的竖向变形，这就是施工调整之后的柱墙竖向变形及差异。如果不考虑施工中对正在施工和之前的楼层竖向变形进行的调整，就得到了不考虑施工调整时的柱墙竖向变形及差异。表 10.5 显示出，考虑与不考虑施工调整的计算结果差异很大，而与工程实践相符合的情况是考虑施工调整后的结果。图 10.19 反映了是否考虑施工调整对于计算出的竖向变形及差异数值的影响。早期的竖向变形差异研究中就忽视了施工调整，但是随着研究的深入，这一问题被正确认识。

结构封顶半年组合柱与剪力墙竖向变形及差异　　　　　表 10.5

楼　　层	层 7	层 18	层 30	层 39	层 45	层 51	层 62	层 67
标高（m）	37.0	94.4	144.7	194.8	217.6	240.4	297.0	339.0
C1 竖向变形（mm）	34.28	59.21	74.13	80.15	78.61	73.69	42.97	23.91
（不考虑施工调整）	(39.95)	(77.24)	(109.14)	(136.04)	(149.15)	(160.46)	(178.40)	(183.34)
W1 竖向变形（mm）	33.83	56.28	67.83	70.16	66.96	60.79	38.56	21.99

楼 层	层 7	层 18	层 30	层 39	层 45	层 51	层 62	层 67
（不考虑施工调整）	(38.68)	(72.64)	(99.01)	(120.37)	(128.06)	(134.97)	(146.88)	(154.56)
柱墙竖向变形差（mm）	0.45	2.93	6.30	9.99	11.65	12.90	4.41	1.92
（不考虑施工调整）	(1.27)	(4.60)	(10.13)	(15.67)	(21.09)	(25.49)	(31.52)	(28.78)
C3 竖向变形（mm）	35.05	57.83	69.75	73.23	71.62	66.15	39.75	22.79
（不考虑施工调整）	(41.15)	(78.64)	(108.93)	(133.74)	(146.79)	(158.33)	(177.04)	(182.90)
W3 竖向变形（mm）	33.28	54.72	65.44	67.40	64.35	58.49	37.22	21.15
（不考虑施工调整）	(38.27)	(71.38)	(97.06)	(118.01)	(125.69)	(132.53)	(144.30)	(151.13)
柱墙竖向变形差（mm）	1.77	3.11	4.31	5.83	7.27	7.66	2.53	1.64
（不考虑施工调整）	(2.88)	(7.26)	(11.87)	(15.73)	(21.10)	(25.80)	(32.74)	(31.77)
C4 竖向变形（mm）	31.96	54.80	63.54	62.51	59.14	50.52	20.41	—
（不考虑施工调整）	(39.09)	(75.96)	(104.54)	(127.94)	(140.00)	(149.61)	(160.72)	—
W4 竖向变形（mm）	30.02	47.85	55.30	56.59	53.38	48.43	29.72	—
（不考虑施工调整）	(35.63)	(65.64)	(88.69)	(108.50)	(116.12)	(122.57)	(133.29)	—
柱墙竖向变形差（mm）	1.94	6.95	8.24	5.92	5.76	2.09	−9.31	—
（不考虑施工调整）	(3.46)	(10.32)	(15.85)	(19.44)	(23.88)	(27.04)	(27.43)	—

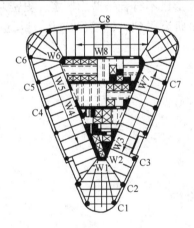

图 10.18　典型楼层结构平面布置

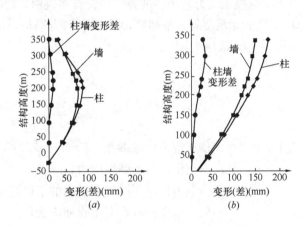

图 10.19　C1 与 W1 的竖向变形及差异沿高度的分布
（a）考虑施工调整；（b）不考虑施工调整

从表 10.5 可以看出，一般情况下，组合柱与芯筒墙的竖向变形量及变形差的最大值既不是发生在结构顶部，也不是在结构底部，而是发生在结构中部或者中部偏上。图 10.19（a）显示出四组典型组合柱与芯筒墙的竖向变形量及竖向变形差沿高度的分布。

需要说明的是，柱墙竖向变形及差异受到施工顺序加载、混凝土收缩徐变（包括龄期影响）、竖向构件压应力差异、施工过程中构件长度的调整等因素的影响，因而实际工程中结构布置的变化、使用功能及荷载的不同等因素都会影响到计算结果，所以，不同组的柱墙竖向变形及差异表现出有所不同的特点。例如，柱 C4 在层 63 就已收掉，而墙 W4 则一直延伸到层 70，所以，在结构顶部出现了芯筒墙的竖向变形量大于组合柱的结果。

为了考虑结构的竖向变形及差异随时间的发展情况，按照前述的计算原理，计算结构封顶后三年的组合柱与芯筒墙的竖向变形及差异，见表 10.6。表 10.5 和表 10.6 的比较反映出，随时间的发展，柱和墙的竖向变形量及变形差有所增大，但是增大幅度不大，而且外伸臂桁架使得差异变形的增加更为缓慢。

结构封顶后三年组合柱与剪力墙竖向变形及差异　　　　　　　　表 10.6

楼　　　层	层 7	层 18	层 30	层 39	层 45	层 51	层 62	层 67
标高（m）	37.0	94.4	144.7	194.8	217.6	240.4	297.0	339.0
C1 竖向变形（mm）	34.73	61.46	79.24	88.65	88.59	84.60	51.35	29.17
（不考虑施工调整）	(40.47)	(80.18)	(116.67)	(150.46)	(168.09)	(184.21)	(204.80)	(223.67)
W1 竖向变形（mm）	34.30	58.59	72.91	78.30	76.20	70.64	46.77	27.27
（不考虑施工调整）	(39.22)	(75.62)	(106.44)	(134.33)	(145.73)	(156.84)	(178.17)	(191.65)
柱墙竖向变形差（mm）	0.43	2.87	6.33	10.35	12.39	13.96	4.58	1.90
（不考虑施工调整）	(1.25)	(4.56)	(10.23)	(16.13)	(22.36)	(27.37)	(26.63)	(32.02)

【禁忌 10.8】　不会计算配筋率对减小混凝土收缩徐变变形的影响

由于截面配筋的存在，限制和减小了混凝土的自由徐变和收缩变形。同时，钢筋压力增加，混凝土压力减小。试验和研究资料表明，此时的变形已不符合平截面假定。史密斯 B. S.[10] 和徐培福等人根据变形协调和内力平衡，由试验研究得到，钢筋压应力增量 $\Delta\sigma_s$ 和混凝土压应力减小量 $\Delta\sigma_c$ 为：

$$\Delta\sigma_s = \frac{\sigma_c\varepsilon'_c + \varepsilon_{sh}}{\rho\varepsilon'_c}F \qquad (10.33)$$

$$\Delta\sigma_c = \left(\sigma_c + \frac{\varepsilon_{sh}}{\varepsilon'_c}\right)F$$

式中　F——钢筋压应力增量参数，$F = 1 - e^{\left(-\frac{\rho n}{1+\rho n}\varepsilon'_c E_c\right)}$；

σ_s——混凝土中的初始弹性应力；

ε'_c——单位应力作用下混凝土截面的最终自由徐变应变；

ε_{sh}——混凝土截面的最终自由收缩应变；

E_c——混凝土的弹性模量；

ρ——截面配筋率；

n——钢筋和混凝土的弹性模量比。

由于钢筋与混凝土无相对滑移，所以截面的最终收缩徐变应变应该等于钢筋的应变，可以直接从钢筋应力的变化求得：

$$\Delta\varepsilon_c = \Delta\sigma_s / E_s \qquad (10.34)$$

截面的收缩徐变应变也可以直接根据式（10.33）和式（10.34）用下式计算：

$$\Delta\varepsilon_c = \frac{\sigma_c\varepsilon'_c + \varepsilon_{sh}}{\rho n \varepsilon'_c E_c}F \qquad (10.35)$$

现在，讨论一下参数 F 的物理意义。

如图 10.20（a）所示，配筋混凝土截面承受均布压应力 σ_c 作用进入徐变变形后，假设截面的变形仍符合平截面假定。如果不考虑钢筋对混凝土变形的约束作用，则混凝土截面将发生自由的徐变应变 $\varepsilon_c = \sigma_c \varepsilon'_c$ 和收缩应变 ε'_{sh}（图 10.20b）。

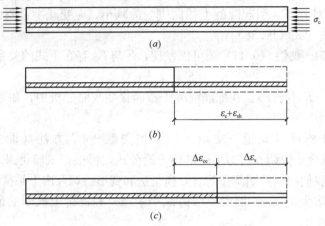

图 10.20　F 的物理意义

(a) 承受均布压应力钢筋混凝土构件；(b) 自由徐变和自由
收缩应变；(c) 考虑配筋影响的最终徐变收缩应变

但实际上，由于钢筋的存在，阻碍了混凝土的自由非弹性变形，使混凝土压力减小、钢筋压力增大。根据内力平衡条件，混凝土压力减小量和钢筋压力增大量相等，设压力变化量为 N。由弹性平截面假定，则有钢筋压应变增量 $\Delta\varepsilon_s$ 和混凝土压应变减小量 $\Delta\varepsilon_c$ 为：

$$\begin{cases} \Delta\varepsilon_s = \dfrac{N}{E_s A_s} \\[2mm] \Delta\varepsilon_c = \dfrac{N}{E_c A_c} \end{cases} \tag{10.36}$$

由变形协调相容（图 10.20c）可知，钢筋压应变增量和混凝土压应变减小量之和应等于混凝土自由徐变应变，即：

$$\Delta\varepsilon_a + \Delta\varepsilon_{cc} = \sigma_c \varepsilon'_c + \varepsilon_{sh} \tag{10.37}$$

联合式（10.36）和式（10.37），可得：

$$N = \frac{\sigma_c \varepsilon'_c + \varepsilon_{sh}}{\varepsilon'_c} A_c F_0 \tag{10.38}$$

$$F_0 = \frac{\rho n}{1 + \rho n} \varepsilon'_c E_c \tag{10.39}$$

由式（10.37）可得，钢筋压应力增量和混凝土压应力减小量分别为：

$$\Delta\sigma_{s0} = \frac{N}{A_s} = \frac{\sigma_c \varepsilon'_c + \varepsilon_{sh}}{\rho \varepsilon'_c} F_0 \tag{10.40}$$

$$\Delta\sigma_{c0} = \frac{N}{A_c} = \left(\sigma_c + \frac{\varepsilon_{sh}}{\varepsilon'_c} \right) F_0$$

则截面的徐变收缩应变等于钢筋的应变，用下式计算：

$$\Delta\varepsilon_s = \frac{N}{E_s A_s} = \frac{\sigma_c \varepsilon'_c + \varepsilon_{sh}}{\rho n \varepsilon'_c E_c} F_0 \tag{10.41}$$

比较式（10.35）和式（10.41）可以发现，F 反映了混凝土徐变的塑性性质，而 F_0 在弹性平截面的假定上得出，没有反映混凝土的塑性徐变，即：由于混凝土的徐变性质，混凝土截面在 N 作用下，引起混凝土截面应变的减小，应变减小量要大于由弹性平截面假定计算出的 $\Delta\varepsilon_c$ ［式（10.36）］。

由式（10.35）和式（10.41）还可以发现，F 与 F_0 存在下式的关系：

$$F = 1 - e^{-F_0} \tag{10.42}$$

由上式可以知道，F 小于 F_0。在配筋混凝土截面徐变收缩分析中，如果采用 F_0，将高估截面的非弹性变形。

经过以上分析可以知道，文献［10］和文献［4］方法［即式（10.33）～式（10.35）］是根据变形协调和内力平衡推导理论公式，再根据试验结果对理论公式进行修正得到的方法。我们根据龄期调整的有效模量法和变形协调及内力平衡条件，推导出方便实用的钢筋应力增大量 $\Delta\sigma_s$、混凝土应力减小量 $\Delta\sigma_c$ 和混凝土截面的最终徐变收缩应变 $\Delta\varepsilon_c$ 计算公式分别为：

$$\Delta\sigma_s = \frac{n}{1 + \rho n (1 + \chi\varphi)} (\sigma_{c0}\varphi + E_c\varepsilon_{sh}) \tag{10.43}$$

$$\Delta\sigma_c = \frac{\rho n}{1 + \rho n (1 + \chi\varphi)} (\sigma_{c0}\varphi + E_c\varepsilon_{sh}) \tag{10.44}$$

$$\Delta\varepsilon_s = \eta(\varepsilon_c + \varepsilon_{sh}) \tag{10.45}$$

$$\eta = \frac{1}{1 + \rho n (1 + \chi\varphi)} \tag{10.46}$$

式中　σ_{c0}——混凝土截面的初应力；

　　　χ、φ——混凝土的老化系数和徐变系数，φ 与单位应力下混凝土的徐变 ε'_c 存在关系 $\varphi = E_c\varepsilon'_c$；

　　　η——配筋率对徐变收缩的影响系数。

其他参数与式（10.33）中的参数意义相同。

式（10.43）～式（10.45）的推导过程如下。

轴心受压钢筋混凝土截面，混凝土 t_0 时刻在初应力 σ_{c0} 作用下开始发生徐变，同时发生收缩。在 t 时刻，假设混凝土截面压力减小 N，根据内力平衡，则钢筋截面压力增大 N。于是在 $t_0 \sim t$ 时段，钢筋截面应变减小量 $\Delta\varepsilon_s$ 为

$$\Delta\varepsilon_s = \frac{N}{E_s A_s} \tag{10.47}$$

在 $t_0 \sim t$ 时段，混凝土截面压应力 $\sigma_c(\tau)$ 在 σ_{c0} 与 $\sigma_c(t)$ 之间连续变化，且有：

$$\sigma_c(t) = \sigma_{c0} - \frac{N}{A_c} \tag{10.48}$$

则混凝土截面在 t 时刻的应变为：

$$\varepsilon(t, t_0) = \frac{\sigma_{c0}}{E_c}[1 + \varphi(t, t_0)] + \int_{t_0}^{t} \frac{1}{E_c(\tau)}[1 + \varphi(t, \tau)] \frac{d\sigma(\tau)}{d\tau}d\tau + \varepsilon_{sh}(t, t_0) \tag{10.49}$$

根据混凝土龄期调整的有效模量法，有：

$$\varepsilon(t, t_0) = \frac{\sigma_{c0}}{E_c}[1 + \varphi(t, t_0)] + \frac{\sigma_c(t) - \sigma_{c0}}{E_\varphi} + \varepsilon_{sh}(t, t_0) \tag{10.50}$$

式中　E_φ——混凝土龄期调整的有效模量。

264

则在 $t_0 \sim t$ 时段，混凝土截面应变减小量 $\Delta\varepsilon_c$ 为：

$$\Delta\varepsilon_c = \varepsilon_c(t, t_0) - \varepsilon_{c0} = \frac{\sigma_{c0}}{E_c}\varphi(t, t_0) + \frac{\sigma_c(t) - \sigma_{c0}}{E_c}[1 + \chi(t, t_0)\varphi(t, t_0)] + \varepsilon_{sh}(t, t_0)$$

(10.51)

为了方便，下面用 φ 表示 $\varphi(t, t_0)$，用 χ 表示 $\chi(t, t_0)$。

根据变形协调，有：

$$\Delta\varepsilon_c = \Delta\varepsilon_s$$

(10.52)

把式（10.48）代入式（10.51），并把式（10.47）和式（10.51）代入式（10.52），即可求得压力变化量 N：

$$N = \frac{\rho n}{1 + \rho n(1 + \chi\varphi)}(\sigma_{c0}\varphi + E_c\varepsilon_{sh})A_c$$

(10.53)

根据 $\Delta\sigma_s = N/A_s$ 和 $\Delta\sigma_c = N/A_c$ 即可求得钢筋截面和混凝土截面的应力变化量，即式（10.43）和式（10.44）。把式（10.53）代入式（10.47）即可得到钢筋混凝土截面的最终徐变收缩应变计算式（10.45）。

现在来验证式（10.43）～式（10.45）的准确性。一钢筋混凝土截面，混凝土截面承受初始压应力 $\sigma_{c0} = 100\text{MPa}$，$E_c = 2.79 \times 10^4\text{MPa}$，$E_s = 2.06 \times 10^5\text{MPa}$，$\rho = 0.042$，$n = 7.4$，$\varphi = 2.35$，$\chi = 0.8065$。按史密斯方法的式（10.35）、式（10.41）和我们方法的式（10.45）计算得到的截面最终徐变收缩应变如表 10.7 所示。由表 10.7 可见，我们的计算方法（基于理论推导）与史密斯方法（基于理论推导和试验修改）计算结果非常接近，且我们的方法完全用理论推导，意义明确，应用方便。

轴压钢筋混凝土截面的最终徐变收缩应变　　　　表 10.7

计算方法	史密斯方法	式（10.41）方法	本文方法
应变（mm）	4.926×10^{-3}	6.32×10^{-3}	4.43×10^{-3}

【算例验证】　我们采用文献［10］中的算例：一钢筋混凝土高层建筑，总层数 35；层高 3m；柱截面 0.5m×1.25m；配筋率为 4.2%；每 4d 施工一层；每层的荷载为 166kN；环境相对湿度 40%；构件潮湿养护时间为 4d；钢筋与混凝土的弹性模量分别为 $2.065 \times 10^8\text{kPa}$ 和 $2.79 \times 10^7\text{kPa}$。求底层柱的最终收缩徐变。

文献［10］中计算了第一层柱不考虑钢筋影响的徐变收缩应变为 895.3×10^{-6}。本文方法计算出的第一层的竖向位移为 2.56mm，则应变为 853.3×10^{-6}，计算结果比较接近文献［10］中的计算结果。考虑钢筋影响后，底层柱的最终徐变收缩应变为 560.8×10^{-6}。可见，当构件截面配筋率为 4.2% 时，可以减小徐变和收缩变形 37% 左右。

【禁忌 10.9】　不了解可以采取哪些措施减小结构的竖向变形差

由前面的分析可以知道，高层混合结构由于内混凝土筒和外钢框架竖向变形性质的不同，随着时间的发展不断地产生竖向变形差，从而给结构构件和非结构构件带来不利的影响。为了减小混合结构的竖向变形差以保证结构的安全性和适用性，以下从结构设计与施工等方面来提出一些建议。

1. 设计方面

合理的结构和构件设计，可以有效地控制竖向构件的变形差异。建议如下：

（1）结构平面布置上，应注意使竖向构件重力荷载下压应力大小相等或接近，以避免后期因混凝土的徐变引起的差异变形过大。由框架算例中可以看出，由于 A、B 和 C 柱的压应力水平比较接近，故相邻柱子的竖向变形差比较小。

（2）控制竖向构件的压应力水平，既有利于减小混凝土的徐变变形，又可使钢筋压应力增量不至于过大。这一点可以从式（10.43）～式（10.46）看出来。

（3）适当增大竖向构件的配筋率，尤其是压应力水平较高的竖向构件的配筋率，且相邻竖向构件的配筋率应尽量接近，以有效减小相邻竖向构件的徐变收缩竖向变形差和变形差异。钢筋混凝土截面考虑钢筋影响的最终徐变收缩应变与不考虑钢筋影响的徐变收缩应变之比 η 随截面配筋率 ρ 的变化情况，如图 10.21 所示。

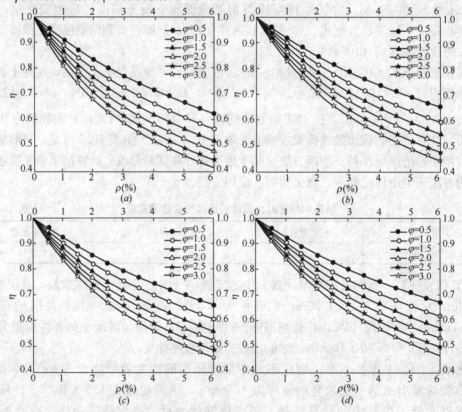

图 10.21　钢筋混凝土截面徐变收缩应变随配筋率的变化

（a）混凝土强度等级为 C30 时；（b）混凝土强度等级为 C40 时；
（c）混凝土强度等级为 C50 时；（d）混凝土强度等级为 C60 时

（4）尽量采用高强度的混凝土，而且混凝土必须采取合理的措施和养护方法。

高层建筑结构层数多，采用高强度的混凝土既可以减小自重，从而减小竖向构件截面，而且高强混凝土强度高、材料致密、水灰比小、水分蒸发慢，徐变和收缩都较小。如超高层混合结构算例高 60 层，混凝土的强度等级从 1～20 层采用 C50，从 21～40 层采用 C40，从 41～60 层采用 C30。

（5）构件尺寸方面，构件的体积与表面积之比值越大，构件的徐变和收缩越小（图10.22），所以应增大构件的体积面积比，即在构件体积不变的前提下，使构件的截面显得较"厚"。

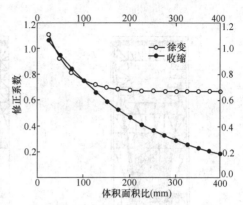

图 10.22　构件的徐变和收缩修正系数随体积面积比的变化

（6）如果外钢框架柱采用的是钢管柱（包括方钢管、矩形钢管和圆钢管），可在钢管中填充混凝土，即采用钢管混凝土柱。这样做有三个好处：①可以增加柱子的刚度，从而减小剪力墙的压应力，以减小徐变收缩变形差和变形差；②钢管混凝土柱中的混凝土在压应力作用下也可以产生徐变，从而使柱子也发生徐变收缩竖向位移，进一步减小了柱子与剪力墙的竖向变形差；③钢管混凝土柱的承载力比单纯的钢管柱承载力高得多。

（7）结构顶层附近由于混凝土的徐变收缩而不可避免地产生较大的竖向变形差，在梁和楼板、屋面板中产生较大的附加弯矩和附加剪力，所以，上部若干楼层的楼盖和屋盖应适当增大截面尺寸和配筋率，使其承载力留有余地，以保证结构的安全。

（8）设置外伸刚臂。为提高侧向刚度、减小水平位移，超高层建筑结构中通常每隔一定楼层设置外伸的刚臂（加强层，一般为桁架）。由于刚臂具有很大的刚度，在设计时可考虑由它来承担竖向变形差产生的内力，充分利用刚臂对结构水平及竖向特性的贡献。刚臂在施工期间能自由移动，待相对位移大部分完成后，再刚性连接。

图 10.23 为上海环球金融中心立面结构图。图 10.24 为上海环球金融中心伸臂桁架立面图。图 10.25 为上海环球金融中心伸臂桁架空间图。图 10.26 为上海环球金融中心伸臂桁架杆件为保证结构竖向变形的节点照片。杆件先留缝，截面上、下端用连接板临时连接，施工到一定的阶段将杆件焊接。

2. 施工方面

混合结构中，仅在结构设计方面采取合理的措施，只能部分地控制剪力墙的竖向徐变收缩变形和剪力墙与相邻钢柱的竖向变形差，但尚不足以把竖向变形和变形差控制到令人满意的程度。这就有赖于在实际的施工过程中，采取合适的施工措施，来进一步地减小混凝土的徐变收缩对结构的不利影响。

（1）避免过大的水灰比和灰浆率。水灰比大的混凝土水分含量多，由于水分蒸发引起的徐变和收缩变形大；混凝土中的集料在荷载作用下的徐变很小，所以，认为混凝土的徐变主要由水泥浆引起，故减小灰浆率是控制混凝土徐变变形的有效方法。

（2）尽量增加集料的含量，选用弹性模量较大的集料。弹性模量从大到小的集料依次为：石灰岩、石英岩、砾石、大理石、花岗石、玄武岩和砂岩。

（3）尽量使用快硬水泥；水泥越细，混凝土的徐变越小。

（4）使用减水剂以增加混凝土的强度，从而减小混凝土的徐变和收缩。

（5）核心筒超前施工。

由前面的分析可以知道，核心筒超前外钢框架施工可以显著地减小剪力墙的竖向徐变

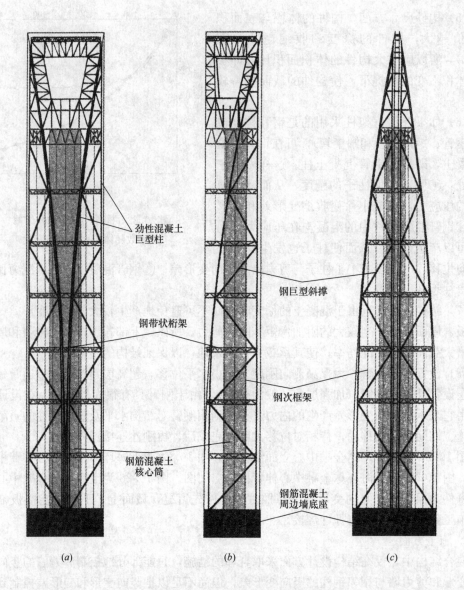

图 10.23　上海环球金融中心立面结构体系图

收缩变形，从而减小剪力墙和钢柱的竖向变形差。在前面的算例分析中，60 层的超高层混合结构，剪力墙的配筋率为 2%。该算例中，剪力墙顶点的竖向徐变收缩位移随核心筒超前施工楼层的变化情况如图 10.27 所示。当核心筒超前施工 0、5、10、15 和 20 层时，其顶层的徐变收缩竖向位移分别为 73.4mm、63.9mm、56.2mm、49.5mm 和 43.4mm。一般而言，对于普通的高层混合结构建筑（20～30 层），核心筒可超前外钢框架施工 4～8 层；对于超高层混合结构建筑（40 层以上），核心筒可超前外钢框架施工 8～15 层。

　　图 10.28 为上海环球金融中心施工时的照片。由图 10.28 可见，钢筋混凝土核心筒与外部巨型框架不同步施工，钢筋混凝土核心筒施工速度领先外部巨型框架若干层。

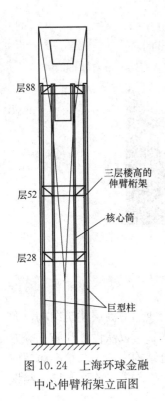

图 10.24 上海环球金融
中心伸臂桁架立面图

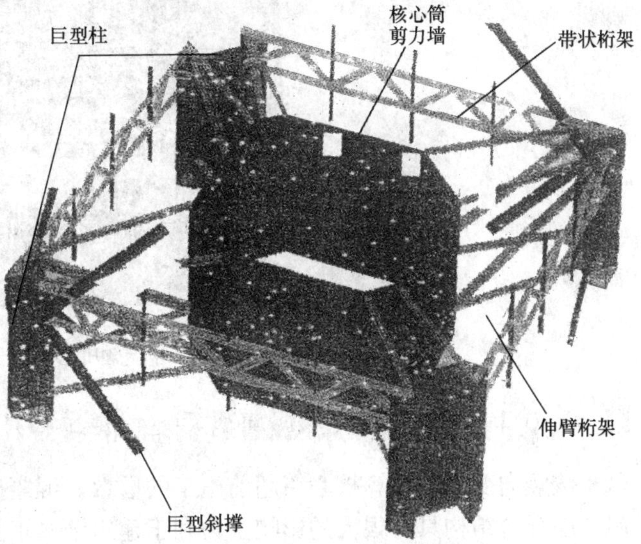

图 10.25 上海环球金融中心
伸臂桁架空间图

图 10.26 伸臂桁架杆件特殊节点

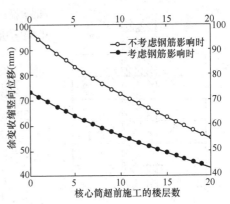

图 10.27 核心筒超前施工对
剪力墙顶点竖向位移的影响

图 10.28 上海环球金融中心施工照片

（1）按竖向变形差计算核心筒超前施工的层数。混凝土徐变收缩对高层建筑结构，尤其是超高层混合结构具有很大的影响。为利于建筑结构正常工作，可以从设计和施工等方面采取诸多措施，来减小混凝土的徐变收缩变形。在超高层混合结构中，采取核心筒超前外钢框架施工的方式来减小徐变收缩的不利影响很有效。我们将就这一问题进行一些探讨。

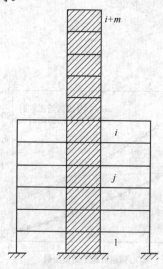

图 10.29 核心筒超前
施工示意图

图 10.29 所示为一混合结构楼面施工到 i 层、核心筒超前 m 层施工时的示意图。由本楼层荷载产生的剪力墙轴向应力 $\Delta\sigma_i$ 可以分为两部分：剪力墙自重产生的压应力 $\Delta\sigma_{w,i}$ 和楼盖自重及其他永久荷载产生的压应力 $\Delta\sigma_{f,i}$。则图 10.29 中第 j 层剪力墙的压应力 σ_j 为：

$$\sigma_j = \sum_{k=j}^{i+m}\Delta\sigma_{w,k} + \sum_{k=j}^{i}\Delta\sigma_{f,k} \qquad (10.54)$$

各楼层柱和剪力墙徐变收缩竖向位移的确定：按图 10.29 施工的高层混合结构，考虑施工过程（施工平差）时，其第 i 层（$i=1, \cdots, n$）楼面的竖向徐变收缩变形由以下三部分组成：

①第 i 层楼板浇筑前的荷载在 $t_{i+m} \sim \infty$ 时间段产生的徐变 Δ_{c1}，荷载包括：前（$i+m-1$）级 $\Delta\sigma_{w,i}$、前（$i-1$）级 $\Delta\sigma_{f,i}$。

②第 i 层楼板浇筑后的荷载在 $t_{i+m} \sim \infty$ 时间段产生的徐变 Δ_{c2}，荷载包括（$i+m$）～n 级 $\Delta\sigma_{w,i}$、i～n 级 $\Delta\sigma_{f,i}$。

③第 1～i 层构件在 $t_{i+m} \sim \infty$ 时间段产生的收缩 Δ_{sh}。

ⓐΔ_{c1} 的计算

$$\Delta_{c1} = \Delta_{c1,w} + \Delta_{c1,f} \qquad (10.55)$$

剪力墙自重产生的徐变：

$$\Delta_{c1,w} = \sum_{j=1}^{i} \delta_{c1,j}^{w} \qquad (10.56)$$

$$\delta_{c1,j}^{w} = h_j \sum_{k=j}^{i+m-1} \frac{\Delta\sigma_{w,k}}{E} 2.35\gamma_{h,j}\gamma_{\lambda,j}\gamma_{a,j,k}(1-\gamma_{t,j,k}) \qquad (10.57)$$

$$\gamma_{a,j,k} = 1.25t_0^{-0.118}(潮湿养护) \qquad (10.58a)$$

$$\gamma_{a,j,k} = 1.25t_0^{-0.094}(蒸汽养护) \qquad (10.58b)$$

$$\gamma_{t,j,k} = \frac{(t_t-t_0)^{0.6}}{10+(t_t-t_0)^{0.6}} \qquad (10.59)$$

$$t_0 = t_k - t_{j-1}$$

$$t_t = t_{i+m} - t_{j-1}$$

楼盖自重及其他永久荷载产生的徐变：

$$\Delta_{c1,f} = \sum_{j=1}^{i-1} \delta_{c1,j}^{f} \qquad (10.60)$$

$$\delta_{c1,j}^{f} = h_j \sum_{k=j}^{i-1} \frac{\Delta\sigma_{f,k}}{E} 2.35\gamma_{h,j}\gamma_{\lambda,j}\gamma_{a,j,k}(1-\gamma_{t,j,k}) \qquad (10.61)$$

$$t_0 = t_{k+m} - t_{j-1}$$

$$t_t = t_{i+m} - t_{j-1}$$

ⓑΔ_{c2}的计算

$$\Delta_{c2} = \Delta_{c2,w} + \Delta_{c2,f} \qquad (10.62)$$

剪力墙自重产生的徐变位移：

$$\Delta_{c2,w} = \sum_{j=1}^{i} \delta_{c2,j}^{w}$$

$$\delta_{c2,j}^{w} = h_j \sum_{k=i+m}^{n} \frac{\Delta\sigma_{w,k}}{E} 2.35\gamma_{h,j}\gamma_{\lambda,j}\gamma_{a,j,k}\gamma_{t,j,k} \qquad (10.63)$$

$$t_0 = t_k - t_{j-1}$$

$$t_t = t - t_{j-1}$$

楼面自重及其他永久荷载产生的徐变位移：

$$\Delta_{c2,f} = \sum_{j=1}^{i} \delta_{c1,j}^{f} \qquad (10.64)$$

$$\delta_{c1,j}^{f} = h_j \sum_{k=i}^{n} \frac{\Delta\sigma_{f,k}}{E} 2.35\gamma_{h,j}\gamma_{\lambda,j}\gamma_{a,j,k}\gamma_{t,j,k} \qquad (10.65)$$

$$t_0 = t_{k+m} - t_{j-1}$$

$$t_t = t - t_{j-1}$$

ⓒΔ_{sh}的计算

$$\Delta_{sh} = \sum_{j=1}^{i} \delta_{sh,j} \qquad (10.66)$$

$$\delta_{sh,j} = h_j \varepsilon_{sh,\infty,j}(1-\gamma_{t,j})(j=1,\cdots,i) \qquad (10.67)$$

$$\gamma_{t,j} = \frac{t_{i+m}-t_j}{35+t_{i+m}-t_j} \qquad (10.68)$$

式中 $\varepsilon_{\mathrm{sh},\infty,j}$——第 j 层的最终收缩值，按式（10.23）计算；

所以，第 i 层构件不考虑钢筋影响时的最终徐变收缩竖向位移为：

$$\Delta = \Delta_{\mathrm{c1}} + \Delta_{\mathrm{c2}} + \Delta_{\mathrm{sh}} \tag{10.69}$$

钢筋混凝土截面配筋率对徐变收缩的影响以及竖向变形差对水平构件的影响均采取 [禁忌 10.7] 中介绍的方法。

①Δ_{c1} 和 Δ_{c2} 的简化计算。高层建筑结构各楼层结构平面布置相同或接近时，则可假设施工每一楼层时，其下各楼层柱和剪力墙的轴力增量相等，即均为 $\Delta\sigma$。当考虑剪力墙超前施工时，为简化计算，可假设每层剪力墙的自重均为 $\Delta\sigma_{\mathrm{w}}$，相应的每层楼盖及其他永久荷载增量为 $\Delta\sigma_{\mathrm{f}}$，并有：

$$\Delta\sigma = \Delta\sigma_{\mathrm{w}} + \Delta\sigma_{\mathrm{f}} \tag{10.70}$$

$$\Delta\sigma_{\mathrm{w}} = \xi\Delta\sigma \tag{10.71}$$

$$\Delta\sigma_{\mathrm{f}} = (1-\xi)\Delta\sigma \tag{10.72}$$

则 Δ_{c1} 和 Δ_{c2} 可分别用式（10.73）和式（10.74）计算：

$$\Delta_{\mathrm{c1}} = \sum_{j=1}^{i-1} \frac{2.35}{E_j} h_j \gamma_{\mathrm{h},j} \gamma_{\lambda,j} \gamma_{\mathrm{av},j} \left[\Delta\sigma_{\mathrm{w}}(i+m-1)(1-\gamma_{l1,j}) + \Delta\sigma_{\mathrm{f}}(i-1)(1-\gamma_{l2,j}) \right] \tag{10.73}$$

$$\Delta_{\mathrm{c2}} = \sum_{j=1}^{i-1} \frac{2.35}{E_j} h_j \gamma_{\mathrm{h},j} \gamma_{\lambda,j} \left\{ [n-(i+m-1)]\Delta\sigma_{\mathrm{w}}\gamma_{\mathrm{av1},j} + [n-(i-1)]\Delta\sigma_{\mathrm{f}}\gamma_{\mathrm{av2},j} \right\} \tag{10.74}$$

式中 $\gamma_{\mathrm{av},j}$——平均加载龄期影响系数，按式（10.15）计算，其中的时间 t 用 $[(i+m-1)-(j-1)]\Delta t$ 代替，Δt 是每楼层的施工时间；

$\gamma_{l1,j}$、$\gamma_{l2,j}$——分别是剪力墙自重和楼盖及其他永久荷载的平均持荷龄期影响系数，按式（10.22）计算，式中的时间 t 分别用 $[(i+m)-(j-1)]\Delta t$ 和 $[(i+m)-(j+m-1)]\Delta t$ 代替；

$\gamma_{\mathrm{av1},j}$、$\gamma_{\mathrm{av2},j}$——分别是剪力墙自重和楼盖及其他永久荷载的平均加载龄期影响系数，按式（10.15）计算，式中的时间 t 分别用 $[n-(j-1)]\Delta t$ 和 $[(n+m)-(j+m-1)]\Delta t$ 代替。

我们曾经对一个 60 层、总高度为 216m 的高层混合结构进行过分析[16]。分析中，与徐变收缩计算相关的参数如下：环境相对湿度 40%，潮湿养护天数 4d，施工速度 4d/层，剪力墙竖向分布钢筋的配筋率 0.2%。计算结果如图 10.30（a）、（b）所示。由图 10.30 可以知道，混合结构核心筒超前外钢框架施工的楼层越多，剪力墙的徐变收缩竖向位移越小，相应的剪力墙与相邻钢柱的竖向变形差越小。对于本例的剪力墙 B 点竖向位移，当不考虑剪力墙的配筋且核心筒不超前施工时，顶层的竖向位移为 97.25mm，而核心筒超前施工 20 层且剪力墙配筋率为 2% 时，顶层的竖向位移为 43.40mm，徐变收缩竖向位移减小了一半以上。

（2）按核心筒承载力、稳定和变形计算核心筒超前施工的层数

当钢筋混凝土筒体先于钢框架施工时，除了要考虑混凝土徐变收缩的影响以外，还应考虑施工阶段钢筋混凝土筒体在风力及其他荷载作用下的不利受力状态，型钢混凝土构件应验算在浇筑混凝土前钢框架在施工荷载及可能的风荷载作用下的承载力、稳定及位移，

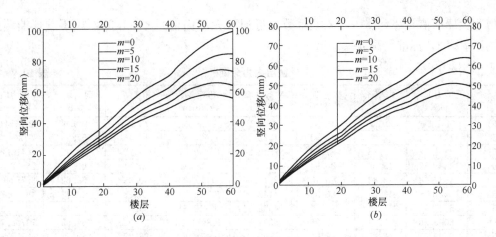

图 10.30 混合结构核心筒超前施工 m 层时剪力墙 B 点的徐变收缩竖向位移
(a) 不考虑钢筋影响时；(b) 考虑钢筋影响时

并据此确定钢框架安装与浇筑混凝土楼层的间隔层数。文献［17］介绍了确定钢框架安装与混凝土筒体的间隔层数的经验层数法、简单估算法和整体分析法三种方法。

1）经验层数法。经验层数法是参考已有建筑物的成功施工经验，类比本工程与已有建筑物的异同性，依靠设计师的设计经验最终确定钢框架安装与混凝土筒体的间隔层数。表 10.8 提供了上海地区部分混合结构施工阶段钢框架安装与混凝土筒体领先施工间隔层数情况。经验层数法适用于建筑物规则、简单、可比性强、地区施工经验较多的情况。

2）简单估算法。简单估算法是将领先施工的筒体视作插入已完成大楼面的悬臂构件，按筒体领先层数 x 计算大楼面端的杆端剪力 $Q(x)$ 与杆端弯矩 $M(x)$，再查出整体结构计算中筒体在相应大楼面 n 层处分配到的 $Q^0(n)$ 与弯矩 $M^0(n)$，按公式

$$Q(x) \leqslant Q^0(n) \tag{10.75}$$

$$M(x) \leqslant M^0(n) \tag{10.76}$$

上海地区部分结构 　　　　　　　　　表 10.8

工程项目	钢框架与混凝土筒体间隔层数	备　　　注
金茂大厦	15	筒体约占标准层面积的 26％
震旦大厦	6～12	
世茂国际广场	12～15	筒体约占标准层面积的 24％
上海银行	6～10	筒体约占标准层面积的 21％
商品交易大厦	9	
香港新世界	10	

可保证筒体在施工阶段的内力小于设计阶段的内力，从而简单估算得到筒体领先层数 x，见［例 10.1］。式中，n 为整体计算中相应已完成的大楼面层号，x 为筒体可领先施工的层数。

【例 10.1】　某建筑物整体计算 x 向内力分配情况见表 10.9，筒体迎风面宽 b：x 向为 35.5m，当地基本同压为 $w_0 = 0.55$MPa，D 类场地，筒体体形系数 $\mu_s = 1.4$，高度系数

（近似取大屋面值）$\mu_z = 2.19$，风振系数（近似取大屋面值）$\beta_z = 1.38$，风压重现期调整系数 $\mu_r = 0.83$，标准层高 $h = 3.6\text{m}$。

楼层内力分配   表 10.9

楼层 n	剪力 V_x (kN)	框架 x (%)	剪力墙 x (%)	N 剪力墙 x (kN)	弯矩 M_x (kN·m)	框架 x (%)	剪力墙 x (%)	N 剪力墙 x (kN·m)
63	481.21	0.00	100.00	481.21	2887.26	0.00	100.00	2887.26
62	1836.74	28.00	72.00	1322.45	11694.83	42.45	57.55	6730.37
61	2901.12	12.36	87.64	2542.54	25599.87	39.78	60.22	15416.24
60	3835.62	13.06	86.94	3334.69	43954.8	39.41	60.59	26632.21
59	4537.08	13.82	86.18	3910.06	59969.9	40.38	59.62	35754.05
58	5115	13.04	86.96	4448.00	77966.73	40.23	59.77	46600.71
57	5634.38	12.38	87.62	4936.84	97712.61	39.81	60.19	58813.22
56	6096.56	13.04	86.96	5301.57	118981.03	38.05	61.95	73708.75
55	6499.33	12.37	87.63	5695.36	141545.94	36.29	63.71	90178.92
...	...	...	...	...	...	...	...	...

$$Q(x) = \mu\mu_s\mu_z\beta_z\omega_0 bhx = 0.55 \times 1.4 \times 2.19 \times 1.38$$
$$\times 0.83 \times 35.5 \times 3.6x = 247x$$
$$\leqslant Q^0(56) = 5301\text{kN}$$
$$M(x) = \mu\mu_s\mu_z\beta_z\omega_0 b(hx)^2/2 = (1/2) \times 0.55 \times 1.4 \times 2.19 \times 1.38$$
$$\times 0.83 \times 35.5 \times (3.6x)^2$$
$$= 444x^2 \leqslant M_0(56) = 73708\text{kN} \cdot \text{m}$$

【禁忌 10.11】 不了解钢框架或型钢混凝土框架与钢筋混凝土核心筒在水平荷载下存在水平位移差

在水平荷载作用下，钢框架或型钢混凝土框架的刚度较小，变形较大，变形形状为剪切型；钢筋混凝土核心筒的刚度较大，变形较小，变形形状为弯曲型。两者的自振周期和振型相差很大。因此，即使是它们朝同一侧变形，也会有水平位移差（图 10.31a）。如果它们朝不同侧变形，水平位移差可能更大（图 10.31b）。

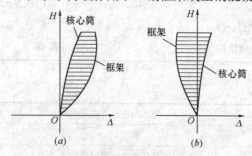

图 10.31 水平荷载下框架与核心筒沿高度方向的水平位移差

为了使钢框架或型钢混凝土框架协同工作，不出现水平位移差，必须要有结构构件承受由水平位移差而产生的拉力或压力，这个结构构件就是高层混合结构中的水平承重结构构件，特别是水平承重结构中的梁。因此，高层混合结构中的水平承重结构构件不是单纯的受弯结构构件，它们可能同时承受拉力、压力、弯矩、剪力甚至扭矩的作用，应该按照拉、压、弯、剪、扭结构构件设计。还要保证节点有足够的抗拉拔能力，防止楼面梁从节点中拔出。1994 年 3 月 27 日美国阿拉斯加地震和 1995 年 1 月 17 日日本阪神地震中多栋混合结构发生破坏，可能与设计人员对水平位移差认识不足、没有采取相应的措施有一定的关系。

【禁忌 10.12】 不了解可以采取哪些措施保证钢框架或型钢混凝土框架与钢筋混凝土核心筒协同工作

协同工作是任何结构设计计算的前提条件。为了保证钢框架或型钢混凝框架与钢筋混凝土核心筒协同工作，可以采取下列措施：

1. 钢框架或型钢混凝土框架的刚度与钢筋混凝土核心筒的刚度相差不宜过大。

由图 10.31 可知，刚度相差越大，水平位移差越大，水平承重结构构件承受的拉力与压力也越大。

有的超高层混合结构中，钢筋混凝土核心筒承担了总倾覆力矩和总地震剪力的 90% 以上，框架只是一种摆设。在这种高层混合结构中，一定要采取特别的加强措施，保证钢框架或型钢混凝土框架与钢筋混凝土核心筒能协同工作，否则地震时容易破坏。

2. 适当加大楼面梁尺寸和楼板厚度，增加楼盖刚度。

3. 设置加强层、水平环带和巨型斜撑。

4. 尽可能地采用刚性节点，加强节点构造。

5. 楼盖和节点设计应考虑轴向拉力、压力和扭矩的影响。

高层混合结构设计时，关键的问题是认识和处理好钢框架或型钢混凝土框架与钢筋混凝土核心筒之间的竖向变形差和水平位移差。认识和处理得好，结构的受力性能就好；反之，结构在大震作用下便有可能破坏。

我国的高层混合结构虽然从数量、高度和发展速度方面远超国外，但是它们并没有经历过真实地震，特别是大震的考验。因此，还需要对高层混合结构的受力机理和设计方法进行深入的研究。

【禁忌 10.13】 不了解怎样进行高层混合结构的结构布置

混合结构的结构布置要注意以下问题：

1. 钢-混凝土混合结构的平面布置宜符合下列要求：

（1）混合结构房屋的平面宜简单、规则、对称，具有足够的整体抗扭刚度，平面宜采用方形、矩形、多边形、圆形、椭圆形等规则平面，建筑的开间、进深宜统一；

（2）筒中筒结构体系中，当外围框架柱采用 H 形截面柱时，宜将柱截面强轴方向布置在外围框架（外围筒体）平面内；角柱宜采用方形、十字形或圆形截面；

（3）楼盖主梁不宜搁置在核心筒或内筒的连梁上。

2. 结构的竖向布置宜符合下列要求：

（1）结构的侧向刚度和承载力沿竖向宜均匀变化、无突变，构件截面宜由下至上逐渐减小。

（2）混合结构的外围框架柱沿高度宜采用同类结构构件；当采用不同类型结构构件时，应设置过渡层，且单柱的抗弯刚度变化不宜超过 30%。

（3）对于刚度变化较大的楼层，应采取可靠的过渡加强措施。

（4）钢框架部分采用支撑时，宜采用偏心支撑和耗能支撑，支撑宜双向连续布置；框架支撑宜延伸至基础。

3. 8、9 度抗震设计时，应在楼面钢梁或型钢混凝土梁与混凝土筒体交接处及混凝土筒体四角墙内设置型钢柱；7度抗震设计时，宜在楼面钢梁或型钢混凝土梁与混凝土筒体交接处及混凝土筒体四角墙内设置型钢柱。

4. 混合结构中，外围框架平面内梁与柱应采用刚性连接；楼面梁与钢筋混凝土筒体及外围框架柱的连接可采用刚接或铰接。

5. 楼盖体系应具有良好的水平刚度和整体性，其布置应符合下列规定：

（1）楼面宜采用压型钢板现浇混凝土组合楼板、现浇混凝土楼板或预应力混凝土叠合楼板，楼板与钢梁应可靠连接；

（2）机房设备层、避难层及外伸臂桁架上下弦杆所在楼层的楼板宜采用钢筋混凝土楼板，并应采取加强措施；

（3）对于建筑物楼面有较大开洞或为转换楼层时，应采用现浇混凝土楼板；对楼板大开洞部位，宜采取设置刚性水平支撑等加强措施。

6. 当侧向刚度不足时，混合结构可设置刚度适宜的加强层。加强层宜采用伸臂桁架（图10.24），必要时可配合布置周边带状桁架（图10.25）。加强层设计应符合下列规定：

（1）伸臂桁架和周边带状桁架宜采用钢桁架。

（2）伸臂桁架应与核心筒墙体刚接，上、下弦杆均应延伸至墙体内且贯通，墙体内宜设置斜腹杆或暗撑；外伸臂桁架与外围框架柱宜采用铰接或半刚接，周边带状桁架与外框架柱的连接宜采用刚性连接。

（3）核心筒墙体与伸臂桁架连接处宜设置构造型钢柱，型钢柱宜至少延伸至伸臂桁架高度范围以外上、下各一层。

（4）当布置有外伸桁架加强层时，应采取有效措施，减少由于外框柱与混凝土筒体竖向变形差异引起的桁架杆件内力。

【禁忌10.14】 房屋的高度超限

房屋高度太大，风荷载和地震作用产生的内力与变形将很大。此外，房屋高度太大，重力荷载在其上产生的二阶效应也很大，结构还可能存在失稳问题。因此，对房屋的适用高度应进行限制。

混合结构房屋适用的最大高度如表10.10所示。

混合结构高层建筑适用的最大高度（m）　　　　　　　　表10.10

结构体系		非抗震设计	抗震设防烈度				
			6度	7度	8度		9度
					0.2g	0.3g	
框架-核心筒	钢框架-钢筋混凝土核心筒	210	200	160	120	100	70
	型钢（钢管）混凝土框架-钢筋混凝土核心筒	240	220	190	150	130	70
筒中筒	钢外筒-钢筋混凝土核心筒	280	260	210	160	140	80
	型钢（钢管）混凝土外筒-钢筋混凝土核心筒	300	280	230	170	150	90

注：平面和竖向均不规则的结构，最大适用高度应适当降低。

混合结构高层建筑的适用高度是根据现有的试验结果，结合我国现有的钢-混凝土混合结构的工程实践，并参考国外的一些工程经验偏于安全地确定的。其中，钢框架-混凝土筒体结构比 B 级高度的混凝土高层建筑的适用高度略低，而型钢混凝土框架-混凝土筒体混合结构则比 B 级高度的混凝土高层建筑的适用高度略高。

【禁忌 10.15】 房屋的高宽比超限

房屋的高宽比对房屋的稳定性有很大影响。为了保证房屋的稳定性，应对其高宽比进行限制。

混合结构高层建筑的高宽比限值，如表 10.11 所示。

钢-混凝土混合结构适用的最大高宽比　　　　　　　　　　表 10.11

结构体系	非抗震设计	抗震设防烈度		
		6度、7度	8度	9度
框架-筒体	8	7	6	4
筒中筒	8	8	7	5

混合结构高层建筑的高宽比限值，是考虑到其主要的抗侧力体系仍然是钢筋混凝土筒体，其限值均参照钢筋混凝土结构体系的要求进行个别调整。

【禁忌 10.16】 不了解如何确定高层混合结构的抗震等级

抗震设计时，混合结构房屋应根据设防类别、烈度、结构类型和房屋高度采用不同的抗震等级，并应符合相应的计算和构造措施要求。丙类建筑混合结构的抗震等级应按表 10.12 确定。

钢-混凝土混合结构抗震等级　　　　　　　　　　表 10.12

结构类型		抗震设防烈度						
		6度		7度		8度		9度
房屋高度（m）		≤150	>150	≤130	>130	≤100	>100	≤70
钢框架-钢筋混凝土核心筒	钢筋混凝土核心筒	二	一	一	特一	一	特一	特一
型钢（钢管）混凝土框架-钢筋混凝土核心筒	钢筋混凝土核心筒	二	二	二	一	一	特一	特一
	型钢（钢管）混凝土框架	三	二	二	一	一	一	一
房屋高度（m）		≤180	>180	≤150	>150	≤120	>120	≤90
钢外筒-钢筋混凝土核心筒	钢筋混凝土核心筒	二	一	一	特一	一	特一	特一
型钢（钢管）混凝土外筒-钢筋混凝土核心筒	钢筋混凝土核心筒	二	二	二	一	一	特一	特一
	型钢（钢管）混凝土外筒	三	二	二	一	一	一	一

注：钢结构构件抗震等级，抗震设防烈度为 6、7、8、9 度时应分别取四、三、二、一级。

外伸桁架是结构的加强层，其数量和合理位置可以按 [禁忌 9. 18] 中的规定采用。

采用外伸桁架，主要是将筒体剪力墙的弯曲变形转换成框架柱的轴向变形，以减少水平荷载作用下结构的位移，所以，必须保证外伸桁架与剪力墙的刚接，这是一种有效且经济的结构形式。一般外伸桁架的高度不宜低于一个层高，外柱相对桁架杆件来说，截面尺寸较小，而轴向力又较大，故不宜承受很大的弯矩，因而外柱与桁架宜采用铰接。外柱必须上下连续，不可中断。

由于外柱与混凝土内筒存在的轴向变形不一致，会在外挑桁架中产生很大的附加应力，因此，外伸桁架宜分段拼装。在设置多道外伸桁架时，本外伸桁架可在施工上一个外伸桁架时予以封闭；仅设一道外伸桁架时，可在主体结构完成后再安装封闭，形成整体。设置外伸桁架，虽然能够减少层间位移，但由此带来的后果是刚度发生突变，特别是加强层的剪力和弯矩有可能发生突变，因此，对加强层及其邻近层次的梁、柱、墙和板，均需进行加强。为保证外伸桁架与内筒刚接，一般要求钢桁架埋入混凝土筒体墙中并且贯通，且在外伸桁架的根部设置型钢构造柱，以方便连接。关于外伸桁架的最优设置位置，可按结构高度等分布置，即可达到比较理想的效果。一般来说，宜与建筑的避难层或设备层相结合。

高层混合结构的内力与变形可按如下方法进行计算：

1. 弹性分析时，宜考虑钢梁与现浇混凝土楼板的共同作用，梁的刚度可取钢梁刚度的 1. 5～2. 0 倍，但应保证钢梁与楼板有可靠连接。弹塑性分析时，可不考虑楼板与梁的共同作用。

2. 结构弹性阶段的内力和位移计算时，构件刚度取值应符合下列规定：

（1）型钢混凝土构件、钢管混凝土柱的刚度可按下列公式计算：

$$EI = E_c I_c + E_a I_a \qquad (10. 77)$$

$$EA = E_c A_c + E_a A_a \qquad (10. 78)$$

$$GA = G_c A_c + G_a A_a \qquad (10. 79)$$

式中 $E_c I_c$、$E_c A_c$、$G_c A_c$——分别为钢筋混凝土部分的截面抗弯刚度、轴向刚度及抗剪刚度；

$E_a I_a$、$E_a A_a$、$G_a A_a$——分别为型钢、钢管部分的截面抗弯刚度、轴向刚度及抗剪刚度。

（2）无端柱型钢混凝土剪力墙可近似按相同截面的混凝土剪力墙计算其轴向、抗弯和抗剪刚度，可不计端部型钢对截面刚度的提高作用；

（3）有端柱型钢混凝土剪力墙可按 H 形混凝土截面计算其轴向和抗弯刚度，端柱内型钢可折算为等效混凝土面积计入 H 形截面的翼缘面积，墙的抗剪刚度可不计入型钢作用；

（4）钢板混凝土剪力墙可将钢板折算为等效混凝土面积计算其轴向、抗弯和抗剪刚度。

3. 竖向荷载作用计算时，宜考虑钢柱、型钢混凝土（钢管混凝土）柱与钢筋混凝土核心筒竖向变形差异引起的结构附加内力。计算竖向变形差异时，宜考虑混凝土收缩、徐变、沉降及施工调整等因素的影响。

4. 当混凝土筒体先于外围框架结构施工时，应考虑施工阶段混凝土筒体在风力及其他荷载作用下的不利受力状态；应验算在浇筑混凝土前外围型钢结构在施工荷载及可能的风载作用下的承载力、稳定及变形，并据此确定钢结构安装与浇筑楼层混凝土的间隔层数。

5. 混合结构在多遇地震作用下的阻尼比可取为 0.04。风荷载作用下楼层位移验算和构件设计时，阻尼比可取为 0.02～0.04。

6. 结构内力和位移计算时，设置伸臂桁架的楼层以及楼板开大洞的楼层应考虑楼板平面内变形的不利影响。

【禁忌 10.19】 不了解水平荷载下钢框架与混凝土筒刚度比及加强层位置对高层混合结构受力性能的影响

为了了解水平荷载下，钢框架与混凝土筒体刚度比及加强层位置对混合结构受力性能的影响，我们选择了一个工程实例。通过改变混凝土筒体的壁厚，以改变其钢框架与混凝土筒体刚度比，以及变换加强层位置，计算结构的内力与变形，并将计算结果进行了比较。

1. 算例概况

结构为 23 层外钢框架-内混凝土核心筒混合结构，平面尺寸及布置如图 10.32 所示，结构总高为 78.3m，一～二层层高为 4.5m，三～二十三层层高为 3.3m。在结构的一、二层抽柱形成大空间，外钢框架柱、梁均采用方钢管，柱尺寸全部为 800mm×800mm×55mm。除抽柱的梁尺寸为 800mm×800mm×55mm 外，其余的梁尺寸均为 600mm×600mm×55mm。芯筒为钢筋混凝土，墙厚为 150mm。钢材采用 Q235，混凝土为 C40。

2. 计算方案

在框架的顶点沿 x 向施加单向的集中荷载，大小为 4725kN，不考虑竖向荷载作用。计算采用 ANSYS6.1，运用梁、壳混合单元进行分析。为了探讨合理的框架与剪力墙的刚度比以及加强层的适当位置，就以下六个方案进行计算分析：

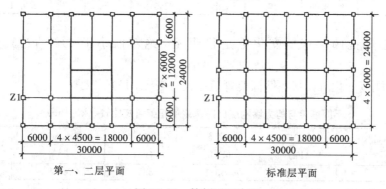

第一、二层平面　　　　　　标准层平面

图 10.32　算例平面布置

方案一（F1）：各层均不设桁架式加强层，结构基本尺寸同上；

方案二（F2）：在三层设置桁架式加强层，结构基本尺寸同上；

方案三（F3）：在二十三层设置桁架式加强层，结构基本尺寸同上；

方案四（F4）：在三、二十三层设置桁架式加强层，结构基本尺寸同上；

方案五（F5）：在三、二十三层设置桁架式加强层，外围柱刚度为内柱刚度的2倍；

方案六（F6）：在三、二十三层设置桁架式加强层，外围柱刚度为内柱刚度的3.6倍。

3. 计算结果

（1）主要楼层，钢框架剪力比较

1）不同位置设置加强层时，钢框架主要楼层剪力比较（表10.13）

不同位置设置加强层时钢框架主要楼层剪力比较（kN）　　　　　表10.13

剪力（kN） 层　号	方案一 （F1）	方案二 （F2）	方案三 （F3）	方案四 （F4）	$\frac{F2-F1}{F1}$%	$\frac{F3-F1}{F1}$%	$\frac{F4-F1}{F1}$%
4	1955.0	2371.0	1947.5	2360.8	21.3	−0.4	20.8
3	1841.7	−392.2	1836.5	−386.3	−121.3	−0.3	−121.0
2	902.8	1149.1	900.0	1145.0	27.3	−0.3	26.8
1	987.0	930.7	985.0	930.4	−5.7	−0.2	−5.7

基底钢框架的剪力变化很小，而在加强层及相邻层变化较大，在加强层处剪力变号，变化明显。

2）外柱刚度变化时，钢框架主要楼层剪力比较

基底钢框架的剪力随着外柱刚度的增大而增大，在加强层处剪力变号。一～四层的剪力值变化随着柱刚度的增加，变化趋于均匀。加强层下（一～二层）剪力增加比较明显，大于35%；而加强层上剪力增加不是很明显，小于7%。

（2）基底钢框架弯矩比较

1）不同位置设置加强层时，基底钢框架弯矩比较（表10.14）

不同位置设置加强层时基底钢框架弯矩比较（kN·m）　　　　　表10.14

弯矩（kN·m） 层　号	方案一 （F1）	方案二 （F2）	方案三 （F3）	方案四 （F4）	$\frac{F2-F1}{F1}$%	$\frac{F3-F1}{F1}$%	$\frac{F4-F1}{F1}$%
1	3358.0	3247.4	3354.7	3245.0	−3.3	−0.1	−3.4

基底钢框架抗倾覆弯矩变化不是很明显，绝对值小于4%，占总倾覆弯矩的0.8%～0.9%。

2）外柱刚度变化时，基底钢框架弯矩比较（表10.15）

不同框架与剪力墙刚度比时基底钢框架弯矩比较（kN·m）　　　　　表10.15

弯矩（kN·m） 层　号	方案四 （F4）	方案五 （F5）	方案六 （F6）	$\frac{F5-F4}{F4}$%	$\frac{F6-F4}{F4}$%
1	3245.0	4860.4	6885.7	49.8	112.2

基底钢框架抗倾覆弯矩随外柱刚度的增加而增大，但是其占总倾覆弯矩比例不是很

大，小于 2%。

（3）x 向楼层位移及层间位移比较

1）不同位置设置加强层时楼层位移及层间位移比较（图 10.33）

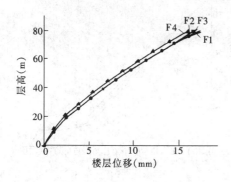 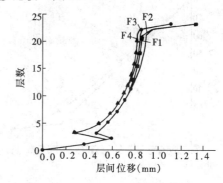

图 10.33　不同位置设置加强层时楼层位移及层间位移图

在第三层设一道加强层（F2），框架顶点的位移减小 5.2%，在第三层和第二十三层设两道加强层（F4），框架顶点位移减小 8.6%。在第三层设一道加强层（F2），层间位移减小，在加强层处减小最大，达到 39.9%。随着距离加强层越远，其减小的幅度越小，平均减小 6.1%。在第三层和第二十三层设两道加强层（F4），在加强层处减小的仍然最大，也是 39.9%，平均减小 8.6%。

2）外柱刚度变化时楼层位移及层间位移比较（图 10.34）

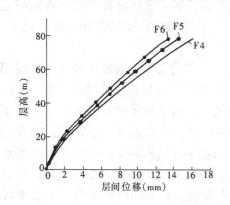 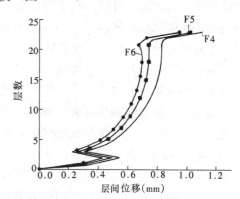

图 10.34　不同框架与剪力墙刚度比时楼层位移及层间位移图

随着外柱刚度的增大，楼层位移和层间位移均减小，其减小的幅度与外柱刚度增大的比例基本成正比。

（4）柱（Z1）轴力比较

1）不同位置设置加强层时柱（Z1）轴力比较（图 10.35）

在第三层设一道加强层（F2），柱 Z1 轴力从一层到加强层逐渐增加，平均增加 4.4%。加强层上至顶层轴力逐渐减小，加强层处减小最大，达 15.0%，平均减小 5.9%。在第三层和第二十三层设两道加强层后（F4），柱 Z1 轴力从一层到第一道加强层逐渐增加，平均增加 4.2%。两道加强层间轴力减小，平均减小 10.5%。

2）外柱刚度变化时柱（Z1）轴力比较（图 10.36）

随着外柱刚度的增大，柱 Z1 的轴力也增大。外柱刚度为内柱刚度 2 倍时（F5），柱 Z1 的轴力平均增大 5.3%；外柱刚度为内柱刚度 3.6 倍时（F6），柱 Z1 的轴力平均增大 9.0%。

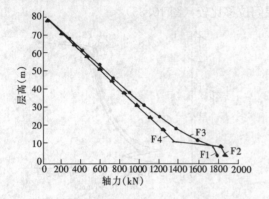
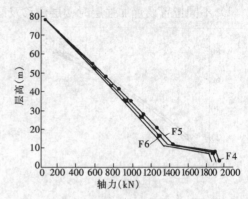

图 10.35　不同位置设置加强层时柱 Z1 轴力图　　　图 10.36　不同框架与剪力墙刚度比时柱 Z1 轴力图

4. 计算结果分析

增大外围框架柱的刚度，可以使总框架承担结构总的剪力和弯矩的能力增大。在第一道加强层下剪力增大的幅度，大于第一道加强层上剪力增大的幅度，这使得整个结构的剪力分布比较均匀。对于楼层位移和层间位移，增大外围框架柱的刚度，可以明显地减小楼层位移和层间位移。而基底的弯矩占整个结构的总的倾覆弯矩的比例，变化不是很明显。可以认为，增大外围框架柱的刚度，能使整个钢框架通过加强层和混凝土核心筒形成有效的结构抗侧力体系，每层钢框架所承担结构总的剪力大于结构总剪力的 20%，并能有效地减小楼层位移和层间位移。而混凝土核心筒仍然承受结构总的抗倾覆力矩 90% 以上，且对于外围柱轴力影响不是很明显。

在第三层设置加强层和在第二十三层设置加强层对于楼层位移和层间位移的影响相差不多，而在第三层和第二十三层均设置加强层，对楼层位移和层间位移的影响幅度减小。因此，就一道加强层而言，随着加强层道数的增加，减小结构侧移效果减弱。但第一道加强层以上的层间位移减小较多，平均减小 9%，最多减小 39.8%。而增设加强层对钢框架所承担的剪力和弯矩的影响不明显，这表明水平向的桁架加强层对于结构的水平抗侧刚度的影响不大。对于外围框架柱轴力而言，在第一道加强层下轴力增加，但是增幅不大；而在两道加强层之间轴力减小，减小的幅度较大，平均减小 10.5%，最多减小 29.8%。

5. 结论

通过以上分析，对于高层混凝土核心筒-钢框架结构在水平荷载下的受力性能，可以得出以下结论：

（1）适当地增大外围钢框架柱的刚度，可以有效地增大钢框架在水平荷载下的受力性能。在结构的底部区域，对于剪力，可以使混合结构中钢框架部分承担的剪力约为总剪力的 17%～26%，使其剪力的分布趋于均匀；

（2）混合结构的底部区域，加大外围钢框架柱的刚度对于钢框架的抗倾覆力矩没有明显的影响，刚框架的抗倾覆力矩约为总倾覆力矩的 0.8%～1%。混凝土核心筒仍然承担绝大部分的抗倾覆力矩；

（3）适当加大外围钢框架柱的刚度，可以较为显著地减小框架顶点位移和层间位移，对于顶点框架位移约可以减小 10％～12％；对于层间位移，约可以减小 10％～15％；

（4）加强层对于控制水平向楼层位移作用不是很大，对于整个结构的水平抗侧刚度的影响不是很明显。但是可以明显地减小柱轴力。随着加强层数的增多，其作用减小。故应在适当的位置加设加强层，且加强层数目不应过多。一般的高层建筑，可以只在结构刚度突变区域设置一道加强层；

（5）加强层处，钢框架部分剪力反号。在其附近几层处，钢框架的剪力变化得比较大，易形成结构的薄弱层，结构设计时应注意。

【禁忌 10.20】 不了解竖向荷载下钢框架与混凝土筒刚度比及加强层位置对高层混合结构受力性能的影响

为了了解竖向荷载下，钢框架与混凝土筒刚度比及加强层位置对混合结构受力性能的影响，我们采用水平荷载下相同的例题和相同的方法进行分析，并将分析结果进行了比较。

1. 计算方案

计算程序采用大型结构分析通用有限元程序 ANSYS6.1，采用梁、壳单元进行分析。为了探寻剪力墙与钢框架不同刚度比以及不同位置设加强层对结构竖向受力性能的影响，采用如下几个方案进行分析计算：

方案一（w2）：剪力墙厚度为 200mm；

方案二（w3）：剪力墙厚度为 300mm；

方案三（w4）：剪力墙厚度为 400mm；

方案四（w6）：剪力墙厚度为 600mm；每种方案里面又分五种情况：（1）不设加强层（s0）；（2）第三层加强（s3）；（3）第三、十四层加强（s3-14）；（4）第三、二十三层加强（s3-23）；（5）第三、十一、二十三层加强（s3-11-23）。

2. 计算结果

（1）变剪力墙厚度时剪力墙承担的总轴力比较（图 10.37）

在图 10.37 所示的五种情况下，随着剪力墙厚度的增加，剪力墙承担的总轴力均大幅增加，大于 20％，增加百分数逐渐减小。不设加强层时，剪力墙厚度增加 100mm，承担的轴力平均增加 22.05％；厚度增加 200mm，承担的轴力平均增加 39.17％；厚度增加 400mm，承担的轴力平均增加 63.55％。第三层设加强层后，剪力墙承担的轴力随墙厚增加的变化情况和不设加强层时的变化相差不大，分别增加 1.3％、2.67％和 4.95％，加强层以下墙的轴力随墙厚的增加影响逐渐减小。设第 2、3 道加强层与设 1 道加强层时相比，平均增长幅度变化不大于 2％。第三层和顶层加强时，顶层剪力墙承担的轴力随墙厚的增加变化不大。当墙厚增加 100mm、200mm 和 400mm 时，轴力分别增加 2.3％、1.88％和 1.96％。

（2）不同位置设置加强层时剪力墙承担的轴力比较（图 10.38）

剪力墙厚度为 200mm 时，第 1 道加强层设在第三层时，竖向荷载下剪力墙承担的轴力，在加强层突然增大 14.8％；加强层以下剪力墙轴力增大，但增大百分比显著减小（<1.9％）；加强层向上至顶层剪力墙轴力减小，减小百分比逐渐减小。在第十四层设第 2 道加强层时，第三层以下与只设 1 道加强层时相比，剪力墙轴力增加小于 1.0％；从第

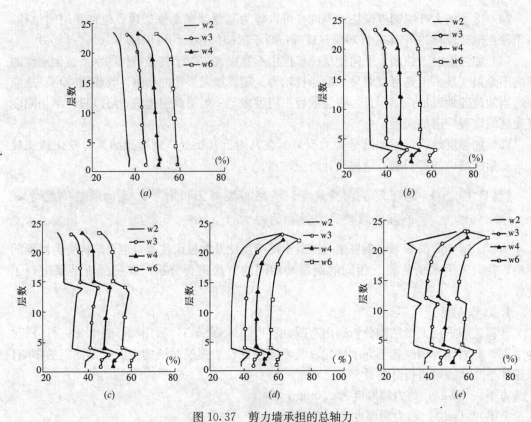

图 10.37 剪力墙承担的总轴力

(a) 无加强层；(b) 第三层加强；(c) 第三、十四层加强；(d) 第三、二十三层加强；
(e) 第三、十四、二十三层加强

1 道加强层以上到第 2 道加强层之间，剪力墙承担的轴力比不设加强层时减小，减小百分比逐渐减小，但减少量低于只设 1 道加强层时的减少量；第 2 道加强层处剪力墙轴力则突然增大 7.66%；第 2 道加强层以上至顶层，剪力墙轴力减小，减小百分比逐渐减小。第 2 道加强层设在顶层时，第三层以下与第 2 道加强层设在第十四层时相比，变化小于 0.5%；第三层以上墙轴力的变化与不设加强层时相比，从减小 9.96% 向上逐渐变化到顶层的增加 100.52%。在第三、十一、二十三层处设置共 3 道加强层时，剪力墙承担的轴力与不设加强层时相比，加强层处均突然增大，从下向上增大的百分比分别为 15.76%、6.12% 和 75.33%；第三层以上到第十层轴力减小，减小百分比逐渐减小；第十一层以上到第二十二层，轴力从减小 10.57% 逐渐变化到增大 25.50%。

剪力墙厚为 300mm、400mm 和 600mm 时，墙轴力随加强层的设置位置和层数变化规律同墙厚为 200mm 时一样，但受影响程度减小了。

（3）顶点竖向位移的比较

由于结构双向对称，故只选取对称的 1/4 平面内的节点进行分析，各点位置见图 10.38 (b)。

剪力墙厚度为 200mm 时，第三层设加强层，各点位的顶点竖向位移显著减小，最多减小 12.51%，最少减小 4.95%，变形差由 2.5mm 减小为 2.15mm；第三、十一和二十三层设加强层，点 5 竖向位移减小 9.57%，点 7 竖向位移增大 8.92%，变形差减小

284

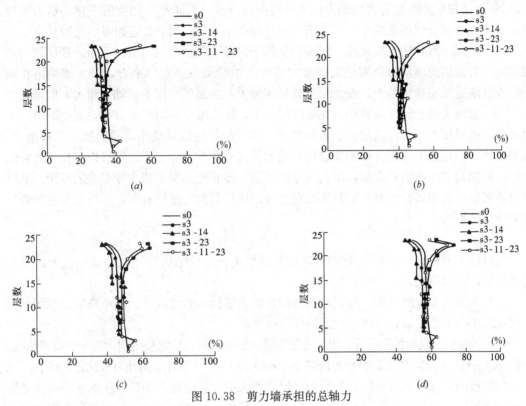

图 10.38　剪力墙承担的总轴力

(a) 墙厚 200mm；(b) 墙厚 300mm；(c) 墙厚 400mm；(d) 墙厚 600mm

为 1.18mm。

剪力墙厚度为 300mm 时，不设加强层时，与墙厚度为 200mm 时相比，顶层各点的竖向位移显著减小，最多减小 14.1％，平均减小 11.05％，但顶层的竖向变形差增大了 17.2％；顶点竖向位移随加强层的变化规律和墙厚度为 200mm 时相同，两者相差不大（<1.0％）。

剪力墙厚度为 400mm 时，不设加强层时，与墙厚度为 200mm 时相比，顶层各点的竖向位移减小更为显著，最多减小 22.47％，平均减小 18.4％，顶层的竖向变形差增大了 23.6％；剪力墙厚度为 600mm 时：不设加强层时，与墙厚度为 200mm 时相比，顶层各点的竖向位移最多减小 33.37％，平均减小 27.7％，顶层的竖向变形差增大为 3.34mm，增大了 33.6％。

3. 计算结果分析

剪力墙的厚度增加 100mm、200mm 和 300mm 后，墙轴力分别增加 22％、39％和 64％左右；由于该结构高 78.3m，剪力墙厚度不会达到 600mm，所以可以说，剪力墙厚度每增加 100mm，其承担的总轴力将增加 20％左右。这说明：增大剪力墙的厚度，可以明显地增大其竖向刚度，"脊柱"作用明显加强，可以承担更多的竖向荷载。同时，随着剪力墙厚度的增加，顶层各点的竖向位移也明显减小。墙厚减小 100mm、200mm、400mm 时，顶层各点的竖向位移差分别减小 17.2％、23.6％和 33.6％。这说明：剪力墙厚度的减小，使竖向变形更为均匀。

第三层设置为加强层后，竖向荷载下剪力墙承担的轴力，在加强层突然增大（7.75％～

14.8%）；加强层至底层剪力墙轴力增大，增大百分比显著减小；加强层至顶层剪力墙轴力减小，减小百分比逐渐减小。第2道加强层设在第十四层时，2道加强层之间从下至上轴力减小，减小百分比逐渐减小，但减少量低于只设1道加强层时的减少量。顶层设有加强层时，对顶层的墙轴力影响最大，最大可增大100.52%。总体来看，剪力墙轴力在加强层及其附近几层变化最大。在加强层处显著增大；在加强层以下，轴力增大，但增大幅度较小，且增大百分比逐渐减小；在加强层以上，轴力减小，减小百分比也逐渐减小。同时，剪力墙厚度不变时，随加强层数的增多，柱子的竖向位移减小，墙的竖向位移增大，使楼层竖向位移趋于均匀。说明加强层有较大的抗弯刚度，减小了加强层以上柱子的竖向位移，并把荷载传递到剪力墙，增大其竖向变形，很好地起到了减小变形差的作用。从以上分析来看，加强层设在第三层和顶层对改善结构的竖向变形最有利，再设第3道加强层时的变化已不大。

4. 结论

通过以上分析，对于高层外钢框架-钢筋混凝土核心筒结构在竖向荷载一次加载下的受力性能，可以得出以下结论：

（1）增加剪力墙的厚度，可以显著地增加剪力墙承担的总轴力、减小楼层的平均竖向位移；减小剪力墙厚度，可减小楼层的竖向位移差；

（2）设加强层仅对加强层及其附近几层的受力影响较大：加强层处剪力墙轴力突然增大；加强层以下轴力增大，增大百分比逐渐减小；加强层以上轴力减小，减小百分比逐渐减小；

（3）设加强层可以减小柱子的竖向变形，增大剪力墙的竖向变形，从而显著减小楼层的竖向变形差；但随加强层道数增加，竖向位移差的减小幅度减弱，故加强层不宜多设；

（4）改善结构的竖向受力性能和变形性能，应适当地增加剪力墙的厚度和设置加强层；

（5）加强层附近几层内力发生突变，设计时应对加强层相连接的构件予以加强。

【禁忌 10.21】 不了解高层混合结构构件承载力调整系数如何取值

钢-混凝土混合结构中的钢构件应按国家现行标准《钢结构设计规范》GB 50017—2003 及《高层民用建筑钢结构技术规程》JGJ 99—98 进行设计；钢筋混凝土构件应按现行国家标准《混凝土设计规范》GB 50010—2010 及《型钢混凝土组合结构技术规程》JGJ 138—2001 进行截面设计。

有地震作用组合时，型钢混凝土构件和钢构件的承载力调整系数 γ_{RE} 应按表 10.16 和表 10.17 选用。

型钢（钢管）混凝土构件承载力抗震调整系数 γ_{RE} 表 10.16

正截面承载力计算				斜截面承载力计算
型钢混凝土梁	型钢混凝土柱及钢管混凝土柱	剪力墙	支撑	各类构件及节点
0.75	0.80	0.85	0.80	0.85

钢构件承载力抗震调整系数 γ_{RE} 表 10.17

强度破坏（梁、柱、支撑、节点板件、螺栓，焊缝）	屈曲稳定（柱，支撑）
0.75	0.80

【禁忌 10.22】 不会计算型钢混凝土柱的轴压比

限制型钢混凝土柱的轴压比的作用，是为了保证型钢混凝土柱的延性。型钢混凝土柱的轴压比，可按下式计算：

$$\mu_N = N/(f_c A + f_a A_a) \tag{10.80}$$

式中 μ_N——型钢混凝土柱的轴压比；

N——考虑地震组合的柱轴向力设计值；

A——扣除型钢后的混凝土截面面积；

f_c——混凝土的轴心抗压强度设计值；

f_a——型钢的抗压强度设计值；

A_a——型钢的截面面积。

当考虑地震作用组合时，钢-混凝土混合结构中型钢混凝土柱的轴压比，不宜大于表 10.18 的限值。

型钢混凝土柱轴压比限值　　　　　　　　　　　　　表 10.18

抗震等级	一级	二级	三级
轴压比限值	0.70	0.80	0.90

注：1. 转换柱的轴压比限值应比表中数值减少 0.10 采用。

　　2. 剪跨比不大于 2 的柱，其轴压比限值应比表中数值减少 0.05 采用。

　　3. 当混凝土强度等级大于 C60 时，表中数值宜减少 0.05。

【禁忌 10.23】 不了解为什么要控制型钢混凝土构件中型钢板件的宽厚比

型钢混凝土构件中，型钢钢板的宽厚比满足表 10.19 的要求时，可不进行局部稳定验算（图 10.39）。

型钢板件宽厚比限值　　　　　　　　　　　　　表 10.19

钢号	梁		柱		
			H形、十字形、T形截面		箱形截面
	b/t_f	h_w/t_w	b/t_f	h_w/t_w	h_w/t_w
Q235	23	107	23	96	72
Q345	19	91	19	81	61
Q390	18	83	18	75	56

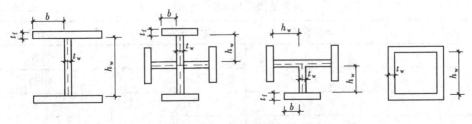

图 10.39 型钢板件宽厚比

型钢混凝土梁应满足下列构造要求:

1. 混凝土粗骨料最大直径不宜大于 25mm,型钢宜采用 Q235 及 Q345 级钢材,也可采用 Q390 或其他符合结构性能要求的钢材。

2. 型钢混凝土梁的最小配筋率不宜小于 0.30%,梁的纵向钢筋宜避免穿过柱中型钢的翼缘。梁的纵向的受力钢筋不宜超过两排;配置两排钢筋时,第二排钢筋宜配置在型钢截面外侧。当梁的腹板高度大于 450mm 时,在梁的两侧面应沿梁高度配置纵向构造钢筋,纵向构造钢筋的间距不宜大于 200mm。

3. 型钢混凝土梁中型钢的混凝土保护层厚度不宜小于 100mm,梁纵向钢筋净间距及梁纵向钢筋与型钢骨架的最小净距不应小于 30mm,且不小于粗骨料最大粒径的 1.5 倍及梁纵向钢筋直径的 1.5 倍。

4. 型钢混凝土梁中的纵向受力钢筋宜采用机械连接。如纵向钢筋需贯穿型钢柱腹板并以 90°弯折固定在柱截面内时,抗震设计的弯折前直段长度不应小于钢筋抗震基本锚固长度 l_{abE} 的 40%,弯折直段长度不应小于 15 倍纵向钢筋直径;非抗震设计的弯折前直段长度不应小于钢筋基本锚固长度 l_{ab} 的 40%,弯折直段长度不应小于 12 倍纵向钢筋直径。

5. 梁上开洞不宜大于梁截面总高的 40%,且不宜大于内含型钢截面高度的 70%,并应位于梁高及型钢高度的中间区域。

6. 型钢混凝土悬臂梁自由端的纵向受力钢筋应设置专门的锚固件,型钢梁的上翼缘宜设置栓钉;型钢混凝土转换梁在型钢上翼缘宜设置栓钉。栓钉的最大间距不宜大于 200mm,栓钉的最小间距沿梁轴线方向不应小于 6 倍的栓钉杆直径,垂直梁方向的间距不应小于 4 倍的栓钉杆直径,且栓钉中心至型钢板件边缘的距离不应小于 50mm。栓钉顶面的混凝土保护层厚度不应小于 15mm。

型钢混凝土梁的箍筋应符合下列规定:

1. 箍筋的最小面积配筋率应符合【禁忌 5.17】中所述的规定,且不应小于 0.15%。

2. 抗震设计时,梁端箍筋应加密配置。加密区范围,一级取梁截面高度的 2.0 倍,二、三、四级取梁截面高度的 1.5 倍;当梁净跨小于梁截面高度的 4 倍时,梁箍筋应全跨加密配置。

3. 型钢混凝土梁应采用具有 135°弯钩的封闭式箍筋,弯钩的直段长度不应小于 8 倍箍筋直径。非抗震设计时,梁箍筋直径不应小于 8mm,箍筋间距不应大于 250mm;抗震设计时,梁箍筋的直径和间距应符合表 10.20 的要求。

梁箍筋直径和间距(mm) 表 10.20

抗震等级	箍筋直径	非加密区箍筋间距	加密区箍筋间距
一	≥12	≤180	≤120
二	≥10	≤200	≤150
三	≥10	≤250	≤180
四	≥8	250	200

【禁忌 10.25】 不了解型钢混凝土柱应满足哪些构造要求

型钢混凝土柱设计应符合下列构造要求：

1. 型钢混凝土柱的长细比不宜大于 80。

2. 房屋的底层、顶层以及型钢混凝土与钢筋混凝土交接层的型钢混凝土柱宜设置栓钉，型钢截面为箱形的柱子也宜设置栓钉，栓钉水平间距不宜大于 250mm。

3. 混凝土粗骨料的最大直径不宜大于 25mm。型钢柱中型钢的保护厚度不宜小于 150mm；柱纵向钢筋净间距不宜小于 50mm，且不应小于柱纵向钢筋直径的 1.5 倍；柱纵向钢筋与型钢的最小净距不应小于 30mm，且不应小于粗骨料最大粒径的 1.5 倍。

4. 型钢混凝土柱的纵向钢筋最小配筋率不宜小于 0.8%，且在四角应各配置一根直径不小于 16mm 的纵向钢筋。

5. 柱中纵向受力钢筋的间距不宜大于 300mm；当间距大于 300mm 时，宜附加配置直径不小于 14mm 的纵向构造钢筋。

6. 型钢混凝土柱的型钢含钢率不宜小于 4%。

型钢混凝土柱箍筋的构造设计应符合下列规定：

1. 非抗震设计时，箍筋直径不应小于 8mm，箍筋间距不应大于 200mm。

2. 抗震设计时，箍筋应做成 135°弯钩，箍筋弯钩直段长度不应小于 10 倍箍筋直径。

3. 抗震设计时，柱端箍筋应加密，加密区范围应取矩形截面柱长边尺寸（或圆形截面柱直径）、柱净高的 1/6 和 500mm 三者的最大值；对剪跨比不大于 2 的柱，其箍筋均应全高加密，箍筋间距不应大于 100mm。

4. 抗震设计时，柱箍筋的直径和间距应符合表 10.21 的规定，加密区箍筋最小体积配箍率尚应符合式（10.81）的要求，非加密区箍筋最小体积配箍率不应小于加密区箍筋最小体积配箍率的一半；对剪跨比不大于 2 的柱，其箍筋体积配箍率尚不应小于 1.0%，9 度抗震设计时尚不应小于 1.3%。

$$\rho_v \geqslant 0.85\lambda_v f_c / f_y \tag{10.81}$$

式中　λ_v——柱最小配箍特征值，宜按表 5.16 采用。

柱箍筋直径和间距（mm）　　　　　　　　　　　　　　　表 10.21

抗震等级	箍筋直径	非加密区箍筋间距	加密区箍筋间距
一	≥12	≤150	≤100
二	≥10	≤200	≤100
三、四	≥8	≤200	≤150

注：箍筋直径除应符合表中要求外，尚不应小于纵向钢筋直径的 1/4。

【禁忌 10.26】 不了解型钢混凝土梁柱节点应满足哪些构造要求

型钢混凝土梁柱节点应满足下列的构造要求：

1. 型钢柱在梁水平翼缘处应设置加劲肋，其构造不应影响混凝土浇筑密实；

2. 箍筋间距不宜大于柱端加密区间距的 1.5 倍，箍筋直径不宜小于柱端箍筋加密区的箍筋直径；

3. 梁中钢筋穿过梁柱节点时，不宜穿过柱型钢翼缘；需穿过柱腹板时，柱腹板截面损失率不宜大于25%；当超过25%时，则需进行补强；梁中主筋不得与柱型钢直接焊接。

【禁忌 10.27】 不了解钢梁或型钢混凝土梁与钢筋混凝土筒体应如何连接

钢梁或型钢混凝土梁与钢筋混凝土筒体应可靠连接，应能传递竖向剪力及水平力；当钢梁通过埋件与钢筋混凝土筒体连接时，预埋件应有足够的锚固长度，连接做法可按图10.40采用。

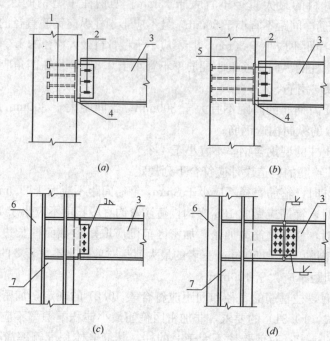

图 10.40 钢梁、型钢混凝土梁与混凝土核心筒的连接构造示意

(a) 铰接；(b) 铰接；(c) 铰接；(d) 刚接

1—栓钉；2—高强度螺栓及长圆孔；3—钢梁；4—预埋件端板；

5—穿筋；6—混凝土墙；7—墙内预埋钢骨柱

【禁忌 10.28】 不会设计圆钢管混凝土柱

1. 钢管混凝土单肢柱的轴向受压承载力应满足下列要求：

无地震作用组合时 $\qquad N \leqslant N_u$ (10.82)

有地震作用组合时 $\qquad N \leqslant N_u/\gamma_{RE}$ (10.83)

式中 N——轴向压力设计值；

$\qquad N_u$——钢管混凝土单肢柱的轴向受压承载力设计值。

2. 钢管混凝土单肢柱的轴向受压承载力设计值应按下列公式计算：

$$N_u = \varphi_l \varphi_e N_0$$ (10.84)

(1) 当 $\theta \leqslant [\theta]$ 时：

$$N_0 = 0.9 A_c f_c (1 + \alpha\theta)$$ (10.85)

(2) 当 $\theta > [\theta]$ 时：

$$N_0 = 0.9A_c f_c (1 + \sqrt{\theta} + \theta) \tag{10.86}$$

$$\theta = \frac{A_a f_a}{A_c f_c} \tag{10.87}$$

且在任何情况下均应满足下列条件： $\varphi_l \varphi_e \leqslant \varphi_0$ $\qquad$ (10.88)

系数 α、$[\theta]$ 取值   表 10.22

混凝土等级	$\leqslant$C50	C55~C80
α	2.00	1.80
$[\theta]$	1.00	1.56

式中　　N_0——钢管混凝土轴心受压短柱的承载力设计值；

$\qquad \theta$——钢管混凝土的套箍指标；

$\qquad \alpha$——与混凝土强度等级有关的系数，按表 10.22 取值；

$\qquad [\theta]$——与混凝土强度等级有关的套箍指标界限值，按表 10.22 取值；

$\qquad A_c$——钢管内的核心混凝土横截面面积；

$\qquad f_c$——核芯混凝土的抗压强度设计值；

$\qquad A_a$——钢管的横截面面积；

$\qquad f_a$——钢管的抗拉、抗压强度设计值；

$\qquad \varphi_l$——考虑长细比影响的承载力折减系数；

$\qquad \varphi_e$——考虑偏心率影响的承载力折减系数；

$\qquad \varphi_0$——按轴心受压柱考虑的 φ_l 值。

3. 钢管混凝土柱考虑偏心率影响的承载力折减系数 φ_e，应按下列公式计算：

当 $e_0 / r_c \leqslant 1.55$ 时

$$\varphi_e = \frac{1}{1 + 1.85 \dfrac{e_0}{r_c}} \tag{10.89}$$

$$e_0 = \frac{M_2}{N} \tag{10.90}$$

当 $e_0 / r_c > 1.55$ 时

$$\varphi_e = \frac{0.3}{\dfrac{e_0}{r_c} - 0.4} \tag{10.91}$$

式中　　e_0——柱端轴向压力偏心距的较大者；

$\qquad r_c$——核芯混凝土横截面的半径；

$\qquad M_2$——柱端弯矩设计值的较大者；

$\qquad N$——轴向压力设计值。

4. 钢管混凝土柱考虑长细比影响的承载力折减系数 φ_l，应按下列公式计算：

当 $L_e/D > 4$ 时

$$\varphi_l = 1 - 0.115\sqrt{L_e/D - 4} \tag{10.92}$$

当 $L_e/D \leqslant 4$ 时

$$\varphi_l = 1 \tag{10.93}$$

式中　D ——钢管的外直径；

　　　L_e ——柱的等效计算长度。

5. 柱的等效计算长度应按下列公式计算：

$$L_e = \mu k L \tag{10.94}$$

式中　L ——柱的实际长度；

　　　μ ——考虑柱端约束条件的计算长度系数，根据梁柱刚度的比值，按现行国家标准《钢结构设计规范》GB 50017 确定；

　　　k ——考虑柱身弯矩分布梯度影响的等效长度系数。

6. 钢管混凝土柱考虑柱身弯矩分布梯度影响的等效长度系数 k，应按下列公式计算：

(1) 轴心受压柱和杆件（图 10.41a）：

$$k = 1 \tag{10.95}$$

(2) 无侧移框架柱（图 10.41b、c）：

$$k = 0.5 + 0.3\beta + 0.2\beta^2 \tag{10.96}$$

(3) 有侧移框架柱（图 10.41d）和悬臂柱（图 10.41e、f）：

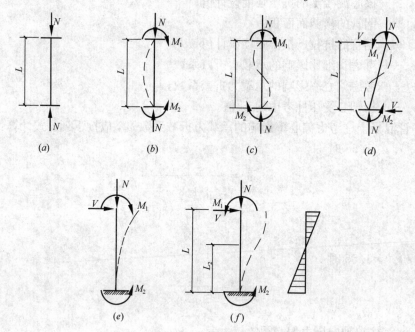

图 10.41　框架柱及悬臂柱计算简图

(a) 轴心受压；(b) 无侧移单曲压弯；(c) 无侧移双曲压弯；(d) 有侧移双曲压弯；
(e) 单曲压弯；(f) 双曲压弯

当 $e_0 / r_c \leqslant 0.8$ 时

$$k = 1 - 0.625\, e_0 / r_c \tag{10.97}$$

当 $e_0 / r_c > 0.8$ 时，取 $k = 0.5$。

当自由端有力矩 M_1 作用时

$$k = (1 + \beta_1)/2 \qquad\qquad (10.98)$$

并将式（10.97）与式（10.98）所得 k 值进行比较，取其中的较大值。

式中　β——柱两端力矩设计值的较小者 M_1 与较大者 M_2 的比值（$|M_1| \leqslant |M_2|$），$\beta = M_1/M_2$，单曲压弯时，β 取正值；双曲压弯时，β 为负值；

$\quad\quad \beta_1$——悬臂柱自由端弯矩设计值 M_1 与嵌固端弯矩设计值 M_2 的比值，当 β_1 为负值（双曲压弯）时，则按反弯点所分割成的高度为 L_2 的子悬臂柱计算（图 10.41f）。

无侧移框架，系指框架中设有支撑架、剪力墙、电梯井等支撑结构，且其抗侧移刚度不小于框架抗侧移刚度的 5 倍者；有侧移框架，系指框架中未设上述支撑结构或支撑结构的抗侧移刚度小于框架抗侧移刚度的 5 倍者；

嵌固端，系指相交于柱的横梁的线刚度与柱的线刚度的比值不小于 4 者，或柱基础的长和宽均不小于柱直径的 4 倍者。

7. 钢管混凝土单肢柱的轴向受拉承载力应满足下列要求：

$$\frac{N}{N_{ut}} + \frac{M}{M_u} \leqslant 1 \qquad\qquad (10.99)$$

$$N_{ut} = A_a F_a \qquad\qquad (10.100)$$

$$M_u = 0.3 r_c N_0 \qquad\qquad (10.101)$$

式中　N——轴向拉力设计值；

$\quad\quad M$——柱端弯矩设计值的较大者。

8. 当钢管混凝土单肢柱的剪跨 a（即横向集中荷载作用点至支座或节点边缘的距离）小于柱子直径 D 的 2 倍时，即需验算柱的横向受剪承载力，并应满足下列要求：

$$V \leqslant V_u \qquad\qquad (10.102)$$

式中　V——横向剪力设计值；

$\quad\quad V_u$——钢管混凝土单肢柱的横向受剪承载力设计值。

9. 钢管混凝土单肢柱的横向受剪承载力设计值，应按下列公式计算：

$$V_u = (V_0 + 0.1 N')\left(1 - 0.45\sqrt{\frac{a}{D}}\right) \qquad\qquad (10.103)$$

$$V_0 = 0.2 A_c f_c (1 + 3\theta) \qquad\qquad (10.104)$$

式中　V_0——钢管混凝土单肢柱受纯剪时的承载力设计值；

$\quad\quad N'$——与横向剪力设计值 V 对应的轴向力设计值；

$\quad\quad a$——剪跨，即横向集中荷载作用点至支座或节点边缘的距离。

横向剪力 V 必须以压力方式作用于钢管混凝土柱。

10. 钢管混凝土的局部受压应满足下式要求：

$$N_l \leqslant N_{ul} \qquad\qquad (10.105)$$

式中　N_l——局部作用的轴向压力设计值；

$\quad\quad N_{ul}$——钢管混凝土柱的局部受压承载力设计值。

11. 钢管混凝土柱在中央部位受压时（图 10.42），局部受压承载力设计值应按下列公式计算：

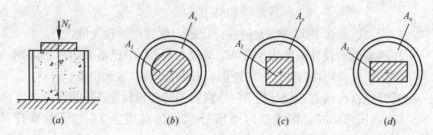

图 10.42　中央部位局部受压

$$N_{ul} = N_0 \sqrt{\frac{A_l}{A_c}} \qquad (10.106)$$

式中　N_0——局部受压段的钢管混凝土短柱轴心受压承载力设计值；按式（10.9）和式
　　　　　　（10.10）计算；

　　　　A_l——局部受压面积；

　　　　A_c——钢管内核芯混凝土的横截面面积。

　　12. 钢管混凝土柱在其组合界面附近受压时（图10.43），局部受压承载力设计值应按
下列公式计算：

当 $A_l / A_c \geqslant 1/3$ 时

$$N_{ul} = (N_0 - N')\omega \sqrt{\frac{A_l}{A_c}} \qquad (10.107)$$

当 $A_l / A_c < 1/3$ 时

$$N_{ul} = (N_0 - N')\omega \sqrt{3} \cdot \frac{A_l}{A_c} \qquad (10.108)$$

式中　N_0——局部受压段的钢管混凝土短柱轴心受压承载力设计值，按式（10.85）和
　　　　　　式（10.86）计算；

　　　　N'——非局部作用的轴向压力设计值；

　　　　ω——考虑局压应力分布状况的系数，当局压应力为均匀分布时，取 $\omega = 1$；当
　　　　　　局压应力为非均匀分布时（例如与钢管内壁焊接的柔性抗剪连接件），取
　　　　　　$\omega = 0.75$。

　　当局部受压承载力不足时，可将局压区段（等于钢管直径的 1.5 倍）的管壁加厚，予
以补强。

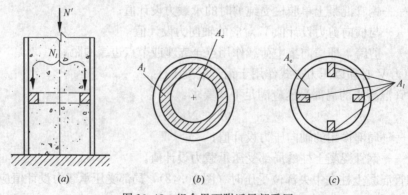

图 10.43　组合界面附近局部受压

这里所谓的柔性抗剪连接件，包括节点构造中采用的内加强环、环形隔板、钢筋环和焊钉等。内衬管段和穿心牛腿（承重销），可视为刚性抗剪连接件。

【禁忌10.29】 不了解圆钢管混凝土柱与横梁如何连接

1. 钢管混凝土柱的直径较小时，钢梁与钢管混凝土柱之间可采用外加强环连接（图10.44），外加强环应是环绕钢管混凝土柱的封闭的满环（图10.45）。外加强环与钢管外壁应采用全熔透焊缝连接，外加强环与钢梁应采用栓焊连接。外加强环的厚度不应小于钢梁翼缘的厚度，宽度 c 应不小于钢梁翼缘宽度的70倍。

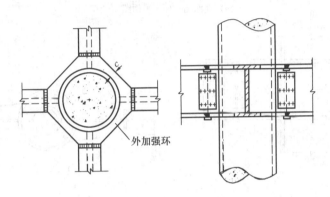

图 10.44　钢梁与钢管混凝土柱采用外加强环连接构造示意图

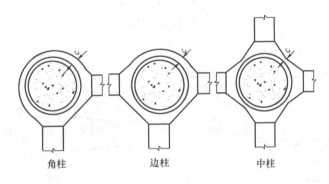

图 10.45　外加强环构造示意图

2. 钢管混凝土柱的直径较大时，钢梁与钢管混凝土柱之间可采用内加强环连接。内加强环与钢管内壁应采用全熔透坡口焊缝连接。梁与柱可采用现场直接连接，也可与带有悬臂梁段的柱在现场进行梁的拼接；可采用等截面悬臂梁段（图10.46），也可采用不等截面悬臂梁段（图10.47，图10.48）。

3. 钢筋混凝土梁与钢管混凝土柱的连接构造，应同时满足管外剪力传递及弯矩传递的受力要求。

4. 钢筋混凝土梁与钢管混凝土柱连接时，钢管外剪力传递可采用环形牛腿或承重销；钢筋混凝土无梁楼板或井式密肋楼板与钢管混凝土柱连接时，钢管外剪力传递可采用台锥式环形深牛腿，也可采用其他符合计算受力要求的连接方式传递管外剪力。

5. 环形牛腿、台锥式环形深牛腿可由呈放射状均匀分布的肋板和上、下加强环组成

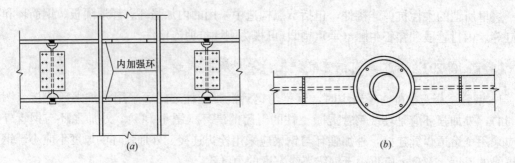

图 10.46　等截面悬臂钢梁与钢管混凝土柱采用内加强环连接构造示意图
(a) 立面图；(b) 平面图

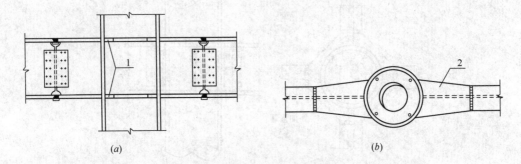

图 10.47　翼缘加宽的悬臂钢梁与钢管混凝土柱连接构造示意图
(a) 立面图；(b) 平面图
1—内加强环；2—翼缘加宽

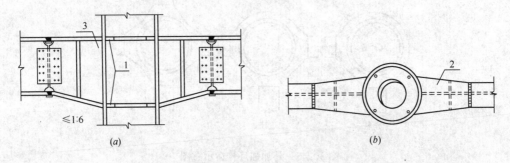

图 10.48　翼缘加宽、腹板加腋的悬臂钢梁与钢管混凝土柱连接构造示意图
(a) 立面图；(b) 平面图
1—内加强环；2—翼缘加宽；3—变高度（腹板加腋）悬臂梁段

（图 10.49）。肋板应与钢管壁外表面及上下加强环采用角焊缝焊接，上、下加强环可分别与钢管壁外表面采用角焊缝焊接。环形牛腿的上下加强环、台锥式深牛腿的下加强环应打直径不小于 50mm 的圆孔。台锥式环形深牛腿下加强环的直径，可由楼板的冲切强度确定。

　　6. 钢管混凝土柱的外径不小于 600mm 时，可采用承重销传递剪力。由穿心腹板和上下翼缘板组成的承重销（图 10.50），其截面高度宜取框架梁截面高度的 0.5 倍，其平面位置应根据框架梁的位置确定。翼缘板在穿过钢管壁不小于 50mm 后，可逐渐收窄。钢管与翼缘板之间、钢管与穿心腹板之间，应采用全熔透坡口焊缝焊接。穿心腹板与对面的

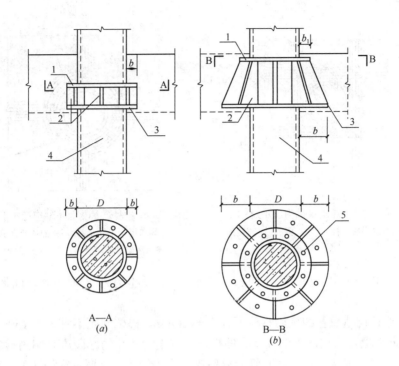

图 10.49 环形牛腿构造示意图

（a）环形牛腿；（b）台锥式深牛腿

1—上加强环；2—腹板式肋板；3—下加强环；4—钢管混凝土柱；5—排气孔

钢管壁之间或与另一方向的穿心腹板之间，应采用角焊缝焊接。

7. 钢筋混凝土梁与钢管混凝土柱的管外弯矩传递，可采用井式双梁、环梁、穿筋单梁和变宽度梁，也可采用其他符合受力分析要求的连接方式。

8. 井式双梁可采用图 10.51 所示的构造，梁的钢筋可从钢管侧面平行通过，井式双梁与钢管之间应浇筑混凝土。

9. 钢筋混凝土环梁（图 10.52）的配筋应由计算确定。环梁的构造应符合下列规定：

（1）环梁截面高度宜比框架梁高 50mm；

（2）环梁的截面宽度宜不小于框架梁宽度；

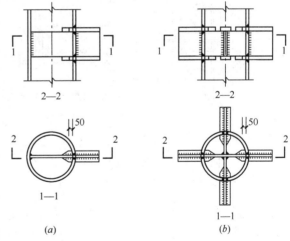

图 10.50　承重销构造示意图

（a）边柱；（b）中柱

（3）框架梁的纵向钢筋在环梁内的锚固长度，应满足现行国家标准《混凝土结构设计规范》GB 50010—2010 的规定；

（4）环梁上、下环筋的截面积，应分别不小于框架梁上、下纵筋截面积的 0.7 倍；

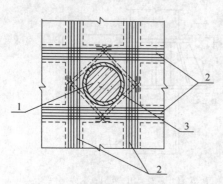

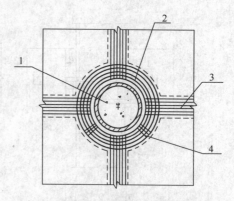

图 10.51　井式双梁构造示意图

1—钢管混凝土柱；2—双梁的纵向钢筋；

3—附加斜向钢筋

图 10.52　钢筋混凝土环梁构造示意图

1—钢管混凝土柱；2—环梁的环向钢筋；

3—框架梁纵向钢筋；4—环梁箍筋

（5）环梁内、外侧应设置环向腰筋，腰筋直径不宜小于 16mm，间距不宜大于 150mm；

（6）环梁按构造设置的箍筋直径不宜小于 10mm，外侧间距不宜大于 150mm。

10. 穿筋单梁可采用图 10.53 所示的构造。在钢管开孔的区段应采用内衬管段或外套管段与钢管壁紧贴焊接，衬（套）管的壁厚应不小于钢管的壁厚，穿筋孔的环向净矩 s 应不小于孔的长径 b，衬（套）管端面至孔边的净距 w 应不小于孔长径 b 的 2.5 倍。宜采用双筋并股穿孔。

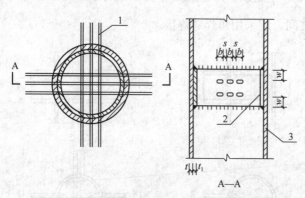

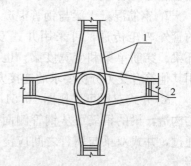

图 10.53　穿筋单梁构造示意图

1—并股双钢筋；2—内衬加强管段；3—柱钢管

图 10.54　变宽度梁构造示意图

1—框架梁纵向钢筋；2—框架梁附加箍筋

11. 钢管直径较小或梁宽较大时，可采用梁端加宽的变宽度梁传递管外弯矩。变宽度梁可采用图 10.54 所示的构造，一个方向梁的 2 根纵向钢筋可穿过钢管，梁的其余纵向钢筋应连接绕过钢管，绕筋的斜度不应大于 1/6，应在梁变宽度处设置箍筋。

图 10.55 为厦门港务大厦圆钢管混凝土柱与钢筋混凝土梁连接照片。

【禁忌 10.30】 不了解圆形钢管混凝土柱尚应符合哪些构造要求

圆形钢管混凝土柱尚应符合下列构造要求：

1. 钢管直径不宜小于 400mm。

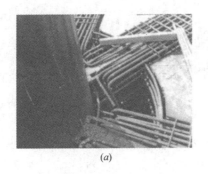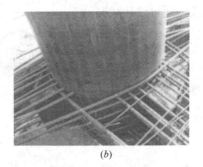

(a)　　　　　　　　　　　　　　(b)

图 10.55　厦门港务大厦圆钢管混凝土柱与钢筋混凝土梁连接照片
(a) 外环梁式连接；(b) 穿筋式连接

2. 钢管壁厚不宜小于 8mm。

3. 钢管外径与壁厚的比值 D/t 宜在 $(20 \sim 100)\sqrt{235/f_y}$ 之间，f_y 为钢材的屈服强度。

4. 圆钢管混凝土柱的套箍指标 $\dfrac{f_a A_a}{f_c A_c}$，不应小于 0.5，也不宜大于 2.5。

5. 柱的长细比不宜大于 80。

6. 轴向压力偏心率 e_0/r_c 不宜大于 1.0，e_0 为偏心距，r_c 为核心混凝土横截面半径。

7. 钢管混凝土柱与框架梁刚性连接时，柱内或柱外应设置与梁上、下翼缘位置对应的加劲肋；加劲肋设置于柱内时应留孔，以利于混凝土浇筑；加劲肋设置于柱外时，应形成加劲环板。

8. 直径大于 2m 的圆形钢管混凝土构件应采取有效措施，减小钢管内混凝土收缩对构件受力性能的影响。

【禁忌 10.31】　不了解矩形钢管混凝土柱应符合哪些构造要求

矩形钢管混凝土柱应符合下列构造要求：

1. 钢管截面短边尺寸不宜小于 400mm；

2. 钢管壁厚不宜小于 8mm；

3. 钢管截面的高宽比不宜大于 2，当矩形钢管混凝土柱截面最大边尺寸不小于 800mm 时，宜采取在柱子内壁上焊接栓钉、纵向加劲肋等构造措施；

4. 钢管管壁板件的边长与其厚度的比值不应大于 $60\sqrt{235/f_y}$；

5. 柱的长细比不宜大于 80；

6. 矩形钢管混凝土柱的轴压比应按式（10.80）计算，并不宜大于表 10.23 的限值。

矩形钢管混凝土柱轴压比限值　　　　　　　　　　　表 10.23

一级	二级	三级
0.70	0.80	0.90

【禁忌 10.32】　不了解钢板混凝土剪力墙的受剪截面应符合什么规定

钢板混凝土剪力墙的受剪截面应符合下列规定：

1. 持久、短暂设计状况

$$V_{cw} \leqslant 0.25 f_c b_w h_{w0} \tag{10.109}$$

$$V_{cw} = V - \left(\frac{0.3}{\lambda} f_a A_{a1} + \frac{0.6}{\lambda - 0.5} f_{sp} A_{sp} \right) \tag{10.110}$$

2. 地震设计状况

剪跨比 λ 大于 2.5 时

$$V_{cw} \leqslant \frac{1}{\gamma_{RE}} (0.20 f_c b_w h_{w0}) \tag{10.111}$$

剪跨比 λ 不大于 2.5 时

$$V_{cw} \leqslant \frac{1}{\gamma_{RE}} (0.15 f_c b_w h_{w0}) \tag{10.112}$$

$$V_{cw} = V - \frac{1}{\gamma_{RE}} \left(\frac{0.25}{\lambda} f_a A_{a1} + \frac{0.5}{\lambda - 0.5} f_{sp} A_{sp} \right) \tag{10.113}$$

式中　V——钢板混凝土剪力墙截面承受的剪力设计值；

V_{cw}——仅考虑钢筋混凝土截面承担的剪力设计值；

　λ——计算截面的剪跨比。当 $\lambda < 1.5$ 时，取 $\lambda = 1.5$；当 $\lambda > 2.2$ 时，取 $\lambda = 2.2$；当计算截面与墙底之间的距离小于 $0.5h_{w0}$ 时，λ 应按距离墙底 $0.5h_{w0}$ 处的弯矩值与剪力值计算；

　f_a——剪力墙端部暗柱中所配型钢的抗压强度设计值；

A_{a1}——剪力墙一端所配型钢的截面面积，当两端所配型钢截面面积不同时，取较小一端的面积；

f_{sp}——剪力墙墙身所配钢板的抗压强度设计值；

A_{sp}——剪力墙墙身所配钢板的横截面面积。

【禁忌 10.33】　不会进行钢板混凝土剪力墙偏心受压构件斜截面受剪承载力验算

钢板混凝土剪力墙偏心受压时的斜截面受剪承载力，应按下列公式进行验算：

1. 持久、短暂设计状况

$$V \leqslant \frac{1}{\lambda - 0.5} \left(0.5 f_t b_w h_{w0} + 0.13 N \frac{A_w}{A} \right) + f_{yv} \frac{A_{sh}}{s} h_{w0}$$

$$+ \frac{0.3}{\lambda} f_a A_{a1} + \frac{0.6}{\lambda - 0.5} f_{sp} A_{sp} \tag{10.114}$$

2. 地震设计状况

$$V \leqslant \frac{1}{\gamma_{RE}} \left[\frac{1}{\lambda - 0.5} \left(0.4 f_t b_w h_{w0} + 0.1 N \frac{A_w}{A} \right) + 0.8 f_{yv} \frac{A_{sh}}{s} h_{w0} \right.$$

$$\left. + \frac{0.25}{\lambda} f_a A_{a1} + \frac{0.5}{\lambda - 0.5} f_{sp} A_{sp} \right] \tag{10.115}$$

式中　N——剪力墙承受的轴向压力设计值，当大于 $0.2 f_c b_w h_w$ 时，取为 $0.2 f_c b_w h_w$。

型钢混凝土剪力墙、钢板混凝土剪力墙应符合下列构造要求：

1. 抗震设计时，一、二级抗震等级的型钢混凝土剪力墙、钢板混凝土剪力墙底部加强部位，其重力荷载代表值作用下墙肢的轴压比不宜超过表 6.5 的限值，其轴压比可按下式计算：

$$\mu_N = N/(f_c A_c + f_a A_a + f_{sp} A_{sp}) \tag{10.116}$$

式中　N——重力荷载代表值作用下墙肢的轴向压力设计值；

　　　　A_c——剪力墙墙肢混凝土截面面积；

　　　　A_a——剪力墙所配型钢的全部截面面积。

2. 型钢混凝土剪力墙、钢板混凝土剪力墙在楼层标高处宜设置暗梁。

3. 端部配置型钢的混凝土剪力墙，型钢的保护层厚度宜大于 100mm；水平分布钢筋应绕过或穿过墙端型钢，且应满足钢筋锚固长度要求。

4. 周边有型钢混凝土柱和梁的现浇钢筋混凝土剪力墙，剪力墙的水平分布钢筋应绕过或穿过周边柱型钢，且应满足钢筋锚固长度要求；当采用间隔穿过时，宜另加补强钢筋。周边柱的型钢、纵向钢筋、箍筋配置，应符合型钢混凝土柱的设计要求。

钢板混凝土剪力墙尚应符合下列构造要求：

1. 钢板混凝土剪力墙体中的钢板厚度不宜小于 10mm，也不宜大于墙厚的 1/15；

2. 钢板混凝土剪力墙的墙身分布钢筋配筋率不宜小于 0.4%，分布钢筋间距不宜大于 200mm，且应与钢板可靠连接；

3. 钢板与周围型钢构件宜采用焊接；

4. 钢板与混凝土墙体之间连接件的构造要求可按照现行国家标准《钢结构设计规范》 GB 50017 中关于组合梁抗剪连接件构造要求执行，栓钉间距不宜大于 300mm；

5. 在钢板墙角部 1/5 板跨且不小于 1000mm 范围内，钢筋混凝土墙体分布钢筋、抗剪栓钉间距宜适当加密。

钢筋混凝土核心筒、内筒的设计，除应符合第 8 章中的有关规定外，尚应符合下列规定：

1. 抗震设计时，钢框架-钢筋混凝土核心筒结构的筒体底部加强部位分布钢筋的最小配筋率不宜小于 0.35%，筒体其他部位的分布筋不宜小于 0.30%；

2. 抗震设计时，框架-钢筋混凝土核心筒混合结构的筒体底部加强部位约束边缘构件沿墙肢的长度宜取墙肢截面高度的 1/4，筒体底部加强部位以上墙体宜按第 6 章中的有关规定设置约束边缘构件；

3. 当连梁抗剪截面不足时，可采取在连梁中设置型钢或钢板等措施。

抗震设计时，混合结构中的钢柱及型钢混凝土柱、钢管混凝土柱宜采用埋入式柱脚。

采用埋入式柱脚时，应符合下列规定：

    1. 埋入深度应通过计算确定，且不宜小于型钢柱截面长边尺寸的 2.5 倍；

    2. 在柱脚部位和柱脚向上延伸一层的范围内宜设置栓钉，其直径不宜小于 19mm，其竖向及水平间距不宜大于 200mm；

    3. 当有可靠依据时，可通过计算确定栓钉数量。

第11章 地下室和基础设计

【禁忌11.1】 不知道建筑场地所指的范围

建筑场地是指工程群所在地，该地具有相似的反应谱特征。其范围相当于厂区、居民小区和自然村或不小于 $1.0km^2$ 的平面面积。

【禁忌11.2】 不重视建筑场地的选择

高层建筑不应建造在危险地段上。在地震区建造高层建筑时，宜选择有利地段，避开不利地段。有利地段、一般地段、不利地段和危险地段的划分见表11.1。

有利、一般、不利和危险地段的划分   表 11.1

地段类别	地质、地形、地貌
有利地段	稳定基岩，坚硬土，开阔、平坦、密实、均匀的中硬土等
一般地段	不属于有利、不利和危险的地段
不利地段	软弱土，液化土，条状突出的山嘴，高耸孤立的山丘，陡坡，陡坎，河岸和边坡的边缘，平面分布上成因、岩性、状态明显不均匀的土层（含故河道、疏松的断层破碎带、暗埋的塘浜沟谷和半填半挖地基），高含水量的可塑黄土，地表存在结构性裂缝等
危险地段	地震时可能发生滑坡、崩塌、地陷、地裂、泥石流等及发震断裂带上可能发生地表位错的部位

对不利地段，应提出避开要求；当无法避开时，应采取有效的措施。对危险地段，严禁建造甲、乙类的建筑，不应建造丙类的建筑。

《建筑抗震设计规范》GB 50011—2010 规定，建筑场地为 I 类时，对甲、乙类的建筑应允许仍按本地区抗震设防的要求采取抗震构造措施；对丙类的建筑应允许按本地区抗震设防烈度降低一度的要求采取抗震构造措施，但抗震设防烈度为 6 度时仍应按本地区抗震设防烈度的要求采取抗震构造措施。

许多结构设计人员认为，建筑场地是否稳定，是否适合修建高层建筑，是地质勘察部门的事，与自己无关。因此，不认真研读地勘报告，不详细了解建设场地的原始地形、地貌，将高层建筑建造在陡坡、陡坎或边坡的边缘上。有的结构设计人员对建设红线范围内的地质情况较重视，但是对建设红线范围周围的情况关心得比较少。例如，对建设红线附近是否有山体，山体是否稳定，

图 11.1 2008 年四川汶川地震中山体滑坡照片

是否可能发生滑坡或泥石流等自然灾害考虑得比较少，有可能造成较大的损失。

图 11.1 为 2008 年四川汶川地震时山体滑坡照片。图 11.2 为 2010 年 8 月 7 日甘肃省甘南藏族自治州舟曲县突降强降雨，县城北面的罗家峪、三眼峪泥石流下泻，由北向南冲向县城，造成沿途房屋被冲毁的照片。

《建筑抗震设计规范》（GB 50011—2010）规定，当需要在条状突出的山嘴、高耸孤立的山丘和强风化岩石的陡坡、河岸和边坡边缘等不利地段建造丙类及丙类以上建筑时，除保证其地震作用下的稳定性外，尚应估计不利地段对设计地震动参数可能产生的放大作用，其水平地震影响系数最大值应乘以增大系数。其值应根据不利地段的具体情况确定，在 1.1～1.6 范围内采用。

场地内存在发震断裂带时，应对断裂对工程的影响进行评价，并应符合下列要求：

图 11.2　2010 年甘肃省舟曲泥石流将
房屋冲毁照片（引自人民网）

1. 对符合下列规定之一的情况，可忽略发震断裂错动对地面建筑的影响：

1）抗震设防烈度小于 8 度；

2）非全新世活动断裂；

3）抗震设防烈度为 8 度和 9 度时，隐伏断裂的土层覆盖厚度分别大于 60m 和 90m。

2. 对不符合上述第 1 点规定的情况，应避开主断裂带。其避让距离不宜小于表 11.2 对发震断裂最小避让距离的规定。在避让距离的范围内确有需要建造分散、低于 3 层的丙、丁类建筑时，应按提高一度采取抗震措施，并提高基础和上部结构的整体性，且不得跨越断层线。

发震断裂的最小避让距离（m）　　　　　　　　　　　　　　**表 11.2**

烈　度	建筑抗震设防类别			
	甲	乙	丙	丁
8	专门研究	200	100	—
9	专门研究	400	200	—

【禁忌 11.3】　不会判别土的类型

土的类型可根据表 11.3 划分。

土的类型划分和剪切波速范围　　　　　　　　　　　　　　表 11.3

土的类型	岩土名称和性状	土层剪切波速范围（m/s）
岩石	坚硬、较硬且完整的岩石	$v_s > 800$
坚硬土或软质岩石	破碎和较破碎的岩石或软和较软的岩石，密实的碎石土	$800 \geqslant v_s > 500$
中硬土	中密、稍密的碎石土，密实、中密的砾、粗、中砂，$f_{ak} > 150$ 的黏性土和粉土，坚硬黄土	$500 \geqslant v_s > 250$
中软土	稍密的砾、粗、中砂，除松散外的细、粉砂，$f_{ak} \leqslant 150$ 的黏性土和粉土，$f_{ak} > 130$ 的填土，可塑新黄土	$250 \geqslant v_s > 150$
软弱土	淤泥和淤泥质土，松散的砂，新近沉积的黏性土和粉土，$f_{ak} \leqslant 130$ 的填土，流塑黄土	$v_s \leqslant 150$

注：f_{ak} 为由载荷试验等方法得到的地基承载力特征值（kPa）；v_s 为岩土剪切波速。

【禁忌 11.4】　不会判别建筑场地类别

建筑的场地类别，应根据土层等效剪切波速和场地覆盖层厚度按表 11.4 划分为四类。其中，Ⅰ类分别为 Ⅰ₀、Ⅰ₁ 两个亚类。当有可靠的剪切波速和覆盖层厚度且其值处于表 11.4 所列场地类别的分界线附近时，允许按插值方法确定地震作用计算所用的特征周期。

各类建筑场地的覆盖层厚度（m）　　　　　　　　　　　　　表 11.4

岩石的剪切波速或土的等效剪切波速（m/s）	场 地 类 别				
	I_0	I_1	Ⅱ	Ⅲ	Ⅳ
$v_s > 800$	0				
$800 \geqslant v_s > 500$		0			
$500 \geqslant v_{se} > 250$		<5	≥5		
$250 \geqslant v_{se} > 150$		<3	3～50	>50	
$v_{se} \leqslant 150$		<3	3～15	15～80	>80

注：表中 v_s 系岩石的剪切波速，v_{se} 为土层等效剪切波速。

【禁忌 11.5】　不了解高层建筑的基础为什么要有埋置深度要求

树大根深，树才稳固。同样的道理，为了防止高层建筑发生倾覆和滑移，高层建筑的基础应有一定的埋置深度。在确定埋置深度时，应考虑建筑物的高度、体型、地基土质、抗震设防烈度等因素。埋置深度可从室外地坪算至基础底面，并宜符合下列要求：

（1）天然地基或复合地基，可取房屋高度的 1/15；

（2）桩基础，可取房屋高度的 1/18（桩长不计在内）。

当建筑物采用岩石地基或采取有效措施时，在满足地基承载力、稳定性要求及基底零应力区满足要求的前提下，基础埋深可不受前面第（1）、（2）两款的限制。当地基可能产生滑移时，应采取有效的抗滑移措施。当地下水位较高时，需进行结构抗浮验算。

地震作用下结构的动力效应与基础埋置深度关系较大，软弱土层时更为明显，因此，高层建筑的基础应有一定的埋置深度。当抗震设防烈度高、场地差时，宜采用较大埋置深度，以抗倾覆和滑移，确保建筑物的安全。

【禁忌 11.6】 不了解为什么高层建筑宜设地下室

高层建筑设置地下室有如下的结构功能：
（1）利用土体的侧压力防止水平力作用下结构的滑移、倾覆；
（2）减小土的重量，降低地基的附加压力；
（3）提高地基土的承载能力；
（4）减少地震作用对上部结构的影响。

地震震害调查表明：有地下室的建筑物震害明显减轻。同一结构单元应全部设置地下室，不宜采用部分地下室，且地下室应当有相同的埋深。

地下室除了要承受上部结构传来的荷载以外，还要承受土的侧向压力和地下水的压力。地下室施工时要开挖大量土方，有时还可能要对地下水、流沙、溶洞等进行处理，造价可能较高，地下车库销售情况也不一定很好。因此，有的建设单位不一定喜欢修建地下室，设计人员应该给他们讲清楚设置地下室的道理。

有的高层建筑的地下室一面或多面外露，有的高层建筑的地下室建于地表以上再用回填土填埋而成（图 11.3）。这些地下室的外露部分或回填部分均未被嵌固，因此其楼面也不可能作为上部结构的嵌固端。设计这类高层建筑时，要特别验算其整体稳定与倾覆，防止出现意外事故。

【禁忌 11.7】 不知道地下室顶板作为上部结构嵌固部位时应满足哪些要求

地下室顶板作为上部结构嵌固部位时，应满足以下要求：
（1）地下室结构的楼层侧向刚度不应小于相邻上部结构楼层侧向刚度的 2 倍。计算地下室结构楼层侧向刚度时，可考虑地上结构以外的地下室相关部位，一般指地上结构四周外扩不超过地上对应边尺寸的 1.5 倍且不大于 30m 的范围。
（2）地下室楼层应采用现浇结构，地下室楼层的顶楼盖应采用梁板结构。
（3）地下室顶板厚度不宜小于 180mm，应采用双层双向配筋，且每层每个方向的配筋率不宜小于 0.25%。

【禁忌 11.8】 不知道如何确定地下结构的抗震等级

抗震设计的高层建筑，当地下室顶层作为上部结构的嵌固端时，地下一层的抗震等级应按上部结构采用，地下一层以下结构的抗震等级可根据具体情况采用三级或四级，地下室柱截面每侧的纵向钢筋面积除应符合计算要求外，不应少于地上一层对应柱每侧纵向钢筋面积的1.1倍；地下室中超出上部主楼范围且无上部结构的部分，其抗震

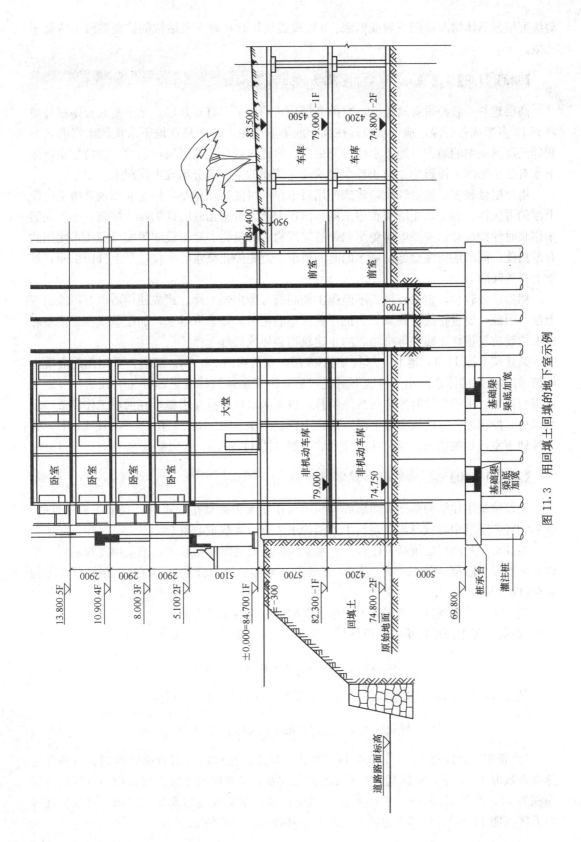

图 11.3　用回填土回填的地下室示例

等级可根据具体情况采用三级或四级。9度抗震设计时，地下室结构的抗震等级不应低于二级。

【禁忌 11.9】 忽视地下水对建筑物的上浮影响

高层建筑一般都带有地下室，有的高层建筑的地下室有好几层，地下室底板距室外地坪有 10 多米或者更深，地下水位往往高于地下室底板。特别是在地下水比较丰富的区域和邻近江河湖泊的地方，地下水位可能更高。设计这些区域的高层建筑时，要特别重视地下水对建筑物的上浮影响，防止整个建筑或建筑物的某一部分出现上浮现象。

塔楼层数较多、重量较大，建成使用后上浮的可能性比较小，但是要重视其施工阶段上浮的可能性。为了防止塔楼在施工期间出现上浮，可采用临时性的降水措施。施工期间采用临时性措施时，应采取避免影响邻近建筑物、构筑物、地下设施等安全和正常使用的有效措施。同时还应注意施工降水的时间要求，避免停止降水后水位过早上升而引起建筑物上浮等问题。

裙房层数较少、重量较轻，不但施工期间有可能出现上浮，建成使用后也有可能出现上浮。因此，要进行抗浮验算。当抗浮验算不满足时，要采取排水、加配重或在地下室底板上增设抗拔锚杆、锚桩等措施，防止建筑物整体或局部上浮。

某建筑（图 11.4）地上 22 层、地下 2 层，建筑物高 93.3m，双塔，采用钢筋混凝土框架-剪力墙结构体系。此工程地下室建成后，由于主体结构变更而停工。此后，对地下室进行回填。由于设计时未进行抗浮验算，也未采取任何抗浮措施，在回填工作完成一个月以后，发现地下室底板曲部上浮，最大上浮高度为 140.5mm（图 11.5 和图 11.6），并导致地下室该处的楼板、梁、柱、剪力墙开裂（图 11.7）。

【禁忌 11.10】 基础底面出现零应力区

高层建筑主体结构基础底面形心宜与永久作用重力荷载重心重合；当采用桩基础时，桩基的竖向刚度中心宜与高层建筑主体结构永久重力荷载重心重合。

当高层、超高层建筑高宽比较大，水平风荷载或地震作用较大，地基刚度较弱时，结构有可能发生倾覆（图 11.8）。因此，结构整体倾覆验算十分重要，直接关系到整体结构安全度的控制。

关于结构整体倾覆，我国有关规范、规程的有关规定摘引如下：

《钢筋混凝土高层建筑结构设计与施工规定》（JZ 102—79）规定：

$$M_{抗（永久荷载+0.5活荷载）}/M_{倾（水平荷载）} \geqslant 1.5 \tag{11.1}$$

《钢筋混凝土高层建筑结构设计与施工规程》（JGJ 3—91）规定：

$$M_{抗（永久荷载+0.5活荷载）}/M_{倾（水平荷载设计值）} \geqslant 1.0 \tag{11.2}$$

《建筑抗震设计规范》（GB 50011—2010）规定：在地震作用效应标准组合（各作用分项系数取 1.0）下，对高宽比大于 4 的高层建筑，基础底面不应出现拉应力（零应力区面积为 0），如图 11.9（a）、（b）所示；其他建筑，基础底面与地基土之间，可以出现零应力区（图 11.9c），但零应力区面积不大于基础底面面积的 15%。

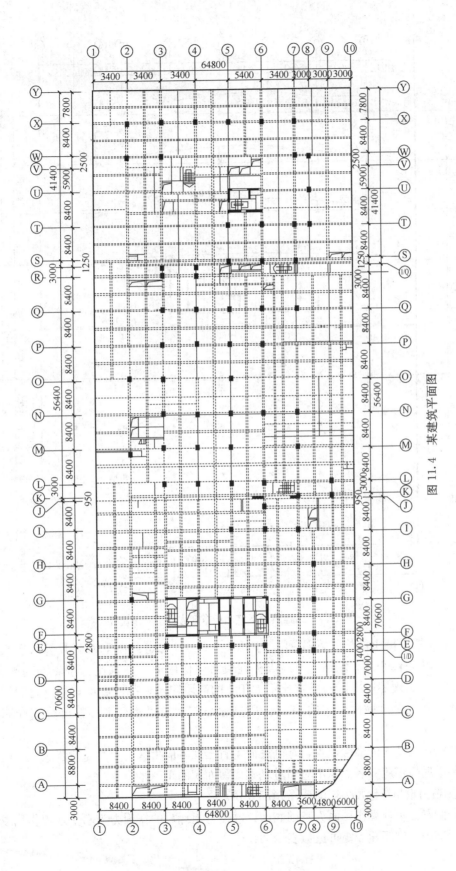

图 11.4 某建筑平面图

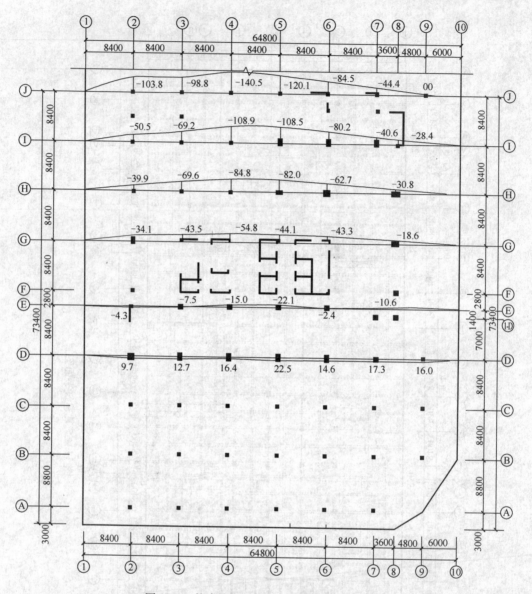

图 11.5　某建筑地下室底板东西方向上浮情况

《高层建筑混凝土结构技术规程》（JGJ 3—2010）规定：在重力荷载与水平荷载标准值或重力荷载代表值与多遇水平地震标准值共同作用下，高宽比大于 4 的高层建筑，基础底面不宜出现零应力区；高宽比不大于 4 的高层建筑，基础底面与地基之间零应力区面积不应超过基础底面面积的 15%。质量偏心较大的裙楼与主楼，可分别计算基底应力。

对高宽比大于 4 的高层建筑，基础底面不宜出现零应力区，对高宽比不大于 4 的高层建筑，基础底面零应力区面积不应超过基础底面面积的 15%。

1. 倾覆力矩与抗倾覆力矩的计算(图 11.10)

假定倾覆力矩计算作用面为基础底面，倾覆力矩计算的作用力为水平地震作用或水平风荷载标准值，则倾覆力矩可近似表示为：

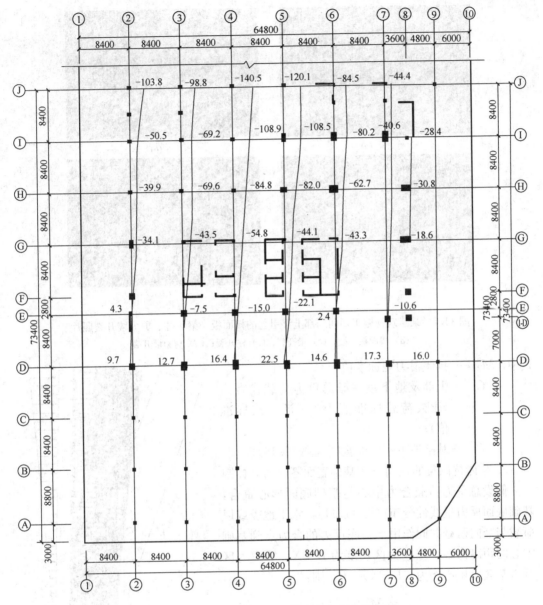

图 11.6 某建筑地下室底板南北方向上浮情况

$$M_{ov} = V_0(2H/3 + C) \tag{11.3}$$

式中 M_{ov}——倾覆力矩标准值;

    H——建筑物地面以上高度,即房屋高度;

    C——地下室埋深;

    V_0——总水平力标准值。

抗倾覆力矩计算点假设为基础外边缘点,抗倾覆力矩计算作用力为重力荷载代表值,则抗倾覆力矩可表示为:

$$M_R = GB/2 \tag{11.4}$$

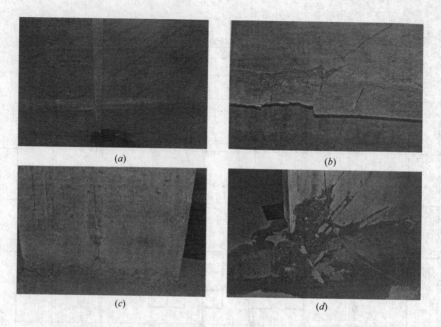

图 11.7 某建筑物施工期间局部上浮引起的楼面板、梁、柱、剪力墙开裂照片
(a) 楼面板开裂; (b) 梁开裂; (c) 柱开裂; (d) 剪力墙开裂

式中 M_R——抗倾覆力矩标准值;

$\quad\quad G$——上部及地下室基础总重力荷载代表值
（永久荷载标准值＋0.5 活荷载标准
值）；

$\quad\quad B$——基础地下室底面宽度（图 11.10）。

2. 整体抗倾覆的控制——基础底面零应力区控制

假设总重力荷载合力中心与基础底面形心重合，
基础底面反力呈线性分布（图 11.11），水平地震或风
荷载与竖向荷载共同作用下基底反力的合力点到基础
中心的距离为 e_0，零应力区长度为 $B-X$，零应力区
所占基底面积比例为 $(B-X)/B$，则：

$$e_0 = M_{ov}/G$$

$$e_0 = B/2 - X/3$$

$$\frac{M_R}{M_{ov}} = \frac{GB/2}{Ge_0} = \frac{B/2}{B/2 - X/3} = \frac{1}{1 - 2X/3B}$$

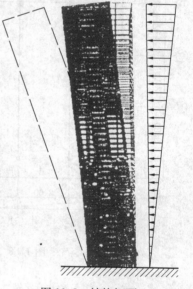

图 11.8 结构倾覆

(11.5)

由此得到：

$$X = 3B(1 - M_{ov}/M_R)/2$$

$$(B-X)/B = (3M_{ov}/M_R - 1)/2 \qquad (11.6)$$

根据式（11.5）或式（11.6），可得基础底面零应力区比例与抗倾覆安全度的近似关
系，如表 11.5 所列。

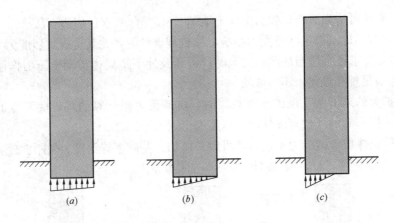

图 11.9　基础底面应力分布

(a) 梯形分布；(b) 三角形分布；(c) 带零应力区分布

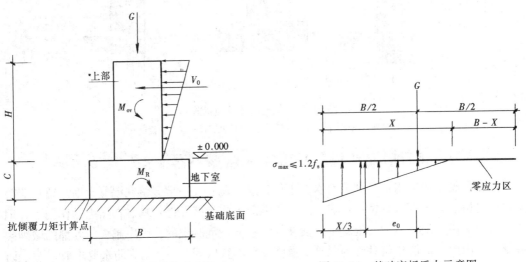

图 11.10　结构整体倾覆计算示意图 　　　　图 11.11　基础底板反力示意图

基础底面零应力区与结构整体倾覆　　　　　　　表 11.5

M_R/M_{ov}	3.0	2.3	1.5	1.3	1.0
($B-X$)/B 零应力区比例	0（全截面受压）	15%	50%	65.4%	100%
抗倾覆安全度	$H/B>4$ 规程 JGJ 3—2010 规定值	$H/B\leqslant4$ 规程 JGJ 3—2010 规定值	JZ 102—79 规定值	JGJ 3—91 规定值	基趾点临界平衡

由以上讨论可知：

（1）规程 JGJ 3—2010 与抗震规范 GB 50011—2010，对高层建筑尤其是高宽比大于 4 的高层建筑的整体抗倾覆提出了更严格的要求。

（2）以上计算的假定是基础及地基均具有足够刚度，基底反力呈线性分布；重力荷载合力中心与基底形心基本重合（一般要求偏心距不大于 $B/60$）。如为基岩，地基足够刚性，M_R/M_{ov} 要求可适当放松；如为中软土地基，M_R/M_{ov} 要求还应适当从严。

（3）地震时，地基稳定状态受到影响，故抗震设计时，尤其抗震防烈度为 8 度及以上地区，M_R/M_{ov} 要求还宜适当从严；抗风时，可计及地下室周边被动土压力作用，但 M_R/M_{ov} 要求仍应满足规程规定，不宜放松。

（4）当扩大的地下室基础的刚度有限时，抗倾覆力矩计算的基础底面宽度宜适当减小，或可取塔楼基础的外包宽度计算，以策安全。

当结构的整体抗倾覆能力不足时，可以采用加大基础埋置深度、做刚性较大底盘、增设锚杆等措施（图 11.12），增加结构的整体抗倾覆能力。

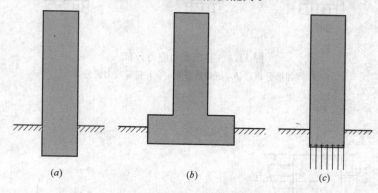

图 11.12　结构防止倾覆措施

（a）加大基础埋置深度；（b）做刚性较大底盘；（c）增设锚杆

【禁忌 11.11】　对有防水要求的混凝土基础未提出抗渗要求

制作混凝土用的水，一部分与水泥水化生成水泥石；一部分留在混凝土内。留在混凝土内的自由水，一部分挥发后形成孔隙，使混凝土成为多孔性材料。在压力的作用下，地下水有可能渗入地下室内。混凝土的强度等级越低，混凝土的孔隙率越大，内部的微细裂缝越多。因此，高层建筑基础的混凝土强度等级不宜低于 C25。当有防水要求时，为了防止地下水渗入地下室内，应对混凝土提出抗渗要求。

混凝土的抗渗等级应根据基础的埋置深度按表 11.6 采用，必要时可设置架空排水层。

基础防水混凝土的抗渗等级　　　　表 11.6

基础埋置深度 H（m）	抗渗等级	基础埋置深度 H（m）	抗渗等级
$H<10$	P6	$20{\leqslant}H<30$	P10
$10{\leqslant}H<20$	P8	$H{\geqslant}30$	P12

【禁忌 11.12】　当地下水具有腐蚀性时未采取防腐蚀措施

地下水有时含酸性或碱性物质，对混凝土或钢材有腐蚀作用。当地下水具有腐蚀性时，应对地下室外墙及底板采取相应的防腐蚀措施。

【禁忌 11.13】　桩与桩之间的距离太小

为了避免桩与桩之间的相互影响，桩与桩之间应保持一定的距离。桩的布置应符合下列要求：

1. 等直径桩的中心距不应小于 3 倍桩横截面的边长或直径；扩底桩中心距不应小于扩底直径的 1.5 倍，且两个扩大头间的净距不宜小于 1m。

2. 布桩时，宜使各桩承台承载力合力点与相应竖向永久荷载合力作用点重合，并使桩基在水平力产生的力矩较大方向有较大的抵抗矩。

3. 平板式桩筏基础，桩宜布置在柱下或墙下，必要时可满堂布置，核心筒下可适当加密布桩；梁板式桩筏基础，桩宜布置在基础梁下或柱下；箱形基础，宜将桩布置在墙下。直径不小于 800mm 的大直径桩，可采用一柱一桩。

4. 应选择较硬土层作为桩的持力层。桩径为 d 的桩端全截面进入持力层的深度，对于黏性土、粉土，不宜小于 $2d$；对于砂土，不宜小于 $1.5d$；对于碎石类土，不宜小于 $1d$。当存在软弱下卧层时，桩端下部硬持力层厚度不宜小于 $4d$。

抗震设计时，桩进入碎石土、砾砂、粗砂、中砂、密实粉土、坚硬黏性土的深度不应小于 0.5m；对其他非岩石类土，尚不应小于 1.5m。

主 要 参 考 文 献

[1] 高层建筑混凝土结构技术规程(JGJ 3—2010)[S]. 北京：中国建筑工业出版社，2011

[2] 建筑结构荷载规范(GB 50009—2012)[S]. 北京：中国建筑工业出版社，2012

[3] 建筑抗震设计规范(GB 50011—2010)[S]. 北京：中国建筑工业出版社，2010

[4] 徐培福、黄小坤主编. 高层建筑混凝土结构技术规程理解与应用[M]. 北京：中国建筑工业出版社，2003

[5] 赵西安编著. 高层结构设计[M]. 北京：中国建筑科学研究院，1995

[6] 沈蒲生编著. 高层建筑结构设计(第二版)[M]. 北京：中国建筑工业出版社，2011

[7] 沈蒲生编著. 高层混合结构设计与施工[M]. 北京：机械工业出版社，2008

[8] 沈蒲生编著. 多塔与连体高层结构设计与施工[M]. 北京：机械工业出版社，2009

[9] 沈蒲生编著. 带加强层与错层高层结构设计与施工[M]. 北京：机械工业出版社，2009

[10] B. S. Smith and A. Coull. Tall Building Structures：Analysis and Design[M]，John Wiley & Sons，Inc. 1991

[11] 汪大绥，周建龙，姜文伟，王建，江晓峰. 超高层结构地震剪力系数限值研究[J]. 建筑结构，2012，42(5)：24-27

[12] 雷刚. 带加强层的高层框架-芯筒解构加强层位置及结构刚度优化[D]. 大连：大连理工大学，2002

[13] 郑浩，王全凤. 对"外钢框架-混凝土核心筒结构"的初步探讨[J]. 福建建筑，2002(3)

[14] Ghali A，Favre R. Concrete Structures：Stresses and Deformation[M]. London & New York：Chapman and Hall，1986

[15] 周建龙，闫锋. 超高层结构竖向变形及差异问题分析与处理[J]. 建筑结构，2007，37(5)

[16] 方辉，沈蒲生. 高层框架考虑施工过程和徐变影响的受力分析[J]. 工程力学，2007，24(7)

[17] 张坚，陈国成. 混凝土筒体先于外钢框架施工阶段结构分析[J]. 结构工程师，2005，21(2)

[18] 陈宇，沈蒲生. 带加强层高层结构考虑核心筒剪切变形影响的自由振动分析[J]. 工程抗震与加固改造，2007，29(5)

[19] 廖耘，容柏生，李盛勇. 剪重比的本质关系推导及其对长周期超高层建筑的影响[J]. 建筑结构，2013，48(5)